**annual reports
in organic
synthesis -1995**

ANNUAL REPORTS IN ORGANIC SYNTHESIS

ANNUAL REPORTS IN ORGANIC SYNTHESIS-1970
John McMurry and R. Bryan Miller, Eds.

ANNUAL REPORTS IN ORGANIC SYNTHESIS-1972
John McMurry and R. Bryan Miller, Eds.

ANNUAL REPORTS IN ORGANIC SYNTHESIS-1973
R. Bryan Miller and Louis S. Hegedus, Eds.
John McMurry, Series Editor

ANNUAL REPORTS IN ORGANIC SYNTHESIS-1974
Louis S. Hegedus and Stephen R. Wilson, Eds.
R. Bryan Miller, Series Editor

ANNUAL REPORTS IN ORGANIC SYNTHESIS-1975
R. Bryan Miller and L. G. Wade, Jr., Eds.

ANNUAL REPORTS IN ORGANIC SYNTHESIS-1976
R. Bryan Miller and L. G. Wade, Jr., Eds.

ANNUAL REPORTS IN ORGANIC SYNTHESIS-1978
L. G. Wade, Jr., and Martin J. O'Donnell, Eds.

ANNUAL REPORTS IN ORGANIC SYNTHESIS-1980
L. G. Wade, Jr., and Martin J. O'Donnell, Eds.

ANNUAL REPORTS IN ORGANIC SYNTHESIS-1981
L. G. Wade, Jr., and Martin J. O'Donnell, Eds.

ANNUAL REPORTS IN ORGANIC SYNTHESIS-1982
L. G. Wade, Jr., and Martin J. O'Donnell, Eds.

ANNUAL REPORTS IN ORGANIC SYNTHESIS-1983
Martin J. O'Donnell and Louis Weiss, Eds.

ANNUAL REPORTS IN ORGANIC SYNTHESIS-1984
Martin J. O'Donnell and Louis Weiss, Eds.

ANNUAL REPORTS IN ORGANIC SYNTHESIS-1985
Martin J. O'Donnell and Eric F. V. Scriven, Eds.

ANNUAL REPORTS IN ORGANIC SYNTHESIS-1986
Eric F. V. Scriven and Kenneth Turnbull, Eds.

ANNUAL REPORTS IN ORGANIC SYNTHESIS-1987
Eric F. V. Scriven and Kenneth Turnbull, Eds.

ANNUAL REPORTS IN ORGANIC SYNTHESIS-1989
Kenneth Turnbull and Daniel M. Ketcha, Eds.

ANNUAL REPORTS IN ORGANIC SYNTHESIS-1990
Kenneth Turnbull, Philip M. Weintraub, Daniel M. Ketcha,
and James Keay, Eds.

ANNUAL REPORTS IN ORGANIC SYNTHESIS-1991
Philip M. Weintraub and Kenneth Turnbull, Eds.

ANNUAL REPORTS IN ORGANIC SYNTHESIS-1992
Philip M. Weintraub, Kenneth Turnbull,
Daniel M. Ketcha, and Raymond Gross, Eds.

ANNUAL REPORTS IN ORGANIC SYNTHESIS-1993
Philip M. Weintraub, Kenneth Turnbull,
Daniel M. Ketcha, Raymond S. Gross, and Tony Yantao Zhang, Eds.

ANNUAL REPORTS IN ORGANIC SYNTHESIS-1994
Philip M. Weintraub, Kenneth Turnbull,
Daniel M. Ketcha, Raymond S. Gross, and Tony Yantao Zhang, Eds.

annual reports in organic synthesis – 1995

edited by

Philip M. Weintraub
Marion Merrell Dow
Research Institute
Cincinnati, Ohio

Daniel M. Ketcha
Wright State University
Dayton, Ohio

Tony Yantao Zhang
Eli Lilly and Company
Indianapolis, Indiana

Kenneth Turnbull
Wright State University
Dayton, Ohio

Raymond S. Gross
Marion Merrell Dow
Research Institute
Cincinnati, Ohio

ACADEMIC PRESS
San Diego   New York   Boston   London   Sydney   Tokyo   Toronto

This book is printed on acid-free paper. ∞

Copyright © 1995 by ACADEMIC PRESS, INC.

All Rights Reserved.
No part of this publication may be reproduced or transmitted in any form or by any means, electronic or mechanical, including photocopy, recording, or any information storage and retrieval system, without permission in writing from the publisher.

Academic Press, Inc.
A Division of Harcourt Brace & Company
525 B Street, Suite 1900, San Diego, California 92101-4495

United Kingdom Edition published by
Academic Press Limited
24-28 Oval Road, London NW1 7DX

International Standard Serial Number: 0066-409X

International Standard Book Number: 0-12-040825-2

PRINTED IN THE UNITED STATES OF AMERICA
95 96 97 98 99 00 BC 9 8 7 6 5 4 3 2 1

Contents

PREFACE IX
JOURNALS ABSTRACTED XIII
GLOSSARY OF ABBREVIATIONS XV

I. **CARBON–CARBON BOND FORMING REACTIONS**
   A. Carbon–Carbon Single Bonds (see also: I.E., I.F., I.G., I.H.) 1
      1. Alkylations of Aldehydes, Ketones, and their Derivatives.. 1
      2. Alkylations of Nitriles, Acids and Acid Derivatives............ 5
      3. Alkylations of β-Dicarbonyl, β-Cyanocarbonyl Systems,
         and Other Active Methylene Compounds............................ 9
      4. Alkylations of N-, P-, S-, Se and Similar Stabilized
         Carbanions.. 12
      5. Alkylations of Organometallic and Related Reagents
         (see also: I.B.3.,I.B.4., I.F., I.G.).. 15
      6. Other Alkylation Procedures... 22
      7. Nucleophilic Addition to Electrophilic Carbon.................... 22
         a. 1,2-Additions... 22
            (1) Aldol-Type 1,2-Additions 22
            (2) Addition of N-, P-, S-, Se and Similar Stabilized
                Carbanions... 31
            (3) Addition of Organometallic and Related Species..... 33
            (4) Other 1,2-Additions 48
         b. Conjugate Additions.. 52
            (1) Enolate-Type Carbanions..................................... 52
            (2) Organometallic and Related Reagents............... 56
            (3) Other Conjugate Additions.................................. 62
      8. Other Carbon-Carbon Single Bond Forming Reactions......... 65
   B. Carbon–Carbon Double Bonds (See also: I.E.1)............................. 70
      1. Wittig-Type Olefination Reactions....................................... 70
      2. Eliminations.. 73
         a. Alcohols and Derivatives... 73
         b. Halides.. 76
         c. Other Eliminations.. 78
      3. Other Carbon-Carbon Double Bond Forming Reactions..... 79
      4. Vinylations... 85
      5. Allene Forming Reactions.. 90
   C. Carbon–Carbon Triple Bonds.. 92
   D. Cyclopropanations... 96
      1. Carbene or Carbenoid Additions to a Multiple Bond.......... 96
      2. Other Cyclopropanations... 98
   E. Thermal and Photochemical Reactions... 102
      1. Cycloadditions... 102
      2. Other Thermal Reactions... 120
      3. Photochemical Reactions.. 122
   F. Aromatic Substitutions Forming a New Carbon-Carbon Bond.. 130
      1. Friedel-Crafts Type Aromatic Substitution Reactions........... 130
      2. Coupling Reactions to Form Aromatic-Aromatic Bonds........ 133

	3. Other Aromatic Substitutions and Preparations	137
G.	Synthesis via Organometallics	146
	1. Synthesis via Organoboranes	146
	2. Carbonylation Reactions	148
	3. Other Syntheses via Organometallics	153
H.	Rearrangements	156
	1. Claisen, Cope and Similar Processes	156
	2. Other Rearrangements	161

II. OXIDATIONS
- A. C-O Oxidations 173
  1. Alcohol → Ketone, Aldehyde 173
  2. Alcohol, Aldehydes → Acids, Esters 175
- B. C-H Oxidations 176
  1. C-H → C-O 176
  2. C-H → C-Hal 181
- C. C-N Oxidations 183
- D. Amine Oxidations 183
- E. Sulfur Oxidations 184
- F. Oxidative Additions to C-C Multiple Bonds 185
  1. Epoxidations 185
  2. Hydroxylation 188
  3. Other Oxidative Additions to C-C Multiple Bonds 189
- G. Phenol-Quinone Oxidation 192
- H. Dehydrogenations 193
- I. Other Oxidations 194

III. REDUCTIONS
- A. C=O Reductions (see also III.F.1) 198
- B. C-N Multiple Bond Reductions 204
  1. Imine Reductions 204
  2. Reduction of Heterocycles 205
- C. Reduction of Sulfur Compounds 206
- D. N-O Reductions 207
- E. C-C Multiple Bond Reductions 208
  1. C=C Reductions 208
  2. C≡C Reductions 212
- F. Hetero Bond Reductions 213
  1. C-O→C-H 213
  2. C-Hal→C-H 216
  3. C-S→C-H 218
- G. Reductive Cleavages 219
  1. Oxiranes 219
  2. N-O Cleavage 221
  3. Other Reductive Cleavages 221
- H. Reduction of Azides 224

CONTENTS

IV. SYNTHESIS OF HETEROCYCLES
- A. Oxiranes, Aziridines, and Thiiranes.. 224
- B. Oxetanes, Azetidines, and Thietanes.. 226
- C. Lactams.. 228
- D. Lactones.. 235
- E. Furans and Thiophenes... 244
- F. Pyrroles, Indoles, etc.. 251
- G. Pyridines, Quinolines, etc... 261
- H. Pyrans, Pyrones, and Sulfur Analogues....................................... 268
- I. Other Heterocycles with One Heteroatom.................................. 273
- J. Heterocycles with a Bridgehead Heteroatom............................. 276
- K. Heterocycles with Two or More Heteroatoms........................... 280
    1. Heterocycles with 2 N's.. 280
        - a. 5-Membered.. 280
        - b. 6-Membered.. 284
        - c. 7-Membered.. 287
    2. Heterocycles with 2 O's or 2 S's... 288
    3. Heterocycles with 1 N and 1 O.. 290
    4. Heterocycles with 1 N and 1 S... 296
    5. Heterocycles with 1 O and 1 S... 299
    6. Heterocycles with 3 or more N's.. 300
    7. Heterocycles with 2 N's and 1 O... 302
    8. Heterocycles with 2 N's and 1 S or 1 Se.............................. 303
- L. Other Heterocyles.. 305
- M. Reviews... 306

V. PROTECTING GROUPS
- A. Hydroxyl Protecting Groups.. 315
- B. Amine Protecting Groups... 320
- C. Carboxyl Protecting Groups 322
- D. Aldehyde and Ketone Protecting Groups................................... 324
- E. Amino Acid Protection... 327
- F. Other Protecting Groups.. 329

VI. USEFUL SYNTHETIC PREPARATIONS
- A. Functional Group Preparations... 331
    1. Acetals and Ketals... 331
    2. Acids and Anhydrides (see also: I.G.2.)................................ 333
    3. Alcohols and Related Species (see also: II.B.1., III.A., V.C., VI.A.9.).. 336
    4. Aldehydes and Ketones (see also: I.A.1., I.G.2., II.A.1....... 339
    5. Amides... 342
    6. Amines and Carbamates.. 347
    7. Amino Acid Derivatives... 352
    8. Azides... 357
    9. Esters (see also: I.G.2., IV.D., V.C., VI.A.3)....................... 360
    10. Ethers... 364
    11. Halides (see also: II.B.2.)... 367
    12. Nitriles and Imines.. 372
    13. Other N-Containing Functional Groups.............................. 374

B. Additions to Alkenes and Alkynes.. 380
C. Nucleotides, etc.. 383
D. Phosphorus, Selenium and Tellurium Compounds..................... 385
E. Silicon Compounds... 388
F. Sulfur Compounds.. 391
G. Tin Compounds... 396

VII. REVIEWS
A. Techniques.. 398
B. Asymmetric Synthesis and Molecular Recognition.................... 401
C. Reactions.. 407
D. Reactive Intermediates.. 410
E. Organo-metallics and -metalloids.. 413
F. Halogen Compounds and Halogenation (see also: VI.A.11.)....... 420
G. Natural Products... 420
H. Others (see also: IV.M.).. 427

AUTHOR INDEX.. 435

PREFACE

One of the most difficult problems facing chemists today is that of "keeping up with the literature." For several reasons, the problem is particularly severe for the synthetic organic chemist. Bits of information of potential use are scattered throughout common chemistry journals and can be found in any paper, not just those dealing strictly with synthesis. Thus, synthetic chemists must read a large number of journals and must organize and index what they read to make the information available for future reference. All synthetic chemists do this, but the task is becoming more difficult each year as the flow of information increases.

The problem, however, is shared to some extent by all. Most organic chemists are at some time faced with the problem of synthesizing a desired material, and for many the problems are formidable. Non specialists faced with the synthetic problem are not likely to have kept pace with the developments in synthetic chemistry that may well solve their problems, and they will not have the necessary information in their files.

Thus, we felt that an organized annual review of synthetically useful information would prove beneficial to nearly all organic chemists, both specialists and non specialists in synthesis. It should help relieve some of the information storage burden of the specialist and should enable the non specialist who is seeking help with a specific problem to rapidly become aware of recent synthetic advances. Ideally also, it should appear as promptly as possible after the close of the abstracting period. As in the past years, we have placed particular emphasis on keeping the abstracts as concise as possible, while indicating the generality of the reactions involved. We have tried to combine similar publications into inclusive abstracts. This practice has allowed us to include a larger number of references without a substantial increase in the book's length. It should be noted that where multiple references are included in the abstract, the first mentioned refers to the equation presented. The remaining references are similar but not identical. To further aid the readers, we have tried to separate less similar references from those represented by the graphic by the phrase "see also:". We have allowed for two such separations per graphic. The year has omitted from each reference as presumably all are from 1994. Any references from

1993 (journals received after our February 1 cutoff date) are noted appropriately. In an effort to be more space efficient, we have adopted letter abbreviations for the journal references from Katritzky's Handbook of Heterocyclic Chemistry. See the List of Abstracted Journals for definitions of these letter abbreviations; they are alphabetized by the abbreviations rather than the journal name. The name of the Journal of Organic Chemistry (USSR) was changed to the Russian Journal of Organic Chemistry which is reflected by the letter abbreviation RJOC.

In producing *Annual Reports in Organic Chemistry–1995* we have abstracted 47 primary chemistry journals, selecting useful synthetic advances. We have tried to present the information in an organized manner, emphasizing rapid visual retrieval. The purpose of this emphasis is to aid the reader in scanning the book. The mind is capable of absorbing a whole picture in an instant, but is considerably slowed by having to read sentences. If the pictures presented catch the reader's interest, he or she should then seek details from the original paper. Only the common journals received by our libraries have been abstracted. Any journal received after February 1, 1995 will be covered in the next volume. We have also exercised selectivity in choosing which papers to abstract. Our general guidelines have been to include reactions and methods that are new, synthetically useful, or reasonably general.

The author index is based on the name of the senior author or sometimes the first author. No subject index is included because we feel the Table of Contents serves that function. Chapters I–III are organized by reaction type and, hopefully, the organization is self-explanatory; thus, there should be no difficulty in locating a new method of oxidation or a new cyclopropanation procedure. Chapter IV deals with methods of synthesizing heterocyclic systems. Where fused ring systems bearing multiple heterocyclic rings are synthesized, we have chosen to categorize the heterocyclic system by the ring formed in the reaction. Chapter V covers the use of protecting groups. Chapter VI deals with those synthetically useful transformations that do not fit easily into the first three chapters. In Chapter VII, the reviews have been divided into sections to help the reader to quickly find a review on a specific topic. Heterocyclic reviews may be found at the end of Chapter IV.

Any undertaking of this type involves a series of compromises. We have chosen to emphasize reasonable cost and rapid visual retrieval of information at the admitted expense of detail and beauty.

The task of typing and preparing the graphics was done by the editors, and we hope the readers will forgive the inevitable typos and other minor "glitches". M̃ost are of our doing whereas others can be attributed to the computer or to our inability to master the nasty little black box.

Comments (negative or preferably positive) or suggestions from the reader will be well received by the senior editor.

Senior and Contributing Editor
Philip M. Weintraub

Contributing Editors
Kenneth Turnbull
Daniel M. Ketcha
Raymond S. Gross
Tony Y. Zhang

JOURNALS ABSTRACTED

AA	Aldrichimica Acta
ACR	Accounts of Chemical Research
ACS	Acta Chemica Scandinavia
AG(E)	Angewandte Chemie International Edition in English
AJC	Australian Journal of Chemistry
BCJ	Bulletin of the Chemical Society of Japan
BSB	Bulletin de Societies Chimiques Belges
BSF	Bulletin de la Societie Chimique de France
CB	Chemische Berichte
CC	Journal of the Chemical Society Chemical Communications
CCC	Collection of Czechoslovakian Chemical Communications
CI(L)	Chemistry and Industry (London)
CJC	Canadian Journal of Chemistry
CL	Chemistry Letters
CPB	Chemical and Pharmaceutical Bulletin
CRV	Chemical Reviews
CSR	Chemical Society Reviews
G	Gazzetta Chimica Italiana
H	Heterocycles
HCA	Helvetica Chimica Acta
JACS	Journal of the American Chemical Society
JCR(S)	Journal of Chemical Research (S)
JCS(P1)	Journal of the Chemical Society (Perkin I)
JCS(P2)	Journal of the Chemical Society (Perkin II)
JHC	Journal of Heterocyclic Chemistry
JMC	Journal of Medicinal Chemistry
JOC	Journal of Organic Chemistry
JOM	Journal of Organometallic Chemistry
JOU	Journal of Organic Chemistry (USSR)
JPR	Journal fur Praktische Chemie/Chemische Zeitung
LA	Liebigs Annalen der Chemie
M	Monatshefte fur Chemie
OM	Organometallics
OPP	Organic Preparations and Procedures International
OS	Organic Synthesis
PAC	Pure and Applied Chemistry

RCR	Russian Chemical Reviews
RJOC	Russian Journal of Organic Chemistry
RTC	Recueil des Traveaux Chimiques des Pays-bas
S	Synthesis
SC	Synthetic Communications
SL	Synlett
ST	Steroids
T	Tetrahedron
TA	Tetrahedron Asymmetry
TCC	Topics in Current Chemistry
TL	Tetrahedron Letters

GLOSSARY OF ABBREVIATIONS

9-BBN	9-borabicyclo[3.3.1]nonane
18-Cr-6 = 8-C-6	18-crown-6
AA	amino acid
Ac	acetyl
acac	acetonylacetone
ad	adamantanyl
ADDP	1,1'-(azadicarbonyl)dipiperidine
AIBN	azobisisobutyronitrile
All	allyl
Alloc = ALOC	allyloxycarbonyl
An	*p*-anisyl
aq	aqueous
Ar	aryl
ATPH	aluminum tris(2,6-diphenylphenoxide)
BCN	N-benzyloxycarbonyl-oxy-5-norbornene-2,3-dicarboximide
BDPP	(2*R*, 4*R*) or (2*S*, 4*S*) 2,4-bis(diphenylphos-phino)pentane
BER	borohydride exchange resin
BINAL-H	LiAlH$_4$/ethanol/1,1'-bis-2-naphthol complex
BINAP = DINAP	2,2'-bis-(diphenylphosphino)-1,1'-binaphthyl
Bn	benzyl
Boc	*t*-butyloxycarbonyl
BOM	benzyloxymethyl
BPO	benzoyl peroxide
bpy	bipyridyl
BQ	benzoquinone
BSA	bovine serum albumin
BSA	N,O-bis-silylacetamide
Bt	1- or 2-benzotriazolyl
BTEAC	benzyl triethylammonium chloride
BTFP	2-bromotrifluoroisoprene
BTMA	benzyltrimethyl ammonium
BTS	bis(trimethylsilyl)sulfate
BTSP	bis(trimethylsilyl) peroxide
Bu	butyl
Bz	benzoyl
CAMB	2-(chloroacetoxymethyl)benzoyl
CAN	ceric ammonium nitrate
cat.	catalyst
Cbz	benzyloxycarbonyl
CCE	constant current electrolysis
CHD	cyclohexadiene
Chx$_2$PI	dicyclohexyl iodoborane
cod	1,5-cyclooctadiene
cot	cyclooctatriene
Cp	cyclopentadienyl
Cr-PILC	chromium-pillared clay catalyst
CRA	complex reducing agent
CSA	camphor sulfonic acid
CTAB	cetyl trimethyl-ammonium bromide
CTMS = TMCS	chlorotrimethylsilyl
Cy	cyclohexyl
D	heat
d	day
DABCO	1,4-diazabicyclo[2.2.2]octane
DAMFA	(diethylaminoethylene) hexafluoroacetylacetone
DAST	diethylaminosulfurtrifluoride
DATMP	diethylaluminum 2,2,6,6-tetramethylpiperidide
dba	dibenzylidene acetone
DBAD	di-*tert*-butylazodicarboxylate
DBH	di-*tert*-butyl hyponitrite

DBS	dibenzosuberyl	DMPU	N,N'-dimethyl-propylene-urea
DBU	1,5-diazabicyclo[5.4.0]-undec-5-ene	DMSO	dimethylsulfoxide
DCA	9,10-dicyanoanthracene	DMT	4,4'-dimethoxytrityl
DCB	dichlorobenzene	DMTr	dimethyltrityl
DCC	dicyclohexylcarbodiimide	DPDC	di-isopropyl peroxydicarbonate
DCE	1,2-dichloroethane		
DDQ	2,3-dichloro-5,6-dicyanobenzoquinone	DPDM	diphenyl diazomethane
		DPEDA	1,2-diphenylethane-1,2-diamine
de = d.e.	diastereomeric excess		
DEAD	diethyl azodi-carboxylate	DPPA	diphenylphosphorazidate
DEPC	diethyl cyanophosphoridate	dppb	bis(1,4-diphenylphosphino)butane
DET	diethyl tartrate	dppe = DPPE	diphenylphosphinoethane
DHQD	dihydroquinidine		
DIAD	diisopropylazodicarboxylate	dppf	dichloro[1,1'-bis-(diphenylphosphinoferrocene)]
DIB	(diacetoxyiodo)benzene		
DIBAH = DIBAL	diisobutylaluminum hydride	dppp	1,3-(diphenylphosphino)-propane
DINAP = BINAP	2,2'-bis-(diphenylphosphino)-1,1'-binaphthyl	DPS	t-butyldiphenylsilyl
		dr	diastereomeric ratio
		ds	diastereoselectivity
DIOP	2,3-O-isopropylidene-2,3-dihydroxy-1,4-bis-(diphenylphosphino)-butane	DTBB	4,4'-di-tert-butylbiphenyl
		DTBP	2,6-di-t-butylpyiidine
		DTE	dithioerythritol
		E	general electrophile
dippp	1,3-bis(diisopropylphosphino)propane	EDCP	ethylene dicarboxylic diphosphonic acid
DMA	N,N-dimethylacetamide	EDTA	ethylenediamine tetraacetic acid
DMAD	dimethyl acetylene dicarboxylate		
DMAP	4-(N,N-dimethyl)-aminopyridine	ee = e.e.	enantiomeric excess
		en	ethylene diamine
DMB	2,3-dimethylbuta-1,3-diene	Et	ethyl
DMD	dimethyl dioxirane	EWG	electron withdrawing group
DME	dimethoxyethane		
DMF	dimethylformamide	F_c	ferrocenyl
DMI	1,3-dimethylimidazolidin-2-one	FDP	fructose-1,6-diphosphate
		FePHEN	tris(1,10-phenanthroline)iron(III)hexafluorophosphate
DMM	dimethoxymethane		
DMN	1,5-dimethoxynaphthalene		
DMP	2,6-dimethylphenol	fl	flavin
DMPS	dimethylphenylsilyl	flosyl = Fs	fluorosulfonate

GLOSSARY

Fmoc	9-fluorenylmethoxycarbonyl
fod	6,6,7,7,8,8,8-heptafluoro-2,2-dimethyl-3,5-octanedione
Fs = flosyl	fluorosulfonate
FTT	1-fluoro-2,4,6-trimethylpyridinium triflate
FVP	flash vapor pyrolysis
Gr	graphite
h	hours
Hap	hydroxyapatite
Hbz	2-hydroxybenzyl
hfacac	hexafluoroacetylacetone
HFB	heptafluorobutyl ether
HFIP	1,1,1,3,3,3-hexafluoro-2-propanol
HGK	4-hydroxy-2-ketoglutarate
Hmb	2-hydroxy-4-methoxybenzyl
HMDS	1,1,1,3,3,3-hexamethyldisilazane
HMPA = HMPT	hexamethylphosphoramide
hv	irradiation with light
HTIB	[hydroxy(p-tolylsulfonyloxy)iodo]benzene
L-selectride	lithium tri-^{s}butylborohydride
L.R.	Lawesson's reagent
LAH	lithium aluminum hydride
LDA	lithium diisopropylamide
LDBB	lithium 4,4'-^{t}butylbiphenylide
liq.	liquid
LTMP	lithium 2,2,6,6-tetramethylpiperidide
MABR	methylaluminum bis(4-bromo-2,6-di-^{t}butylphenoxide)
MAD	methylaluminum bis-(2,6-di-^{t}butyl-4-methylphenoxide)
MAPH	methylaluminumbis(2,6-diphenoxide)
MBT	2-mercaptobenzothiazole
MCPBA	m-chloroperbenzoic acid
Me	methyl
Mek	methyl ethyl ketone
MEM	β-methoxyethoxymethyl
Mes = mesityl	2,4,6-trimethylphenyl
MMPP	magnesium monoperoxyphthalate
MOM	methoxymethyl
MPD	1-methylpyrrolidone
MPM	methoxy(phenylthio)methyl
Mpm = PMB	p-methoxy-benzyl
MS	molecular sieves
Ms	methanesulfonyl
MSA	methanesulfonic acid
MSH	o-mesitylenesulfonyl hydroxylamine
MTO	methyltrioxorhenium
MTPA	methoxy-α-trifluoromethylphenylacetyl
MV^{2+}	methyl viologen
mw	microwave
Naph = Np	naphthyl
NBS	N-bromosuccinimide
NCS	N-chlorosuccinimide
NFOBS	N-fluoro-O-benzenedisulfonimide
NIS	N-iodosuccinimide
NMO	N-methylmorpholine-N-oxide
Np = Naph	naphthyl
NPM	N-phenylmaleimide
NR	no reaction
Nuc	general nucleophile
[O]	general oxidation
PBP	pyridinium bromide perbromide
PCC	pyridinium chloro chromate
PDC	pyridinium dichromate
PEG	polyethylene glycol

Pf	9-phenylfluorenyl	SEM = TEOC	β-trimethylsilylethoxymethyl
pfb	perfluorobutyrate	SES	2-[(trimethylsilyl)ethyl]sulfonyl
Ph	phenyl	Sia	Siamyl
Ph-H	benzene	SMEAH	sodium bis(2-methoxyethoxy)aluminum hydride
Ph-Me	toluene	TASF	tris(dimethylamino)sulfur(trimethylsilyl)difluoride
Phth	phthalimide	TBAB	tetrabutylammonium bromide
PhTRAP	2,2'-bis[1-(diphenylphosphino)ethyl]-1,1'-biferrocene	TBAF	tetrabutylammonium fluoride
pic	2-pyridinecarboxylate	TBAHS	tetra-n-butylammonium hydrogen sulfate
PIDA	phenyliodonium diacetate	TBCO	tetrabromocyclohexadienone
PIFA	phenyliodo bis-(trifluoroacetate)	TBDMS = TBS	t-butyldimethylsilyl
PLAP	porcine liver acetone powder	TBDPS	^{t}butyldiphenylsilyl
PMB = Mpm	p-methoxybenzyl	Tbfmoc	Tetrabenzo[a,c,g,i]fluorenyl-17-methyloxycarbonyl
PMP	1,2,2,6,6-pentamethylpiperidine	TBHP	^{t}butyl hydroperoxide
PMP	p-methoxyphenyl	TBME	^{t}butyl methyl ether
PNB	p-nitrobenzyl	TBP	tributylphosphine
PNZ	p-nitrobenzyloxycarbonyl	TBS = TBDMS	t-butyldimethylsilyl
PPA	polyphosphoric acid	TBSOP	N-^{t}butylcarbonyl-2-(^{t}butyldimethylsiloxy)pyrrole
PPHF	pyridinium polyhydrogen fluoride	TBTH	tributyltin hydride
ppp	poly(p-phenylene)	TBTSP	t-butyl trimethylsilyl peroxide
PPTS	pyridinium p-toluenesulfonate	TCAA	trichloroacetyl anhydride
Pr	propyl	TCF	trichloromethyl chloroformate
psi	pounds per square inch	TCIA	trichloroisocyanuric acid
PTAB	phenyltrimethylammonium perbromide	TCNE	tetracyanoethylene
PTC	phase transfer catalysis	TCNEO	tetracyanoethylene oxide
PTS	p-tolylsulphonate	TCP	tetrakis(methoxycarbonyl)palladacyclopentadiene
PTSA	p-toluenesulfonic acid	TDS	dimethyl thexylsilyl
pyr	pyridine		
rac	racemic		
RaNi	Raney nickel		
R$_f$	perfluorinated alkyl		
rt	room temperature		
Salen	N,N'-ethylenebis(salicylideniminato)		
SAMP	(s)-1-amino-2-methoxymethylpyrrolidine		

TEA	triethylamine	TMS	trimethylsilyl
TEBA	Benzyl trimethyl-ammonium chloride	TMSDEA	N,N-diethyltrimethyl-silylamine
TEOC = SEM	β-trimethylsilyl-ethoxymethyl	TMSA = TMSDEA	N,N-diethyltrimethyl-silylamine
TEP	triethylphosphite	TMU	tetramethylurea
TES	triethylsilyl	TNM	tetranitromethane
Tf	trifluoro-methanesulfonyl	Tol	tolyl
TFA	trifluoroacetic acid	Tos = Ts	p-toluenesulfonyl
TFAA	trifluoroacetic anhydride	TPCD	tetrapyridine cobalt(II) dichromate
TFE	trifluoroethanol	TPP	Tetraphenylporphyrin
TFMSA	trifluoromethane-sulfonic acid	TPP	triphenyl phosphine
TFP	1,1,1-trifluoro-2-propanol	TPPTS	m-sulfonated triphenyl-phosphine
TFP	tris-2-furylphosphine	Tr	trityl
TFPZ	trifluoroisopropenyl zinc	TROC	2,2,2-trichloro-etoxycarbonyl
THF	tetrahydrofuran	Ts = Tos	p-toluenesulfonyl
THP	tetrahydropyranyl	TSE	2-(trimethylsilyl)ethyl
TIPS	tri-^{i}propylsilyl	TT Co(II) Pc	tetrabutyl-ammonium cobalt(II) phthalocyanine-5,12,19,26-tetrasulfate
TMABr	tetramethylammonium bromide		
TMAF	tetramethylammonium fluoride	TTOC	thiazolethione oxycarbonyl
TMAO = TMANO	trimethyl-amine N-oxide	wk	week
		Z	benzyloxycarbonyl
TMCS = CTMS	chlorotrimethyl-silyl	Ⓟ	polymeric support
TMEDA	tetramethyl-ethylenediamine	((٠	= US ultrasound
TMG	1,1,3,3-tetramethyl-guanidine		
Tmob	2,4,6-trimethoxybenzyl		
TMP	2,2,6,6-tetramethyl-piperidine		

I
CARBON–CARBON BOND FORMING REACTIONS

I.A. Carbon - Carbon Single Bonds
(see also: I.E., I.F., I.G., I.H.)

I.A.1. Alkylations of Aldehydes, Ketones and Their Derivatives

I.A.1-1 Kulinkovich, O.G. and Sorokin, V.L., *JOU*, **30**, 190.

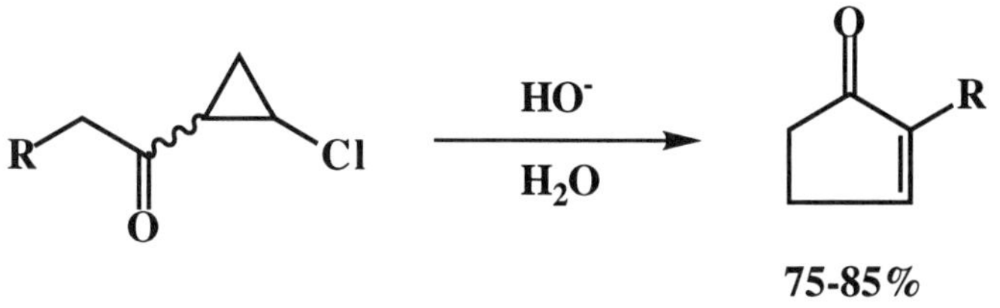

75-85%

I.A.1-2 Crotti, P. et al., *TL*, **35**, 6537.

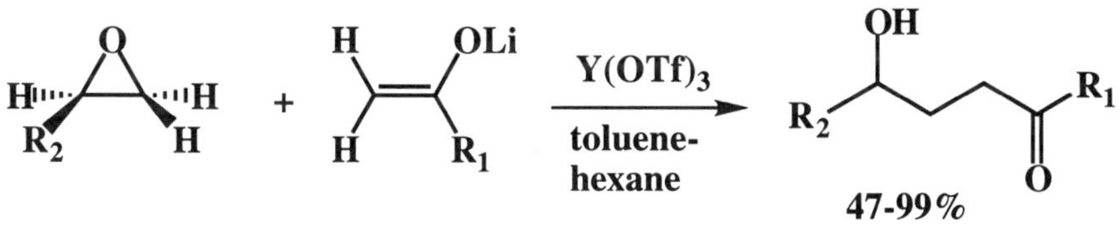

47-99%

I.A.1-3 Bulman Page, P.C., *TL*, **35**, 2607.

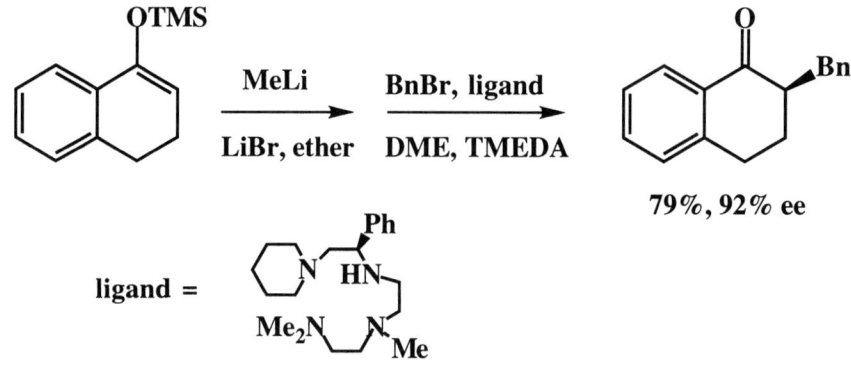

R = (isopentyl-CH₂)

57%

I.A.1-4 Koga, K. et al., *JACS*, **116**, 8829.

79%, 92% ee

I.A.1-5 Cahiez, G. et al., *TL*, **35**, 3065 & 3069.

85%, >97% regioselectivity

I.A.1-6 Fukumoto, K. et al., *SL*, 597 and *T*, **50**, 3673.

I.A.1-7 Kotsuki, H. et al., *H*, **38**, 17; Kibayashi, C. et al., *TL*, **35**, 6119; see also: Kuwajima, I. et al., *JOC*, **59**, 3165.

I.A.1-8 Angers, P. and Canonne, P., *TL*, **35**, 367.

I.A.1-9 Hirao, T. et al., *T*, **50**, 10207.

[Reaction: silyl enol ether $R^1R^2CH-C(OTMS)=CR^3R^4$ + $CH_2=C(R^5)CH_2TMS$ with $VO(OEt)Cl_2$ gives $R^1R^2CH-C(=O)-CR^3R^4-CH_2-C(R^5)=CH_2$, 32-66%]

I.A.1-10 Yoshida, J., Isoe, S. et al., *TL*, **35**, 5247.

[Reaction: $R-CH(OCO_2Me)-SnBu_3$ + $CH_2=C(OTMS)CH_3$ with anodic oxidation / Bu_4NClO_4 gives $R-CH(OCO_2Me)-CH_2-C(=O)CH_3$, 52-94%]

R = C_7H_{15}, Ph

I.A.1-11 Enders, D. et al., *T*, **50**, 3349, *SL*, 792, 1054 and *CB*, **127**, 1707; **see also:** Augeri, D.J. and Chamberlin, A.R., *TL*, **35**, 5599.

[Reaction: SAMP hydrazone of RSCH₂CHO, 1) LDA, 0°C; 2) R'X, -110°C gives α-alkylated hydrazone, 72-94%, 83->96% de]

I.A.2. Alkylations of Nitriles, Acids and Acid Derivatives

I.A.2-1 Melikyan, G.G. et al., *JOU*, **30**, 222.

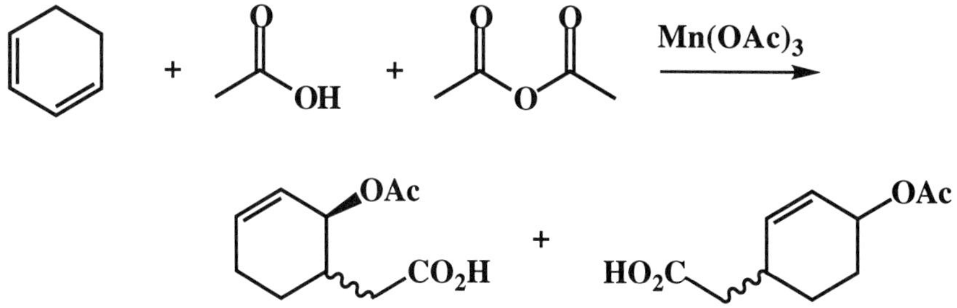

I.A.2-2 Jenkins, P.R. et al., *TL*, **35**, 5501; see also: McIntosh, J.M., Ager, D.J. et al., *T*, **50**, 1967 and 1975; see also: Costa, P.R.R. et al., *TA*, **5**, 1219.

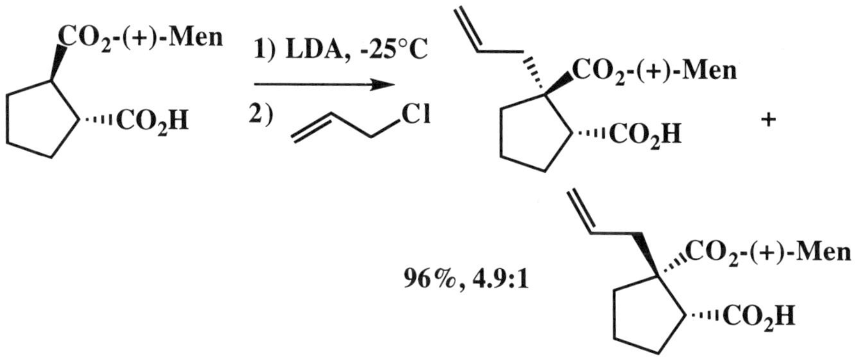

96%, 4.9:1

other chiral auxiliaries used similarly

I.A.2-3 North, M. et al., *TL*, **35**, 6335.

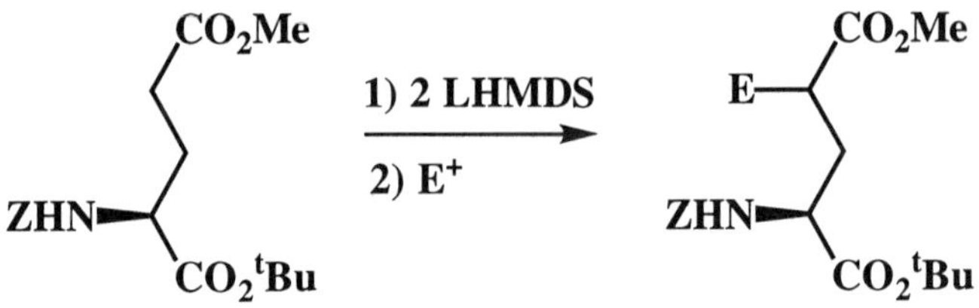

[Structure: ZHN-CH(CO$_2$Me-CH$_2$CH$_2$-)CO$_2^t$Bu] →(1) 2 LHMDS; 2) E$^+$)→ [Structure: ZHN-CH(CH$_2$CH$_2$-CHE-CO$_2$Me)CO$_2^t$Bu]

50-80%

I.A.2-4 Royer, J. et al., *JOC*, **59**, 3769; Smith, A.B., III Hirschmann, R. et al., *TL*, **35**, 8977; **see also**: Kim, D. et al., *TL*, **35**, 9211.

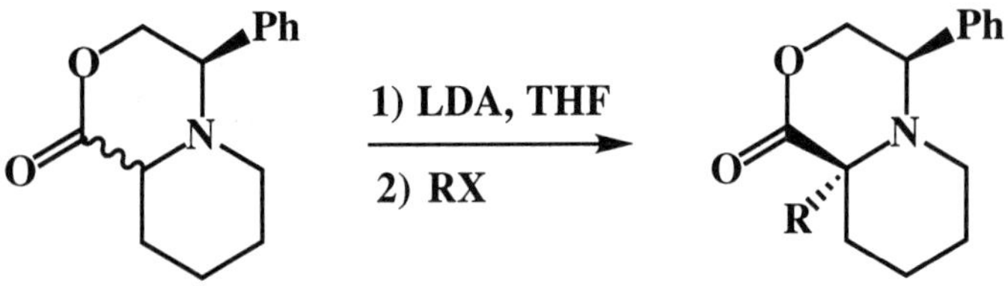

[Bicyclic lactam with Ph substituent] →(1) LDA, THF; 2) RX)→ [Alkylated bicyclic lactam with Ph and R]

7:3 mixture   62-79%, 93-97% de

I.A.2-5 Sakai, K. et al., *T*, **50**, 3315.

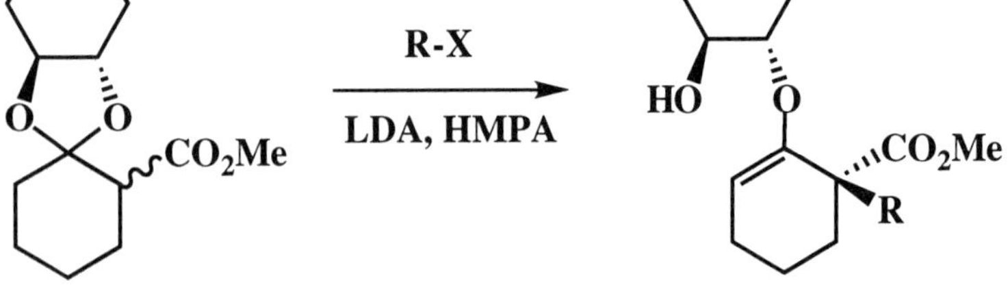

[Spiro bis-cyclohexyl ketal with CO$_2$Me] →(R-X, LDA, HMPA)→ [cyclohexenol-substituted cyclohexene with CO$_2$Me and R]

84-96%

I.A.2-6 Davies, S.G. and Walters, I.A.S., *JCS(P1)*, 1129, 1141, 1411.

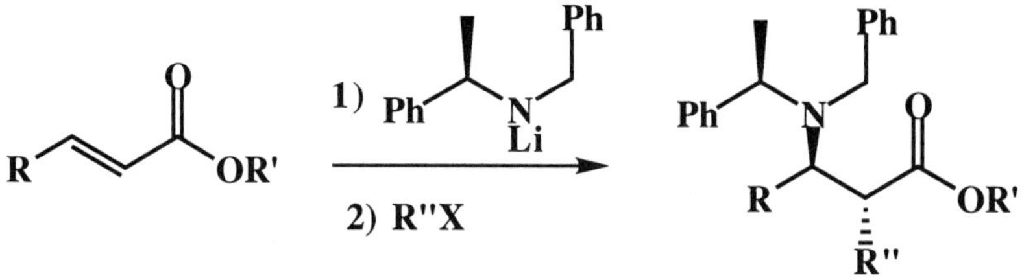

42-79%
1:1 to 13:1 anti

I.A.2-7 Ghelfi, F. et al., *TL*, **35**, 7263.

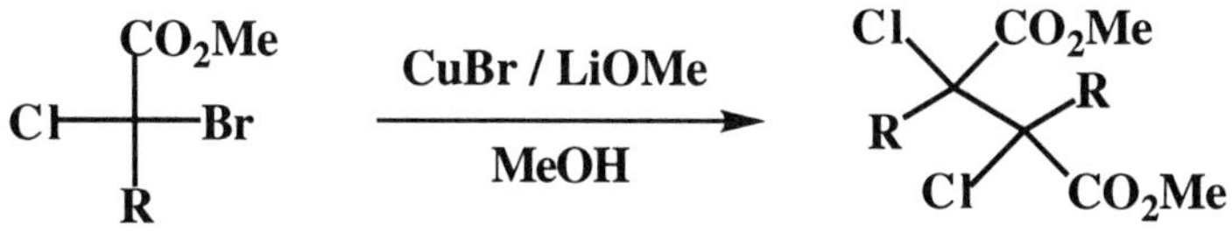

17-81%

I.A.2-8 Quirion, J.-C. et al., *TL*, **35**, 7223, 7227.

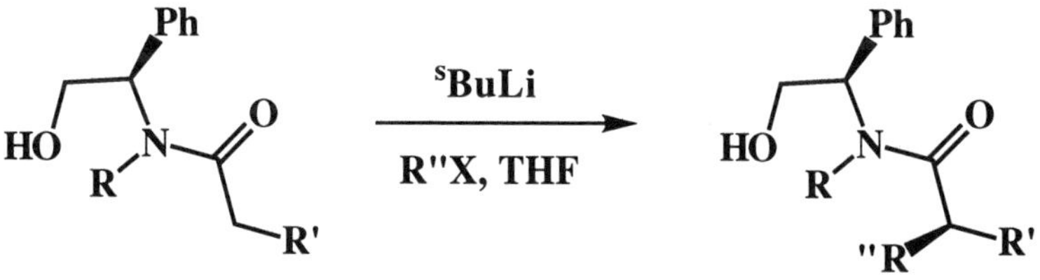

27-84%, 80-99% de

I.A.2-9 Iseki, K., Nagai, I. and Kobayashi, Y., *TA*, **5**, 961; Imaeda, T., Hamada, Y. and Shioiri, T., *TL*, **35**, 591; **see also**: Davies, S.G. et al., *TA*, **5**, 585; **see also:** Thirring, K. et al., *CC*, 1291.

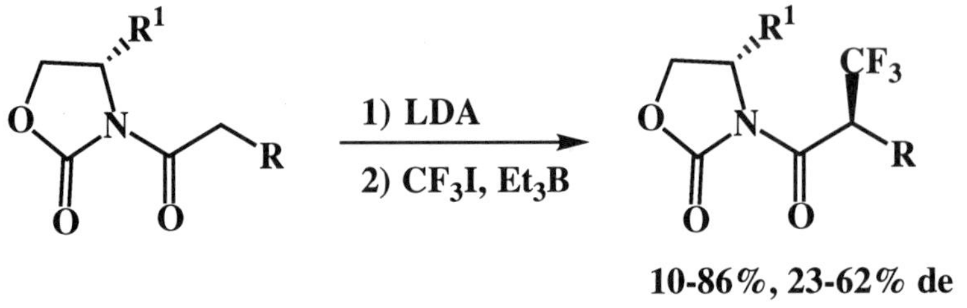
R1
O
N
O
O
R
1) LDA
2) CF3I, Et3B
R1
CF3
O
N
R
O
O
10-86%, 23-62% de

I.A.2-10 Palomo, C. et al., *CC*, 1861; **see also:** Oppolzer, W. et al., *HCA*, **77**, 2363.

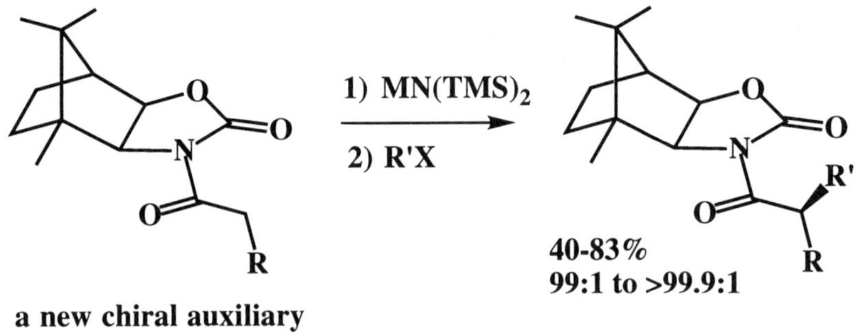
O
O
N
O
R
a new chiral auxiliary
1) MN(TMS)2
2) R'X
O
O
N
R'
O
R
40-83%
99:1 to >99.9:1

I.A.2-11 Reetz, M.T. et al., *TL*, **35**, 8769.

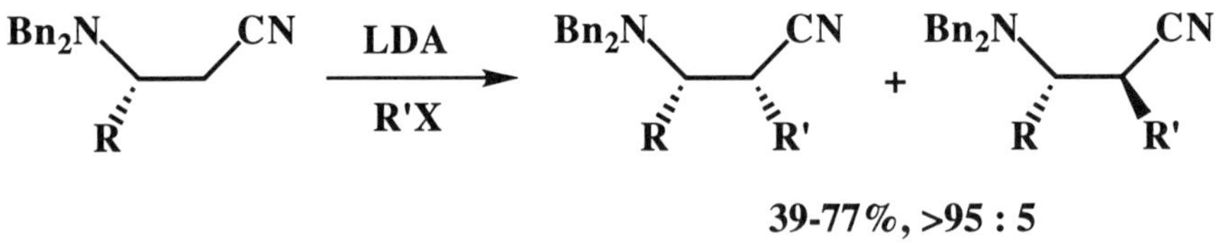
Bn2N
CN
R
LDA
R'X
Bn2N
CN
R
R'
+
Bn2N
CN
R
R'
39-77%, >95 : 5

I.A.2-12 Leahy, J.W. et al., *TL*, **35**, 7601.

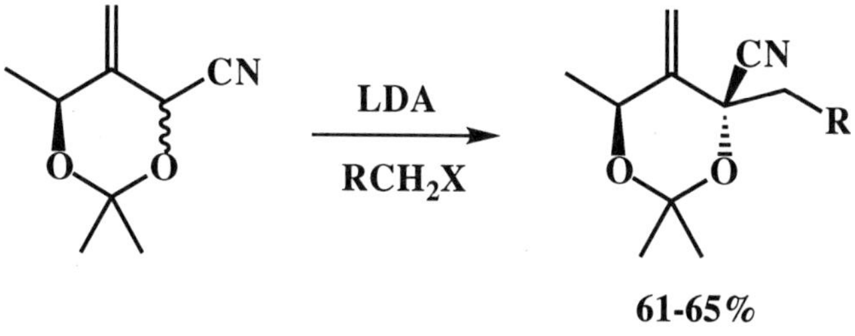

61-65%
product stereochemistry opposite to that expected

I.A.3. Alkylations of β-Dicarbonyl, β-Cyanocarbonyl Systems and Other Active Methylene Compounds

I.A.3-1 Iqbal, J. et al., *T*, **50**, 9145.

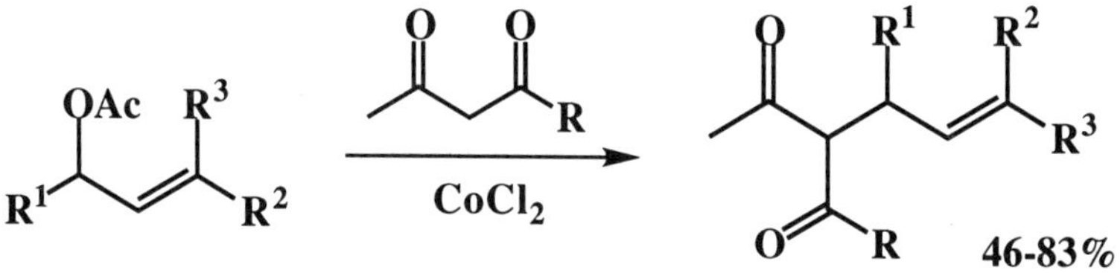

46-83%

I.A.3-2 Groth, U. et al., *LA*, 891, 665, 669; Nagasaka, T. et al., *H*, **39**, 171.

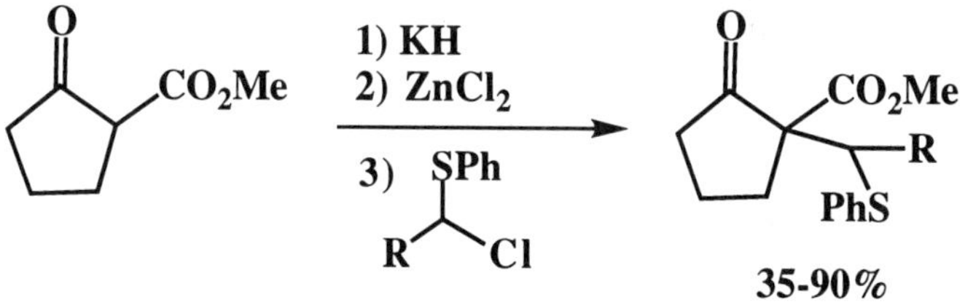

35-90%

other Lewis acids, bases and leaving groups also used

I.A.3-3 Rayner, C.M. et al., *CC*, 2597.

$$R^1\text{-}C(R^2)(C(O)\text{-})(C(O)OR^3) \xrightarrow[2)\ \text{pyrrolidine-S}^+(Ph)(OMe)\ BPh_4^-]{1)\ \text{NaH, DME}} R^1\text{-}C(Me)(R^2)(C(O)\text{-})(C(O)OR^3)$$

>90%

I.A.3-4 Thomas, H.G. et al., *CB*, **127**, 1257.

$$R^1\text{-}CH(CO_2R^2)_2 \xrightarrow[\text{MeCN}]{e^-} R^1\text{-}C(CO_2R^2)_2\text{-}C(CO_2R^2)_2\text{-}R^1$$

9-90%

I.A.3-5 Tanner, D. et al., *TL*, **35**, 4631; Kubota, H. and Koga, K., *TL*, **35**, 6689; Helmchen, G. et al., *TL*, **35**, 8595; Trost, B.M. et al., *TL*, **35**, 5817; Akermark, B., Vitagliano, A. et al., *OM*, **13**, 1963.

$$\text{Ph-CH=CH-CH(OAc)-Ph} \xrightarrow[\text{Pd(II), cat.}]{\text{NaCH(CO}_2\text{Me})_2} \text{Ph-CH=CH-CH(CH(CO}_2\text{Me})_2)\text{-Ph}$$

89%, >99% ee

cat. = bis(aziridine) ligand with Ph substituents linked by ethylene bridge

similar reactions reported with other chiral ligands

I.A.3-6 Wendt, J.A. et al., *JACS*, **116**, 9921.

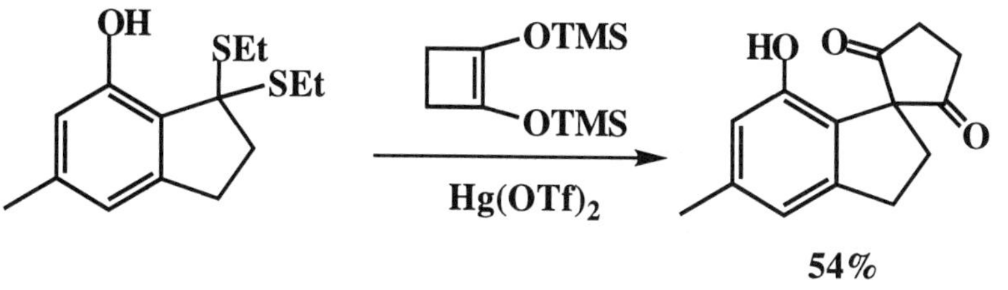

[Reaction: indane with OH, SEt, SEt substituents + cyclobutene with OTMS, OTMS → spirocyclic cyclopentane-1,3-dione fused to indane with HO, via Hg(OTf)$_2$, 54%]

I.A.3-7 Cativiela, C. et al., *TA*, **5**, 261.

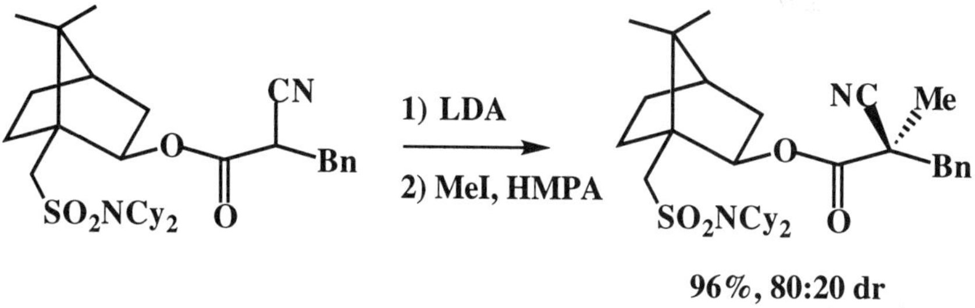

[Reaction: camphorsulfonamide ester of CN-CH(Bn)-CO- group, 1) LDA 2) MeI, HMPA → methylated product, 96%, 80:20 dr]

I.A.3-8 Takahashi, T. et al., *SL*, 121.

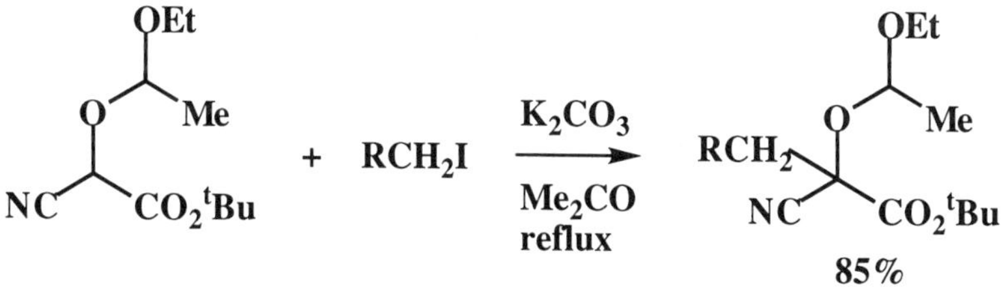

[Reaction: NC-CH(CO$_2^t$Bu)-O-CH(OEt)Me + RCH$_2$I, K$_2$CO$_3$, Me$_2$CO reflux → RCH$_2$-C(NC)(CO$_2^t$Bu)-O-CH(OEt)Me, 85%]

a new acyl anion equivalent

I.A.3-9 D'Annibale, A., Trogolo, C. et al., *TL*, **35**, 8049; Warsinsky, R. and Steckhan, E., *JCS(P1)*, 2027.

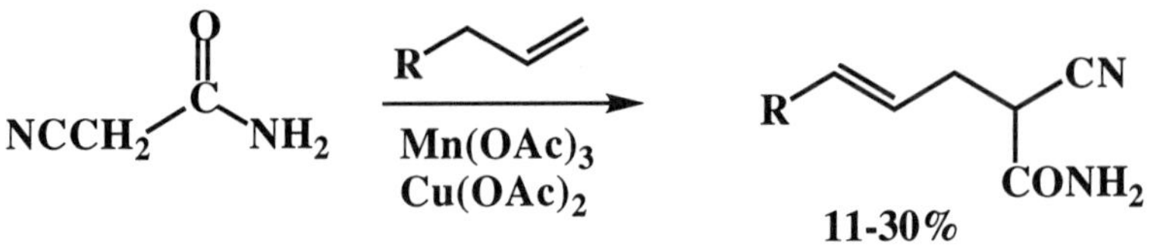

$$NCCH_2-C(=O)-NH_2 \xrightarrow[Cu(OAc)_2]{R'-CH=CH_2, \ Mn(OAc)_3} R-CH=CH-CH_2-CH(CN)(CONH_2)$$

11-30%

I.A.4. Alkylations of N-, P-, S-, Se and Similar Stabilized Carbanions

I.A.4-1 Ricci, A., Seconi, G. et al., *SL*, 955.

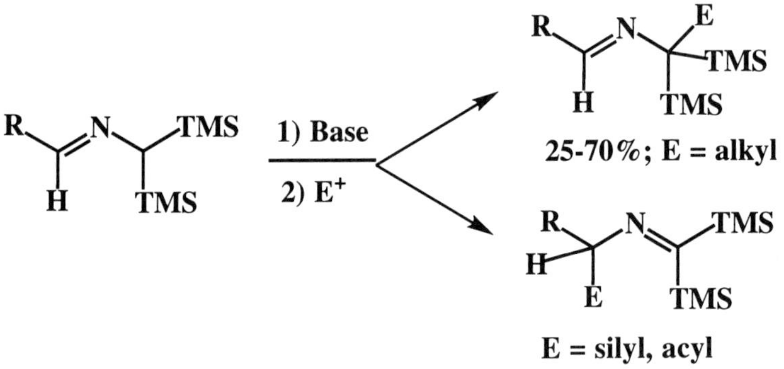

$$R-CH=N-CH(TMS)_2 \xrightarrow[2) E^+]{1) \text{Base}} \begin{cases} R-C(=N-C(E)(TMS)_2)-H & 25\text{-}70\%; \ E = \text{alkyl} \\ R-C(H)=N-C(E)(TMS)_2 & E = \text{silyl, acyl} \end{cases}$$

I.A.4-2 Katritzky, A.R. et al., *LA*, 1, 7.

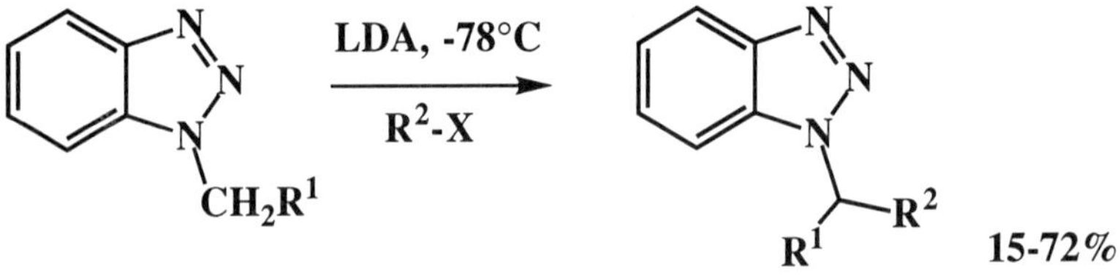

benzotriazole-CH_2R^1 $\xrightarrow[R^2-X]{LDA, -78°C}$ benzotriazole-$CH(R^1)(R^2)$ 15-72%

I.A.4-3 Snieckus, V. et al., *TL*, **35**, 4067; Hagen, T.J. et al., *H*, **38**, 601; **see also:** Rebek, J.E. and Beak, P., *JACS*, **116**, 405.

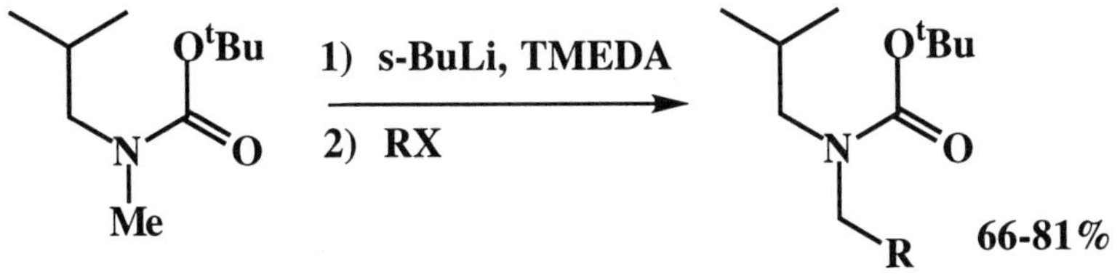

I.A.4-4 Hulme, A.N. and Meyers, A.I., *JOC*, **59**, 952; Queguiner, G. et al., *TL*, **35**, 6283; Forth, M.A. et al., *JOC*, **59**, 2616.

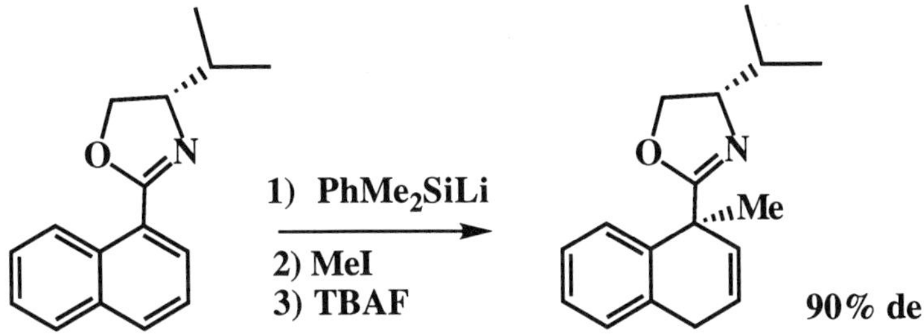

I.A.4-5 Denmark, S.E. and Chen, C.-T., *JOC*, **59**, 2922.

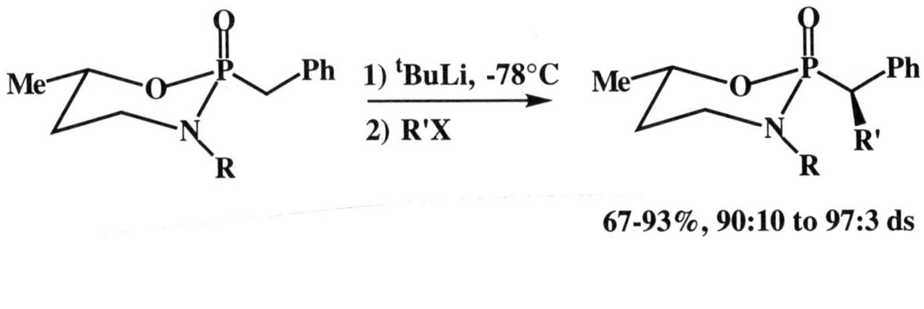

67-93%, 90:10 to 97:3 ds

I.A.4-6 Tietze, L.F. et al., *SL*, 511; Plantier, R. and Portella, C., *SL*, 527.

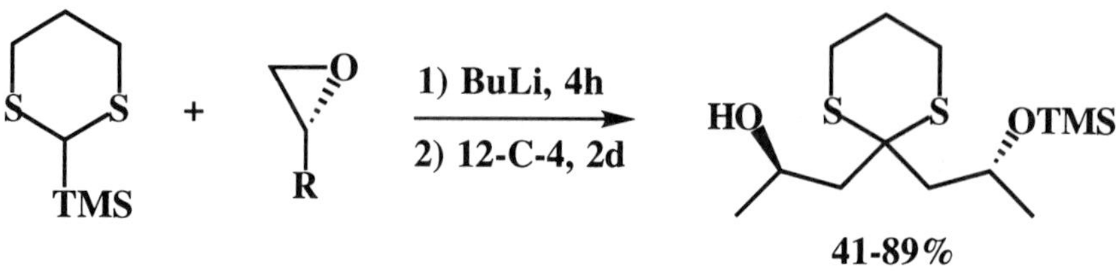

$$\text{dithiane-TMS} + \text{epoxide-R} \xrightarrow[\text{2) 12-C-4, 2d}]{\text{1) BuLi, 4h}} \text{product} \quad 41\text{-}89\%$$

I.A.4-7 Toru, T. et al., *T*, **50**, 1045; Kosugi, H. et al., *TA*, **5**, 1139.

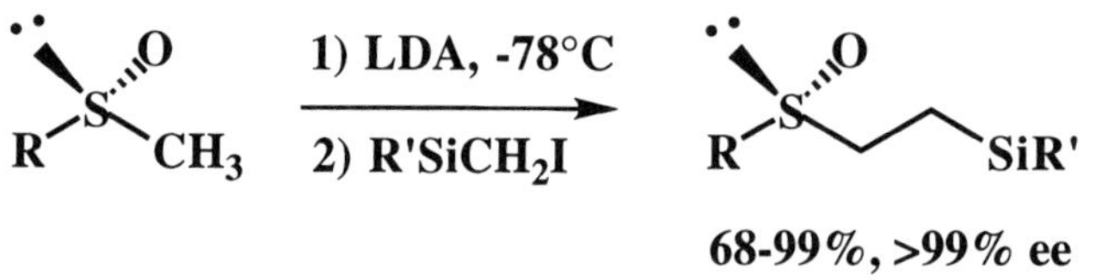

$$R\text{-}S(O)\text{-}CH_3 \xrightarrow[\text{2) R'SiCH}_2\text{I}]{\text{1) LDA, -78°C}} R\text{-}S(O)\text{-}CH_2\text{CH}_2\text{-SiR'}$$

68-99%, >99% ee

I.A.4-8 Carretero, J.-C. et al., *TL*, **35**, 4603.

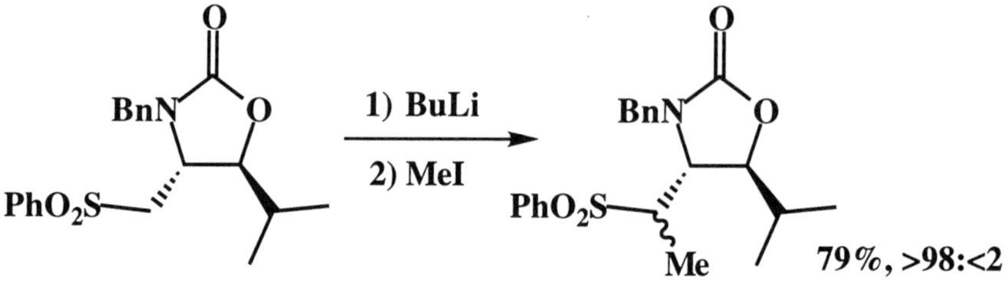

$$\text{BnN-oxazolidinone-(PhO}_2\text{S, iPr)} \xrightarrow[\text{2) MeI}]{\text{1) BuLi}} \text{BnN-oxazolidinone-(PhO}_2\text{S(Me), iPr)}$$

79%, >98:<2

I.A.5. Alkylations of Organometallic Reagents

(see also: I.B.3., I.B.4., I.F., I.G.)

I.A.5-1 Hunter, R. et al., *T*, **50**, 871.

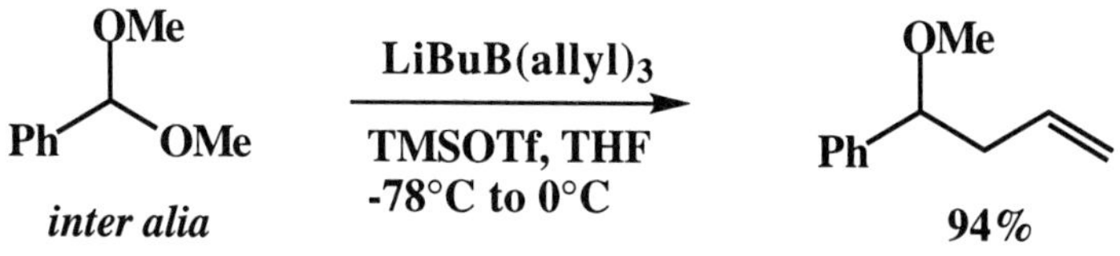

Ph-CH(OMe)-OMe — LiBuB(allyl)$_3$, TMSOTf, THF, -78°C to 0°C → Ph-CH(OMe)-CH$_2$-CH=CH$_2$ 94%

inter alia

I.A.5-2 Soderberg, B.C., Nystrom, J.-E. et al., *T*, **50**, 61.

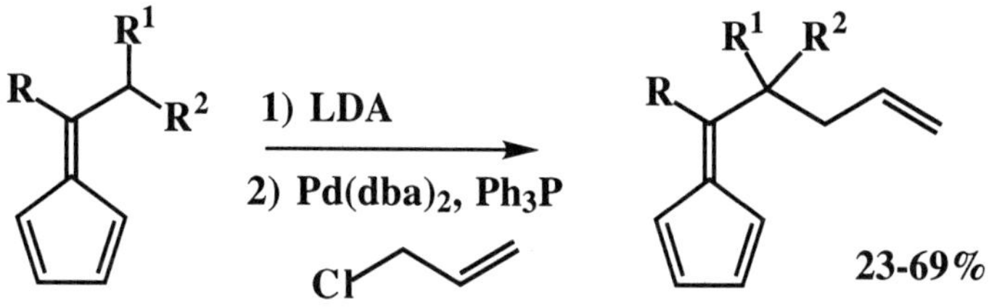

1) LDA
2) Pd(dba)$_2$, Ph$_3$P, Cl-CH$_2$-CH=CH$_2$

23-69%

I.A.5-3 Maiorana, S., Papagni, A. et al., *TL*, **35**, 6377; see also: Rose-Munch, F. et al., *JOM*, **476**, C25.

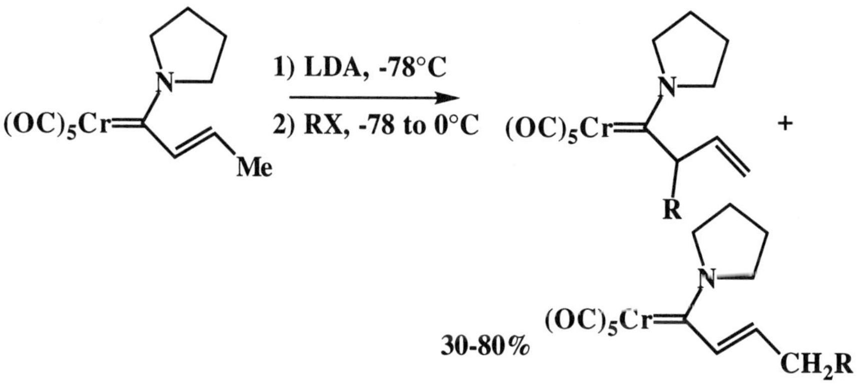

1) LDA, -78°C
2) RX, -78 to 0°C

30-80%

(OC)$_5$Cr=C(N-pyrrolidine)-CH=CH-Me → (OC)$_5$Cr=C(N-pyrrolidine)-CH(R)-CH=CH$_2$ + (OC)$_5$Cr=C(N-pyrrolidine)-CH=CH-CH$_2$R

I.A.5-4 Azzena, U. et al., *TL*, **35**, 6759 and *SC*, **24**, 591.

$$\underset{Ar}{\underset{|}{CR}}(CH_3O)(OCH_3) \xrightarrow[\text{2) EX}]{\text{1) Li, THF}} \underset{Ar}{\underset{|}{CR}}(E)(OCH_3) \quad 52\text{-}92\%$$

I.A.5-5 Narasaka, K. et al., *BCJ*, **67**, 1156.

Ar–TIPS·Cr(CO)$_3$ $\xrightarrow[\text{-78°C}]{\text{RLi, THF, HMPA}}$ $\xrightarrow{I_2}$ R–C$_6$H$_4$–TIPS 73-95%

I.A.5-6 Lautens, M. et al., *CC*, 1193; Arjona, O., Fernandez de la Prastilla, R., Plumet, J. et al., *JOC*, **59**, 3906; **see also:** Stille, J.R. et al., *OM*, **13**, 1456.

$\xrightarrow[\text{pentane-hexane}~(-)\text{-Sparteine}]{\text{RLi}}$

69%, 52% ee

intramolecular S$_N$2' reactions also reported

I.A.5-7 Kim, S. et al., *CC*, 1188.

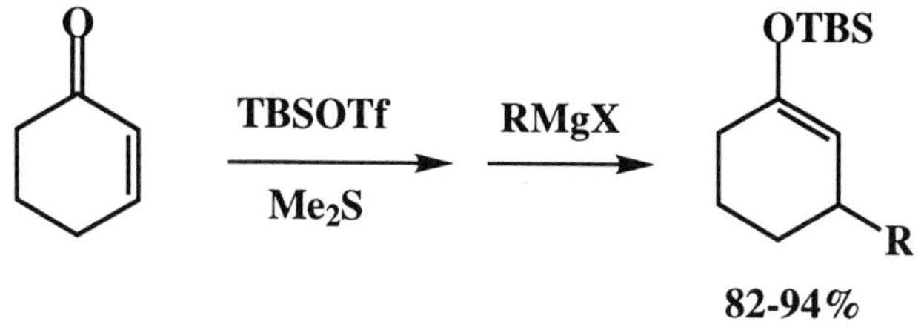

[cyclohex-2-enone] —TBSOTf, Me₂S→ —RMgX→ [3-R-1-OTBS-cyclohexene] 82-94%

various other nucleophiles used

I.A.5-8 Higashiyama, K. et al., *T*, **50**, 1083; Pridgen, L.N. et al., *TL*, **35**, 7489; Scialdone, M.A. and Meyers, A.I., *TL*, **35**, 7533; Nishiyama, T. et al., *BCJ*, **67**, 1765; see also: Nakai, T. et al., *TL*, **35**, 1913.

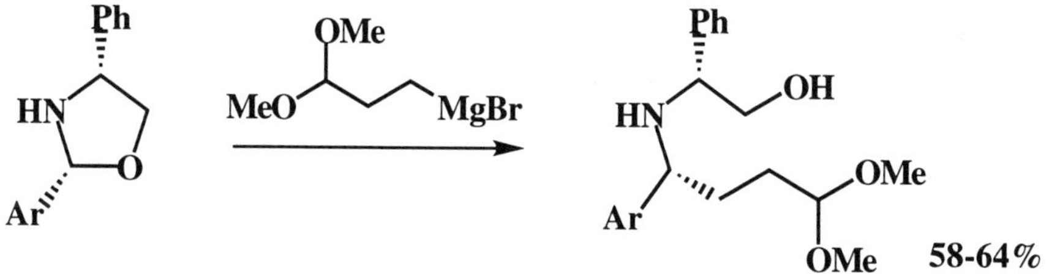

58-64%

similarly with organocerium or zinc species or with acetals

I.A.5-9 Pridgen, L.N. et al., *TL*, **35**, 4267.

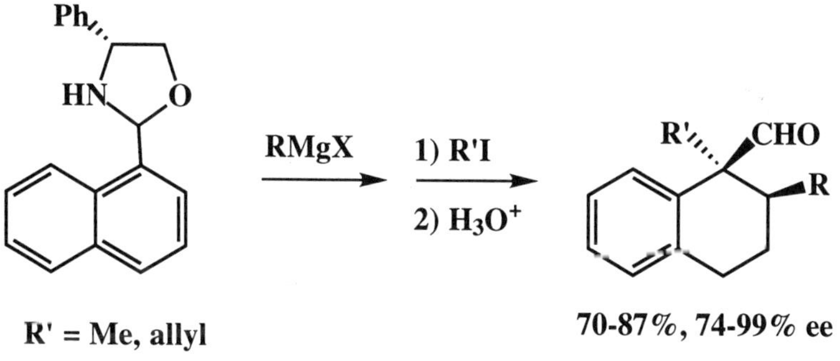

R' = Me, allyl

RMgX, 1) R'I, 2) H₃O⁺

70-87%, 74-99% ee

I.A.5-10 Indolese, A.F. and Consiglio, G., *OM*, **13**, 2230.

RMgBr + [cyclopentenyl-OPh, n=1,2] $\xrightarrow{\text{X}_2\text{Ni(P P)*} \text{ [a chiral phosphine]}}$ [cyclopentenyl-R]

n = 1,2   0.5-99%, 8-93% ee

I.A.5-11 Backvall, J.-E. et al., *JOC*, **59**, 4126; Backvall, J.-E., van Koten, G. et al., *TL*, **35**, 5931.

AcO-[cyclohexenyl]-Cl $\xrightarrow{\text{PhCu(X)MgBr}}$ AcO-[cyclohexenyl]-Ph + AcO-[cyclohexenyl]-Ph

X = Cl	9 : 91
X = Br	25 : 75
X = I	34 : 66

I.A.5-12 Kang, S.-K. et al., *TA*, **5**, 21.

BnO—[epoxide/carbonate with diene] $\xrightarrow{\text{EtMgBr, BF}_3\cdot\text{OEt}_2 \atop \text{CuI, -78°C}}$ BnO—CH(OH)—CH=CH—CH(Et)—CH=CH$_2$

84%, 100% ds

I.A.5-13 Iwama, S. and Katsumura, S., *BCJ*, **67**, 3363; Sibi, M.P. et al., *JCS(P1)*, 1675; Knochel, P. et al., *T*, **50**, 2415; **see also:** Garcia Martinez, A. et al., *T*, **50**, 13231; **see also:** Hudlicky, T. et al., *JOC*, **59**, 4037; Ibuka, T. et al., *AG(E)*, **33**, 652; Sweeney, J.B. et al., *TL*, **35**, 2739.

$$\text{TsO-CH}_2\text{-oxazolidinone} \xrightarrow{R_2CuLi} \text{R-CH}_2\text{-oxazolidinone}$$

65-98%

higher order cuprates, CuZn species and different leaving groups (including epoxide & aziridine ring opening) also used

---

I.A.5-14 Marek, I., Normant, J.-F. et al., *JOC*, **59**, 4154; **see also:** *idem*, *JOC*, **59**, 2925 and *T*, **50**, 11665.

$$\text{Pent-CH=CH-Li} \xrightarrow{\substack{\text{1) CrotylMgBr} \\ \text{2) ZnBr}_2 \\ \text{3) H}_3\text{O}^+}} \text{product}$$

87%, 92:8 dr

I.A.5-15 Toshima, K. et al., *TL*, **35**, 5673.

$$(\text{HO})_n\text{-pyran} + \text{CH}_2=\text{CH-CH}_2\text{-TMS} \xrightarrow[-78°C]{\text{TMSOTf}} (\text{HO})_{n-1}\text{-product}$$

66-94%

I.A.5-16 van Oeveren, A. and Feringa, B.L., *TL*, **35**, 8437; Schreiber, S.L. et al., *JACS*, **116**, 5505; Takacs, J.M. and Weidner, J.J., *JOC*, **59**, 6480; see also: Ley, S.V. and Kouklovsky, C., *T*, **50**, 835.

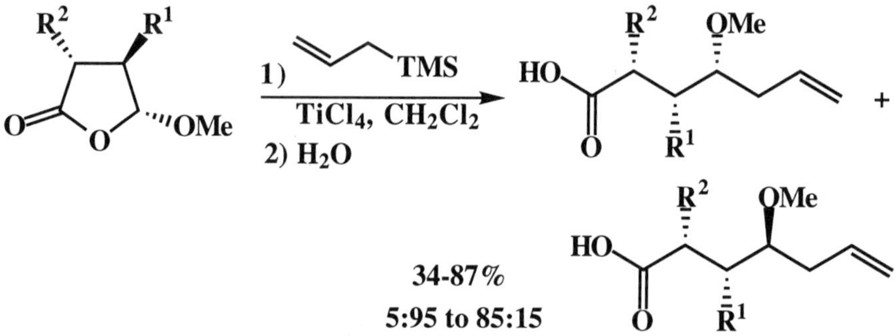

34-87%
5:95 to 85:15

similarly with other leaving groups

I.A.5-17 Fish, P.V., *TL*, **35**, 7181; see also: Overman, L.E. and Renhowe, P.A., *JOC*, **59**, 4138.

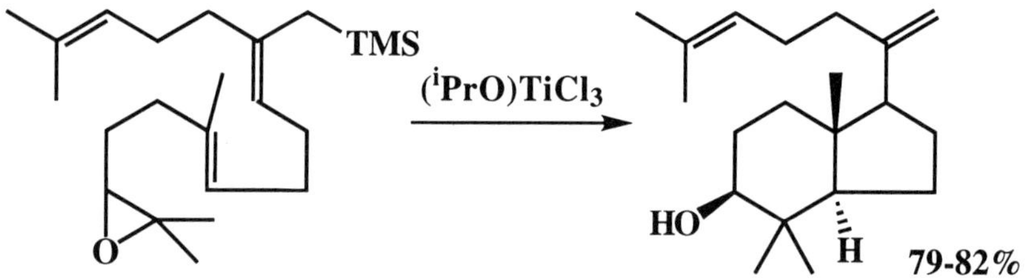

79-82%

similarly with an allyl stannane and EtAlCl$_2$

I.A.5-18 Hermans, B. and Hevesi, L., *BSB*, **103**, 257; see also: Hirao, T. et al., *TL*, **35**, 8005.

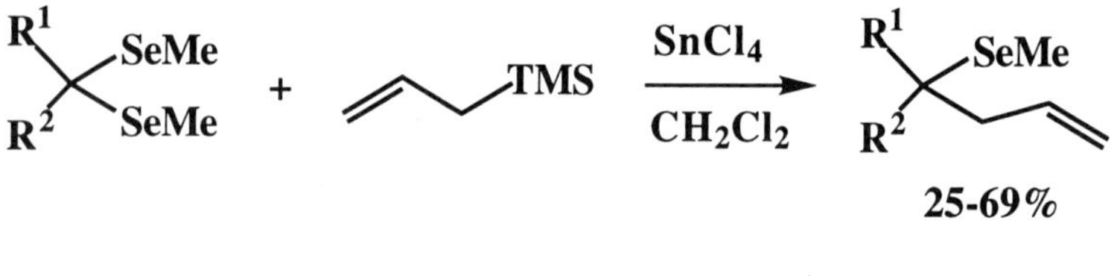

25-69%

similar displacement of a benzylic silane using VO(OEt)Cl$_2$

I.A.5-19 Sato, T. and Otera, J., *JOM*, **473**, 55; Yamamoto, Y. et al., *JACS*, **116**, 421.

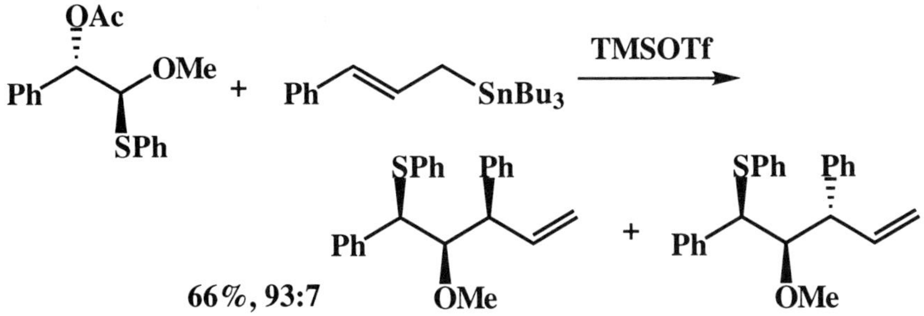

different leaving groups and Lewis acids employed similarly

I.A.5-20 Renaud, P. et al., *TL*, **35**, 1707, 1703; Renaud, P., Curran, D.P. et al., *JOC*, **59**, 3547; Curran, D.P. and Kuo, L.H., *JOC*, **59**, 3259; Curran, D.P. et al., *H*, **37**, 1773; Tanaka, H. et al., *TL*, **35**, 9721.

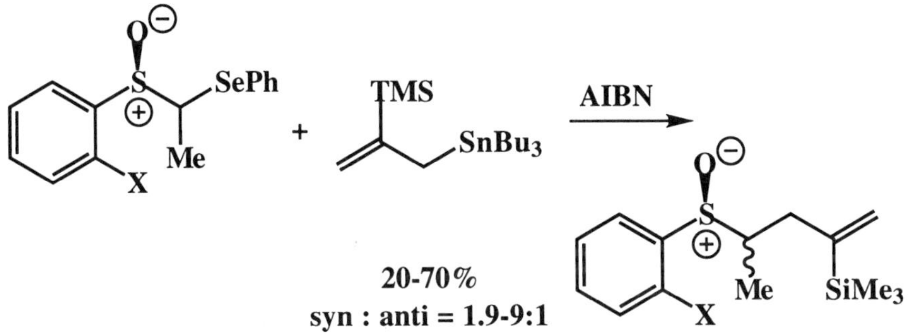

20-70%
syn : anti = 1.9-9:1

I.A.5-21 Castano, A.M. and Echavarren, A.M., *OM*, **13**, 2262.

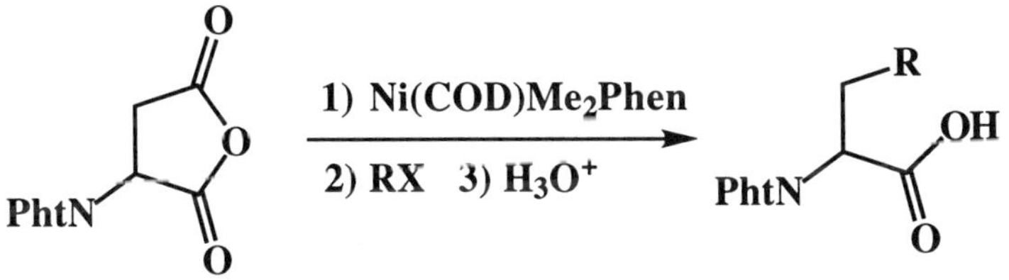

I.A.6. Other Alkylation Procedures

I.A.6-1 Nakamura, T. et al., *T*, **50**, 11821; **see also:** Miura, T. and Masaki, Y., *JCS(P1)*, 1659.

Cl-CH₂-epoxide + KCN →(H-lyase) Cl-CH₂-CH(OH)-CH₂-CN, >95% ee

H-lyase = cloned halohydrin hydrogen-halide lyase

substitution reactions of acetals with TMSCN also reported

I.A.6-2 Jaynes, B.S. and Hill, C.L., *JACS*, **116**, 12212.

cyclohexane + ethylene →(polyoxotungstate) ethylcyclohexane, 82%

I.A.7. Nucleophilic Addition to Electrophilic Carbon

I.A.7.a.1a. Intermolecular Aldol-Type 1,2-Additions

I.A.7.a.1a-1 Liotta, D.C. et al., *TL*, **35**, 6029 and 4485; **see also:** Ettmayer, P. et al., *TL*, **35**, 3901.

R-CH(NBn₂)-C(O)-CH₃ →(1) NaHMDS; 2) R'CHO) R-CH(NBn₂)-C(O)-CH(Me)-CH(OH)-R', 55-93%, >95% dr

I.A.7.a.1a-2 Landais, Y. and Ogay, P., *TA*, **5**, 541.

$$\underset{R}{\overset{O}{\bigwedge}} \xrightarrow[\text{2) PhCHO}]{\text{1) HCLA}} \underset{Ph}{\overset{OH\ O}{\bigwedge\!\!\!\bigwedge_R}}$$

57-70%, up to 78% ee

I.A.7.a.1a-3 Wenkert, E. and Schorp, M.K., *JOC*, **59**, 1943.

MeO$_2$C(CH$_2$)$_3$CO$_2$Me →[1)] [3-(dimethoxyphosphorylmethyl)cyclohex-2-enone] 77%

1) dimethyl(lithiomethyl)phosphonate

I.A.7.a.1a-4 Fleming, I. et al., *JCS(P1)*, 701; Honda, T. and Mori, M., *CL*, 1013.

$$R\!\!\!\diagup\!\!\!\diagdown\!\!\!\underset{OMe}{\overset{O}{\bigwedge}} \xrightarrow[\text{2) PhCHO}]{\text{1) PhMe}_2\text{SiZnEt}_2\text{Li}}$$

PhMe$_2$Si — R — C(=O)OMe with Ph-CH(OH)   +   PhMe$_2$Si — R — C(=O)OMe with Ph-CH(OH) (epimer)

96-97%, 81:19 to 87:13

similarly with tin nucleophiles & an ester as electrophile

I.A.7.a.1a-5 Wulff, W.D. et al., *JOC*, **59**, 6882.

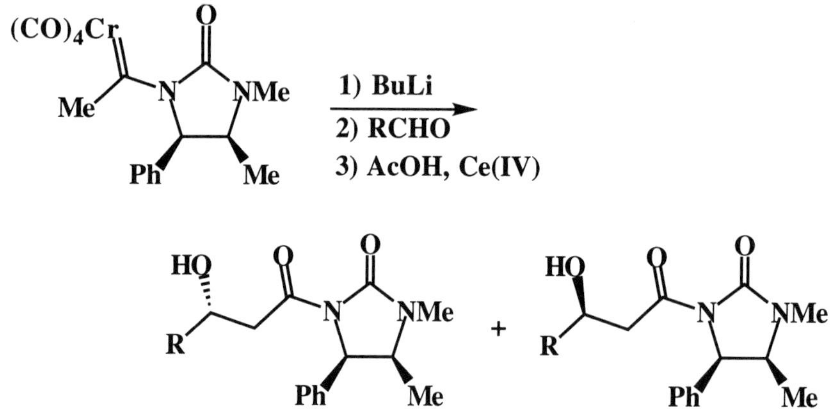

60-88%, 1.2-49:1

I.A.7.a.1a-6 Carlier, P.R. and Lo, K.M., *JOC*, **59**, 4053; Wartski, L. et al., *TL*, **35**, 3935.

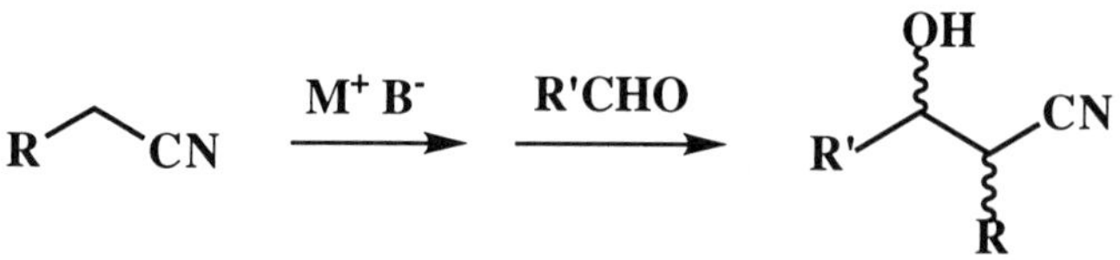

$M^+ B^-$ = LDA or LHMDS

42-99%
3.3:1 to >50:1 anti:syn

I.A.7.a.1a-7 Ganesan, K. and Brown, H.C., *JOC*, **59**, 2336 and 7346; Paterson, I. et al., *TL*, **35**, 9083 and 9087 and *T*, **50**, 1227; **see also:** Gennari, C. et al., *TL*, **35**, 4623 and 4857.

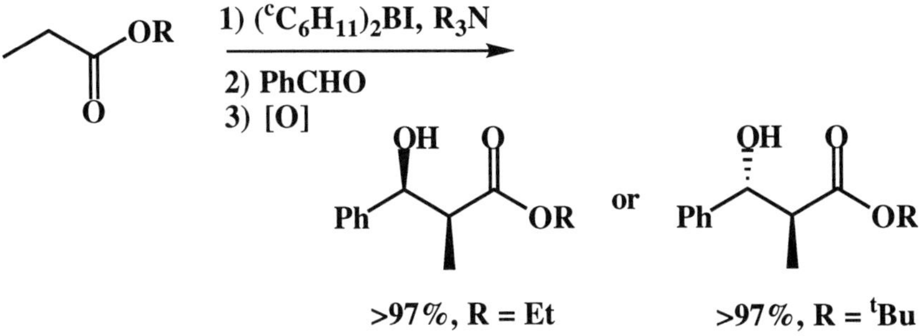

>97%, R = Et

>97%, R = ^{t}Bu

I.A.7.a.1a-8 Yan, T.H. et al., *JOC*, **59**, 8187; Boeckman, R.K., Jr. et al., *TL*, **35**, 8521; **see also:** Greene, A.E. et al., *JOC*, **59**, 1238.

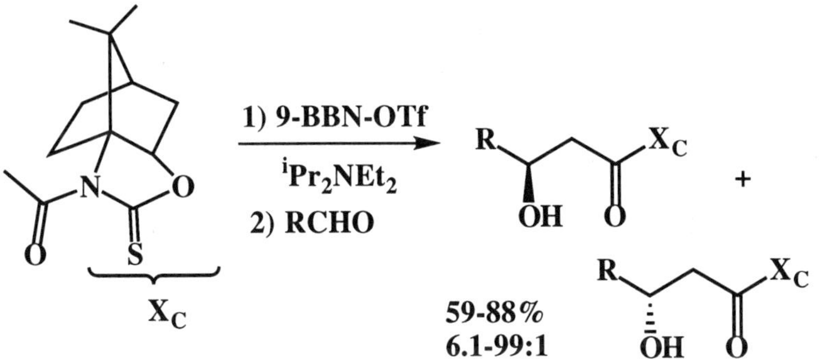

59-88%
6.1-99:1

I.A.7.a.1a-9 Sinnes, J.-L. et al., *T*, **50**, 2047; Shibata, I. et al., *JOC*, **59**, 486; Oguni, N. et al., *SC*, **24**, 3249.

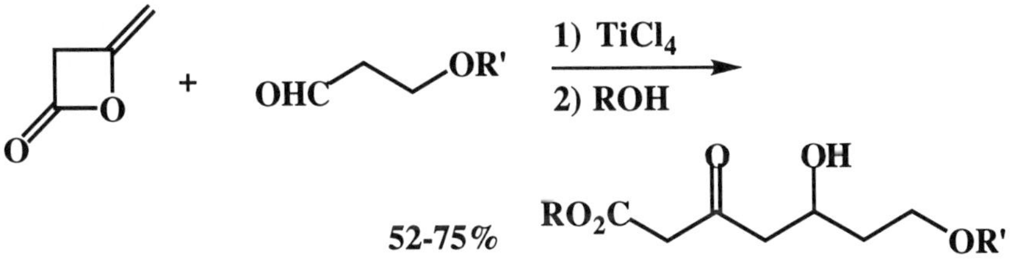

52-75%

I.A.7.a.1a-10 Shibasaki, M. et al., *JOC*, **59**, 2661; **see also:** Mori, N. et al., *SC*, **24**, 3315.

RCHO + [dichloroketone with C$_5$H$_11$] $\xrightarrow{\text{Sm(HMDS)}_3 \atop \text{THF, -30 to -50°C}}$ [aldol product]

50-100%

I.A.7.a.1a-11 Kobayashi, S. et al., *BCJ*, **67**, 2342 & *JOC*, **59**, 3590; Floriani, C. et al., *SL*, 857.

R^{1}CHO + [silyl enol ether with R^2, R^3, R^4, OTMS] $\xrightarrow{\text{Yb(OTf)}_3 \atop \text{H}_2\text{O, EtOH, PhMe, rt}}$ [aldol product]

Yb(OTf)$_3$ is water tolerant & can be used repeatedly

similarly with the novel, homogeneous catalyst: Zr(tmtaa)(OTf)$_2$

I.A.7.a.1a-12 Evans, D.A. et al., *TL*, **35**, 8537 and 8541.

[TMS enol ether of isopropyl ketone] + [aldehyde with OPMB] $\xrightarrow{\text{BF}_3\cdot\text{OEt}_2}$ [aldol product]

91%, 92:8

I.A.7.a.1a-13 Denmark, S.E. and Griedel, B.D., *JOC*, **59**, 5136; see also: Denmark, S.E. and Chen, C.-T., *TL*, **35**, 4327.

*RO–Si(cyclobutyl)–O–C(OMe)=CHMe → 1) PhCHO, −60°C 2) HF, THF, H$_2$O → MeO–C(O)–CH(Me)–CH(OH)–Ph   97% ee

---

I.A.7.a.1a-14 Carreira, E.M. et al., *JACS*, **116**, 8837; see also: *idem*, *TL*, **35**, 4323; Floriani, C. et al., *OM*, **13**, 2131; see also: Regellin, M. and Weinberger, H., *AG(E)*, **33**, 444.

R^{1}CHO + CH$_2$=C(OTMS)(OR) → 1) cat. 2) Bu$_4$NF → R^1–CH(OH)–CH$_2$–C(O)–OR   72-98%, 88-97% ee

cat. = a chiral Ti species

similarly with other Ti catalysts

I.A.7.a.1a-15 Hanaoka, M. et al., *SL*, 165; see also: *idem*, *TL*, **35**, 6899; Braun, M. et al., *CB*, **127**, 1959.

MeO–C$_6$H$_3$(TMS)(CHO)·Cr(CO)$_3$ + MeCH=C(OTMS)(S^{t}Bu) → 1) BF$_3$·OEt$_2$ 2) TBAF 3) CAN → MeO–C$_6$H$_4$–CH(OH)–CH(Me)–C(O)–S^{t}Bu

69%, anti : syn = 15.7 : 1

Cp$_2$ZrCl$_2$ also used for anti selective aldols

I.A.7.a.1a-16 Kobayashi, S. et al., *TL*, **35**, 9573, *T*, **50**, 9629 & *CL*, 217; see also: Mukaiyama, T. et al., *BCJ*, **67**, 1708.

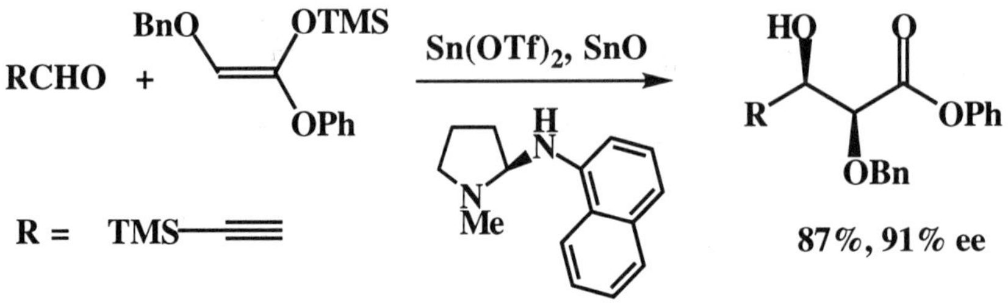

RCHO + [BnO, OTMS, OPh alkene] →(Sn(OTf)$_2$, SnO, chiral pyrrolidine-naphthylamine ligand)→ product

R = TMS—≡

87%, 91% ee

I.A.7.a.1a-17 Yamamoto, H. et al., *JACS*, **116**, 10521, *T*, **50**, 2785 & *SL*, 963; Sato, M., Kaneko, C. et al., *CPB*, **42**, 839; .

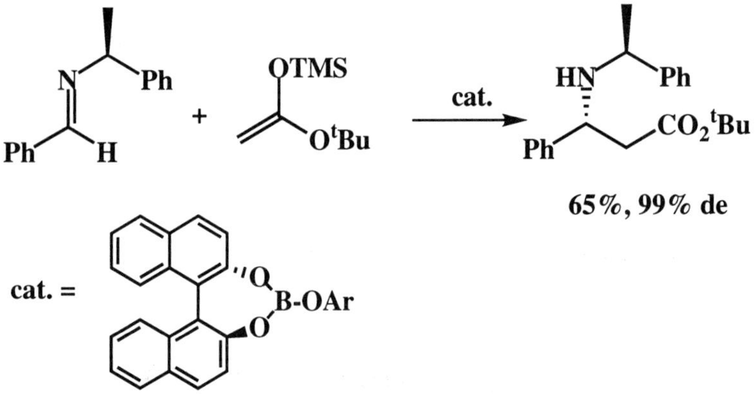

Ph-CH=N-CH(Ph)- + CH$_2$=C(OTMS)O^{t}Bu →(cat.)→ Ph-CH(NHCH(Ph)-)CH$_2$CO$_2{}^t$Bu

65%, 99% de

cat. = binaphthyl-O-B-OAr

similarly with aldehydes & other chiral B Lewis acids or B(C$_6$F$_5$)$_3$

I.A.7.a.1a-18 Kiyooka, S. et al., *TL*, **35**, 4107 & 5243.

$$R^1CHO + \underset{R^2}{\overset{OSiR_3}{=}} \quad \xrightarrow[-78°C, 3h]{Ts-N-B(iPr)(C=O)O-H}$$

$$\underset{53\text{-}70\%,\, 85\text{-}99\%\ ee}{R^1\underset{OH}{\overset{OH}{\diagup}}\underset{}{\diagdown} R^2} \quad + \quad \underset{6\text{-}25\%,\, 39\text{-}72\%\ ee}{R^1\underset{OH}{\overset{}{\diagup}}\underset{}{\diagdown} R^2}$$

the use of polymer supported chiral B promoters also reported

---

I.A.7.a.1a-19 Mikami, K. and Matsukawa, S., *JACS*, **116**, 4077; Crotti, P. et al., *G*, **123**, 673 (1993).

$$R^2CHO + \underset{SR^1}{\overset{OTMS}{=}} \xrightarrow[PhMe,\, 0°C]{BINOL\text{-}Ti} R^1S\underset{}{\overset{O}{\diagup}}\underset{OTMS}{\diagdown} R^2$$

47-96%%, 60-95% ee

I.A.7.a.1a-20 Dubac, J. et al., *JOC*, **59**, 2238.

$$R^4CHO + \underset{R^2\ R^1}{\overset{R^3\ OTMS}{\diagup\diagdown}} \xrightarrow{\substack{1)\ BiCl_3,\ ZnI_2 \\ 2)\ TMSX}} R^1\underset{R^2\ R^3}{\overset{O}{\diagup}}\underset{}{\diagdown}\overset{X}{\diagup}R^4$$

X = Cl, Br, I 68-75%

I.A.7.a.1a-21 Ipaktschi, J. et al., *CB*, **127**, 1761; Iqbal, J. et al., *CC*, 713.

$$\text{\textit{i}-Pr-CHO} + \text{TMSNR}_2 + \underset{\text{OTMS}}{\overset{\text{OPh}}{\diagdown\!\!=\!\!\diagup}} \xrightarrow[\text{Et}_2\text{O}]{\text{LiClO}_4}$$

$$\underset{83\%}{\overset{}{\text{R}_2\text{N}}}\!\!\diagdown\!\!\diagup\!\!\overset{\text{OPh}}{\underset{\text{O}}{\diagup}}$$

similarly with a ketone / aldehyde, CoCl$_2$, MeCN & AcCl

I.A.7.a.1a-22 Jenkins, T.J. and Burnell, D.J., *JOC*, **59**, 1485.

$$\underset{\text{Ph}}{\overset{\text{O}}{\diagup\!\!\diagdown}}\text{Me} + \underset{\square}{\overset{\text{TMSO}\quad\text{OTMS}}{}} \xrightarrow[\text{2) H}_2\text{O}]{\text{1) BF}_3\cdot\text{OEt}_2} \underset{\text{Ph Me}}{\overset{\text{O}\quad\text{O}}{\bigcirc}}$$

82%

I.A.7.a.1a-23 Bhat, S.V. et al., *SL*, 444; van Heerden, F.R. et al., *SC*, **24**, 2863.

$$\text{RCHO} + \underset{\text{X}}{\overset{\text{R}^1}{\diagdown\!\!=\!\!\diagup}} \xrightarrow[\mu\omega]{\text{DABCO}} \underset{\text{X}}{\overset{\text{R OH}}{\text{R}^1\!\!\diagdown\!\!\diagup\!\!=\!\!\diagup}}$$

X = CO$_2$Me, CN   15-95%

CARBON–CARBON BOND FORMING REACTIONS

I.A.7.a.1a-24 Wong, C.-H. et al., *TL*, **35**, 359 & *JACS*, **116**, 558; Fessner, W.-D. and Sinerius, G., *AG(E)*, **33**, 209.

$$\text{HOCH}_2\text{-C(=O)-CH}_2\text{-OPO}_3^{2-} + \underset{(\pm)}{\text{N}_3\text{-CH}_2\text{-CH(OH)-CH(OH)-CHO}} \xrightarrow[\text{2) APase, pH 4.5}]{\text{1) RAMA, pH 6.7}}$$

64% (azido triol ketone) + 18% (diastereomer)

various other enzymatic aldols reported

I.A.7.a.1a-25 Masuyama, Y. et al., *BCJ*, **67**, 2265.

$$\text{RCHO} + \text{CH}_2=\text{C(OAc)CH}_3 \xrightarrow[\text{SnCl}_2, \text{MeCN}]{\text{PdCl}_2(\text{PhCN})_2} \underset{18-88\%}{R\text{-CH=CH-C(=O)CH}_3}$$

I.A.7.a.2. Addition of N-, P-, S-, Se and Similar Stabilized Carbanions

I.A.7.a.2-1 Shibasaki, M. et al., *TL*, **35**, 6123; see also: Ballini, R. and Bosica, G., *JOC*, **59**, 5466; see also: Demir, A.S. et al., *S*, 155.

$$\text{Ph-CH}_2\text{-CH(NPhth)-CHO} + \text{MeNO}_2 \xrightarrow[\text{THF, -40°C}]{\text{La-Li-(R)-BINOL}} \text{Ph-CH}_2\text{-CH(NPhth)-CH(OH)-CH}_2\text{NO}_2$$

92%, 96% ee

I.A.7.a.2-2 Clayden, J. and Warren, S., *JCS(P1)*, 1529.

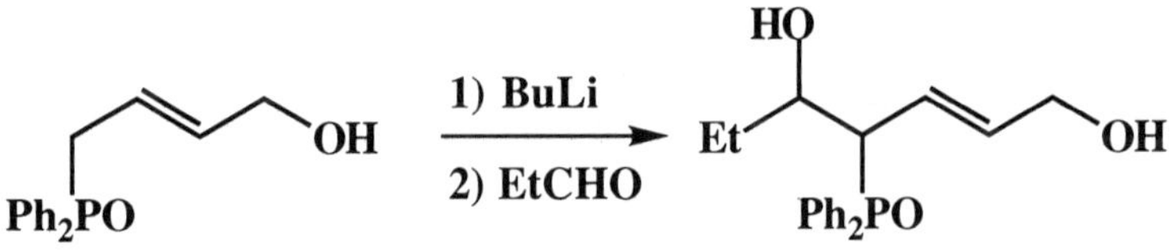

$$\underset{Ph_2PO}{\diagup\!\!\!\!\diagdown\!\!\!\!\diagup OH} \xrightarrow[2)\ EtCHO]{1)\ BuLi} \underset{Ph_2PO}{Et\!\diagdown\!\underset{OH}{\overset{HO}{|}}\!\!\diagup\!\!\!\!\diagdown\!\!\!\!\diagup OH}$$

59%, 60:40 anti : syn

I.A.7.a.2-3 Harnett, J.J. et al., *TL*, **35**, 2009.

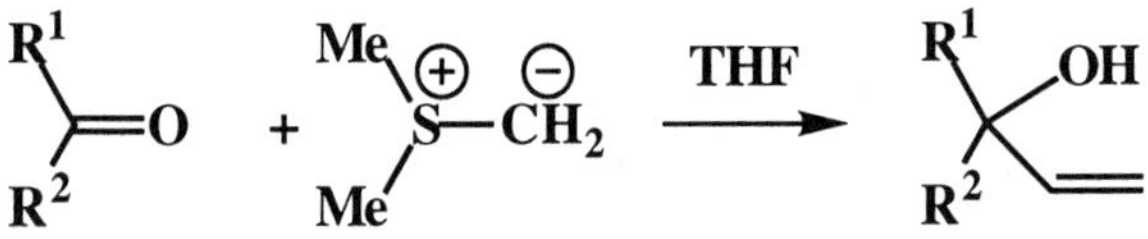

$$\underset{R^2}{\overset{R^1}{>}}\!\!=\!\!O \ + \ \underset{Me}{\overset{Me}{>}}\!\!\overset{\oplus\ \ominus}{S\!\!-\!\!CH_2} \xrightarrow{THF} \underset{R^2}{\overset{R^1}{>}}\!\!\underset{\diagdown\!\!=}{\overset{OH}{|}}$$

10-91%

I.A.7.a.2-4 Aggarwal, V.K. et al., *CC*, 1653.

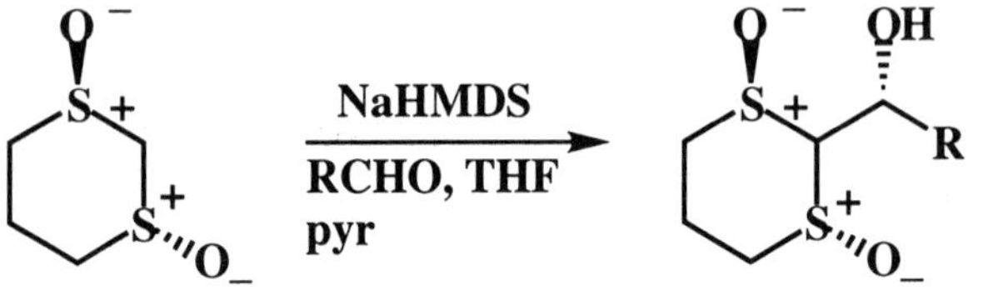

40-84%, 47:53 to >97:3

I.A.7.a.2-5 Falck, J.R., Mioskowski, C. et al., *TL*, **35**, 5441; Caricato, G. and Savoia, D., *SL*, 1015.

$$R^1R^2C(SO_2Ph)_2 \xrightarrow[\text{2) } R^3R^4C=O]{\text{1) } SmI_2} PhSO_2\text{-}C(R^1)(R^2)\text{-}C(R^3)(R^4)\text{-}OH$$

62-92%

ketones from α-lithiosulfones & chiral esters also reported

I.A.7.a.2-6 Julia, M. et al., *BSF*, **131**, 639.

$$R\text{-}CH_2\text{-}SO_2R' \xrightarrow[\text{2) TBHP, -78°C}]{\text{1) BuLi, THF}} R\text{-}CH(OH)\text{-}CH(R)(SO_2R')$$

70-94%

I.A.7.a.3. Addition of Organometallic and Related Species

I.A.7.a.3-1 Rieke, R.D. et al., *SC*, **24**, 2379.

$$\text{1,4-Br}_2\text{C}_6\text{H}_4 \xrightarrow[\text{2) CO}_2]{\text{1) Li, MgBr}_2} \text{4-Br-C}_6\text{H}_4\text{-CO}_2\text{H}$$

99%

I.A.7.a.3-2 Brimble, M.A. et al., *T*, **50**, 4897; **see also:** Guerrero, A. et al., *T*, **50**, 12673; Pearson, N.D. et al., *TL*, **35**, 3771.

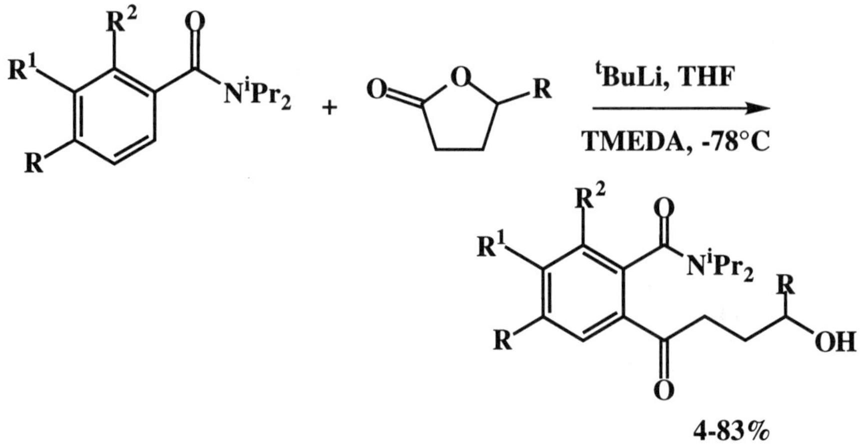

$$\text{ArC(O)N}^i\text{Pr}_2 + \text{lactone-R} \xrightarrow[\text{TMEDA, -78°C}]{^t\text{BuLi, THF}} \text{product}$$

4-83%

I.A.7.a.3-3 Kambe, N., Sonoda, N. et al., *JOM*, **473**, 71.

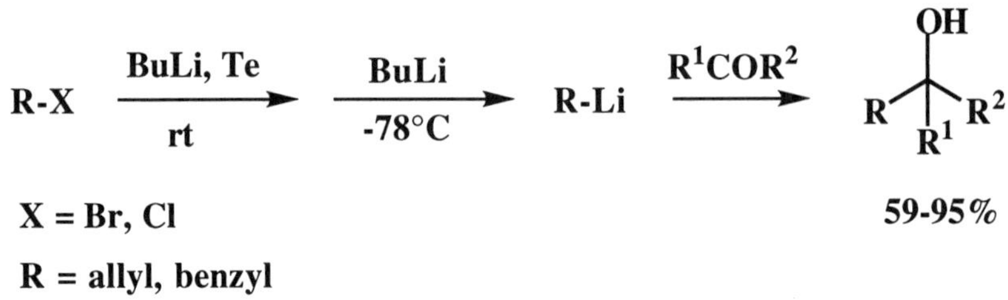

$$\text{R-X} \xrightarrow[\text{rt}]{\text{BuLi, Te}} \xrightarrow[\text{-78°C}]{\text{BuLi}} \text{R-Li} \xrightarrow{\text{R}^1\text{COR}^2} \underset{R^1}{\overset{OH}{R-\overset{|}{C}-R^2}}$$

X = Br, Cl
R = allyl, benzyl

59-95%

I.A.7.a.3-4 Cohen, T. et al., *T*, **50**, 11569 & 12793; Schmidt, U. and Schmidt, J., *S*, 300; Yus, M. et al., *TL*, **35**, 7643; Barluenga, J. et al., *JOC*, **59**, 1586; Piers, E. et al., *TL*, **35**, 8573; Shimano, M. and Meyers, A.I., *TL*, **35**, 7727; Hu, C. et al., *CC*, 289.

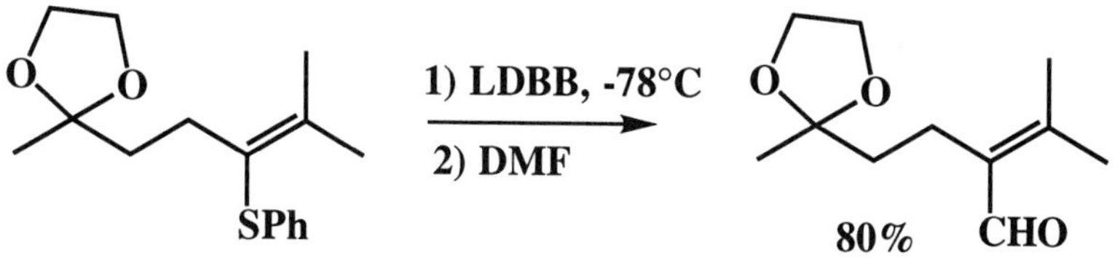

LDBB = 4,4'-di-*tert*-butylphenylide

various other routes to vinyl lithium (& Zn) species & reactions with other electrophiles reported

---

I.A.7.a.3-5 Denmark, S.E. et al., *JACS*, **116**, 8797; Matsubara, S., Utimoto, K. et al., *CL*, 831.

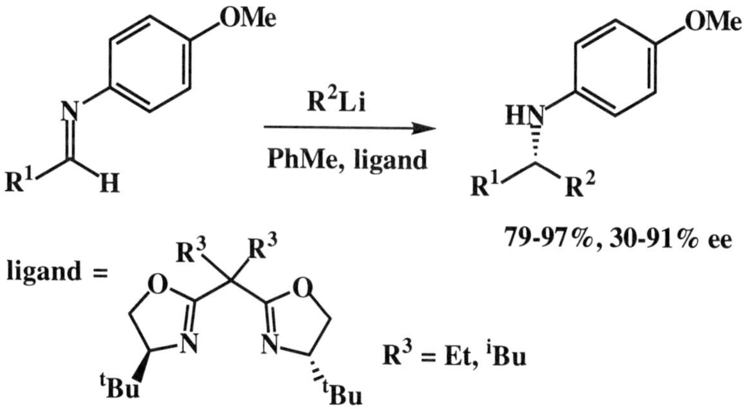

79-97%, 30-91% ee

R^3 = Et, ^{i}Bu

I.A.7.a.3-6 Yus, M. et al., *T*, **50**, 3447 & 13269, *TL*, **35**, 4831, **see also:** *TL*, **35**, 253; Yoshikawa, M. et al., *CPB*, **42**, 994; Sarangi, C., Das, N.B. and Sharma, R.P., *JCR(S)*, 398.

$$RCN + R^1\underset{}{\overset{O}{\underset{}{\diagup\!\!\!\diagdown}}}R^2 \xrightarrow[\text{DTBB, THF}]{\text{Li powder}} R^1\underset{R}{\overset{OH}{\diagup\!\!\!\diagdown}}R^2$$

21-62%

various other Barbier-type reactions explored

I.A.7.a.3-7 Yus, M. et al., *T*, **50**, 3437.

$$\text{(dioxolane)} + R^1\underset{}{\overset{O}{\diagup\!\!\!\diagdown}}R^2 \xrightarrow[\text{2) aq. HCl}]{\text{1) Li powder, DTBB, THF}} \text{cyclopentanone-CH(R}^1\text{)(R}^2\text{)OH}$$

33-40%

I.A.7.a.3-8 Zadel, G. and Breitmaier, E., *CB*, **127**, 1323; Marko, I.E. et al., *TA*, **5**, 569.

$$R^1\underset{}{\overset{O}{\diagup\!\!\!\diagdown}}R^2 + R^3MgX \xrightarrow[\text{diamine}]{\text{THF}} R^3\underset{R^2}{\overset{R^1}{\diagup\!\!\!\diagdown}}OH$$

51-95%, 37-97% ee

diamine = (bicyclic diamine structure)

I.A.7.a.3-9 Shinkai, I. et al., *PAC*, **66**, 1551.

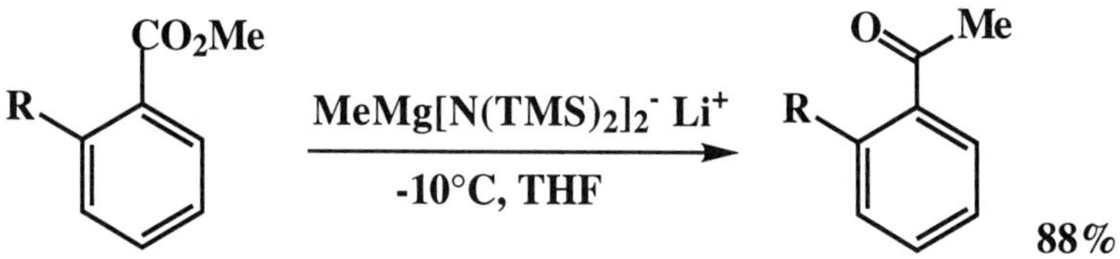
CO2Me
R
MeMg[N(TMS)2]2- Li+
-10°C, THF
O
Me
R
88%

I.A.7.a.3-10 Comins, D.L. and LaMunyon, D.H., *TL*, **35**, 7343.

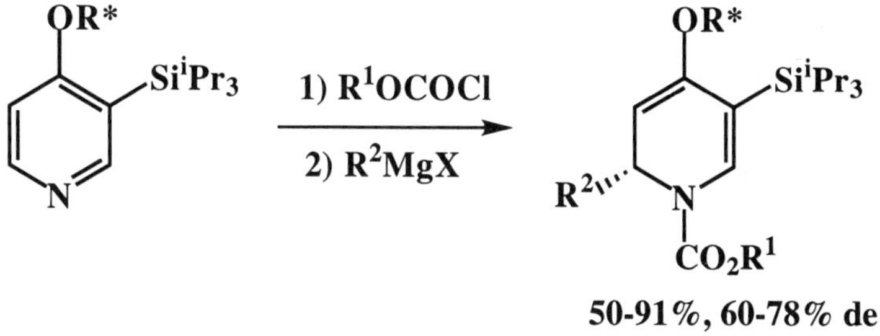
OR*
SiiPr3
N
1) R1OCOCl
2) R2MgX
OR*
SiiPr3
R2
N
CO2R1
50-91%, 60-78% de

I.A.7.a.3-11 Moise, C. et al., *TL*, **35**, 8613.

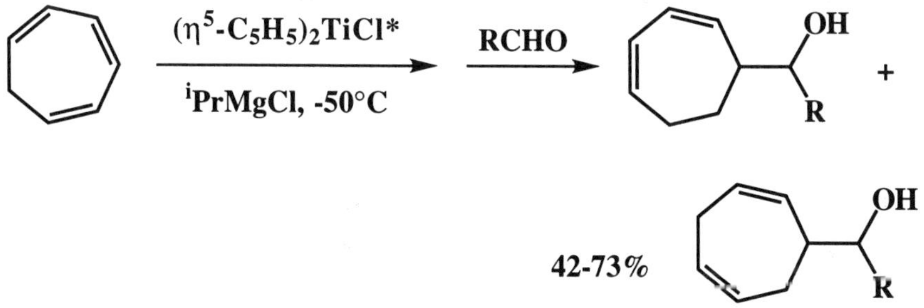
(η5-C5H5)2TiCl*
iPrMgCl, -50°C
RCHO
OH
R
+
42-73%
OH
R

I.A.7.a.3-12 Oshima, K., Utimoto, K. et al., *BCJ*, **67**, 2514; Ley, S.V. et al., *CC*, 1931; **see also:** Kim, C.U. et al., *TL*, **35**, 3017.

$$R^1 \overset{\overset{O}{\|}}{\underset{Me}{C}} \overset{\overset{O}{\|}}{C} NMe_2 \xrightarrow{R_3Al} R^1 \overset{R,,,OH}{\underset{Me}{C}} \overset{O}{C} NMe_2 +$$

$$HO,,,R \atop R^1 \overset{}{\underset{Me}{C}} \overset{O}{C} NMe_2$$

10-98%, 83:17 to >99:1

I.A.7.a.3-13 Ahn, Y. and Cohen, T., *TL*, **35**, 203; Li, X, Singh, S.M. and Labrie, F., *TL*, **35**, 1157; Bartoli, G. et al., *TL*, **35**, 8453.

$$PhS\!\!\smile\!\!\smile\!CO_2Li \; + \; \underset{\text{Li}}{\bigcirc\!\!\!O} \xrightarrow[\text{THF, -78°C}]{CeCl_3} PhS\!\!\smile\!\!\smile\!\overset{O}{\underset{}{C}}\!\!-\!\!\bigcirc\!\!\!O$$

72% (20-30% without CeCl₃)

similar addition to ketones also reported

I.A.7.a.3-14 Oppolzer, W. et al., *TL*, **35**, 7015; Enders, D. et al., *SL*, 795; **see also:** Wemple, J. et al., *TA*, **5**, 1131.

$$\underset{O_2}{\overset{}{S}}\!\!N\!-\!\!\overset{O}{\underset{}{C}}\!\!-\!\!\underset{OR}{\overset{()_n}{N}}\!\!R^1 \xrightarrow[PhMe, \Delta]{NaH \quad R^2CeCl_2} R^2\!\!\underset{H}{\overset{()_{1-2}}{N}}\!\!R^1$$

63-93%

similar addition to chiral hydrazones and double addition to a nitrile also reported

I.A.7.a.3-15 Koert, U. et al., *CB*, **127**, 1447; **see also:** Ohmori, H. et al., *CPB*, **42**, 1808; Sakamoto, T. et al., *JOC*, **59**, 4717.

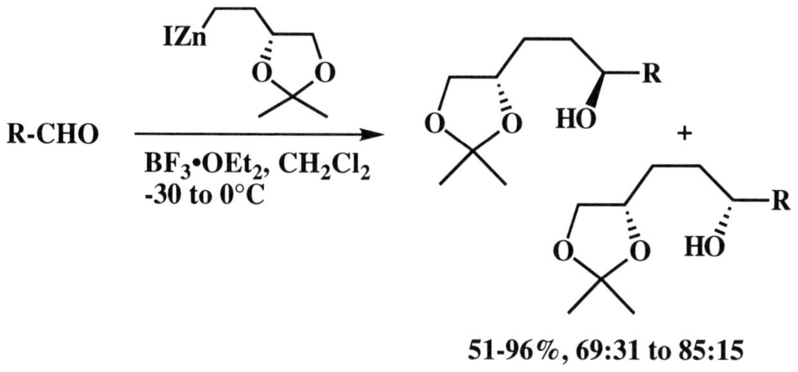

R-CHO $\xrightarrow[\text{-30 to 0°C}]{\text{IZn-dioxolane}, \text{BF}_3\text{·OEt}_2, \text{CH}_2\text{Cl}_2}$ products

51-96%, 69:31 to 85:15

I.A.7.a.3-16 Rieke, R.D. et al., *TL*, **35**, 7205; Jackson, R.F.W. et al., *TL*, **35**, 4417; **see also:** Rollin, Y. et al., *TL*, **35**, 5637.

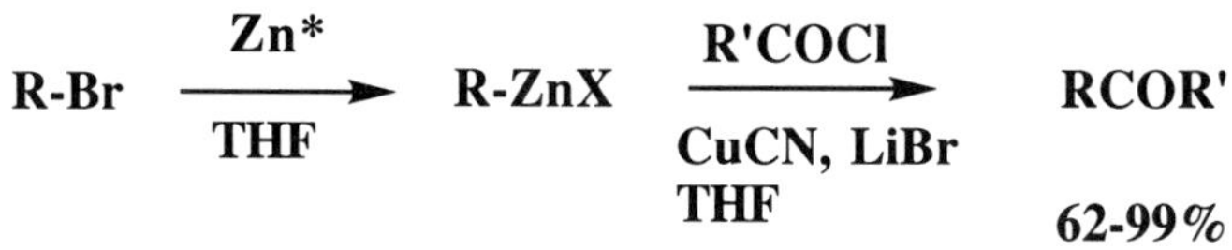

R-Br $\xrightarrow[\text{THF}]{\text{Zn*}}$ R-ZnX $\xrightarrow[\substack{\text{CuCN, LiBr} \\ \text{THF}}]{\text{R'COCl}}$ RCOR'

62-99%

R = 2° & 3° alkyl

similarly with Pd(0) catalysis or with electrogenerated Zn

I.A.7.a.3-17 Soai, K. et al., *JCS(P1)*, 3125, 1257 & 873, *CC*, 317 & *TA*, **5**, 789; Hoshino, O. et al., *TA*, **5**, 411; Mehler, T. and Martens, J., *TA*, **5**, 207; Pedrosa, R. et al., *TA*, **5**, 67; Kellogg, R.M. et al., *TA*, **5**, 31; Cho, B.T. and Kim, N., *TL*, **35**, 4115; Wandrey, C. et al., *S*, 911; Seebach, R.E. et al., *HCA*, **77**, 2071; Waldmann, H. et al., *HCA*, **77**, 2111; van Koten, G. et al., *TL*, **35**, 6521; Kang, J. et al., *SL*, 842 & *CC*, 2009; Ishizaki, M. and Hoshino, O., *CL*, 1337; Laloe, E. and Srebnik, M., *TL*, **35**, 5587.

PhCHO + PhCOMe + Et$_2$Zn →[catalyst] Ph–CH(OH)–Et (82%, 85% ee) + PhCOMe (70% recovery)

catalyst = Ph–CH(OH)–CH(NBu$_2$)–Me (with H's shown)

many other chiral catalysts employed for similar additions to aldehydes

---

I.A.7.a.3-18 Knochel, P. et al., *TL*, **35**, 9007 & 5849, *JOC*, **59**, 3760 & 4143, **see also:** *TL*, **35**, 4539 & *TA*, **5**, 1161.

(FG-R)$_2$Zn + RCHO →[cat.] R–CH(OH)–CH$_2$–R-FG

41-82%, 50-96% ee

cat. = Ti(O^{i}Pr)$_4$, PhMe, -60 to -20°C, *trans*-cyclohexane-1,2-bis(NHTf)

I.A.7.a.3-19 Clayden, J. and Julia, M., *CC*, 1905 & 2261.

CH$_2$=CH–CH$_2$–SO$_2$Ph →[Et$_2$Zn, RCHO / Pd(PPh$_3$)$_4$] CH$_2$=CH–CH$_2$–CH(OH)–R

63-97%

I.A.7.a.3-20 Matsuda, F., Shirahama, H. et al., *JOC*, **59**, 5111; Takeuchi, S. et al., *BCJ*, **67**, 445; Tani, S. et al., *CPB*, **42**, 2190; Tobinaga, S. et al., *CPB*, **42**, 430 & 438.

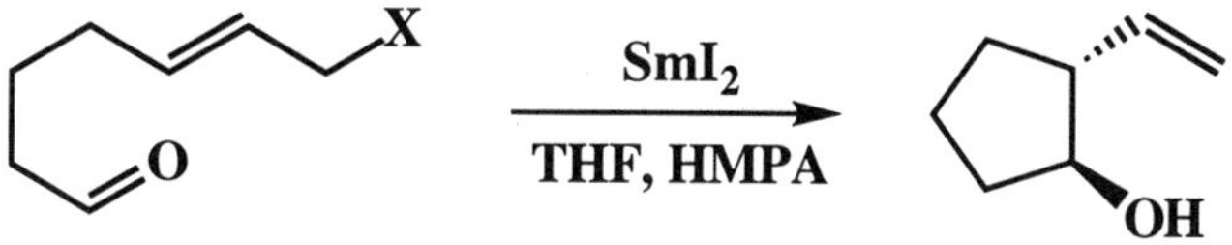
X
O
SmI_2
THF, HMPA
OH

X = SPh, SO_2Ph 55-85%

similarly with non-allylic halides

I.A.7.a.3-21 Molander, G.A. and Shakya, S.R., *JOC*, **59**, 3445.

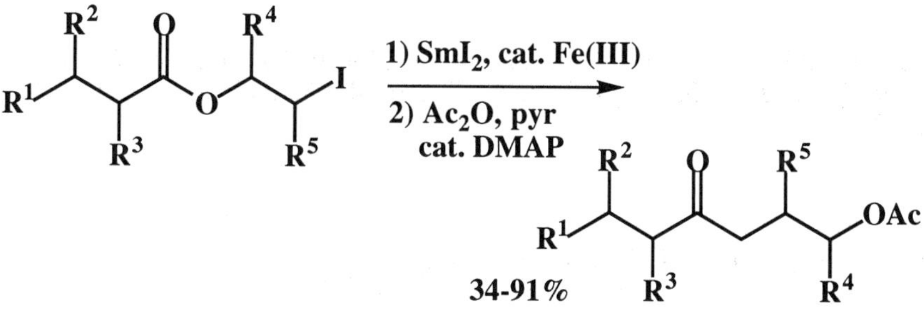
R^2 O R^4
R^1 O I
R^3 R^5
1) SmI_2, cat. Fe(III)
2) Ac_2O, pyr
cat. DMAP
R^2 O R^5
R^1 OAc
34-91%
R^3 R^4

I.A.7.a.3-22 Murakami, M. and Ito, Y., *JOM*, **473**, 93.

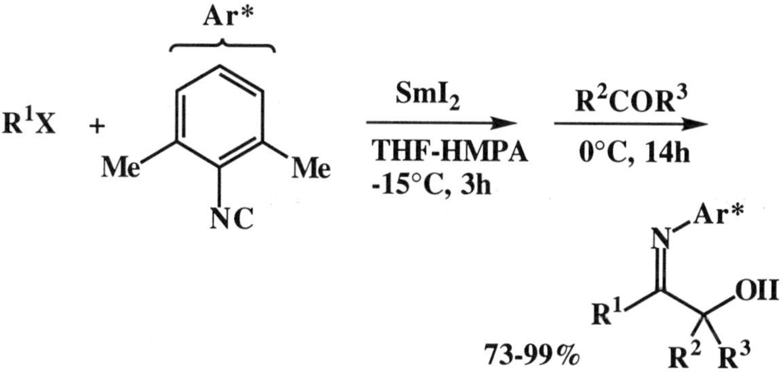
Ar*
R^1X +
Me Me
NC
SmI_2
THF-HMPA
-15°C, 3h
R^2COR^3
0°C, 14h
N Ar*
OH
R^1
73-99%
R^2 R^3

I.A.7.a.3-23 Marko, I.E. and Leung, C.W., *JACS*, **116**, 371.

$$R\text{-CH=CH-C(O)-R'} + R\text{-CH}_2\text{-CH}_2\text{-C(O)-R'} \xrightarrow[\text{ether, -50°C}]{\text{Me}_3\text{Tl, MeLi}}$$

product: R-CH=CH-C(OH)(Me)-R' + R-CH₂-CH₂-C(OH)(Me)-R'

78-95%, 1:1 to >75:1

I.A.7.a.3-24 Yamamoto, H. et al., *JACS*, **116**, 6130; Schmid, W. et al., *T*, **50**, 749 & *LA*, 73; Saigo, K. et al., *TL*, **35**, 4805; Taddei, M. et al., *TL*, **35**, 3183.

$$R^1R\text{C=CH-CH}_2\text{Cl} \xrightarrow[\text{2) R}^2\text{COR}^3]{\text{1) Ba / THF}} R^1R\text{C=CH-CH}_2\text{-C(OH)(R}^2\text{)(R}^3\text{)} \; + \; \text{HO-C(R}^2\text{)(R}^3\text{)-C(R}^1\text{)(R)-CH=CH}_2$$

56-98%, 3-99:1

similar allylations reported with In, GeI₂ / ZnI₂ or CrCl₂

CARBON–CARBON BOND FORMING REACTIONS

I.A.7.a.3-25 Hanessian, S. and Girard, C., *SL*, 865; Ishii, Y. et al., *JOC*, **59**, 7902; Ohta, A. et al., *CC*, 1225; Orsini, F. et al., *JOC*, **59**, 1; Butsugan, Y. et al., *BCJ*, **67**, 1126.

other Reformatsky type reactions reported using low-valent Ta; Co(PMe$_3$)$_4$ or In / TMSCl

---

I.A.7.a.3-26 Suzuki, K. et al., *SL*, 359; **see also:** Dimmock, P.W. and Whitby, R.J., *CC*, 2323; Takahashi, T. et al., *JOM*, **473**, 117; Luker, T. and Whitby, R.J., *TL*, **35**, 9465; **see also:** Sato, F. et al., *JOC*, **59**, 5521.

I.A.7.a.3-27 Hoffmann, R.W. et al., *TL*, **35**, 4751 & *S*, 629; White, J.D. and Johnson, A.T., *JOC*, **59**, 3347.

I.A.7.a.3-28 Miyaura, N., Suzuki, A. et al., *CC*, 467.

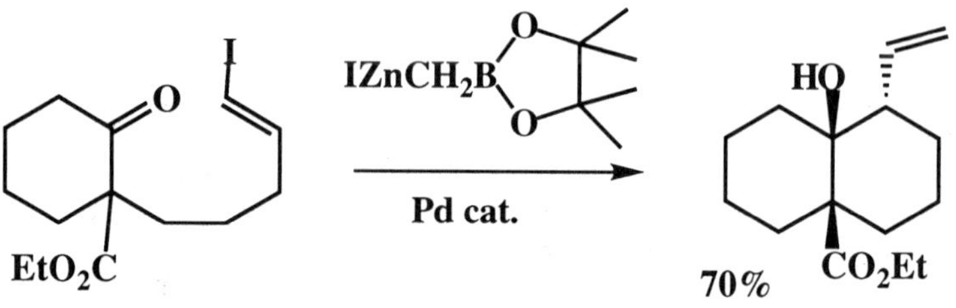

I.A.7.a.3-29 Barrett, A.G.M. et al., *JCS(P1)*, 1901 & *CC*, 1053.

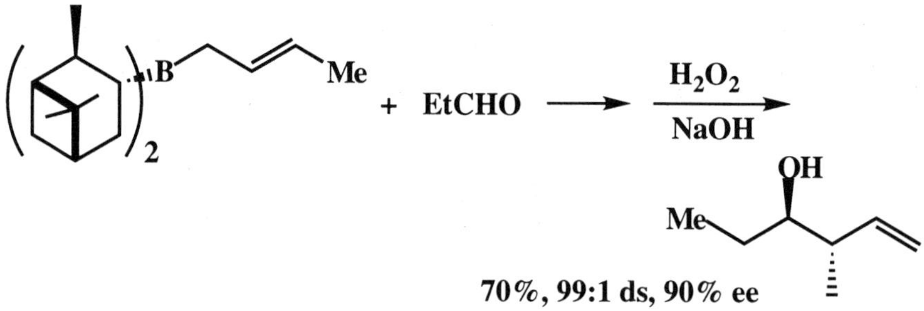

70%, 99:1 ds, 90% ee

I.A.7.a.3-30 Hollis, W.G., Jr. et al., *JOC*, **59**, 3485.

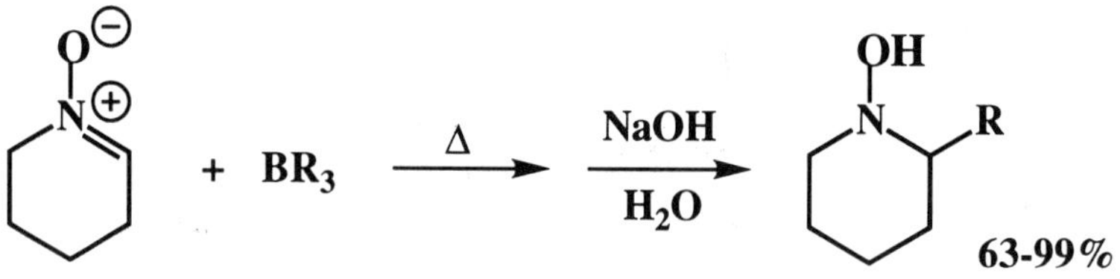

63-99%

I.A.7.a.3-31 Taddei, M. et al., *JOC*, **59**, 3762; Pellissier, H., Toupet, L. and Santelli, M., *JOC*, **59**, 1709; Matsumoto, K., Oshima, K. and Utimoto, K., *JOC*, **59**, 7152; Jensen, B.L. et al., *TA*, **5**, 797.

[Reaction: R-CH(NHBoc)-CHO + CH$_2$=C(CH$_2$TMS)(CH$_2$Cl) → (BF$_3$·OEt$_2$) → R-CH(NHBoc)-CH(OH)-CH$_2$-C(=CH$_2$)-CH$_2$Cl]

62-72%, 92->95% ee

various other allylsilanes employed; one with a chiral auxiliary

---

I.A.7.a.3-32 Denmark, S.E. et al., *JOC*, **59**, 6161; Kobayashi, S. and Nishio, K., *JOC*, **59**, 6620.

[Reaction: ArCHO + Cl$_3$Si-CH$_2$-CH=CH$_2$, CH$_2$Cl$_2$, -78°C, with chiral cyclohexanediamine phosphoramide catalyst (Me-N, Me-N, P=O, N-pyrrolidine) → Ar-CH(OH)-CH$_2$-CH=CH$_2$]

67-81%, 21-65% ee

I.A.7.a.3-33 Thomas, E.J. et al., *S*, 322 & *CC*, 285; Ipaktschi, J. et al., *CB*, **127**, 905; Roush, W.R. and VanNieuwenhze, M.S., *JACS*, **116**, 8536; Greeves, N. et al., *TL*, **35**, 4639; Nishigaichi, Y. et al., *SL*, 731.

[Reaction: Bu$_3$Sn-CH$_2$-CH=CH-CH(OBn)-CH$_3$ + RCHO → (SnCl$_4$) → R-CH(OH)-CH$_2$-CH=CH-CH(OBn)-CH$_3$]

90%, >95% syn

various other Lewis acids employed for similar transformations

I.A.7.a.3-34 Marshall, J.A. et al., *JOC*, **59**, 3413, 4122 & 3509.

I.A.7.a.3-35 Keck, G.E. et al., *TL*, **35**, 8323 & *JOC*, **59**, 3113.

I.A.7.a.3-36 Falck, J.R. et al., *JACS*, **116**, 1; see also: Echavarren, A.M. et al., *JOC*, **59**, 4179.

I.A.7.a.3-37 Mori, M. et al., *JOM*, **464**, 35.

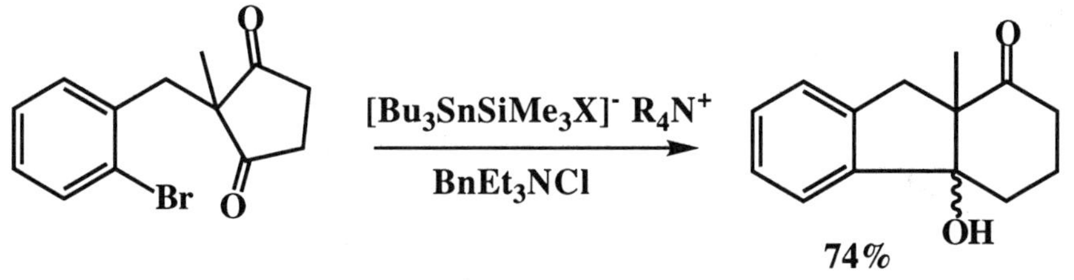

I.A.7.a.3-38 Imai, T. and Nishida, S., *CC*, 277; Shibasaki, M. et al., *JOC*, **59**, 713.

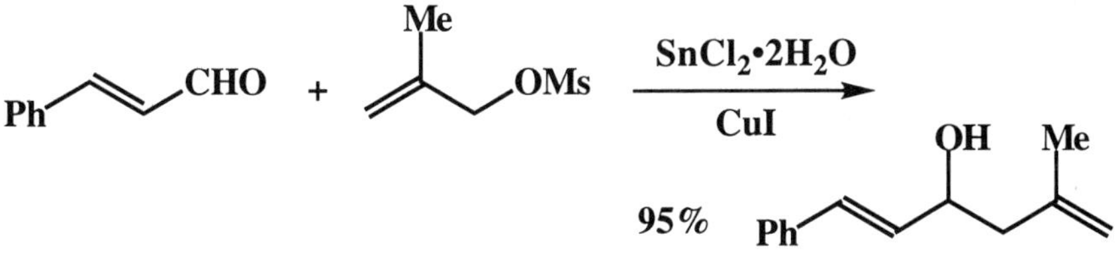

similarly with (CO)$_5$CrPhCO$_2$Me

I.A.7.a.3-39 Liu, R.-S. et al., *CC*, 2705.

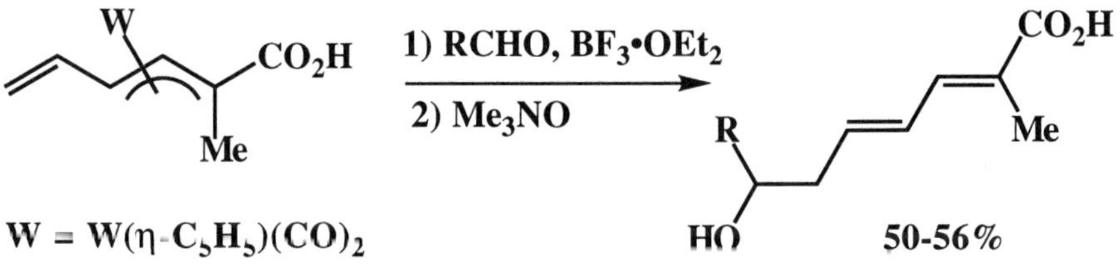

W = W(η-C$_5$H$_5$)(CO)$_2$

I.A.7.a.4. Other 1,2-Additions

I.A.7.a.4-1 Kiljunen, E. and Kanerva, L.T., *TA*, **5**, 311; Davis, F.A., Deutsch, C.J. et al., *S*, 701.

PhCHO →[1)] Ph-CH(CN)(OH)

84% conversion, 90% ee

1) acetone cyanohydrin, Sorghum bicolor shoots, diisopropyl ether

preparation of an aminonitrile via TMSCN reaction with an imine also reported

---

I.A.7.a.4-2 Scholl, M. and Fu, G.C., *JOC*, **59**, 7178.

$$RCHO + Et_3SiCN \xrightarrow[20°C]{Bu_3SnCN} RHC(OSiEt_3)(CN)$$

79-99%

I.A.7.a.4-3 McMurry, J.E. and Siemers, N.O., *TL*, **35**, 4505; Nicolaou, K.C. et al., *JACS*, **116**, 1591; Swindell, C.S. et al., *TL*, **35**, 4959; **see also:** Li, Y. et al., *S*, 678; Pedersen, S.F. et al., *JACS*, **116**, 1316; Kammermeier, B., Jendralla, H. et al., *AG(E)*, **33**, 685.

keto-aldehyde →[TiCl$_3$(DME)$_{1.5}$ / Zn/Cu] diol

>60%

similarly with VCl$_3$ / Zn

I.A.7.a.4-4 Sturino, C.F. and Fallis, A.G., *JACS*, **116**, 7447; LeGall, T. et al., *TL*, **35**, 6671; Inanaga, J. et al., *SL*, 377; Shono, T. et al., *JOC*, **59**, 1730.

$$\text{Ph}_2\text{N-N=CH-(CH}_2)_n\text{-C(O)-R} \xrightarrow[\text{THF, HMPA}]{\text{SmI}_2} \text{cyclohexane(NHNPh}_2\text{)(R)(OH)}$$

n = 4

58-62%, cis:trans = 25:1

similar pinacol-type couplings with dialdehydes or ketones / Sm(OTf)$_2$ or by electrolysis of ketones & O-methyloximes

---

I.A.7.a.4-5 Szymoniak, J. et al., *T*, **50**, 2841.

$$\text{RCHO} \xrightarrow[\text{THF, rt}]{\text{NbCl}_3} \text{diol} + \text{cyclopentane derivative}$$

19-71%
dl : meso =
9:1 to >95:5

0-59%
dl : meso + meso'
9:1 to 94:6

I.A.7.a.4-6 Iqbal, J. et al., *TL*, **35**, 2959.

$$\text{2-pyridyl-CHO} \xrightarrow[\text{PrCHO}]{\text{Co}^{II}, \text{O}_2} \text{2-Py-C(O)-C(O)-2-Py}$$

90%

I.A.7.a.4-7 Taniguchi, Y., Takaki, K., Fujiwara, Y. et al., *TL*, **35**, 6897.

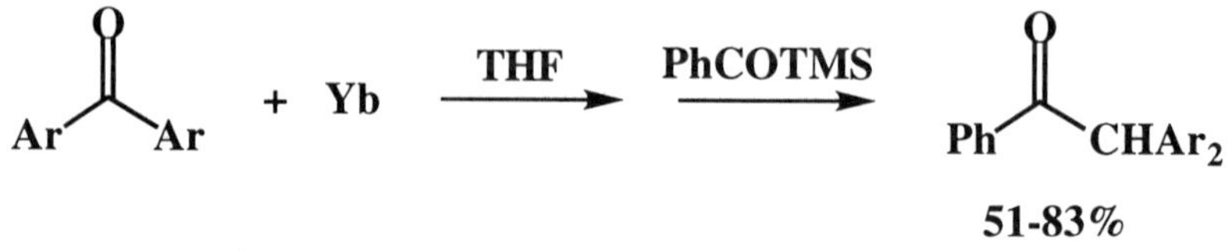

Ar-CO-Ar + Yb $\xrightarrow{\text{THF}}$ $\xrightarrow{\text{PhCOTMS}}$ Ph-CO-CHAr$_2$

51-83%

I.A.7.a.4-8 Hodgson, D.M. and Comina, P.J., *SL*, 663.

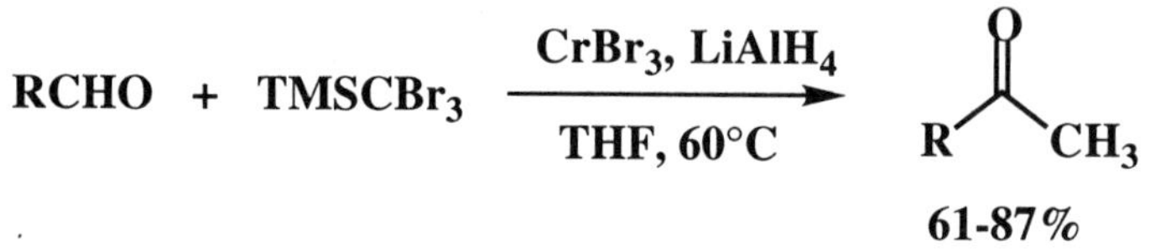

RCHO + TMSCBr$_3$ $\xrightarrow[\text{THF, 60°C}]{\text{CrBr}_3\text{, LiAlH}_4}$ R-CO-CH$_3$

61-87%

I.A.7.a.4-9 Kise, N. et al., *JOC*, **59**, 1407.

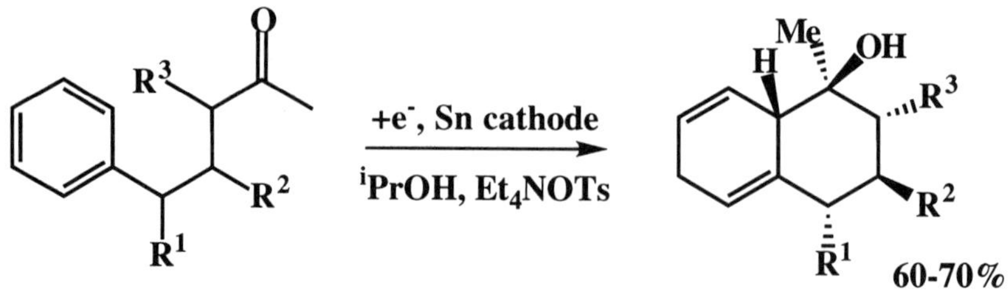

$\xrightarrow[{}^i\text{PrOH, Et}_4\text{NOTs}]{+e^-\text{, Sn cathode}}$

60-70%

I.A.7.a.4-10 Dowd, P. et al., *TL*, **35**, 3865 and *T*, **50**, 12579.

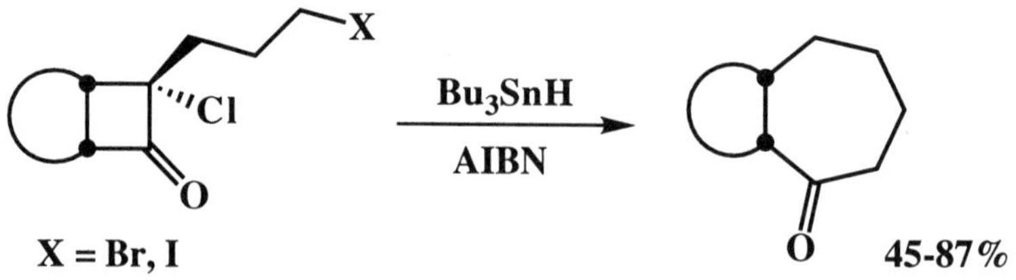

X = Br, I $\xrightarrow[\text{AIBN}]{\text{Bu}_3\text{SnH}}$ 45-87%

I.A.7.a.4-11 Mikami, K. et al., *TL*, **35**, 6693 & 3133 and *TA*, **5**, 1087; Kato, N., Takeshita, H. et al., *SL*, 337; Kuwajima, I. et al., *TL*, **35**, 7965 and *JOC*, **59**, 518; Laschat, S. and Grehl, M., *AG(E)*, **33**, 458; Yoneda, N. et al., *BCJ*, **67**, 3040; Demir, A.S. et al., *SC*, **24**, 137.

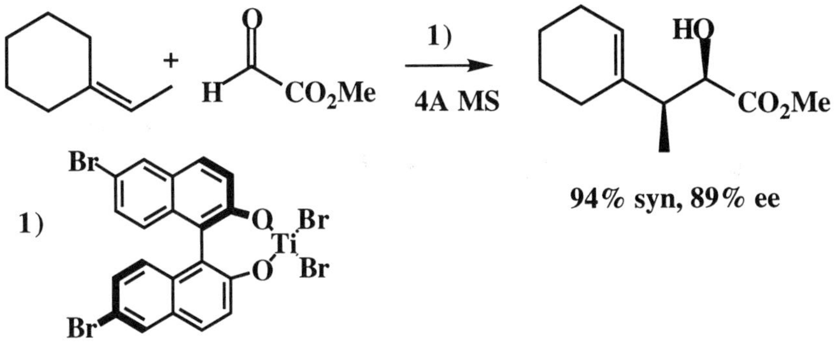

94% syn, 89% ee

various other ene reactions reported

I.A.7.a.4-12 Bosnich, B. et al., *JACS*, **116**, 1821.

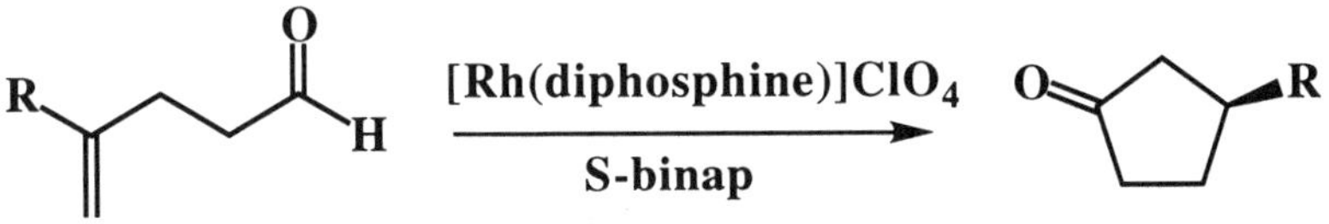

17-81% ee

I.A.7.a.4-13 Kobayashi, S. and Nishio, K., *S*, 457; Masuyama, Y. et al., *CC*, 1451; Shono, T., Kashimura, S. et al., *JOC*, **59**, 273.

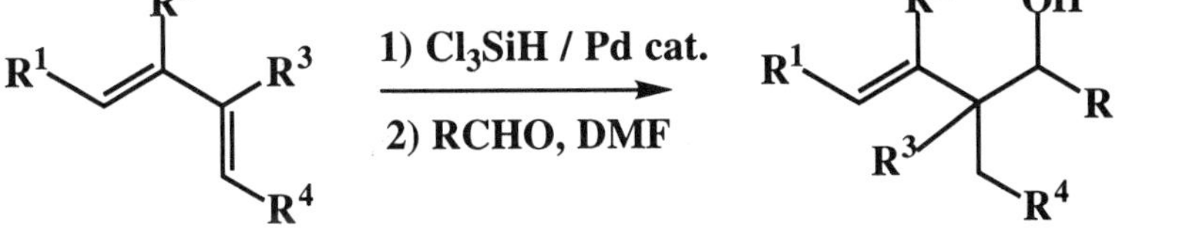

82-91%, syn: anti = 92:8 to 99:1

Pd(OAc)$_2$, TPP, SnCl$_2$, HX or electrolysis used similarly

I.A.7.a.4-14 Yamamoto, Y. et al., *CC*, 1665.

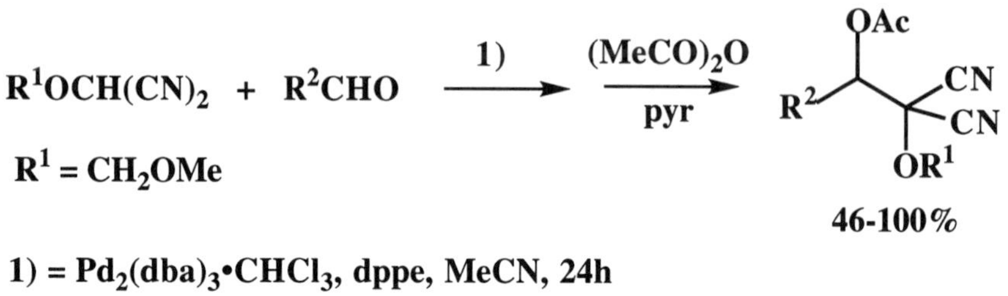

$R^1OCH(CN)_2$ + R^2CHO
1)
$(MeCO)_2O$
pyr
OAc
R^2
CN
CN
OR^1
46-100%
$R^1 = CH_2OMe$
1) = $Pd_2(dba)_3$•$CHCl_3$, dppe, MeCN, 24h

I.A.7.b. Conjugate Additions

I.A.7.b.1. Enolate-Type Carbanions

I.A.7.b.1-1 Guevel, A.-C. and Hart, D.J., *SL*, 169.

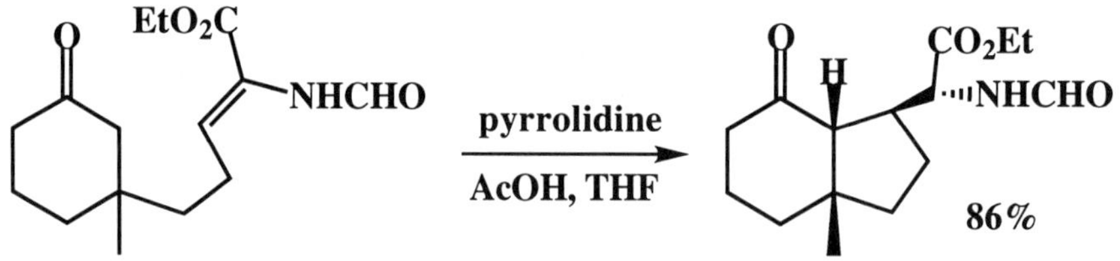

O
EtO_2C
NHCHO
pyrrolidine
AcOH, THF
O
H
CO_2Et
NHCHO
86%

I.A.7.b.1-2 Ong, C.W. et al., *JOC*, **59**, 7915.

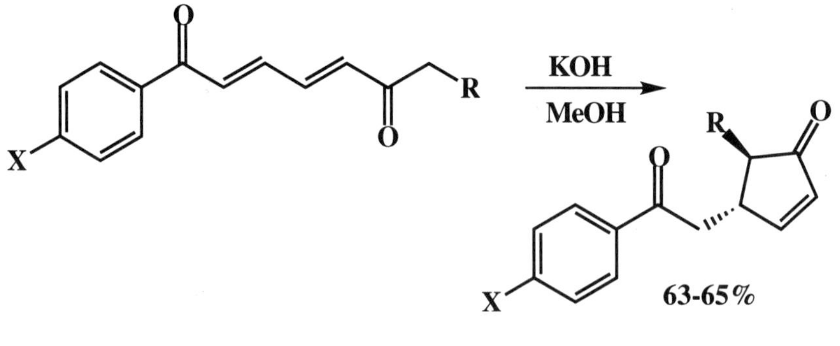

O
R
O
X
KOH
MeOH
R
O
O
X
63-65%

I.A.7.b.1-3 Shibasaki, M. et al., *JACS*, **116**, 1571; Kawara, A. and Taguchi, T., *TL*, **35**, 8805.

cyclohexenone + BnO-C(O)-CH$_2$-C(O)-OMe $\xrightarrow[\text{Li-free}]{\text{La-(S)-Binol}}$ 3-substituted cyclohexanone with -CH(CO$_2$Bn)(CO$_2$Me)

100%, 75% ee

I.A.7.b.1-4 Yamaguchi, M. et al., *TL*, **35**, 8233; Li, W.-S. et al., *TL*, **35**, 6591 & 6595; Barco, A. et al., *T*, **50**, 11743; Galambos, G., Szantay, C. et al., *H*, **38**, 1727.

α,β-unsaturated methyl ketone (CH$_3$C(O)CH=CHR^1) + H-CR^{2}R^3(NO$_2$) $\xrightarrow[\text{proline-CO}_2\text{Rb}]{\text{CHCl}_3}$ CH$_3$C(O)CH$_2$CHR^1-C*R^{2}R^3(NO$_2$)

47-91%, 29-84% ee

various other catalysts & substrates used for nitro aldols

I.A.7.b.1-5 Ruder, S.M. and Kulkarni, V.R., *CC*, 2119.

2-(diethoxyphosphoryl)cyclohexanone + CH$_2$=CY(EWG) $\xrightarrow[\text{ROH}]{\text{base}}$ 2-substituted product with P(OEt)$_2$ and CH$_2$CHY(EWG)

base = NaOEt, KOH, ^{t}BuOH

Y = H, Cl; 58-79%

I.A.7.b.1-6 Barluenga, J. et al., *AG(E)*, **33**, 1392.

[Reaction scheme: menthyl-derived (CO)$_5$Cr carbene with α,β-unsaturated ester + R$^\ominus$ → (CO)$_5$Cr=C(OR*)CH$_2$CHR(R^1), 89-95% de]

I.A.7.b.1-7 Pelter, A., Ward, R.S. and Storer, N.P., *T*, **50**, 10829.

[Reaction scheme: Ar^{1}CH(OTBS)CN, 1) LDA 2) menthyloxy-butenolide 3) Ar^{2}CHO 4) TBAF → substituted butyrolactone, 80%]

I.A.7.b.1-8 Hagiwara, H. et al., *JCS(P1)*, 2417; see also: Klimko, P.G. and Singleton, D.A., *S*, 979; see also: Padwa, A. et al., *JOC*, **59**, 3256.

[Reaction scheme: TBSO-cyclohexenyl methyl ketone + methyl crotonate, 1)-2) → bicyclic decalone with TBSO, CO$_2$Me groups, 78%]

1) LDA, THF, HMPA   2) NaOMe

various other double Michael additions reported

I.A.7.b.1-9 Ila, H., Junjappa, H. et al., *JCS(P1)*, 2439; **see also:** Toke, L. et al., *T*, **50**, 2895.

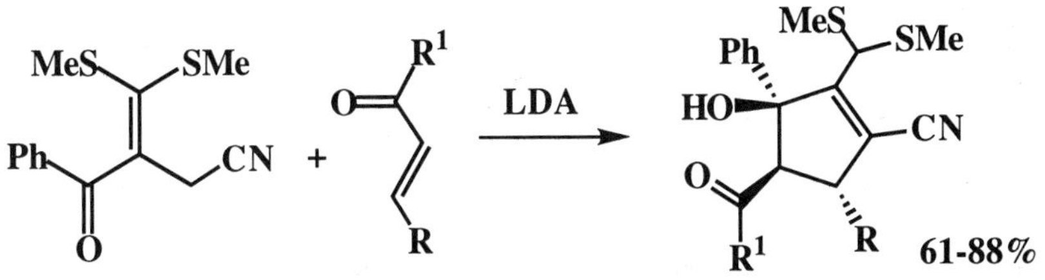

other tandem Michael-Aldols reported

I.A.7.b.1-10 Marino, J.P., Paley, R.S. et al., *JOC*, **59**, 3193.

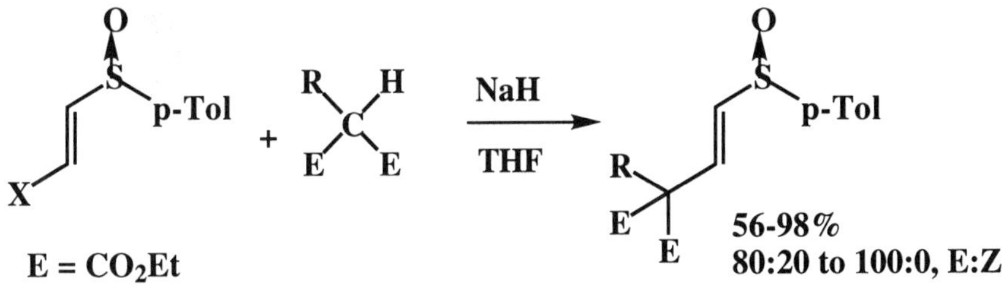

E = CO$_2$Et

56-98%
80:20 to 100:0, E:Z

I.A.7.b.1-11 d'Angelo, J. et al., *TL*, **35**, 9705 & *TA*, **5**, 339; Pfau, M. et al., *TA*, **5**, 1459 & *TL*, **35**, 1549.

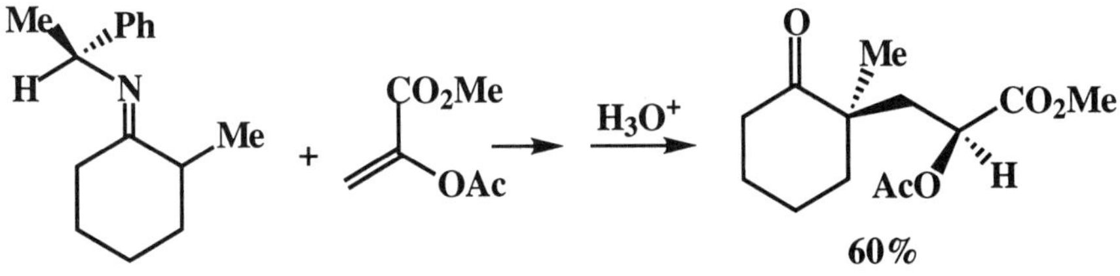

60%

I.A.7.b.1-12 Ranu, B.C. et al., *JCS(P1)*, 2197; Kobayashi, S. et al., *CL*, 97.

$$\text{(cyclohexenyl-OTMS)} + \text{CH}_2=\text{CH-C(O)R} \xrightarrow[\text{ZnCl}_2, \text{rt}]{\text{Al}_2\text{O}_3} \text{product}\quad 51\text{-}86\%$$

a chiral binaphthol Ti=O species used similarly

I.A.7.b.1-13 Grieco, P.A. et al., *JOC*, **59**, 6898; Helmchen, G. et al., *TL*, **35**, 233.

$$\text{cyclohexenone} + \text{MeO-C(=CH}_2\text{)-OTBS} \xrightarrow[\text{1,2-DCE, 9 min}]{\text{LiCo(B}_9\text{C}_2\text{H}_{11})_2} \text{product}\quad 97\%$$

P_4O_{10} used similarly

I.A.7.b.2. Organometallic and Related Reagents

I.A.7.b.2-1 Cooke, M.P., Jr. and Gopal, D., *TL*, **35**, 2837 & *JOC*, **59**, 260.

$$\text{diene-di(CO}_2{}^t\text{Bu)} \xrightarrow[\text{2) H}^+]{\text{1) BuLi}} \text{bicyclic product} \quad 97\%$$

I.A.7.b.2-2 Yamamoto, Y. et al., *CC*, 2003.

A Chemical Scale for Electron-Transfer Ability of Methylcopper Reagents

---

I.A.7.b.2-3 Overman, L.E. et al., *JOC*, **59**, 1946.

MeO$_2$C∼∼CO$_2$Me $\xrightarrow[\text{-78°C to rt}]{\text{RMgX, CuI} \atop \text{TMSCl, THF}}$ MeO$_2$C∼CH(R)∼CO$_2$Me

77-85%

I.A.7.b.2-4 Kanai, M. and Tomioka, K., *TL* **35**, 895; Tanaka, K. et al., *SL*, 351; van Koten, G. et al., *TL*, **35**, 6135.

cyclopentenone + RLi $\xrightarrow[\text{pyrrolidine-N(CO}^t\text{Bu)-CH}_2\text{PPh}_2]{\text{CuCN, LiBr, Et}_2\text{O}}$ 3-R-cyclopentanone

90-99%, 68-95% ee

chiral alkoxydimethylcuprate & arenethiolato copper(I) catalysts used for similar transformations

I.A.7.b.2-5 Castle, G.H. and Ley, S.V., *TL*, **35**, 7455.

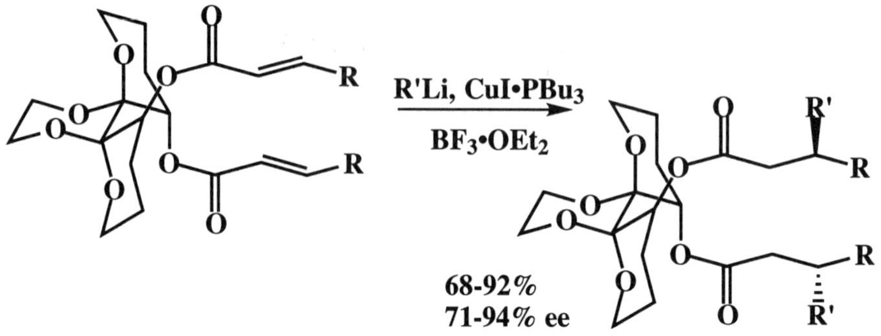

68-92%
71-94% ee

I.A.7.b.2-6 Lander, P.A. and Hegedus, L.S., *JACS*, **116**, 8126; Stephan, E. et al., *TA*, **5**, 41; **see also**: Nilsson, K. and Ullenius, C., *T*, **50**, 13173.

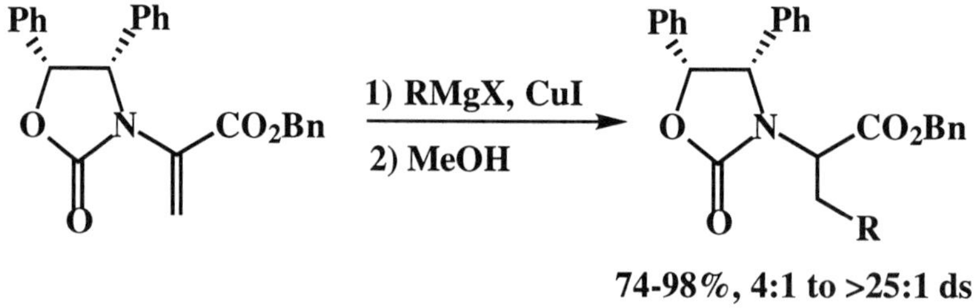

74-98%, 4:1 to >25:1 ds

I.A.7.b.2-7 Groth, U. et al., *LA*, 885.

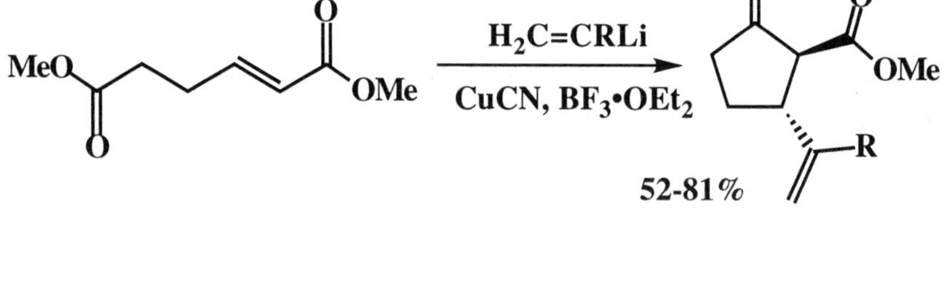

52-81%

I.A.7.b.2-8 Reetz, M.T. and Kindler, A., *CC*, 2509; de Groot, A. et al., *T*, **50**, 10073.

cyclohex-2-enone $\xrightarrow[\text{TMSCl, LiCl, -20°C}]{\text{Et}_2\text{Mg, CuI}}$ 3-ethyl-1-(trimethylsilyloxy)cyclohexene

93%

I.A.7.b.2-9 Xu, L.-H. and Kundig, E.P., *HCA*, **77**, 1480.

$\underset{R^2}{\overset{R^1}{>}}C=C\underset{Cl}{\overset{CO_2Me}{<}}$ $\xrightarrow[\text{THF, -70° to 0°C}]{R^3\text{Li, MX}_n}$ $R^3-\underset{R^2}{\overset{R^1}{C}}-C(=CH_2)CO_2Me$

80-94%

MX$_n$ = CuBr·SMe$_2$ / ZnCl$_2$ or ZnCl$_2$

I.A.7.b.2-10 Yamamoto, H. et al., *SL*, 519 & *JACS*, **116**, 4131; Kabbara, J. et al., *SL*, 679.

Ph-CO-CH=CH-CF$_3$ $\xrightarrow{\text{ATPH, RLi}}$ Ph-CO-CH$_2$-CHR-CF$_3$

82-97%

ATPH = aluminum tris(2,6-diphenylphenoxide)

I.a.7.b.2-11 Bartoli, G. et al., *TL*, **35**, 8651.

Y-C$_6$H$_4$-CH=CH-NO$_2$ $\xrightarrow[\text{CeCl}_3, \text{THF}]{\text{RMgX}}$ Y-C$_6$H$_4$-CHR-CH$_2$-NO$_2$

74-97%

I.A.7.b.2-12 Kuroda, C. and Hirono, Y., *TL*, **35**, 6895; Schinzer, D. and Ringe, K., *SL*, 463; Tokoroyama, T. et al., *TL*, **35**, 8247.

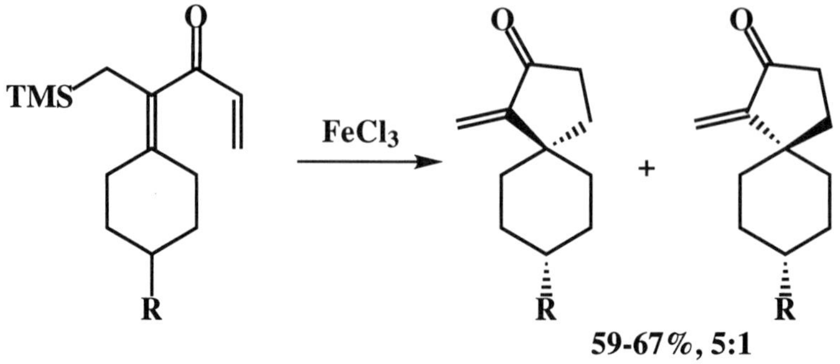

59-67%, 5:1

other allylsilane Michael cyclizations reported

I.A.7.b.2-13 Flemming, S. et al., *TL*, **35**, 6075.

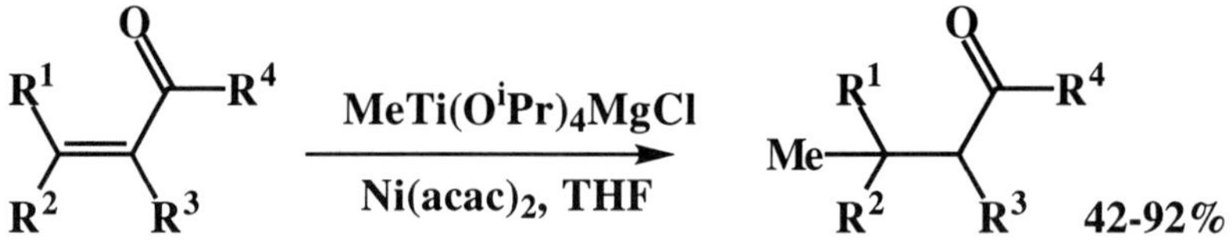

42-92%

I.A.7.b.2-14 Degl'Innocenti, A. et al., *TL*, **35**, 2081.

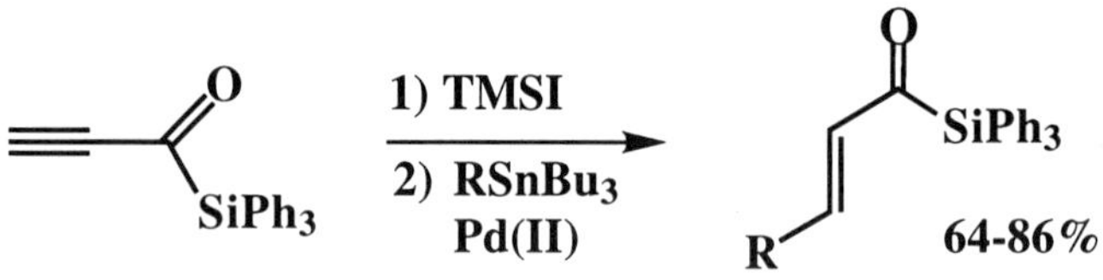

64-86%

I.A.7.b.2-15 Uemura, S. et al., *TL*, **35**, 1275 & 1739.

$$R\text{-CH=CH-C(O)R'} + Ar_3Sb \xrightarrow[\text{AcOH, rt}]{\text{Pd(OAc)}_2,\ \text{AgOAc}} R\text{-CH(Ar)-CH}_2\text{-C(O)R'}$$

14-99%

I.A.7.b.2-16 Wipf, P. et al., *T*, **50**, 1935; Lipshutz, B.H. and Wood, M.R., *JACS*, **116**, 12625.

1-hexene $\xrightarrow[\text{THF, 15 min}]{\text{Cp}_2\text{ZrHCl}}$ 1) PhCH=CHC(O)Ph; 2) CuBr·SMe$_2$, BF$_3$·OEt$_2$ → PhCH(CH$_2$C(O)Ph)(CH$_2$)$_5$CH$_3$ 74%

I.A.7.b.2-17 Taniguchi, Y., Takaki, K., Fujiwara, Y. et al., *TL*, **35**, 4111.

$$\text{2-R-3-R'-cyclohexenone} \xrightarrow[\text{THF, HMPA}]{\text{Yb, TMSBr}} \text{coupled bis-cyclohexanone}$$

R, R' = H, Me   46-92%

I.A.7.b.3. Other Conjugate Additions

I.A.7.b.3-1 Yus, M. et al., *T*, **50**, 5130; Figadere, B. et al., *TL*, **35**, 883; Hosomi, A. et al., *TL*, **35**, 9605; Henry, K.J., Jr. and Fraser-Reid, B., *JOC*, **59**, 5128; Pattenden, G. et al., *TL*, **35**, 2413; **see also**: Mulzer, J. et al., *LA*, 531.

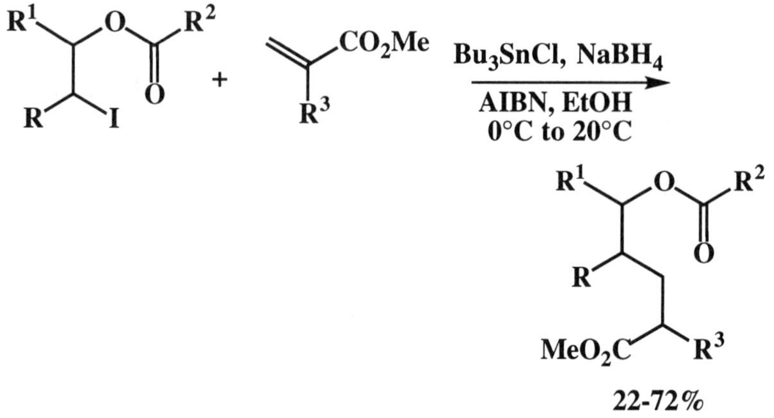

$$\text{R}^1\text{-CH(R)-O-C(O)-OR}^2 \text{ (with R-I)} + \text{CH}_2=\text{C(R}^3\text{)CO}_2\text{Me} \xrightarrow[\text{0°C to 20°C}]{\text{Bu}_3\text{SnCl, NaBH}_4 \atop \text{AIBN, EtOH}} \text{product}$$

22-72%

similar radical cyclizations also reported

I.A.7.b.3-2 Mori, M. et al., *TL*, **35**, 2035.

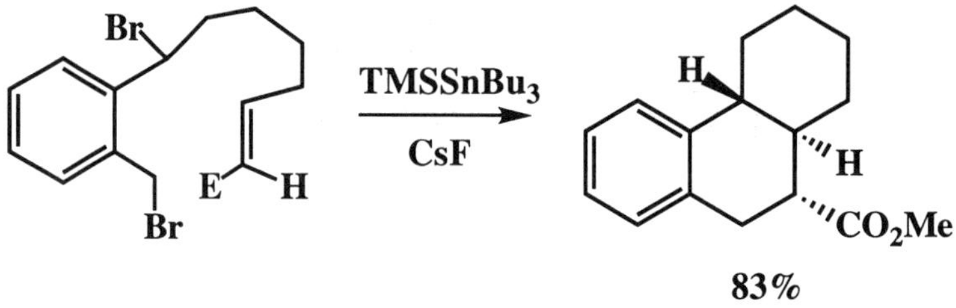

Reagents: TMSSnBu₃, CsF

83%

I.A.7.b.3-3 Curran, D.P. and Liu, H., *JCS(P1)*, 1377; Parsons, P.J. and Caddick, S., *T*, **50**, 13523.

[Reaction scheme: o-iodobenzamide with N-R and (CH$_2$)$_4$CH=CHCO$_2$Et substituent, Bu$_3$SnH, giving cyclopentane with PhOC-N(R) and CH$_2$CO$_2$Et substituents, 27-42%]

other 1,5-H abstractions reported

I.A.7.b.3-4 Nishida, M., Nishida, A. et al., *JACS*, **116**, 6455.

[Reaction scheme: vinyl iodide cyclohexane with CO$_2$R* ester (R* = CMe$_2$Ph-menthyl), Bu$_3$SnH, BF$_3$·OEt$_2$, PhH, 0°C, giving cyclized methylenecyclohexane product, 82%, 9:1 (R:S)]

I.A.7.b.3-5 Dygutsch, D.P. et al., *SL*, 363.

[Reaction scheme: cyclohexadienone with R^1, CHCl$_2$, R^2, R^3, R^4, R^5 substituents, RBu$_2$SnH, giving tropone with R^1–R^5 substituents, 29-99%]

R = a polymer support

I.A.7.b.3-6 Russell, G.A. and Shi, B.Z., *TL*, **35**, 3841.

$$\text{CH}_2=\text{C(Z)} \xrightarrow[\text{Et}_3\text{SiH, DMSO}]{^t\text{BuHgCl}} {}^t\text{BuCH}_2\text{CH(Me)CO}_2\text{Et} \quad 90\%$$

Z = CO$_2$Et

I.A.7.b.3-7 Weinges, K. et al., *CB*, **127**, 1305; Matsuda, F. et al., *JOC*, **59**, 6900; Enholm, E.J. and Trivellas, A., *TL*, **35**, 1627; Lee, E., Pak, C.S. et al., *JOC*, **59**, 1428.

[Reaction: BnO-substituted aldehyde with MeO$_2$C-alkene side chain → cyclobutane product with BnO, OH, CO$_2$Et substituents, via SmI$_2$, HMPT, THF, 60%]

similar intermolecular reactions & Mg/HgCl$_2$ cyclizations reported

---

I.A.7.b.3-8 Meyers, A.I. et al., *JOC*, **59**, 5145.

[Reaction of bicyclic pyrrolone (Ph, R, CO$_2$R' substituents) with allyl-SiPr$_3$, TiCl$_3$:
−78 to 0 °C → bicyclic product with R, CO$_2$R', SiPr$_3$, 53-68%
−78 °C → diastereomeric bicyclic product with R, CO$_2$R', SiPr$_3$, 37-70%]

I.A.7.b.3-9 Kraus, G.A. and Liu, P., *TL*, **35**, 7723.

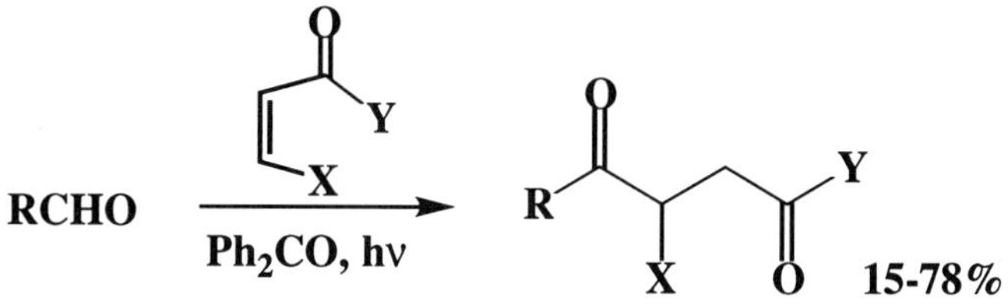

RCHO + (alkene-CO-Y with X substituent) → R-CO-CH(X)-CH2-CO-Y, Ph₂CO, hν, 15-78%

I.A.8. Other Carbon-Carbon Single Bond Forming Reactions

I.A.8-1 Ashby, E.C. and Deshpande, A.K., *JOC*, **59**, 3798.

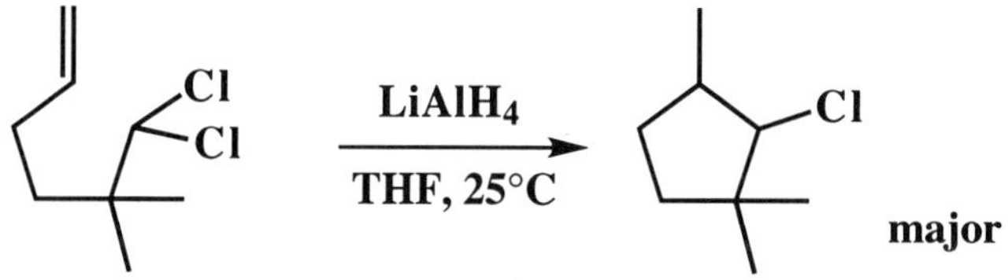

LiAlH₄, THF, 25°C → major

I.A.8-2 Tanaka, M. et al., *TL*, **35**, 8177.

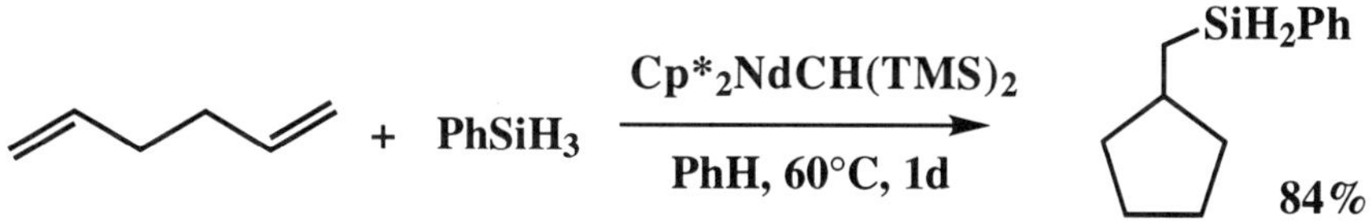

1,5-hexadiene + PhSiH₃ → (cyclopentylmethyl)SiH₂Ph, Cp*₂NdCH(TMS)₂, PhH, 60°C, 1d, 84%

I.A.8-3 RajanBabu, T.V. and Nugent, W.A., *JACS*, **116**, 986.

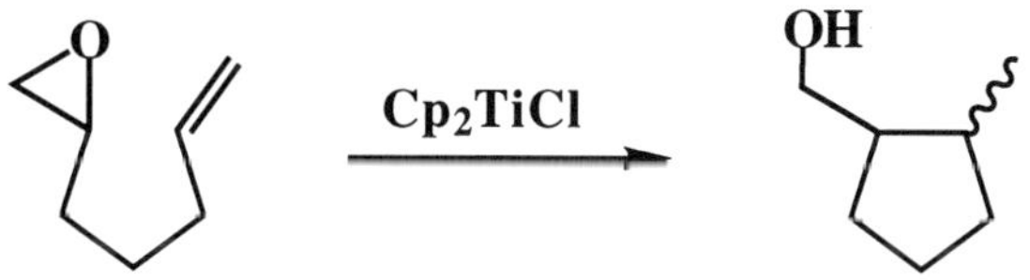

Cp₂TiCl

I.A.8-4 Buttle, L. and Motherwell, W.B., *TL*, **35**, 3995.

Comparative Studies on the Generation and Cyclisation Reactions of Difluoroalkyl Radicals

---

I.A.8-5 Curran, D.P. et al., *TA*, **5**, 199, **see also:** *JACS*, **116**, 8430.

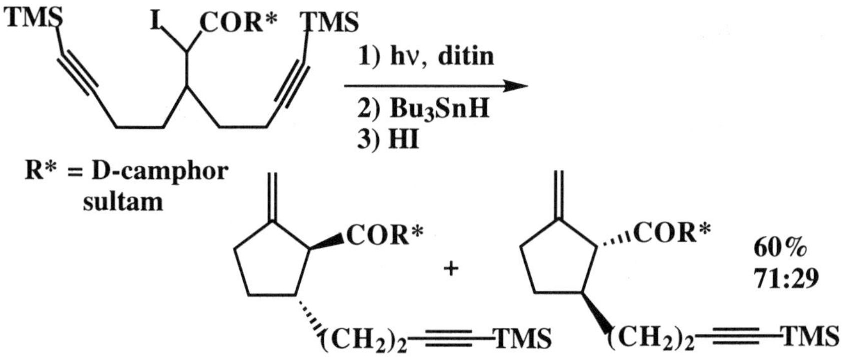
TMS
I
COR*
TMS
1) hν, ditin
2) Bu3SnH
3) HI
R* = D-camphor sultam
COR*
+
COR*
60%
71:29
(CH2)2
TMS
(CH2)2
TMS

I.A.8-6 Lee, I.-Y.C. et al., *TL*, **35**, 4173.

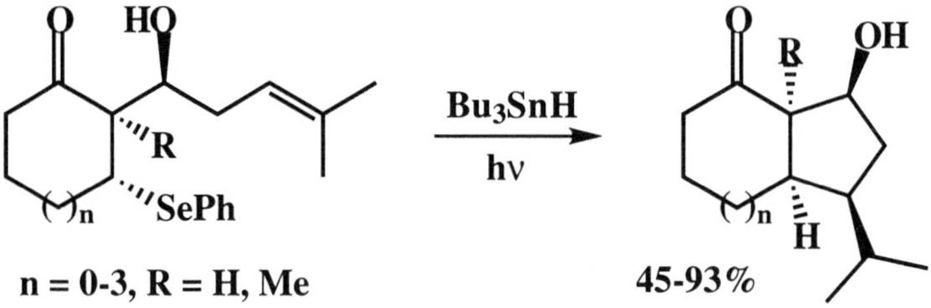
O
HO
R
SePh
n
Bu3SnH
hν
n = 0-3, R = H, Me
O
R
OH
n
H
45-93%

I.A.8-7 Malacria, M. et al., *TL*, **35**, 8601 & *SL*, 958; Fraser-Reid, B. et al., *JOC*, **59**, 4048.

I.A.8-8 Ward, D.E. and Kaller, B.F., *JOC*, **59**, 4230.

I.A.8-9 Hatem, J.M. et al., *TL*, **35**, 3699.

I.A.8-10 Crich, D. and Yao, Q., *T*, **50**, 12305.

[reaction scheme: α-bromo allyl ether PhCH(Br)CH2-O-C(=CH2)Me with Bu3SnH / AIBN → Ph(CH2)3C(=O)Et, 53%]

I.A.8-11 Huval, C.C. and Singleton, D.A., *JOC*, **59**, 2020.

[reaction scheme: TMS/R-substituted methylenecyclopropane diester (E = CO2Me) + isobutyl vinyl ether, BuSSBu, hν → substituted cyclopentane with OiBu, 51-89%, 53:47 to 83:17]

I.A.8-12 Molander, G.A. and McKie, J.A., *JOC*, **59**, 3186; see also: Aurrecoechea, J.M. and Fananas-San Anton, R., *JOC*, **59**, 702.

[reaction scheme: 7-octen-2-one, 1) SmI2, tBuOH, THF, HMPA; 2) H3O+ → 1-methylcyclooctanol]

cylization with benzoate displacement reported with SmI2 / Pd(0)

I.A.8-13 Hiroi, K. et al., *CPB*, **42**, 470; Ryu, I., Sonoda, N. et al., *SL*, 941.

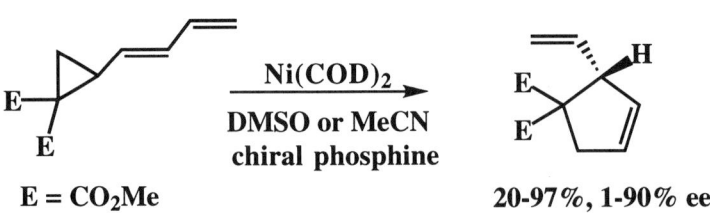

[reaction scheme: vinyl-dienyl cyclopropane diester (E = CO2Me), Ni(COD)2, DMSO or MeCN, chiral phosphine → vinyl cyclopentene diester, 20-97%, 1-90% ee]

I.A.8-14 Takacs, J.M. et al., *JOC*, **59**, 6928 & *TL*, **35**, 9165, 9161; **see also:** Simpkins, N.S. et al., *T*, **50**, 13533; **see also:** Oppolzer, W. and Schroder, F., *TL*, **35**, 7939.

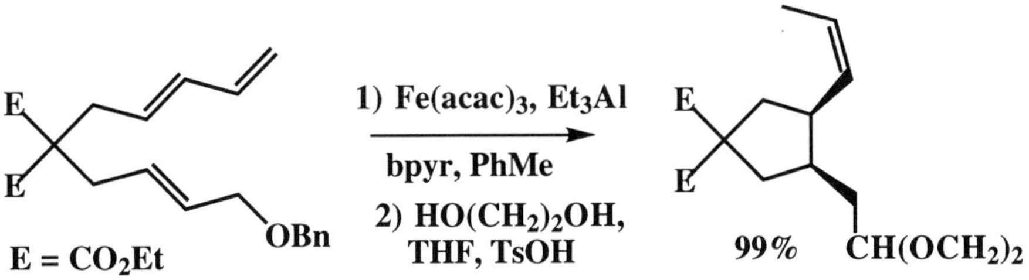
E
E
E = CO2Et
OBn
1) Fe(acac)3, Et3Al
bpyr, PhMe
2) HO(CH2)2OH,
THF, TsOH
E
E
99%
CH(OCH2)2

I.A.8-15 Yamamoto, H. et al., *JOC*, **59**, 4725; **see also:** Ikegami, S. et al., *SL*, 353; **see also:** Warren, S. et al., *JCS(P1)*, 507.

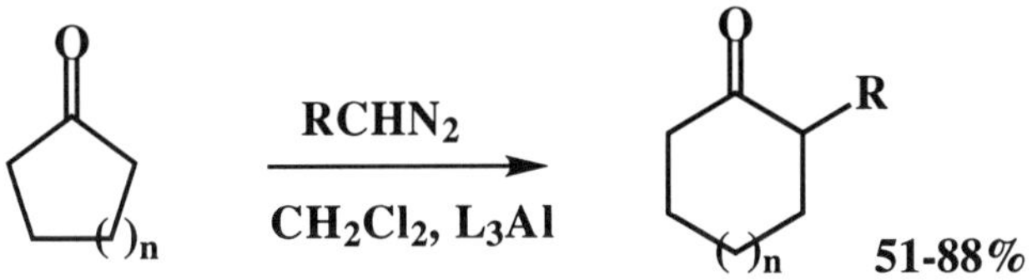
O
( )n
RCHN2
CH2Cl2, L3Al
O
R
( )n
51-88%

$L_3Al = Me_3Al$, MAD

I.A.8-16 Taber, D.F. and Meagley, R.P., *TL*, **35**, 7909.

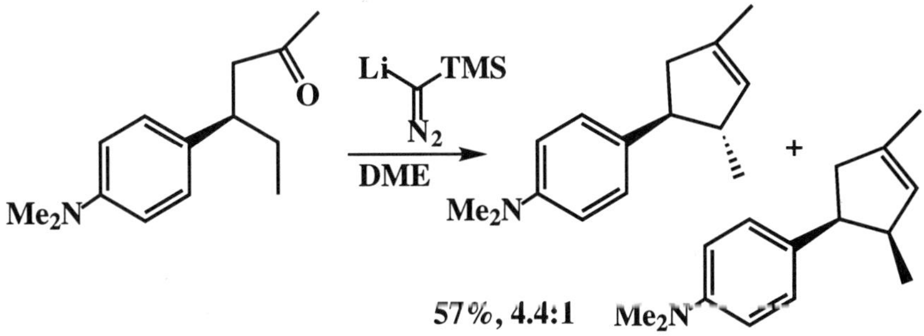
O
Me2N
Li TMS
N2
DME
Me2N
+
57%, 4.4:1
Me2N

I.B. Carbon-Carbon Double Bonds

(see also: I.E.1)

I.B.1. Wittig-Type Olefination Reactions

I.B.1-1 Dondoni, A. et al., *JACS*, **116**, 3324; Hase, T. et al., *SL*, 817; Wei, Z.Y. and Knaus, E.E., *SL*, 345.

$$\text{RCHO} + \text{Ph}_3\text{P}=\text{CH-C(O)-thiazole} \xrightarrow{\text{CHCl}_3} \text{R-CH=CH-C(O)-thiazole}$$

60-88%

I.B.1-2 Aurich, H.G. and Quintero, J.-L.R., *T*, **50**, 3943; McKervey, M.A. et al., *CC*, 1220.

$$\text{(HO, CO}_2\text{Et dioxathiane w/ }^i\text{Pr)} + \text{Ph}_3\text{P}=\text{CHCN} \xrightarrow[\text{reflux, 2h}]{\text{THF}} \text{HO-CH}_2\text{-CH(}^i\text{Pr)-CH}_2\text{CH}_2\text{-C(CO}_2\text{Et)=CHCN}$$

E = 41%
Z = 30%

I.B.1-3 Denmark, S.E. and Rivera, I., *JOC*, **59**, 6887; Furuta, T. and Iwamura, M., *CC*, 2167; Rein, T., Reisen, O. et al, *AG(E)*, **33**, 556.

$$\text{(camphor-derived N,Ph phosphonamide-CH}_2\text{CO}_2\text{Me)} + \text{4-R-cyclohexanone} \xrightarrow[\text{THF, -35°C}]{\text{KHMDMS}} \text{4-R-cyclohexylidene=CHCO}_2\text{Me}$$

78-86%
e.e. = 78-86%

I.B.1-4 Lawrence, N.J. and Muhammad, F., *TL*, **35**, 5903.

$$RCH_2P^+(Ph)_2CH_2R^1 \; Br^- \xrightarrow[\text{CHCl}_3, \text{rt}]{\text{TMP, NBS}} R\text{-CH=CH-}R^1$$

56-94%
E:Z = 1:1-4

I.B.1-5 Lawrence, J. et al., *TL*, **35**, 6733.

$$RCH_2P(O)Ph_2 \xrightarrow[\text{2. } R^1CHO]{\text{1. BuLi}} R\text{-CH=CH-}R^1$$

62-99%

I.B.1-6 Mikolajczyk, M. and Mikina, M., *JOC*, **59**, 6760; Amat-Guerri, F. et al., *TL*, **35**, 5907; Bonadier, F. et al., *TL*, **35**, 3385.

[Reaction: bis-phosphonate diketone substrate with $(RO)_2P(O)CH_2$ groups and $()_n$ tether, treated with DCH-18-cr-6, K_2CO_3, Ph-H, reflux, 12h, gives cyclopentenone product bearing $(RO)_2P(O)CH_2$- substituent.]

25-90%

I.B.1-7 Burton, D.J. et al., *JOC*, **59**, 7085; see also: Zhao, K. et al., *TL*, **35**, 2827.

$$(EtO)_2P(O)\text{-CFLi-}CO_2Et \xrightarrow[\text{2. AlkMgX, -78°C} \rightarrow \text{rt}]{\text{1. ClCOCO}_2\text{Me, THF}} \begin{array}{c} MeO_2C \quad F \\ \diagdown / \\ C=C \\ / \diagdown \\ Alk \quad CO_2Et \end{array}$$

48-55%
E:Z = 24-100:1

I.B.1-8 Hodgson, D.M. and Comina, P.J., *TL*, **35**, 9469.

$$\text{RCHO} + (\text{TMS})_2\text{CBr}_2 \xrightarrow[\text{DMF, 25°C}]{\text{CrCl}_2} \text{R}\diagup\!\!=\!\!\diagdown\text{C(TMS)}_2$$

58-84%

I.B.1-9 Lawrence, N.J. and Muhammad, F., *CC*, 1187.

Starting material: PPh$_2$ and OH on adjacent carbons bearing R and Ph respectively.

$$\xrightarrow[\text{CH}_2\text{Cl}_2,\ \text{rt, 2h}]{\text{PCl}_3,\ \text{TEA}} \text{R-CH=CH-Ph}$$

32-99%
E:Z = >19:1

I.B.1-10 Tokoroyam, T. et al., *SL*, 725; Jousseaume, B. et al., *JOC*, **59**, 1925.

$$^1\text{R-C(=O)-R} + \text{PhSO}_2\text{-CHF-CH}_2\text{-SiPh}_3\text{Me} \xrightarrow[\text{-78°C}\rightarrow\text{rt}]{\text{BuLi}} \ ^1\text{R,R-C(OSiPh}_2\text{Me)-C(=CHF)}$$

71-89%

I.B.1-11 Hatanaka, M. et al., *JOC*, **59**, 111.

Reagents: PPh$_3$=C(R)(CH(H))-with EtO$_2$C substituent + ^{1}R-C(=O)-CH(X)(R^2)

$$\xrightarrow[\text{CH}_2\text{Cl}_2/\text{H}_2\text{O}]{\text{NaHCO}_3} \text{cyclopentadiene with R}^2, \text{R}, \text{R}^1, \text{CO}_2\text{Et substituents}$$

≤90%

I.B.1-12 Wei, Z.Y. and Knaus, E.E., *T*, **50**, 5569 and *OPP*, **26**, 243.

I.B.2. Eliminations

I.B.2.a. Eliminations of Alcohols and Derivatives

I.B.2.a-1 Kumar, A. and Dittmer, D.C., *JOC*, **59**, 4760 and *TL*, **35**, 5583; Yadav, J.S. et al., *TL*, **35**, 3625; see also: Scheffold, R. et al., *HCA*, **77**, 1236.

I.B.2.a-2 Strunz, G.M. and Finlay, H., *T*, **50**, 11113.

I.B.2.a-3 Luzzio, F.A. and Menes, M.E., *JOC*, **59**, 7267; **see also:** Kim, K.S. et al., *SC*, **24**, 1157.

[Reaction: furanose with RO, R¹, HO, OH groups → I₂, PPh₃, imidazole / Ph-Me/MeCN, 90°C → dihydrofuran, 0-87%]

I.B.2.a-4 Suarez, E et al., *TL*, **35**, 5035.

[Reaction: tricyclic alcohol → Ph₃BiBr₂, I₂ → tricyclic alkene, 87%]

I.B.2.a-5 Kataoka, T. et al., *CC*, 2107; **see also:** Chavez, F. et al., *SC*, **24**, 2325.

[Reaction: Ph-C≡C-CH(OH)-CH₂R → PPSE → Ph-C≡C-CH=CH-R, 44-82%, Z:E = 5-99:1]

I.B.2.a-6 Morken, P.A. and Burton, D.J., *S*, 969; Cunico, R.F., *TL*, **35**, 2291.

[Reaction: (F₃C)₂C(OTf)-C≡C-C(OTf)(CF₃)₂ → LiX, DMF, rt → diene with F₃C, X, CF₃ substituents, 26-80%]

I.B.2.a-7 Kitahara, T. et al., *S*, 693.

[Reaction: allylic alcohol with NC group and iPr → 1. MsCl, TEA, CH$_2$Cl$_2$, 50°C; 2. ^{i}Pr$_2$NEt, HMPA, 180°C → diene product, 54%]

I.B.2.a-8 Bhuniya, D. and Singh, V.K., *SC*, **24**, 374, 1475.

[Reaction: cyclohexene oxide + chiral pyrrolidine-NLi reagent → 2-cyclohexenol, 75%, e.e. = 82%]

I.B.2.a-9 Masaki, Y. et al., *CPB*, **42**, 179; Katz, T.J. et al., *JOC*, **59**, 1889; Prandi, C. and Venturello, P., *T*, **50**, 12463.

[Reaction: bicyclic Ts/OH/Pr substrate + BF$_3$·Et$_2$O, Ac$_2$O, CH$_2$Cl$_2$, 0°C → ring-opened diacetate, 81%]

I.B.2.a-10 Hayashi, T. et al., *TL*, **35**, 4813.

[Reaction: R-C(SiEt$_3$)=CH-CH$_2$-OCO$_2$Me + [Pd]/(R)-MOP, HCO$_2$H, proton sponge → chiral allylsilane, 87-93%, e.e. = 60-91%]

I.B.2.a-11 Mehta, G. and Acheryulu, P.V.R., *CC*, 2759.

[Reaction: bicyclic cyclopropane with iPr, OMe, CH₂OH substituents → TMSI/MeCN → cyclohexanone with iPr and vinyl substituents, 99%]

I.B.2.b. Eliminations of Halides

I.B.2.b-1 DeKimpe, N. et al., *CC*, 1221; Oda, M. et al., *RTC*, **113**, 377; Yadav, J.S. et al., *TL*, **35**, 3621.

[Reaction: N-R aziridine with CH₂Br → Zn/Cu,))) (•, aq MeOH, rt, 4-6h → R-NH-allyl, 50-71%]

I.B.2.b-2 Duhamel, L. et al., *JOC*, **59**, 2285.

[Reaction: dibromide with tBu, dioxolane → K⁺O⁻ N-Ph pyrrolidine derivative, THF, -70°C → vinyl bromide, 73%, e.e. = >99%]

I.B.2.b-3 Al Dulayymi, A.R. and Baird, M.S., *JCS(P1)*, 1547, 1633.

[Reaction: tribromocyclopropane with R, R¹, R² → NaH, (EtO)₂POH → bromocyclopropene with R, R¹, R², 36-96%]

I.B.2.b-4 Lange, G.L. and Gottardo, C., *TL*, **35**, 8513; **see also:** Banwell, M.G. and Dupuche, J.R., *AJC*, **47**, 203; Ranu, B.C. and Das, A.R., *JCS(P1)*, 921.

I.B.2.b-5 Duhamel, P. et al., *TL*, **35**, 1209.

I.B.2.c. Other Eliminations

I.B.2.c-1 Langlois, N. et al., *TL*, **35**, 6673.

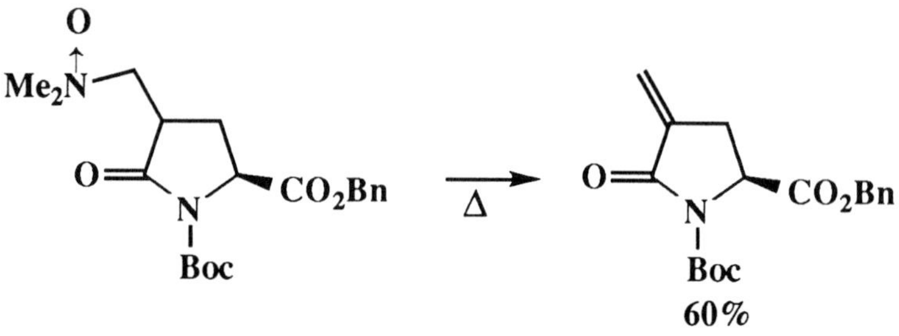

60%

I.B.2.c-2 Majewski, M. and Lazny, R., *TL*, **35**, 3653.

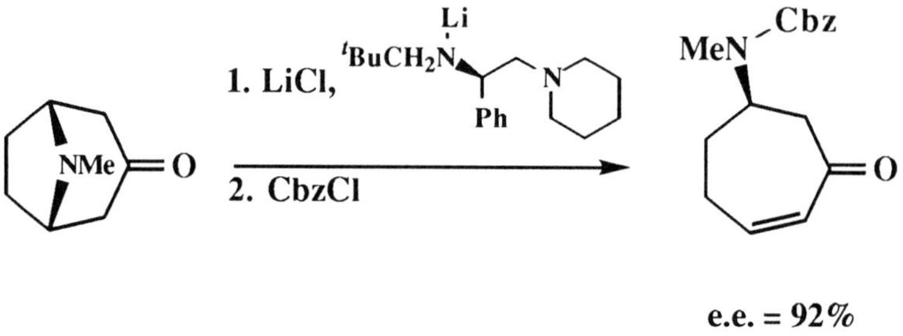

e.e. = 92%

I.B.2.c-3 Troxler, T. and Scheffold, R., *HCA*, **77**, 1193.

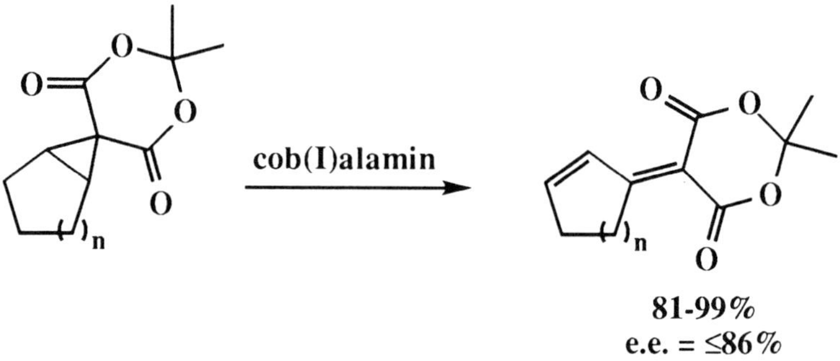

81-99%
e.e. = ≤86%

I.B.2.c-4 Zwanenburg, B. et al., *TL*, **35**, 2787.

[Reaction: bicyclic diene with OMe, OAc, CO₂Me substituents → cyclohexenone product with MeO, OH, CO₂Me; reagents: 1. H₂O₂, NaOH; 2. Δ; >63%]

I.B.2.c-5 Fukumoto, K. et al., *SL*, 859.

[Reaction: R-CH(OR)-CH(R¹)(SO₂Ph) → RCH=CHR¹ alkene; reagents: SmI₂/HMPA; 59-95%, E:Z = 2.1-7:1]

I.B.2.c-6 Julia, M. et al., *SL*, 215.

[Reaction: PhSO₂-CR(R¹)-(CH₂)ₙ-SO₂Ph → cycloalkene with R, R¹ substituents; reagents: BuLi, Fe(acac)₃, THF; 8-75%]

I.B.3. Other Carbon-Carbon Double Bond Forming Reactions

I.B.3-1 Kiselyov, A.S., *TL*, **35**, 8951.

[Reaction: N-fluoropyridinium salt (R¹ substituents) + CH₂=C(PR₃)(EWG) → EWG-CH=CH-EWG; aq THF, -30°C-rt; 17-83%]

I.B.3-2 Mal, D. et al., *JCS(P1)*, 1115; see also: Hellwinkel, D. et al., *S*, 973; Abenhaim, D., *SC*, *24*, 1199.

$$\underset{O}{X-\text{benzothiophenone}} + RCHO \xrightarrow[-60°C]{^tBuOLi} X-\text{pyridine-CH=CH-R, CO}_2H$$

40-54%

I.B.3-3 Ballini, R. and Rinaldi, A., *TL*, *35*, 9247; Vanelle, P. et al., *TL*, *35*, 3305.

$$R\underset{NO_2}{\overset{R^1}{\diagup}} + \underset{CO_2Me}{\overset{CO_2Me}{\diagup}} \xrightarrow{\text{DBU, MeCN}} \underset{R}{\overset{^1R}{\diagup}}\underset{CO_2Me}{\overset{CO_2Me}{\diagup}}$$

70-95%

I.B.3-4 Falck, J.R., Mioskowski, C. et al., *TL*, *35*, 5449, 5453.

$$R\underset{R^2}{\overset{R^1}{\diagup}}\!\!\!O + Me_2S^+\text{-}CH_2^- \xrightarrow{\text{THF, -10°C}\rightarrow\text{rt}} R\underset{R^2}{\overset{R^1,OH}{\diagup}}=$$

45-96%

I.B.3-5 Anand, N. et al., *TL*, *35*, 2951; Terashima, S. et al., *TL*, *35*, 2207.

$$\text{4-(bromomethyl)quinolin-2(1H)-one} \xrightarrow[\underset{\text{Me MeSO}_4^-}{2. \underset{N^+}{\diagup}\text{OMe}}]{1.\ Zn} \text{4-(pyrrolidin-2-ylidenemethyl)quinolin-2(1H)-one}$$

63%

I.B.3-6 Shibuya, I. et al., *BCJ*, **67**, 3048.

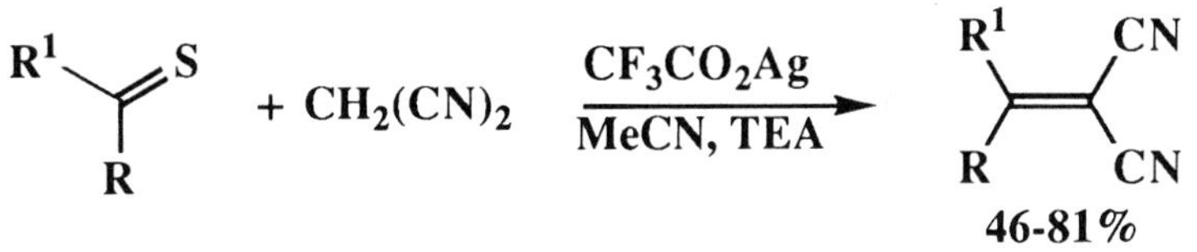

$$R^1C(R)=S + CH_2(CN)_2 \xrightarrow[\text{MeCN, TEA}]{CF_3CO_2Ag} R^1(R)C=C(CN)_2$$

46-81%

I.B.3-7 Cava, M.P. et al., *JOC*, **59**, 8071; **see also:** Bogdanovic, B., Roziere, J. et al., *JOM*, **472**, 97.

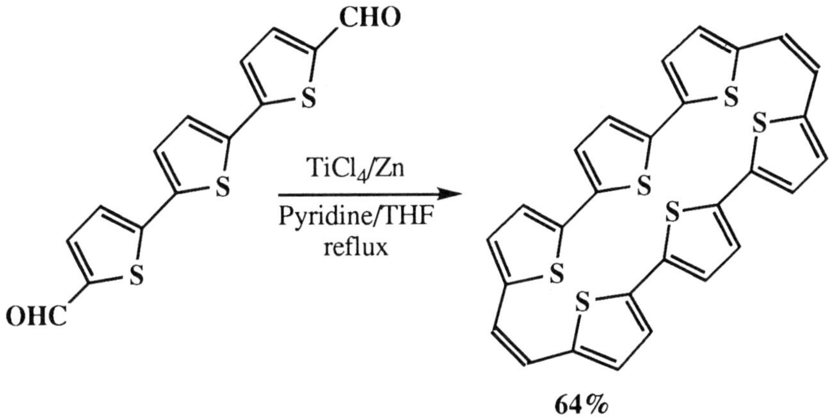

Reagents: TiCl$_4$/Zn, Pyridine/THF, reflux

64%

I.B.3-8 Tani, S. et al., *TL*, **35**, 7253.

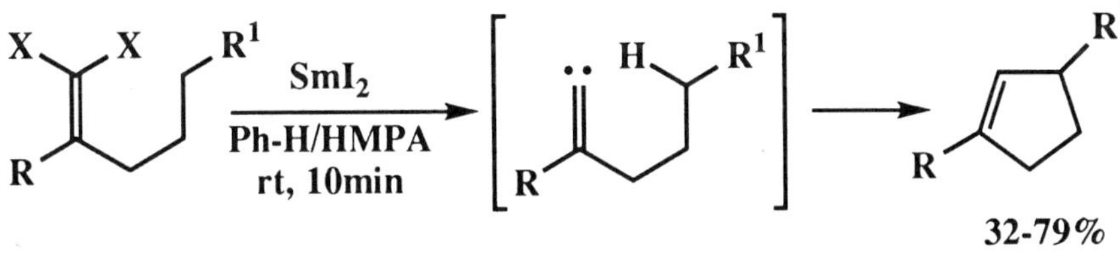

Reagents: SmI$_2$, Ph-H/HMPA, rt, 10min

32-79%

I.B.3-9 Luh, T.-Y. et al., *OM*, **13**, 1487.

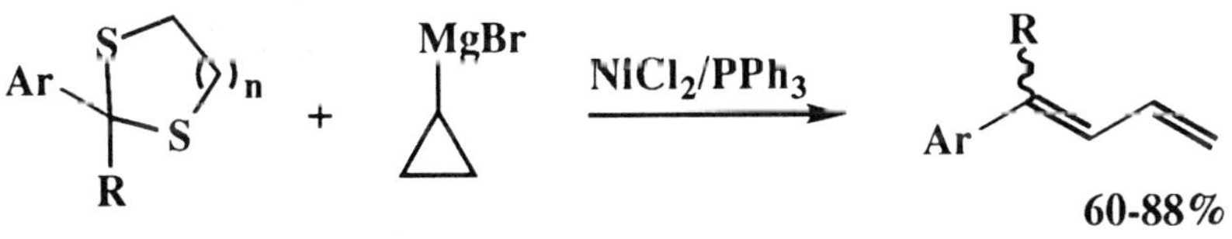

Reagents: NiCl$_2$/PPh$_3$

60-88%

I.B.3-10 Shinokubo, H, Oshima, K., and Utimoto, K., *TL*, **35**, 3741; see also; Hodgson, D.M. et al., *TL*, **35**, 2231.

$$\text{Br-C(Li)(OTBDMS)(Br)} \xrightarrow[\text{4. HMPA}]{\substack{\text{1. RCHO} \\ \text{2. }^s\text{BuLi} \\ \text{3. R}^1\text{CHO}}} \text{R-CO-CH=CH-R}^1$$

53-59%

I.B.3-11 Mitani, M. and Kobayashi, Y., *BCJ*, **67**, 284; Hon, Y.-S. et al., *CC*, 2041; Herrmann, W.A. et al., *OM*, **13**, 4531.

$$\text{TMSO-C(R)=CH-R}^1 + \text{CCl}_4 \xrightarrow{\text{TiCl}_4/\text{LAH}} \text{R-CO-C(Cl)=CH-R}^1$$

10-75%

I.B.3-12 Rychnovsky, S.D. and Kim, J., *JOC*, **59**, 2659.

[R-CH₂CH₂-C≡C-CH=CH-CO₂Me] $\xrightarrow{\text{Ph}_3\text{P} \atop \text{Ph-OH}}$ [R-CH=CH-CH=CH-CH=CH-CO₂Me]

70-88%

I.B.3-13 Shimizu, I. et al., *SL*, 839.

$$\underset{\text{32-81\%}}{\text{R}^1\text{-C(=CHR}^2\text{)-CH}_2\text{-CONH}_2} \xleftarrow[\text{MeCN, 80°C}]{\substack{\text{R}^3\text{X, Pd(OAc)}_2 \\ \text{Bu}_4\text{NCl, KOAc}}} \text{β-lactam (R}^1\text{, CHR}^2\text{)} \xrightarrow[\text{DMF, 80°C}]{\substack{\text{R}^3\text{X, Pd(OAc)}_2 \\ \text{TEA, dppb}}} \underset{\text{32-87\%}}{\text{β-lactam (R}^1\text{, CH=CHR}^2\text{)}}$$

I.B.3-14 Luo, F.-T. and Hsieh, L.-C., *TL*, **35**, 9585.

I.B.3-15 Li, L.H., Wang, D., and Chan, T.H., *OM*, **13**, 1757; Marek, I., Normant, J.-F. et al., *TL*, **35**, 6873.

I.B.3-16 Marco-Contelles, J. et al., *JOC*, **59**, 1234; Ohta, A. et al., *T*, **50**, 13575.

I.B.3-17 Zakarya, D. et al., *TL*, **35**, 2345.

I.B.3-18 Mioskowsky, C. et al., *TL*, **35**, 7943.

$$\text{R-epoxide(R,R)} \xrightarrow{R^1Li} \text{R-CH=C(R)(R}^1\text{)} \quad 15\text{-}98\%$$

I.B.3-19 Viehe, H.G. et al., *BSB*, **102**, 645 (1993).

cyclic-enamine(NR$_2$)$_n$ + CH$_2$=C(NR^{1}R^2)$_2$ $\xrightarrow{\text{TsOH}, \Delta, 2d}$ product 32-61%

I.B.3-20 Stang, P.J. et al., *JACS*, **116**, 93.

cyclohexyl-CO-C≡C-I$^+$Ph TfO$^-$ $\xrightarrow{\text{NaSO}_2\text{Ar}, \text{CH}_2\text{Cl}_2, \text{rt}}$ bicyclic enone-SO$_2$Ph 57%

I.B.3-24 Ikeda, S. and Sato, Y., *JACS*, **116**, 5974; **see also**: Takahashi, T. et al., *TL*, **35**, 5685; Sato, Y. et al., *JOC*, **59**, 6877; **see also**: Grubbs, R.H. et al., *JACS*, **116**, 10801.

R^1-C≡C-SnR$_3$ + R^2-C≡CH + CH$_2$=CH-CO-Me $\xrightarrow[\text{THF, rt, 2h}]{\text{Ni(acac)}_2, \text{DIBALH, TMSCl}}$ product 31-80%

I.B.3-22 Viehe, H.G. et al., *BSB*, **103**, 105; see also: Palumbo, G. et al., *SC*, **24**, 1223.

$$\text{ArS-CHR} \xrightarrow[\text{2. } R^1CH=CHCH_2R^2 \text{ SnCl}_4, CH_2Cl_2]{\text{1. NCS, rt}} \text{ArS-CHR-CHR}^1\text{-CH=CH-R}^2$$

25-70%

I.B.3-23 Utimoto, K. et al., *JOC*, **59**, 5852.

$$\text{(allyl alcohol)} + \text{(cyclopropene-TaLn)} \xrightarrow[\text{2. aq NaOH}]{\text{1. BuLi}} \text{product}$$

4-82%
(Major isomer >85%)

I.B.3-24 Cooke, Jr., M.P., *JOC*, **59**, 2930.

$$\text{cyclopentylidene}=C=B^-Mes_2 \xrightarrow{E^+} \text{product with E, BMes}_2$$

52-95%

I.B.4. Vinylations

I.B.4-1 Fukumoto, K. et al., *TL*, **35**, 6495.

$$\text{substrate} \xrightarrow[K_2CO_3, MeCN, \Delta]{Pd(OAc)_2, (2\text{-MePh})_3P} \text{product}$$

90%

I.B.4-2 Hatakeyama, S. et al., *T*, **50**, 13369; Bienayme, H. and Yezeguelian, C., *T*, **50**, 3389; Crisp, G.T. and Glink, P.T., *T*, **50**, 2623; Ozawa, F., Hayashi, T. et al., *CC*, 1323.

I.B.4-3 de Meijere, A. et al., *SL*, 189; Adam, S., *T*, **50**, 3327; Jeffery, T. and Gallard, J.-C., *TL*, **35**, 4105; Jeffery, T., *TL*, **35**, 3051; Tamaru, Y. et al., *TL*, **35**, 4133; Yu, K.-L. et al., *TL*, **35**, 8919.

I.B.4-4 Casson, S. and Kocienski, P., *JCS(P1)*, 1187; Majal, C. and Vaultier, M., *TL*, **35**, 3089.

I.B.4-5 Xu, Y., Jin, F. and Huang, W., *JOC*, **59**, 2638.

$$\underset{\text{SnBu}_3}{\text{CF}_3\diagup\!\!=} + \text{RCOCl} \xrightarrow[\text{HMPA, 65°C}]{\text{PdCl(Br)(PPh}_3)_2} \underset{\text{O}\quad\text{R}}{\text{CF}_3\diagup\!\!=}$$

71-93%

I.B.4-6 Danishefsky, S.J. et al., *JOC*, **59**,3755; Duchene, A. et al., *SL*, 524; Rossi, R. et al., *T*, **50**, 12029; Smith, III, A.B., et al., *TL*, **35**, 4911; Deshpande, M.S., *TL*, **35**, 5613; Skoda-Foldes, R., Kollar, L. et al., *S*, **59**, 691; see also: Barry, J. and Kodadek, T., *TL*, **35**, 2465.

[Reaction scheme: bis-iodoalkyne substrate with MeO$_2$CN, OAc, OAc, OTBS groups + Me$_3$Sn-CH=CH-SnMe$_3$, Pd(PPh$_3$)$_4$, DMF → macrocyclic product, 80%]

I.B.4-7 Chuang, C.-P. and Wang, S.-F., *TL*, **35**, 4365.

[Reaction scheme: 1,4-naphthoquinone + substituted arene (R, R^1, E, E substituents), Mn(OAc)$_3$, AcOH → tetracyclic product, 59%]

I.B.4-8 Fukumoto, K. et al., *T*, **50**, 10391.

I.B.4-9 Ma, S. and Negishi, E., *JOC*, **59**, 4730; Cazes, B. et al., *BSF*, **131**, 381; **see also:** Weinreb, S.M. et al., *TL*, **35**, 4287.

I.B.4-10 Hatanaka, Y., Goda, K., and Hiyama, T., *JOM*, **465**, 97.

I.B.4-11 Takahashi, T. et al., *OM*, **13**, 4183.

I.B.4-12 Kundig, E.P. et al., *SL*, 413.

[Reaction: 3-methoxy-2-formyl arene-Cr(CO)$_3$ complex + 1. TsNH$_2$, Ph-Me, 4Å MS; 2. DABCO, CH$_2$=CHCN → α-(tosylamino)-α-aryl acrylonitrile-Cr(CO)$_3$ complex, 85%]

I.B.4-13 Portella, C. et al., *TL*, **35**, 1985.

[Reaction: 2-alkylidene-1,3-dithiane + R$_f$I, Na$_2$S$_2$O$_4$, NaHCO$_3$, aq DMF → 2-(1-R,1-R$_f$-methylene)-1,3-dithiane, 37-81%]

I.B.4-14 Ogawa, A., Sonoda, N. et al., *JOC*, **59**, 1600; Chieffi, A. and Comasseto, J.V., *TL*, **35**, 4063.

[Reaction: (Z)-1-PhTe-2-TePh-alkene + R$^1_2$CuLi → PhTe-substituted alkene with R^1, 61-92%]

I.B.4-15 Knochel, P. et al., *CL*, 849.

$$\text{RCu(CN)ZnI} + \text{R}^1\text{CH=CHI} \xrightarrow{\text{NMP, 60°C, 12h}} \text{R-CH=CH-R}^1$$

50-87%
E= 100%

I.B.5. Allene Forming Reactions

I.B.5-1 Chow, H.-F. et al., *CC*, 2121; **see also**: Rochet, P. et al., *S*, 795.

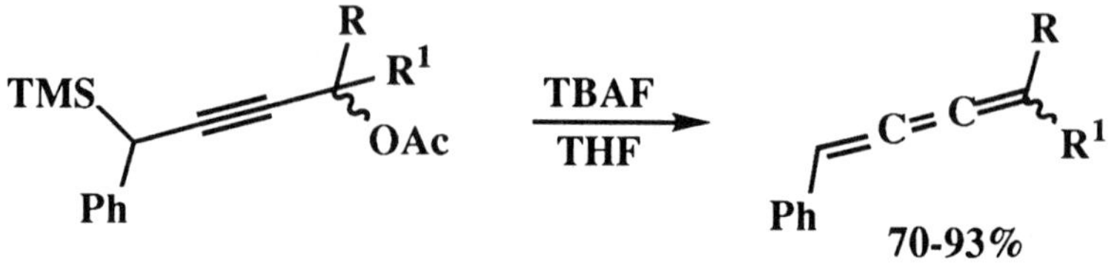

70-93%

I.B.5-2 Katsuhira, T., Harada, T., and Oku, A., *JOC*, **59**, 4010.

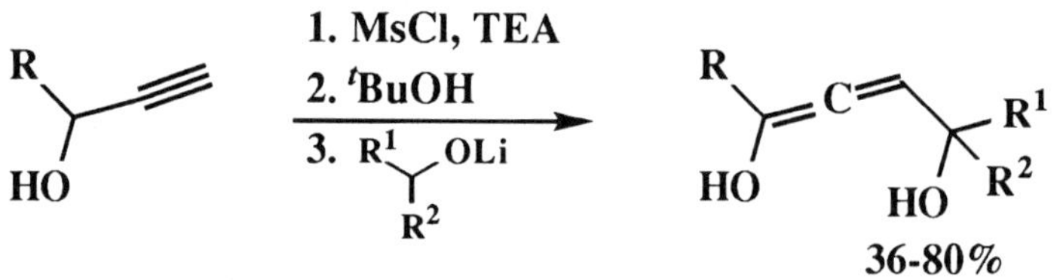

36-80%

I.B.5-3 Rodriquez, A. et al., *TL*, **35**, 6977.

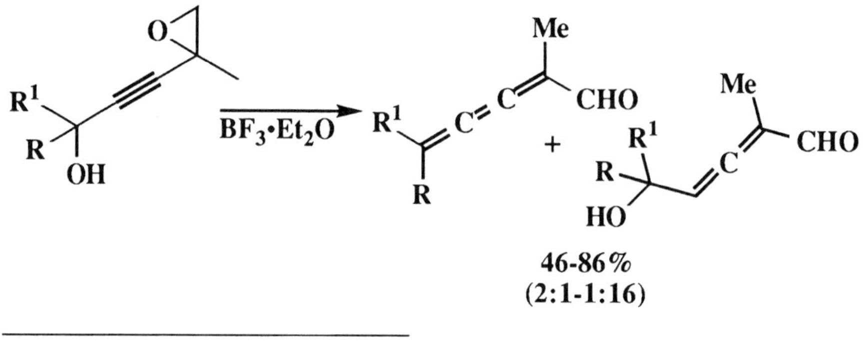

46-86%
(2:1-1:16)

I.B.5-4 Gillmann, T. et al., *SC*, **24**, 2132.

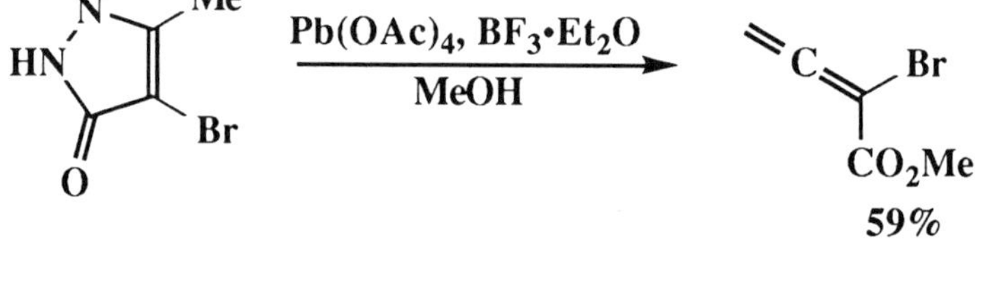

59%

I.B.5-5 Knochel, P. et al., *OM*, **13**, 94.

$$\text{CH}_2=\text{C}(\text{ZnX})(\text{ZrCp}_2\text{Cl}) + \text{PrCHO} \longrightarrow \text{CH}_2=\text{C}-\text{CH(OH)Pr}$$

68%

I.B.5-6 Badone, D. et al., *TL*, **35**, 5477; Darcel, C., Bruneau, C., Dixneuf, P.H., *CC*, 1845; **see also**: Gillmann, T. and Weeber, T., *SL*, 649.

$$\text{CH}_2=\text{C}(\text{SnBu}_3)- + \text{ArOTf} \xrightarrow{\text{Pd(0)}} \text{CH}_2=\text{C}(\text{Ar})-$$

20-70%

I.B.5-7 Hepworth, J.D. et al., *JCS(P1)*, 1733; **see also**: Bhuvaneswari, N., Venkatachalam, C.S. and Balasubramanian, K.K., *CC*, 1177.

Chromene with Br at 3-position, R^1, R^2 at 2-position $\xrightarrow[\text{2. E}^+]{\text{1. BuLi, Et}_2\text{O, 0°C}\rightarrow\text{rt}}$ aryl with CH=C(R^1)(R^2), OE

48-86%

I.B.5-8 Kurihara, T. et al., *H*, **38**, 1975; Bienayme, H., *TL*, **35**, 7383, 7387.

Starting dioxinthione with Me, ^{t}Bu-alkyne $\xrightarrow{\text{Ph-H, }\Delta}$ 8-membered ring product with Me, ^{t}Bu, S, O, C=O

92%

I.B.5-9 Jones, G.S. et al., *TL*, **35**, 9685; Johnson, W.S. et al., *JOC*, **59**, 6150.

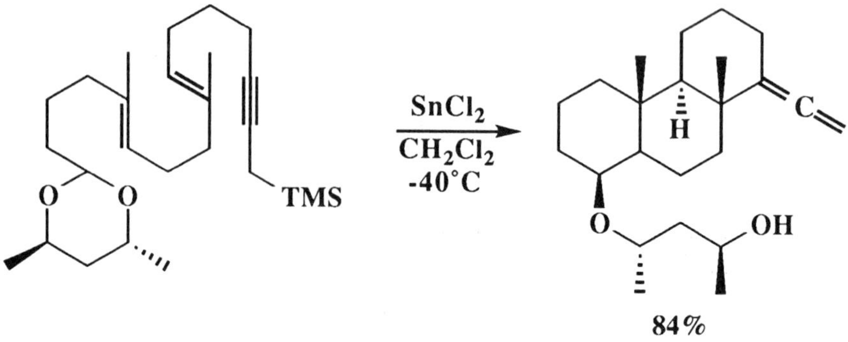

[Reaction: polyene-alkyne-TMS substrate with SnCl₂ / CH₂Cl₂ / -40°C → tricyclic diene product, 84%]

I.B.5-10 Kita, Y. et al., *CPB*, **42**, 233.

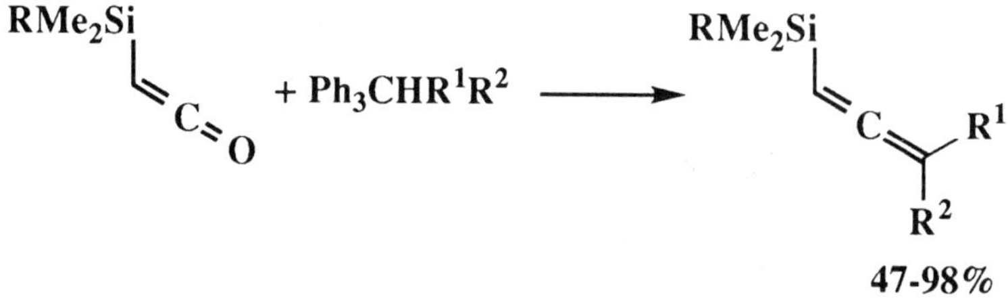

RMe₂Si–CH=C=O + Ph₃CHR¹R² ⟶ RMe₂Si–CH=C=CR¹R²

47-98%

I.C. Carbon-Carbon Triple Bonds

I.C-1 Cabezas, J.A. and Oehlschlager, A.C., *JOC*, **59**, 7523.

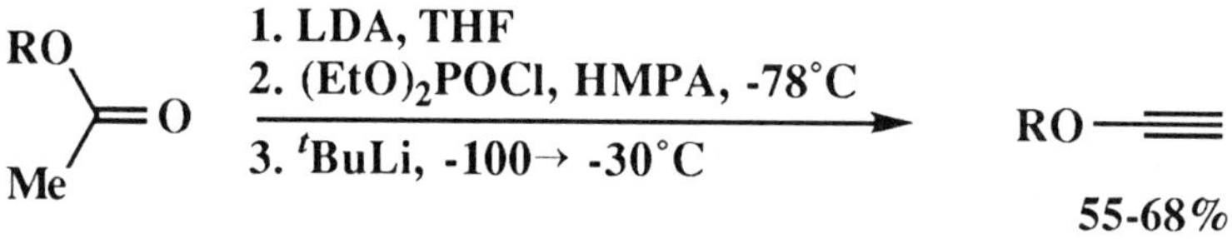

RO–C(Me)=O
1. LDA, THF
2. (EtO)₂POCl, HMPA, -78°C
3. ᵗBuLi, -100 → -30°C
⟶ RO–C≡CH

55-68%

I.C-2 Miwa, K., Aoyama, T., and Shioiri, T., *SL*, 107.

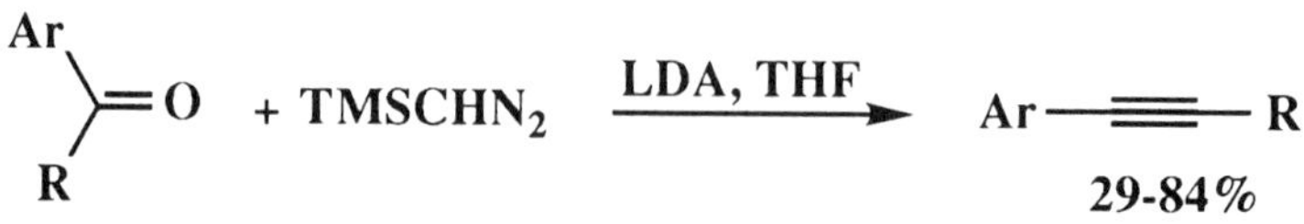

Ar–C(R)=O + TMSCHN₂ — LDA, THF → Ar–C≡C–R

29-84%

I.C-3 Tobe, Y. et al., *JOC*, **59**, 1236.

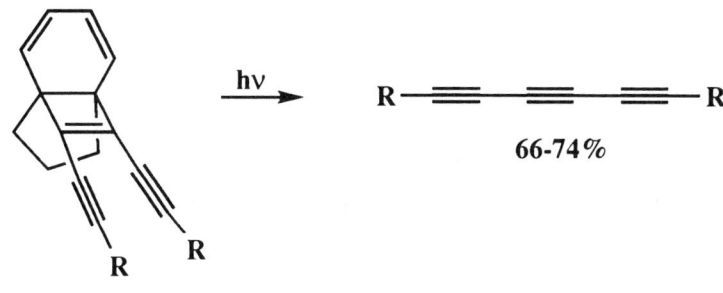

I.C-4 Aitken, R.A. and Seth, S., *JCS(P1)*, 2461; **see also**: Aitken R.A. et al., *JCS(P1)*, 1281, 2467, 2455, 2473.

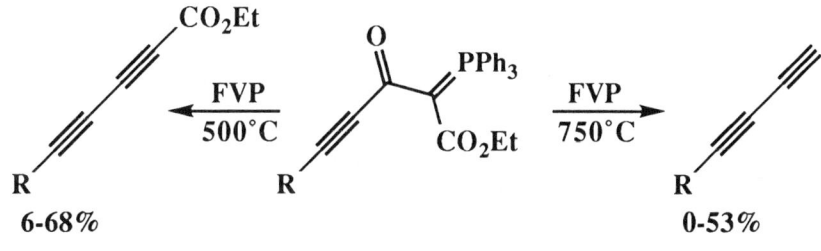

I.C-5 Ratovelomanana, V. et al., *TL*, **35**, 4777; Grandjean, D. et al., *TL*, **35**, 3529; Yadav, J.S. and Vadapalli, P., *TL*, **35**, 641; **see also**: Smith, D.M. and Royles, B.J.L., JCS(P1), 355.

$$ArCH=CBr_2 \xrightarrow[\text{DMSO, 15°C, 5-25min}]{\text{DBU}} Ar\text{≡}R \quad 80\text{-}95\%$$

I.C-6 Mann, A. et al., *TL*, **35**, 7775.

I.C-7 Smith, E.H. and Whittall, J., *OM*, **13**, 5169; see also: Murakami, M., Hayashi, M., and Ito, Y., *SL*, 179.

$$R-\!\!\equiv\!\!-Li \xrightarrow{NiCl_2(PPh_3)_2} R-\!\!\equiv\!\!\equiv\!\!-R$$
$$31\text{-}73\%$$

I.C-8 Wu, M.J. et al., *TL*, **35**, 5003; see also: Inoue, Y. et al., *CC*, 2091; Tucker, T.J. et al., *JMC*, **37**, 2437.

[BnN-oxazolidine] + M−≡−R¹ ⟶ [BnN-aminoalcohol-alkyne-R¹]

$M = BF_2, Ti(O^iPr)_3$ 15-76%

I.C-9 Corey, E.J. and Cimprich, K.A. *JACS*, **116**, 3151.

$R-\!\!\equiv\!\!-SnBu_3$
1. Me₂BBr, PhMe, -78°C
2. Ph-Ph oxazaborolidine (HN-B(R)-O)
3. R¹CHO

⟶ $R-\!\!\equiv\!\!-C(OH)(H)(R^1)$

28-96%
e.e. = 85-96%

I.C-10 Cummins, C.H., *TL*, **35**, 857; Sakamoto, T. et al., *CPB*, **42**, 2032.

ArI(OR) + Bu₃Sn−≡−SnBu₃ → [biaryl alkyne product]

Pd(PPh₃)₄, LiCl, BHT, dioxane

28-85%

I.C-11 Isobe, M. et al., *SL*, 485.

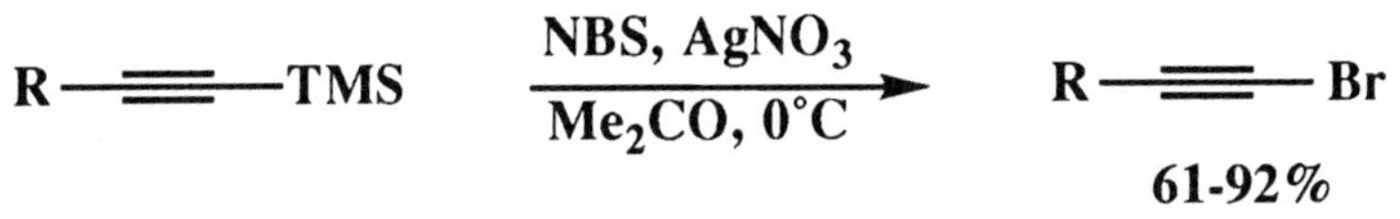

$$R\text{—}\equiv\text{—TMS} \xrightarrow{\text{NBS, AgNO}_3}_{\text{Me}_2\text{CO, 0°C}} R\text{—}\equiv\text{—Br}$$

61-92%

I.C-12 Bates, R.W. et al., *TL*, **35**, 6993; Suffert, J., et al., *TL*, **35**, 1965; Danion, D. et al., *S*, 1171.

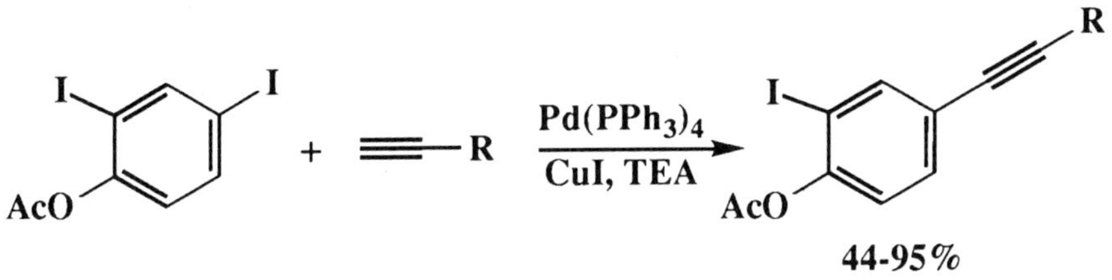

I.C-13 Chemin, D. and Linstrumelle, G., *T*, **50**, 5335; Alami, M. et al., *TL*, **35**, 3543; Wang, Z. and Wang, K.K., *JOC*, **59**, 4738; Falck, J.R., *JACS*, **116**, 5050; Zapata, A.J. and Ruiz, J., *JOM*, **479**, C6.

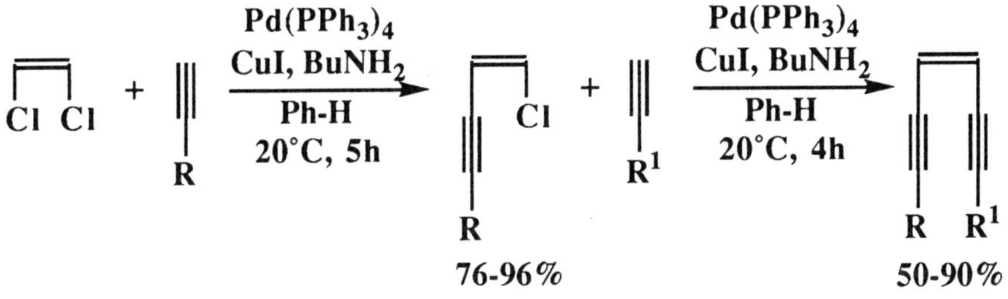

76-96%   50-90%

I.C-14 Yamaguchi, M. et al., *TL*, **35**, 5689.

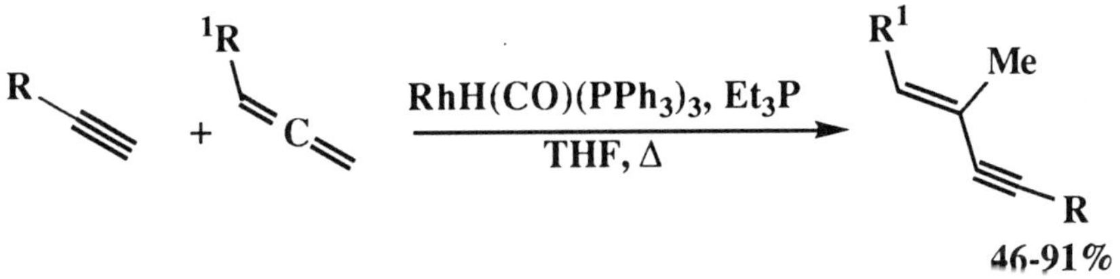

46-91%

I.D. Cyclopropanations

I.D.1. Carbene or Carbenoid Additions to a Multiple Bond

I.D.1-1 Warkentin, J. et al, *JOC*, **59**, 4090.

I.D.1-2 Zefirov, N.S. et al., *JOC*, **59**, 4087; Seitz, W.J. and Hossain, M.M., *TL*, **35**, 7561; Gallos, J.K. et al., *JCS(P1)*, 611; Kanemasa, S. et al., *TL*, **35**, 7985; Hofmann, B. and Reissig, H.-U., *CB*, **127**, 2315; Nishiyama, H. et al., *JACS*, **116**, 2223; Davies, H.M.L. et al., *JOC*, **59**, 4535; Rodios, N.A. et al., *T*, **50**, 13023.

I.D.1-3 Charette, A.B. et al., *TL*, **35**, 513; Taguchi, T. et al., *JOC*, **59**, 97; Kobayashi, S. et al., *CL*, 177 and *TL*, **35**, 7045; Theberge, C.R. and Zercher, C.K., *TL*, **35**, 9181; **see also**: Charette, A.B. and Juteau, H., *JACS*, **116**, 2651.

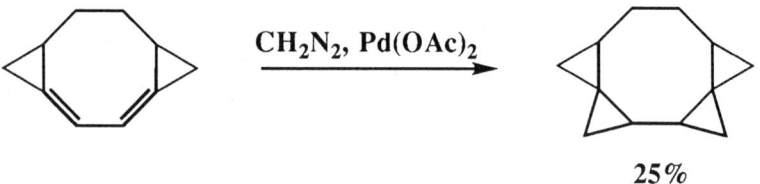

I.D.1-4 Corey, E.J. and Gant, T.G., *TL*, **35**, 5373; Doyle, M.P. et al., *T*, **50**, 1665; Singh, V.K. et al., *T*, **50**, 13725.

Ph−CH=CH₂ + Ph−CH=CH−C(N₂)−CO₂Me → [(pyrrolidine-CO₂)₄Rh₂, 4-ᵗBuC₆H₄SO₂, ⁿC₅H₁₂, 0°C] → cyclopropane product

79%
e.e. = 94%

I.D.1-5 Harvey, D.F. et al., *JACS*, **116**, 6719.

CH₂=CH−CO₂Me + Me−C≡C−CH₂CH₂−O−C(Me)=CH → [Mo(CO)₅, Ph-H, 60°C, 2h] → bicyclic product

59%

I.D.1-6 Balcerzak, P. and Jonczyk, A., *JCR(S)*, 200; Nomura, E. et al., *BCJ*, **67**, 792.

$R^1R^2C=CRR^3$ + CHBr₃ + CBr₂F₂ → [TBAHS, aq KOH, 10°C, 3h] → gem-difluorocyclopropane with R^1, R^2, R, R^3 substituents

37–80%

I.D.1-7 Lautens, M. and Delanghe, P.H.M., *JACS*, **116**, 8526.

TMS(Bu₃Sn)C=CH−CH(OH)R → [CH₂I₂, Sm(Hg)] → cyclopropane product

80%
d.e. = >100:1

I.D.1-8 Terashima, S. et al., *T*, **50**, 3889, 3905.

Ph-CH(Me)-N(CO₂R)-CH=CH₂ →[CHFI₂, Et₂Zn / CH₂Cl₂, -40°C] Ph-CH(Me)-N(CO₂R)-cyclopropyl-F

67-97%
cis:trans = 8.1-10.1:1

I.D.2. Other Cyclopropanations

I.D.2-1 Tochtermann, W. et al., *CB*, **127**, 1263; Chan, S. and Braish, T.F., *T*, **50**, 9943; Taguchi, T. et al., *TL*, **35**, 913 and *TA*, **5**, 1423; Hiroi, K. and Arinaga, Y., *CPB*, **42**, 985; Villemin, D. et al., *SC*, **24**, 1425; Zindel, J. and de Meijere, A., *S*, 190.

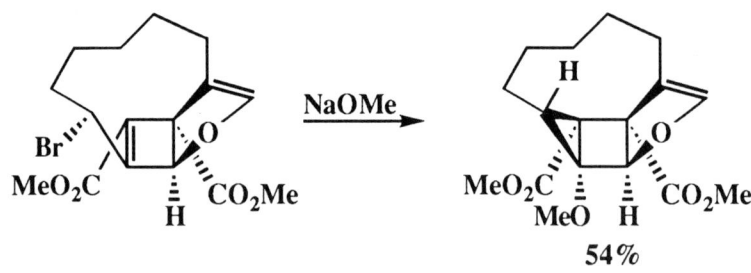

54%

I.D.2-2 Mlinaric-Majerski, K. and Kasel, M., *JOC*, **59**, 4362; Fadel, A., *TA*, **5**, 531; Gauman, P.G. and Lee, C., *SC*, **24**, 1457, 1465.

adamantyl-CH₂Cl, Br →[Na, Ph-Me] adamantane-derivative

37%

I.D.2-3 de Meijere, A. and Spitzner, D. et al.., *TL*, **35**, 3269.

I.D.2-4 Shen, Y. and Xiang, Y., *JCR(S)*, 198.

I.D.2-5 Baldwin, J.E. et al., *T*, **50**, 12015; Natsume, M. et al., *TL*, **35**, 2573; **see also**: Husson, H.-P. et al., *BSF*, **131**, 391.

I.D.2-6 Backvall, J.-E. et al., *ACS*, **48**, 252; **see also**: Huang, Y.-Z. et al., *JCS(P1)*, 893; Yamazaki, S. et al., *JACS*, **116**, 2356; **see also**: Dechoux, L. et al., *SL*, 965.

I.D.2-7 Huisgen, R. et al., *TL*, **35**, 4977.

[Reaction: RO-furan + NC(CF₃)C=C(CF₃)CN → cyclopropane product, rt, 86% (3:1)]

I.D.2-8 Denis, R.C. and Gravel, D., *TL*, **35**, 4531.

[Reaction: vinyl iodide with SPh, allyl, and CH(CO₂Me)₂ groups → bicyclic product with (Bu₃Sn)₂, 10h, 50%]

I.D.2-9 Toda, F. and Imai, N., *JCS(P1)*, 2673; Sierra, M.A. et al., *OM*, **13**, 2934.

[Reaction: Ar-CH=CH-Bz + Me₂S⁺Me I⁻ → aryl cyclopropyl ketone, KOH, solid state, 79-91%]

I.D.2-10 Trost, B.M. and Hashmi, A.S.K., *JACS*, **116**, 2183.

[Reaction: enyne with BnO + methyl pentadienoate → tricyclic product, TCPC^HFB, C₆H₆, reflux, 90%]

I.D.2-11 Hamersma, H. et al., *TL*, **35**, 335.

I.D.2-12 Armesto, D. et al., *TL*, **35**, 3785.

I.D.2-13 Adam, W. et al., *JOC*, **59**, 3786; Bernabe, M. et al., *T*, **50**, 12443.

I.E. Thermal and Photochemical Reactions

I.E.1. Cycloadditions

I.E.1-1 Haider, N. et al., *H*, **38**, 1845, 1805.

[Reaction: 1,4-bis(trifluoromethyl)pyridazino-pyridazine + 1-(cyclopent-1-en-1-yl)pyrrolidine → cyclopenta-fused isoquinoline with two CF$_3$ groups; dioxane, reflux, 1h; 48%]

I.E.1-2 de Meijere, A. et al, *CB*, **127**, 1051; Walters, M.A. and Lee, M.D., *TL*, **35**, 8307.

[Reaction: 2,5-disubstituted furan + methyl 2-chloro-2-cyclopropylidene acetate → oxabicyclic adduct; neat, 20-60°C; 9-90%, endo:exo = 1.2-4:1]

I.E.1-3 Levesque, S. and Brassard, P., *H*, **38**, 2205; Couturier, M. and Brassard, P., *S*, 703.

[Reaction: N,N-dimethylhydrazone diene + chloro-substituted benzoquinone → quinoline-5,8-dione; MeCN, rt; 17-73%]

I.E.1-4 Braverman, S. and Lior, Z., *TL*, **35**, 6725.

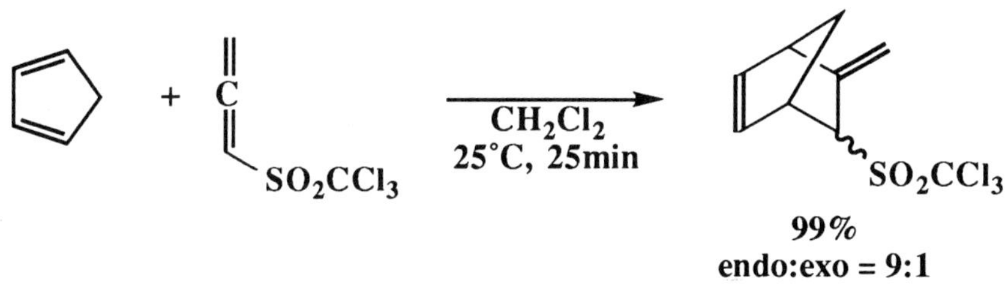

99%
endo:exo = 9:1

I.E.1-5 Muller, P. and Miao, Z., *HCA*, **77**, 1826; Boger, D.L. and Zhu, Y., *JOC*, **59**, 3453; Veliev, M.G. et al., *JOU*, **30**, 42; Klarner, F.-G. et al., *TL*, **35**, 73.

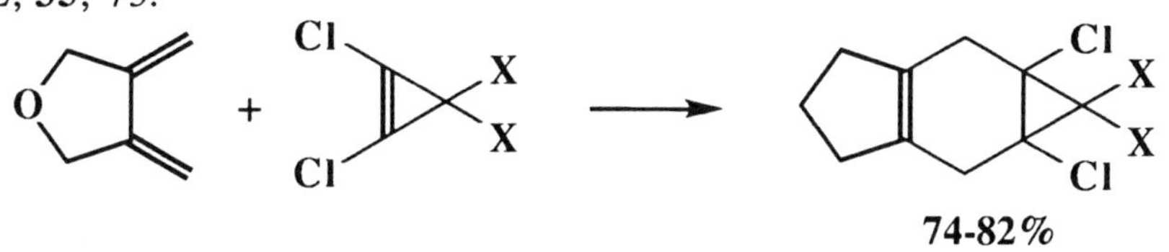

74-82%

I.E.1-6 Lee, S.-J. and Chou, T. et al., *JOC*, **59**, 4367.

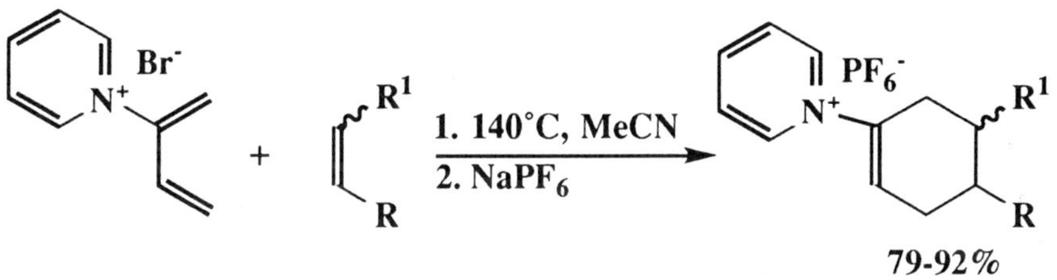

79-92%

I.E.1-7 Alder, R.W., Fray, G.I. et al., *JCS(P1)*, 7071; Arseniyadis, S. et al., *TL*, **35**, 4843.

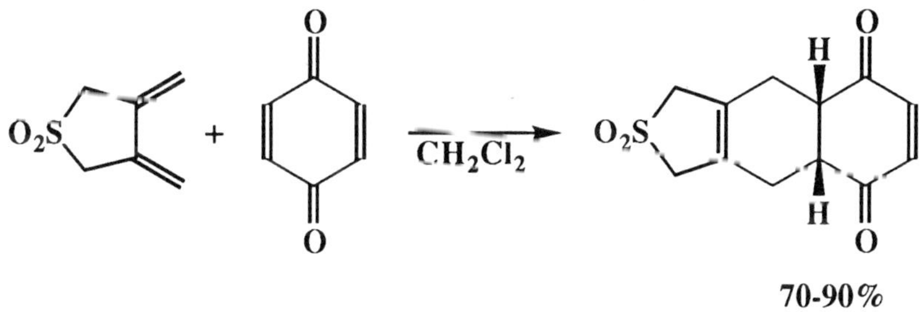

70-90%

I.E.1-8 Finn, M.G. et al., *OM*, **13**, 2084

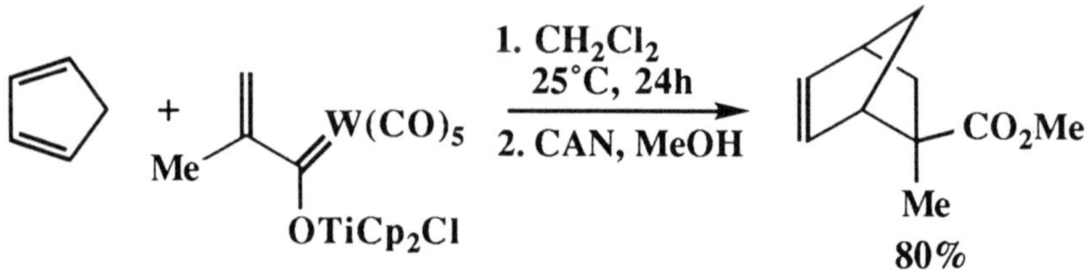

I.E.1-9 Nakata, M. et al., *SL*, 71; Chiba, K. and Tada, M., *CC*, 2485; see also: Westwell, A.D. and Williams, J.M.J., *CC*, 2501.

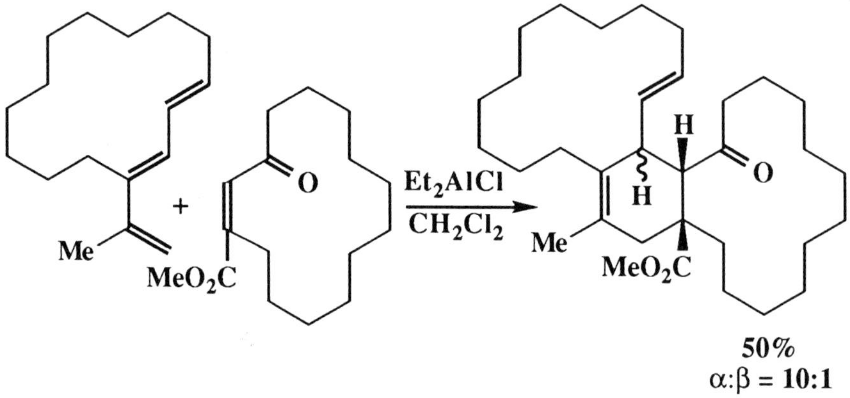

I.E.1-10 de Meijere, A. et al., *SL*, 191; Ovaska, T.V., Bailey, W.F. et al., *JOC*, **59**, 5868.

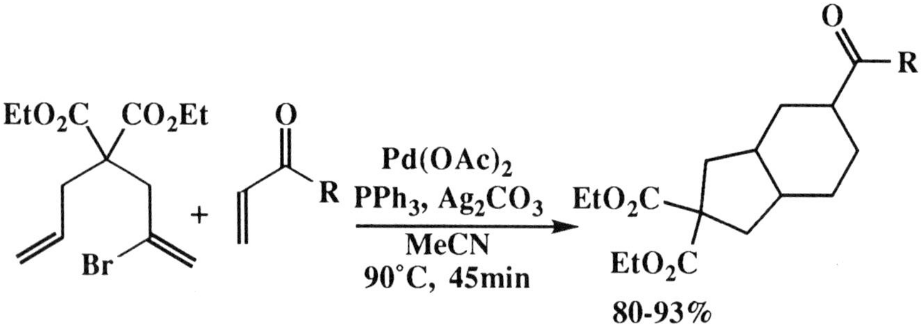

I.E.1-11 Hickey, E.R. and Paquette, L.A., *TL*, **35**, 2309; see also: Hudlicky, T. and McKibben, B.P., *JCS(P1)*, 485.

I.E.1-12 Roush, W.R. and Sciotti, R.J., *JACS*, **116**, 6457.

I.E.1-13 Posner, G.H. et al., *TL*, **35**, 1321.

No reaction occurs without SiO$_2$

I.E.1-14 Marko, I.E. and Evans, G.R., *SL*, 431 and *TL*, **35**, 2767, 2771; Marko, I.E., Declercq, J.-P. et al., *BSB*, **103**, 295; Posner, G.H. and Ishihara, Y., *TL*, **35**, 7545; Posner, G.H. and Johnson, N., *JOC*, **59**, 7855; Matsushita, Y. et al., *SC*, **24**, 3307.

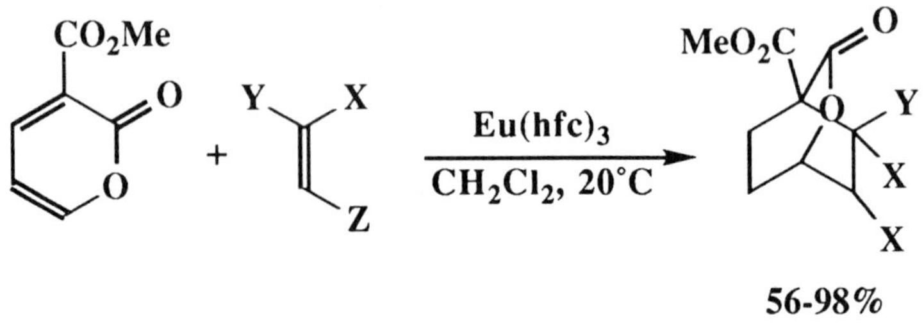

56-98%

I.E.1-15 Woo, S.H., *TL*, **35**, 3975; Tyrala, A. and Makosza, M., *S*, 264.

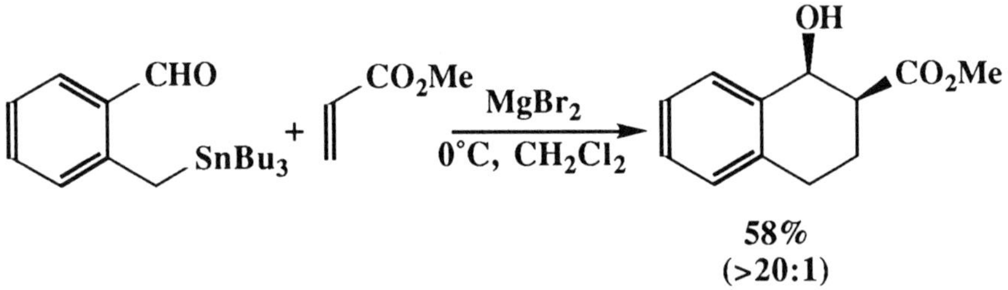

58%
(>20:1)

I.E.1-16 Malacria, M. et al., *TL*, **35**, 417; Fukumoto, K. et al., *JCS(P1)*, 943; Jones, D.W. et al., *TL*, **35**, 9755.

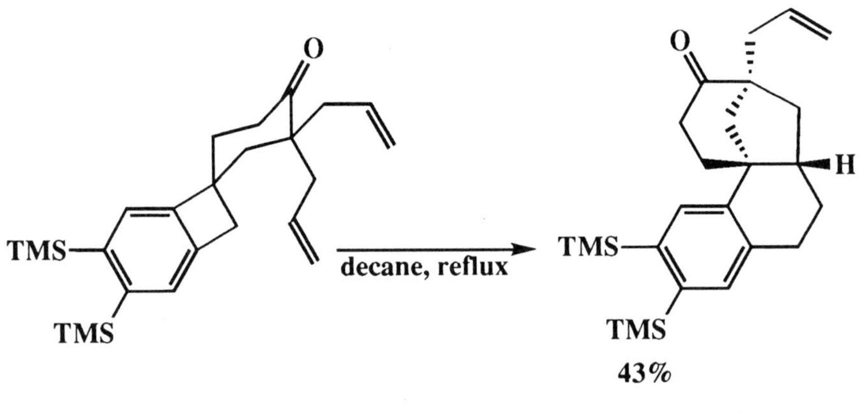

43%

I.E.1-17 Lenihan, B.D. and Schecter, H., *TL*, **35**, 7505.

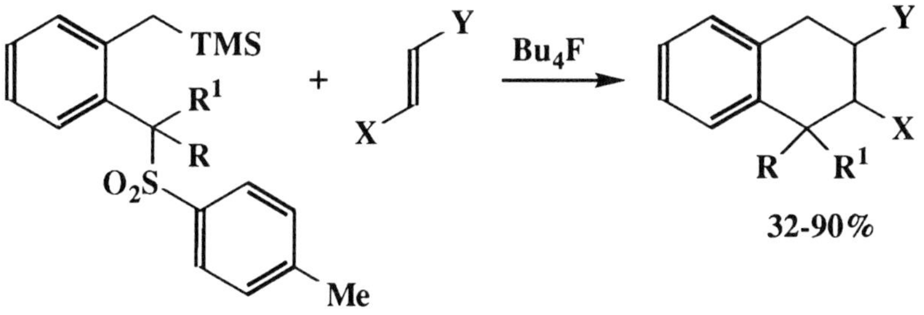

32-90%

I.E.1-18 Spino, C. et al., *TL*, **35**, 3683, 5559; Abad, A. et al., *SL*, 733.

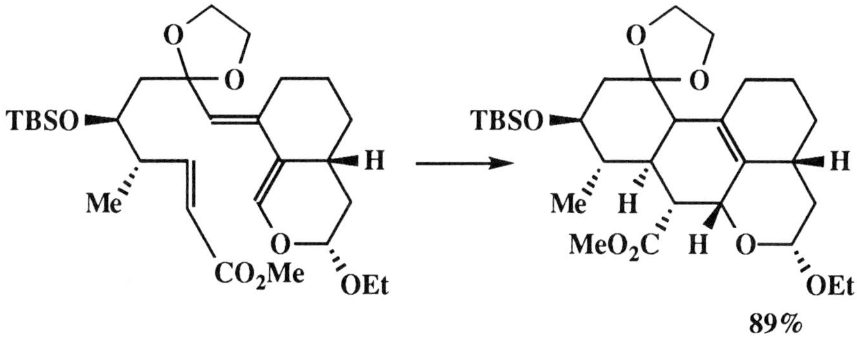

89%

I.E.1-19 Patel, H.A. et al., *CJC*, **72**, 56; Deslongchamps, P. et al., *CJC*, **72**, 1820.

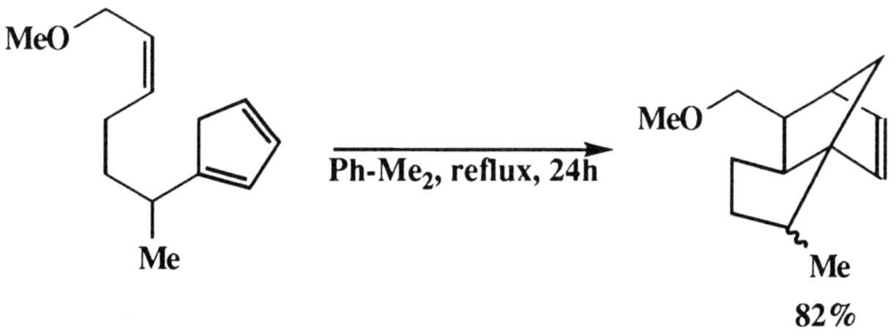

Ph-Me$_2$, reflux, 24h

82%

I.E.1-20 Rasset, C. and Vaultier, M., *T*, **50**, 3397; Takayama, H. et al., *SL*, 741.

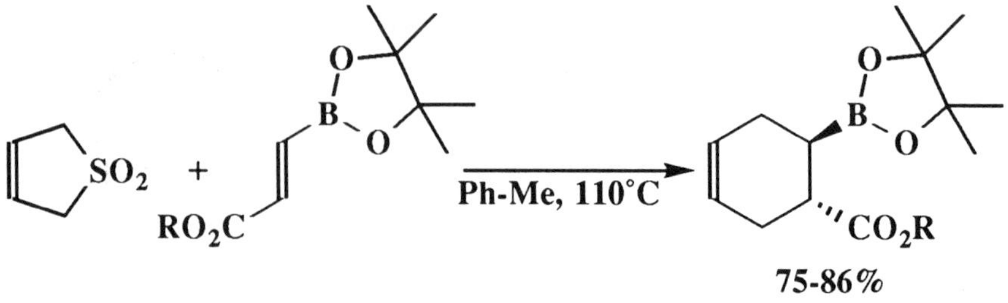

I.E.1-21 Leonard, J. et al., TL, **35**, 1071 and *JCS(P1)*, 2359; Winkler, J.D., Houk, K.N. et al., *JOC*, **59**, 6879; Chou, S.-S.P. et al., *JOC*, **59**, 2010.

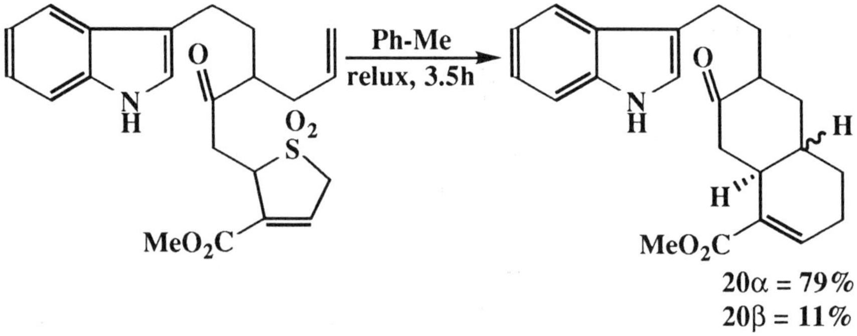

20α = 79%
20β = 11%

I.E.1-22 Jackson, R.W. and Shea, K.J., *TL*, **35**, 1317; Martin, S.F. et al., *TL*, **35**, 691; Uguen, D. et al., *TL*, **35**, 3941, 3945; Fukumoto, K. et al., *T*, **50**, 10183, 10933.

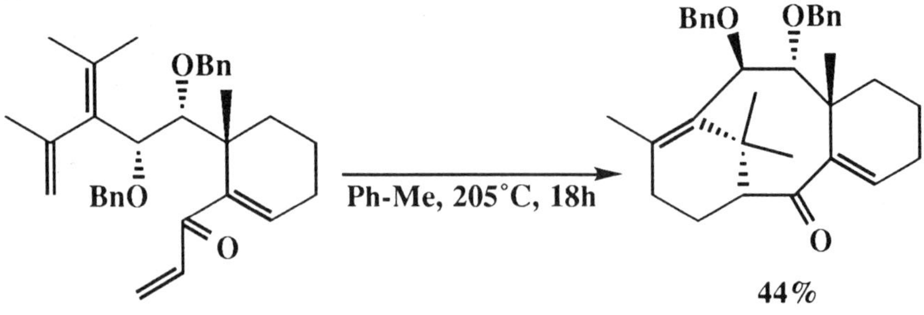

44%

I.E.1-23 Cava, M.P. et al., *JOC*, **59**, 4308; Fillion, H. et al., *SL*, 459.

I.E.1-24 Kanematsu, K. et al., *TL*, **35**, 3577; Wu, H.J. et al., *H*, **38**, 1507 and *TL*, **35**, 729; **see also**: De Clercq, P.J. et al., *BSB*, **103**, 433.

I.E.1-25 Bush, E.J. et al, *CC*, 2145.

I.E.1-26 Guy, A. and Serva, L., *SL*, 647; Grieco, P.A. et al., *TL*, **35**, 2663, 6783.

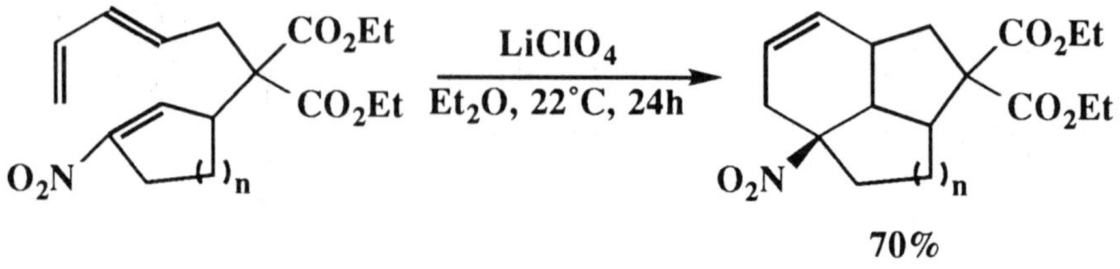

[Reaction scheme: nitro-substituted cyclopentene with diene and bis-ester side chain → LiClO₄, Et₂O, 22°C, 24h → fused tricyclic product, 70%]

I.E.1-27 Woo, S. and Keay, B.A., *TA*, **5**, 1411; Kotsuki, H. et al., *H*, **38**, 31.

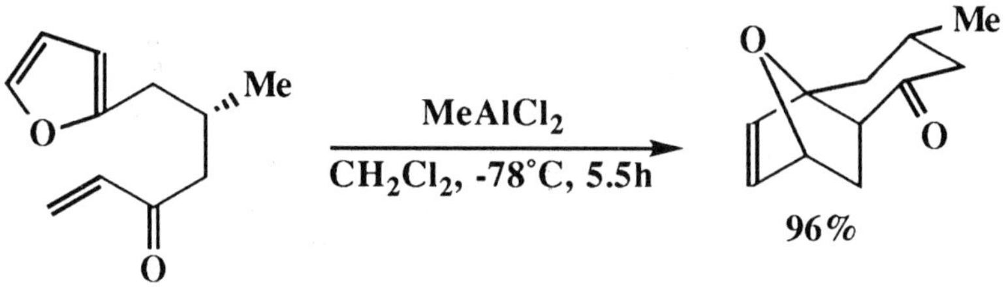

[Reaction scheme: furan tethered to enone with Me substituent → MeAlCl₂, CH₂Cl₂, -78°C, 5.5h → oxabicyclic product, 96%]

I.E.1-28 Journet, M. and Malacria, M., *JOC*, **59**, 6885.

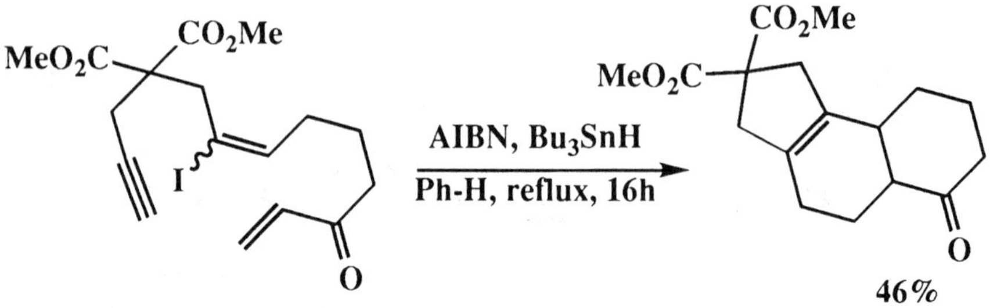

[Reaction scheme: vinyl iodide with alkyne, bis-ester, and enone → AIBN, Bu₃SnH, Ph-H, reflux, 16h → tricyclic ketone, 46%]

I.E.1-29 Haynes, R.K., King, G.R. and Vonwiller, S.C., *JOC*, **59**, 4743.

I.E.1-30 Posner, G.H. et al., *TL*, **35**, 7541; Mikami, K. et al., *JACS*, **116**, 2812; Ishihara, K. and Yamamoto, H., *JACS*, **116**, 1561; Kobayashi, S. et al., *T*, **50**, 11623.

I.E.1-31 Yamamoto, I. and Narasaka, K., *BCJ*, **67**, 3327; Yamamoto, H. *T*, **50**, 8983; Kobayashi, S. et al., *JOC*, **59**, 3758; Oh, T. and Reilly, M., *TL*, **35**, 7209; Itsuno, S. et al., *TA*, **5**, 523; Cativiela, C. et al., *JOC*, **59**, 7774.

I.E.1-32 Carreno, M.C., Ruano, J.L.G. et al., *JOC*, **59**, 3421; Carretero, J.C., Ruano, J.L.G. et al., *TL*, **35**, 9461, 9759; Gosselin, P., Maignan, C. et al., *TA*, **5**, 781.

I.E.1-33 Sammakia, T. and Berliner, M.A., *JOC*, **59**, 6890; Cativiela, C. et al., *TA*, **5**, 157.

I.E.1-34 Shirahama, H. et al., *SL*, 801; Chen, Z. and Ortuno, R.M., *TA*, **5**, 371.

I.E.1-35 Akiba, K. et al., *H*, **38**, 1483; Demir, A.S. et al., *T*, **50**, 2099; Yamamoto, H. et al., *JACS*, **116**, 6153; Joullie, M.M. et al., *TA*, **5**, 519; Banks, M.R. et al, *TL*, **35**, 489; Kunieda, T. et al., *TL*, **35**, 721.

I.E.1-36 Bloch, R. and Chaptal-Gradoz, N., *JOC*, **59**, 4162; Oppolzer, W. et al., *TL*, **35**, 3509

I.E.1-37 Shea, K.J. and Gauthier, Jr., D.R., *TL*, **35**, 7311.

I.E.1-38 Corey, E.J. et al., *JACS*, **116**, 3611; Hawkins, J.M. et al., *JACS*, **116**, 1657.

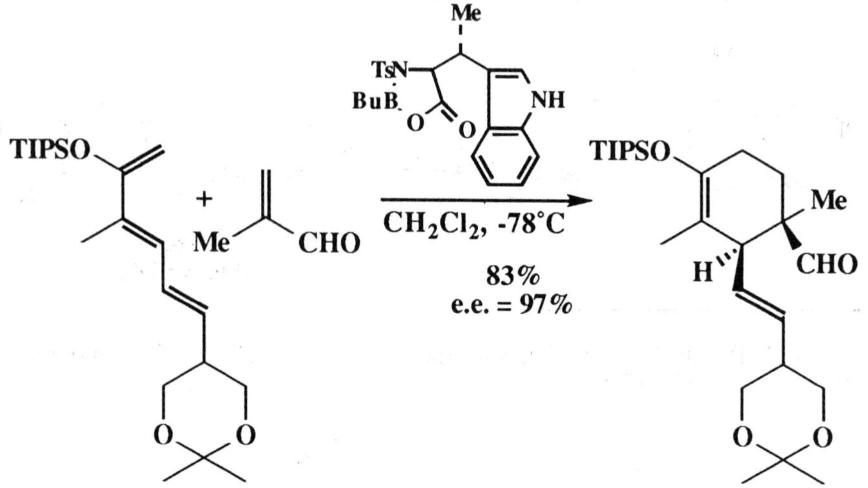

TIPSO + Me-CHO → (CH$_2$Cl$_2$, -78°C, chiral oxazaborolidine catalyst) → TIPSO cyclohexene product

83%
e.e. = 97%

I.E.1-39 Maroral, J.A. et al., *CJC*, **72**, 308.

Hexafluoro-2-propanol as a solvent for Diels-Alder reactions in which Lewis acid sensitive reagents are used. High yields with good regio- and endo/exo selectivities under mild conditions.

I.E.1-40 Kobayashi, S. et al., *TL*, **35**, 6325.

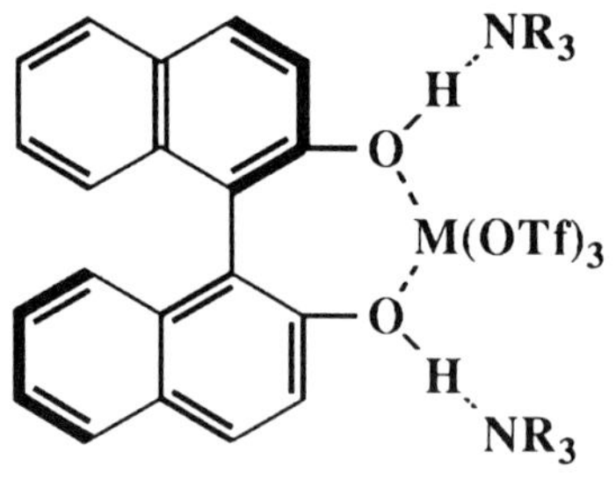

M= Yb, Sc
Chiral Diels-Alder catalysts

I.E.1-41 A. Loffler, M. and Schluter, A.-D., *SL*, 75; **B**. Singleton, D.A. and Redman, A.M., *TL*, **35**, 509; **C**. Chou, T.-C. et al., *TL*, **35**, 4165; **D**. Pyne, S.G. et al., *T*, **50**, 941; **E**. Fuji, K. et al., *JOC*, **59**, 2211; **F**. Carretero, J.C., Ruano, J.L.G. and Cabrejas, L.M.M., *TL*, **35**, 5895; **G**. Alonso, I., Carretero, J.C. and Ruano, J.L.G., *JOC*, **59**, 1499.

Diels-Alder Dienophiles

I.E.1-42 A. Moore, A.L., Moore, T.A., Gust, D. et al., *TL*, **35**, 995; **B.** Giuffrida, D. et al., *TL*, **35**, 4839; **C.** Chou, T. et al., *JOC*, **59**, 2241; **D.** Basavaiah, D. et al., *TL*, **35**, 4227.

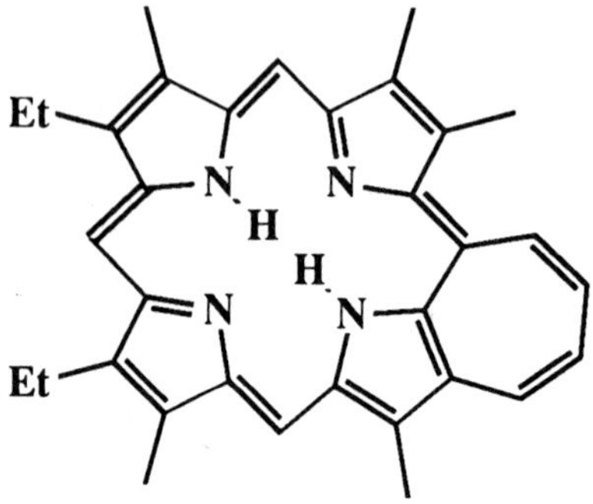

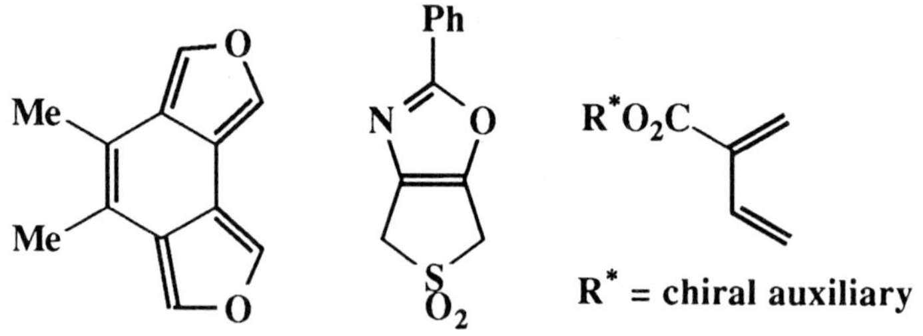

Diels-Alder Dienes

I.E.1-43 Padwa, A. et al., *JOC*, **59**, 7072; Kinder, Jr., F.R. and Bair, K.W., *JOC*, **59**, 6965.

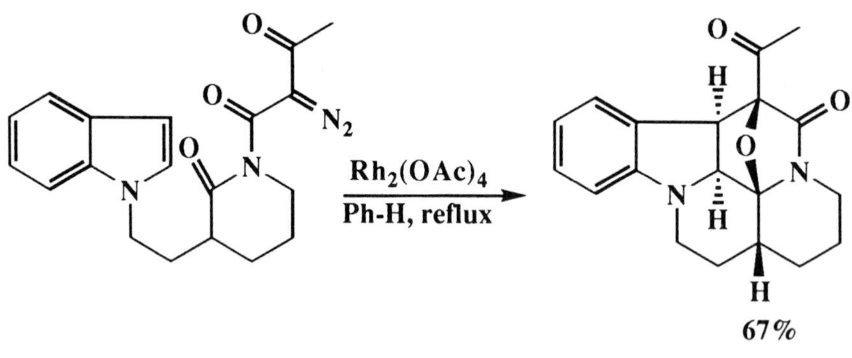

I.E.1-44 Murzin, D.G. et al., *JOU*, **30**, 162; **see also**: von Seggern, H. and Schmittel, M., *CB*, **127**, 1269.

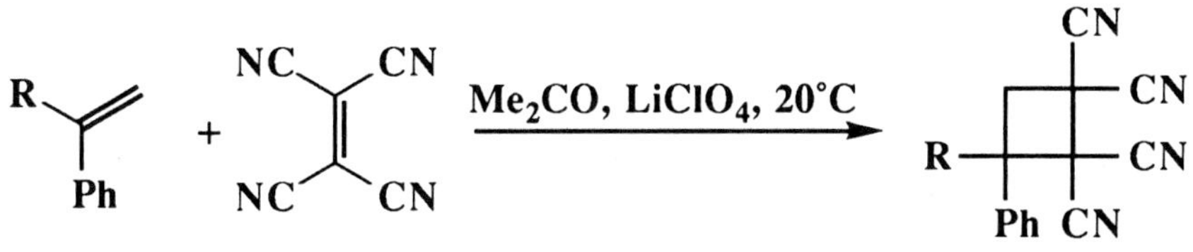
R
Ph
NC
CN
NC
CN
+
Me2CO, LiClO4, 20°C
CN
CN
CN
R
Ph CN

41-48%

I.E.1-45 Paquette, L.A. and Hickey, E.R., *TL*, **35**, 2313.

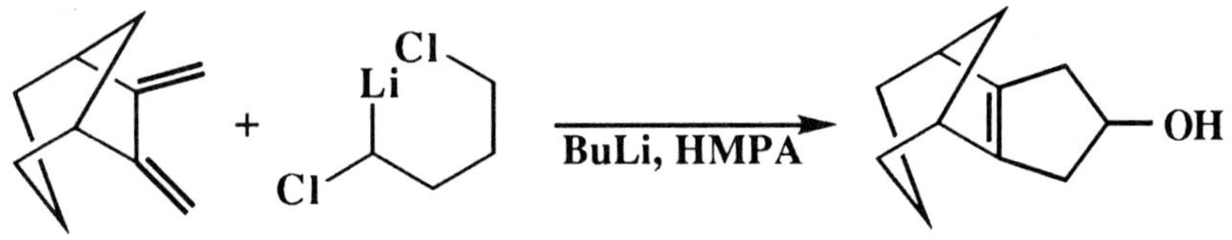
+
Cl
Li
Cl
BuLi, HMPA
OH

61%

I.E.1-46 Danheiser, R.L. et al., *JOC*, **59**, 5514.

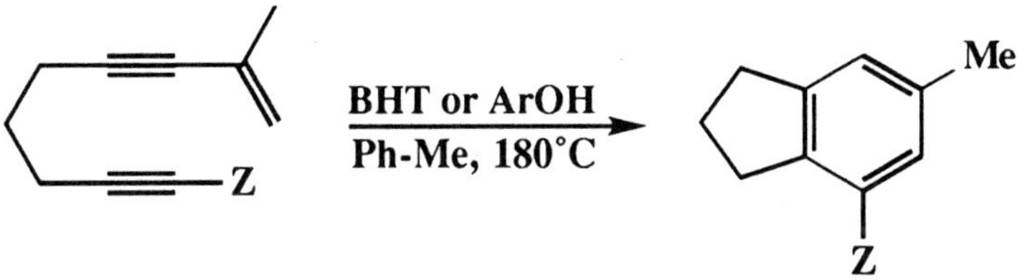
Z
BHT or ArOH
Ph-Me, 180°C
Me
Z

48-77%

I.E.1-47 Briquet, A.A.S. and Hansen, H.-J., *HCA*, **77**, 1940.

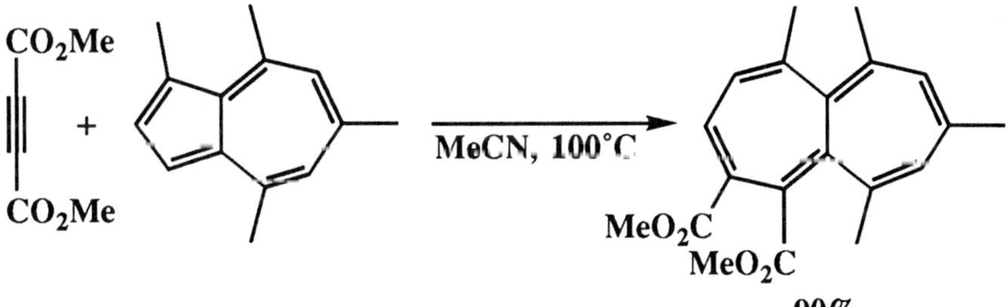
CO2Me
+
CO2Me
MeCN, 100°C
MeO2C
MeO2C

90%

I.E.1-48 Knolker, H.-J. and Graf, R., *SL*, 131; **see also**: Takeda, K., Nakayama, I. and Yoshii, E., *SL*, 178.

I.E.1-49 Huval, C.C. and Singleton, D.A., *TL*, **35**, 689; **see also**; Monti, H. et al., *TL*, **35**, 2885; **see also**: Trost, B.M. and Parquette, J.R., *JOC*, **59**, 7568.

I.E.1-50 Kopach, M.E. and Harman, W.D., *JOC*, **59**, 6506.

I.E.1-51 Harmata, M. et al., *JOC*, **59**, 1241.

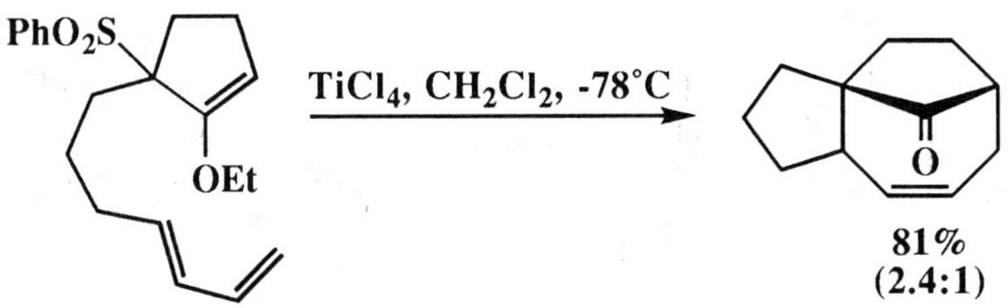

81%
(2.4:1)

I.E.1-52 Mori, M. et al., *JOC*, **59**, 6133.

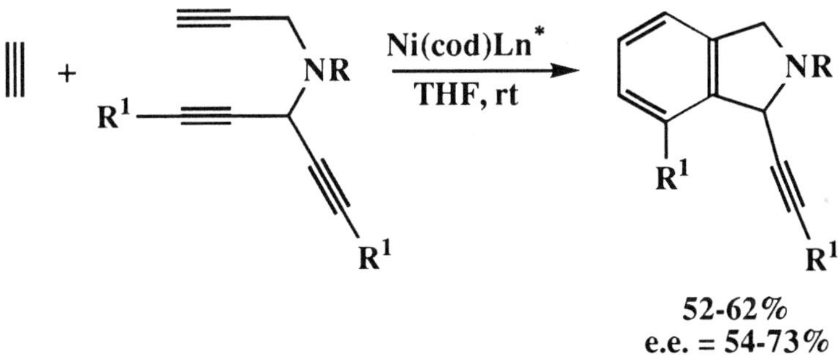

52-62%
e.e. = 54-73%

I.E.1-53 Neidlein, R. et al., *HCA*, **77**, 2303.

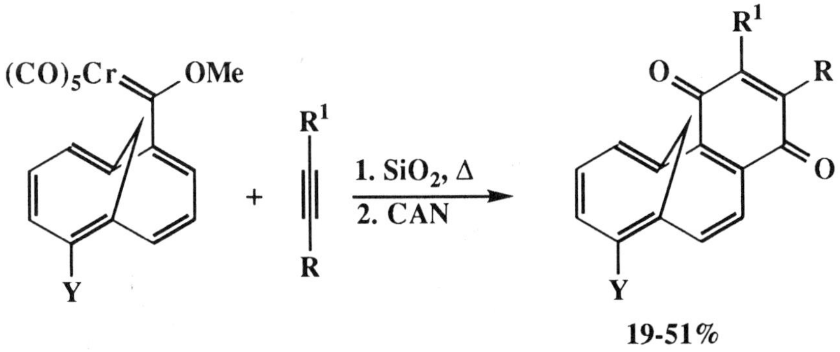

19-51%

I.E.1-54 Iwamoto, K. et al., *CPB*, **42**, 413.

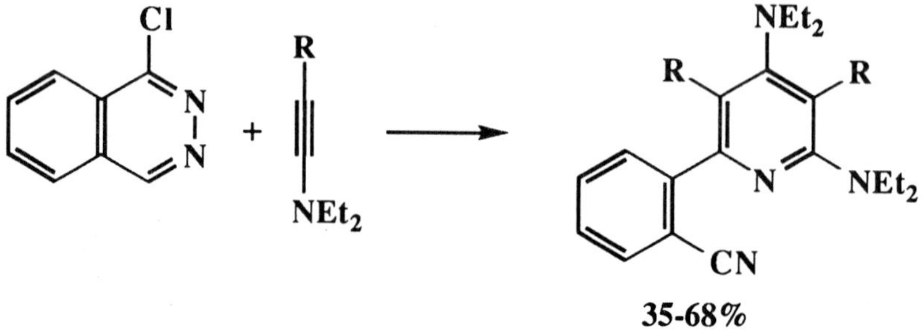

35-68%

I.E.2. Other Thermal Reactions

I.E.2-1 Grissom, J.W. et al., *T*, **50**, 4635.

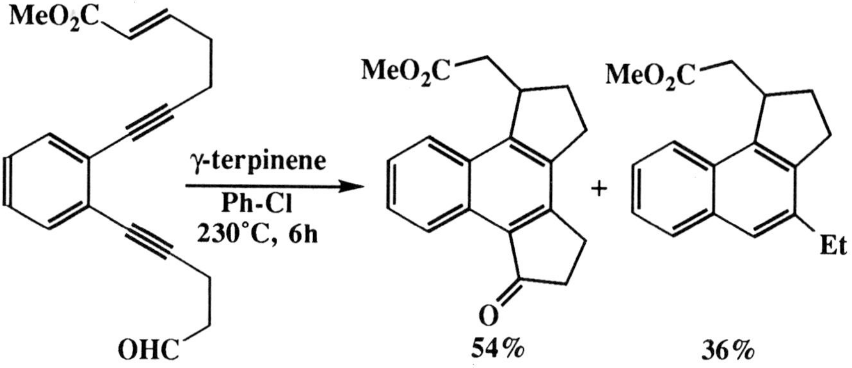

54%   36%

I.E.2-2 Plater, M.J., *TL*, **35**, 801.

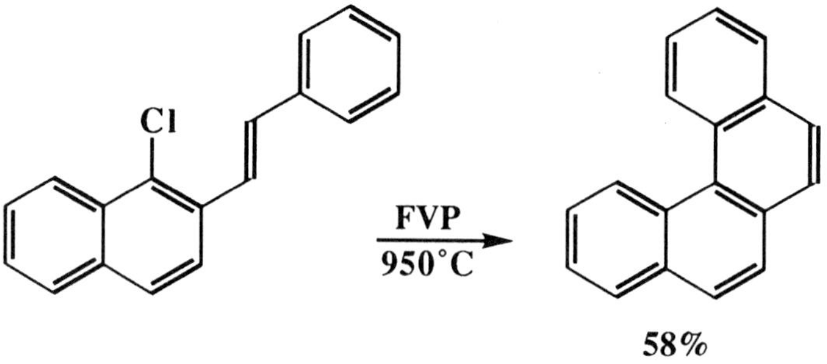

58%

I.E.2-3 Wijnberg, J.B.P.A. and deGroot, A., *T*, **50**, 4745.

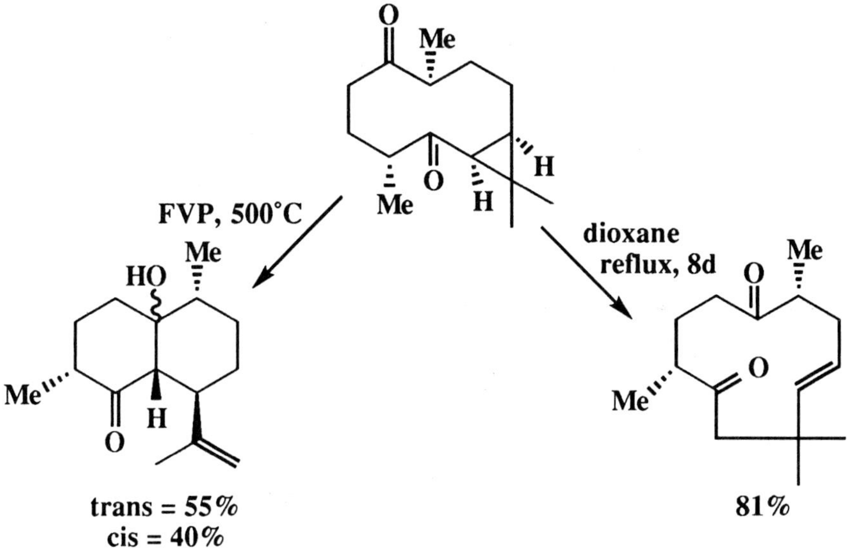

trans = 55%
cis = 40%

81%

I.E.2-4 Soman, R. et al., *JCR(S)*, 52.

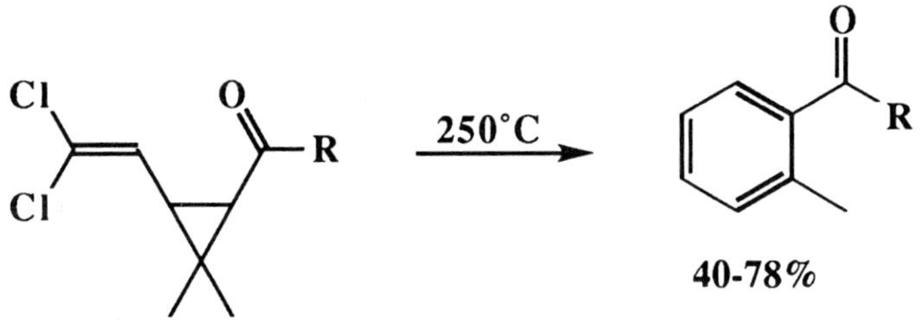

40-78%

I.E.2-5 Sarker, T.K. et al., *TL*, **35**, 6907, 6903.

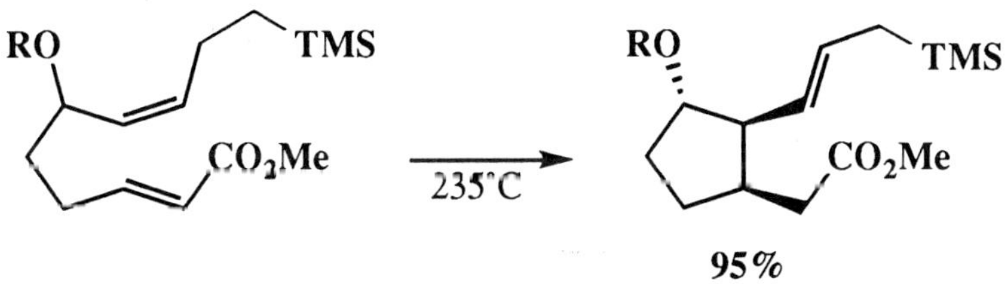

95%

I.E.2-6 Reutrakul, V. et al., *TL*, **35**, 4851, 4853.

[Reaction: Ph-S(O)-CHF-CH(OH)-R → (FVP) → F-CH2-C(O)-R, 43-48%]

I.E.3. Photochemical Reactions

I.E.3-1 Liu, M.T.H. et al., *CJC*, **72**, 1961.

[Reaction: 4-X-C6H4-C(Cl)(N=N) diazirine + H2N-CH2-CH=CH2 → (hv, ^{n}C$_6$H$_{14}$, 25°C, 7h) → 4-X-C6H4-CH=N-CH2-CH=CH2, 64-94%]

I.E.3-2 Hasegawa, E. et al., *TL*, **35**, 8643.

[Reaction: 2,6-disubstituted-4-methyl-4-(tribromomethyl)cyclohexa-2,5-dienone → (hv, amine) → tropone with Me and Br substituents, 18-80%]

I.E.3-3 Bashir-Hashemi, A. et al., *JOC*, **59**, 2132.

[Reaction: cyclopentanone → (1. (COCl)$_2$, hv; 2. MeOH) → 3-(methoxycarbonyl)cyclopentanone, 60%]

I.E.3-4 Sonawane, H.R. et al., *T*, **50**, 1243; Oh, S.-H. and Sato, T., *JOC*, **59**, 3744.

[Scheme: 4-R-C6H4-C(O)-CHCl-CH3 → hν, aq Me2CO, propylene oxide → 4-R-C6H4-CH(CH3)-CO2H, 28-84%]

I.E.3-5 Scheffer, J.R. et al., *JACS*, **116**, 10322.

[Scheme: cyclopentanone with cyclopentenyl and CH2CO2M substituents → hν, H2O → fused bicyclic enone with =CH-CO2M]

I.E.3-6 Malacria, M. et al., *TL*, **35**, 6677.

[Scheme: acyclic ketoester with terminal alkyne and R group → hν, CpCo(CO)2, Ph-H, Δ → methylenecyclopentane with acetyl and CO2Me, 52-74%, d.e. = 12-92%]

I.E.3-7 Khim, S.K. and Mariano, P.S., *TL*, **35**, 999.

[Scheme: 1-(cyclohex-1-enyl)-2-(N-Bn-N-CH2TMS-amino)propan-1-one → hν, DCA, MeOH/MeCN → cis-fused decahydroquinolinone with Me and NBn, 69%]

I.E.3-8 Paleo, M.R., Dominguez, D. and Castedo, L., *T*, **50**, 3627.

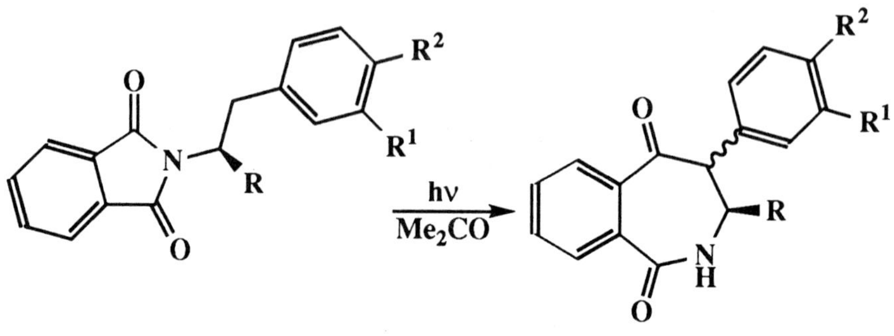

25-62%

I.E.3-9 Ishii, K. et al., *JCS(P1)*, 2353.

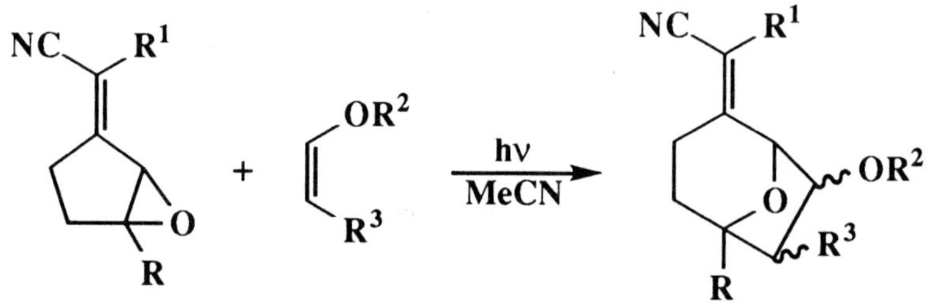

0-45%

I.E.3-10 Furukawa, N. et al., *JOC*, **59**, 7117; Hill, J. et al., *JCS(P1)*, 2393.

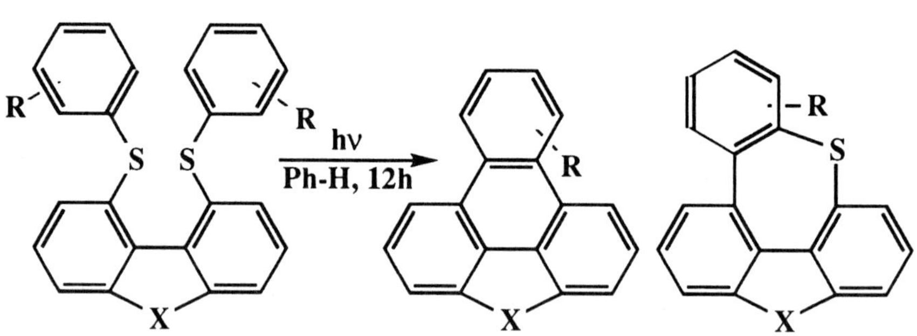

54-81%   0-32%

I.E.3-11 Pandey, G. and Sochanchingwung, R., *CC*, 1945.

$$R^1R\text{CH-SePh} + CH_2=C(OTBDMS)R^2 \xrightarrow[\text{DCN}^*,\text{ aq MeCN}]{h\nu} R^1R\text{CH-CH}_2\text{-C(=O)}R^2$$

60-72%

I.E.3-12 D'Auria, G, **124**, 195 and *TL*, **35**, 633.

$$O_2N\text{-thienyl-I} \xrightarrow[\text{Ar-H, MeCN}]{h\nu} O_2N\text{-thienyl-Ar}$$

66-98%

I.E.3-13 Danheiser, R.L. et al., *JOC*, **59**, 4844.

[reaction scheme: α-diazo ketone of tetrahydronaphthalenone + OSi^{i}Pr$_3$-substituted alkyne bearing CH(Me)CH$_2$OTBS, $h\nu$, Ph-H, rt, giving anthracene product]

58-70%

I.E.3-14 Carreira, E.M. et al., *JACS*, **116**, 6622; Maeda, K. and Inouye, Y., *BCJ*, **67**, 2880; Koga, K. et al., *T*, **50**, 12829, 12843; Crimmins, M.T. and Guise, L.E., *TL*, **35**, 1657; Miyashi, T. et al., *TL*, **35**, 3953.

[reaction scheme: ^{t}Bu-substituted alkene tethered to coumarin, $h\nu$, $^cC_6H_{12}$, 23°C, 4h, giving cyclobutane-fused product]

e.e. = 92%   88%
                 e.e. = 92%

I.E.3-15 Dopp, D. and Mlinaric, B., *BSB*, **103**, 449.

[Reaction scheme: methyl naphthalene-1-carboxylate + CH₂=C(CN)(N-pyrrolidine), hv, C₆H₁₂ → cycloadduct, 19-45%]

I.E.3-16 Rigby, J.H. et al., *TL*, **35**, 8131.

[Reaction scheme: (CO)₃Cr-cycloheptatriene + Me(OMe)C=C with Cr(CO)₃, hv, Et₂O → bicyclic ketone product, 30%]

I.E.3-17 Jacobi, P.A. et al., *JOC*, **59**, 5292.

[Reaction scheme: enone-yne substrate, hv, 1,2-diclorohexane, 1,2-epoxyoctane → cyclopentenone, 80-98%]

I.E.3-18 Pandey, G. et al., *TL*, **35**, 7837.

[Reaction scheme: dienone substrate, hv, PPh₃, DCA, DMF → bicyclic product, 90-98%, trans:cis = 1.5-9:1]

CARBON–CARBON BOND FORMING REACTIONS

I.E.3-19 Bender, C.O. et al., *CJC*, **72**, 1999.

[Reaction scheme: bicyclic diene with fused cyclobutene → tricyclic product, hν, C$_6$H$_{12}$, 48%]

I.E.3-20 Okada, K., Maehara, K. and Oda, M., *TL*, **35**, 5251.

[Reaction scheme: cross-conjugated tetraene with R, R^1, Ph substituents → indene-type product, hν, Ph-H, 5h, 84-86%]

I.E.3-21 Turro, N.J. et al., *TL*, **35**, 8089.

[Reaction scheme: o-bis(propylethynyl)benzene → 2,3-dipropylnaphthalene, hν, H-donor, ≤40%]

I.E.3-22 Gleiter, R. and Ohlbach, F., *CC*, 2049.

[Reaction scheme: cycloheptane-fused cyclobutene with Me and SO$_2^t$Bu → bicyclic product, hν, Et$_2$O, rt, 3h, 95%]

I.E.3-23 Sano, T. et al., *CPB*, **42**, 1373; Haga, N. et al., *BCJ*, **67**, 728.

I.E.3-24 Ciufolini, M.A. et al., *JACS*, **116**, 1272.

I.E.3-25 Nair, H.K. and Burton, D.J., *JACS*, **116**, 6041.

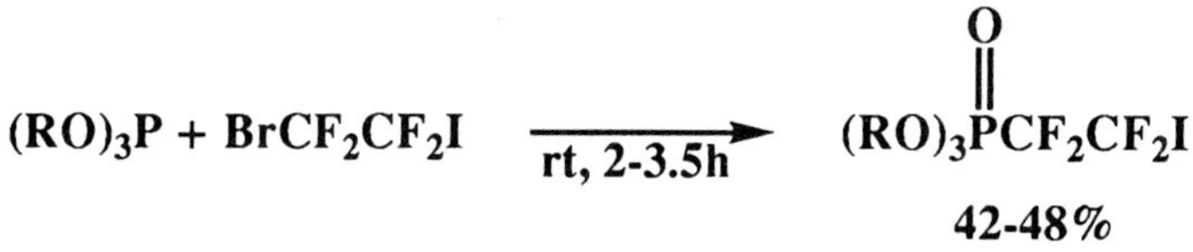

$$(RO)_3P + BrCF_2CF_2I \xrightarrow[\text{rt, 2-3.5h}]{} (RO)_3\overset{\overset{O}{\|}}{P}CF_2CF_2I$$

42-48%

I.E.3-26 Garrido, N.M. et al., *T*, **50**, 10995; Nuss, J.M. and Murphy, M.M., *TL*, **35**, 37.

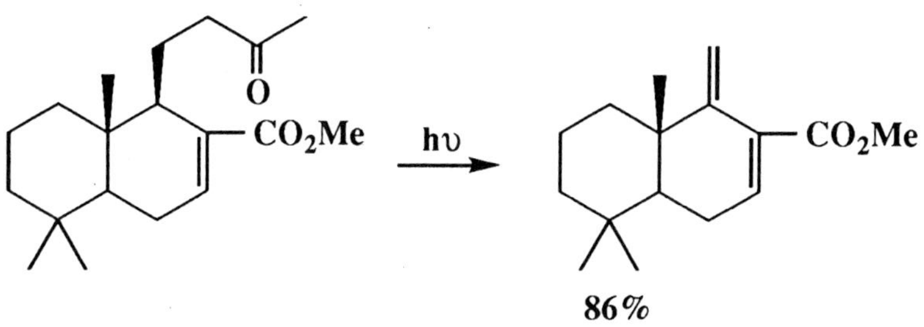

[reaction scheme: decalin ketone with CO$_2$Me group → (hv) → exocyclic methylene decalin with CO$_2$Me, 86%]

I.E.3-27 Piva, O., *SL*, 729.

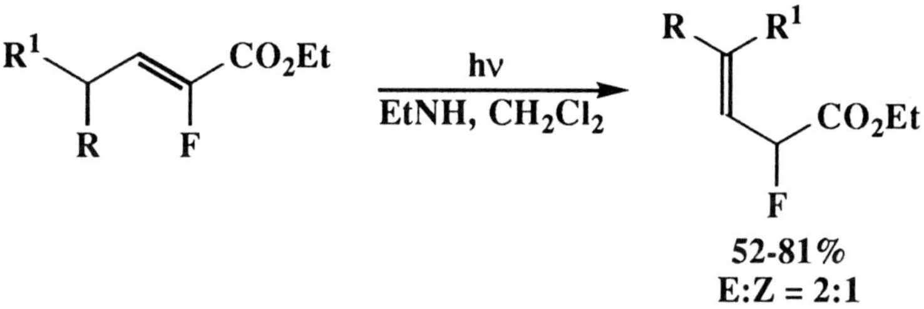

[reaction scheme: R^1, R, F-substituted acrylate with CO$_2$Et → hv, EtNH, CH$_2$Cl$_2$ → rearranged alkene product with CO$_2$Et and F]

52-81%
E:Z = 2:1

I.F. Aromatic Substitutions Forming a New Carbon-Carbon Bond

I.F.1. Friedel-Crafts Type Aromatic Substitution Reactions

I.F.1-1 Katritzky, A.R. et al., *H*, **38**, 1813; Sheffer-Dee-Noor, S. and Ben-Ishai, D., *T*, **50**, 7009; **see also**: Smith, K. and Pollaud, G.M., *JCS(P1)*, 3519

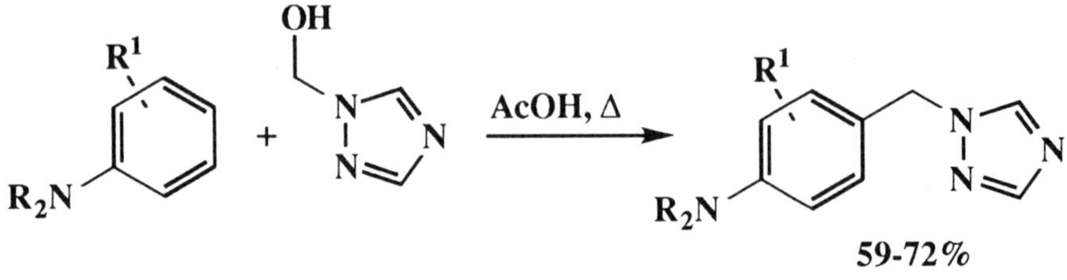

59-72%

I.F.1-2 Vernon, J.M. et al., *TL*, **35**, 7115; Muehldorf, A.V. et al., *TL*, **35**, 8755; Parlow, J.J., *T*, **50**, 3297.

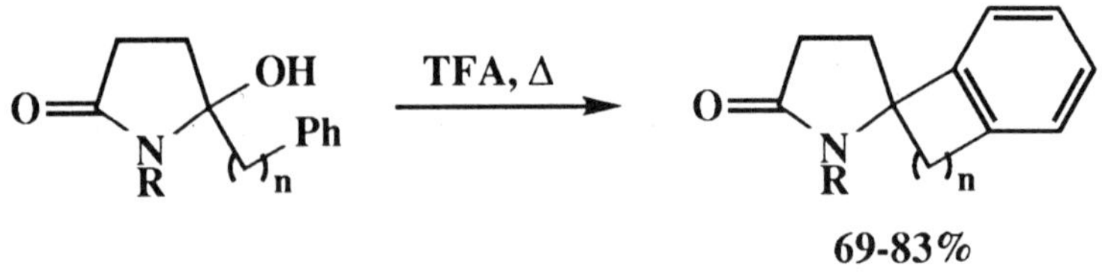

69-83%

I.F.1-3 Gallagher, P.T. et al., *TL*, **35**, 289; Srinivasan, K.V. et al., *TL*, **35**, 2601; Nakatsuka, S. et al., *TL*, **35**, 2699; **see also**: Niestroj, M. et al., *CB*, **127**, 1131.

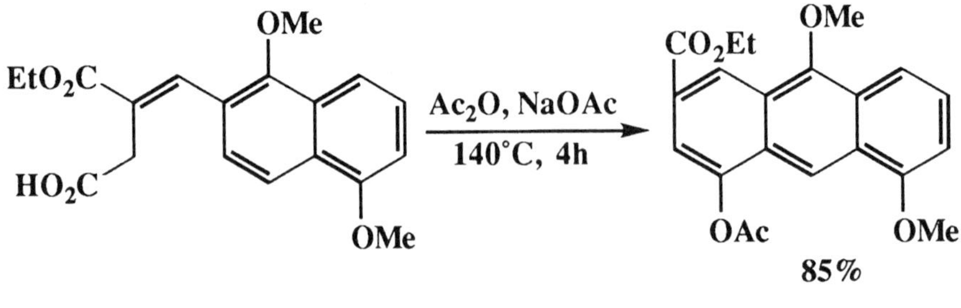

85%

I.F.1-4 Bijoy, P. and Rao, G.S.R.S., *TL*, **35**, 3341.

I.F.1-5 Natsume, M. et al., *CPB*, **42**, 846, 854; Shudo, K. et al., *JACS*, **116**, 2312; Abouabdellah, A. and Bonnet-Delpon, D., *T*, **50**, 11921; see also: Sartori, G. et al., *T*, **50**, 10587.

I.F.1-6 Olah, G.A. et al., *S*, 276.

I.F.1-7 Nagao, Y. et al., *CL*, 389, 597.

I.F.1-8 Natsume, M. et al., *CPB*, **42**, 1393.

[Reaction: vinyl/methyl-substituted PivO-cyclohexanone bearing an indole-NTs substituent with isopropyl tether → fused polycyclic indole (NTs), BF₃·Et₂O, 66%]

I.F.1-9 Kawada, A., Mitamura, S. and Kobayashi, S., *SL*, 545.

MeO–C₆H₅ $\xrightarrow[\text{MeNO}_2,\ 50°\text{C},\ 4\text{h}]{\text{Ac}_2\text{O, Sc(OTf)}_3}$ MeO–C₆H₄–Ac, 89%

I.F.1-10 Sartori, G. et al., *TL*, **35**, 2393.

2,4-dimethylphenol + MeNO₂ $\xrightarrow{\text{AlCl}_3}$ 3,5-dimethyl-2-hydroxybenzaldoxime (=NOH), 70%

I.F.1-11 Jefford, C.W. et al., *TL*, **35**, 6271.

[N-(CH₂–CHR–OCOCH₂OAc)pyrrole $\xrightarrow{\text{1. BBr}_3;\ \text{2. AcCl, base}}$ 2-(COCH₂OAc)-N-(CH₂–CHR–OAc)pyrrole, 65–70%]

I.F.1-12 Angle, S.R. et al., *JOC*, **59**, 6322.

[Reaction: 2,6-dimethyl-4-(3-phenylpropyl)phenol with 1. Ag₂O 2. ZnCl₂ → 2,6-dimethyl-4-(1,2,3,4-tetrahydronaphthalen-1-yl)phenol, 93%]

I.F.1-13 Houpis, I.N. et al., *TL*, **35**, 6811.

[Reaction: R-substituted aniline + cyclopropyl cyanide, BCl₃, GaCl₃, Ph-Cl, 100°C → 2-amino-aryl cyclopropyl ketone, 74-89%]

I.F.2. Coupling Reactions to Form an Aromatic Carbon-Aromatic Carbon Bond

I.F.2-1 Iwao, M., Watanabe, M. et al., *H*, **38**, 1717; Koch, K. et al., *SL*, 347; Rao, A.V.R. et al., *TL*, **35**, 5039; **see also**: Snieckus, V. et al., *SL*, 349.

[Reaction: N-Boc-7-(tributylstannyl)indoline + 6-bromopiperonal, Pd(OAc)₂, P(o-Tol)₃, TEA, DMF, 70°C, 50h → coupled biaryl product, 63%]

I.F.2-2 Beaulieu, F. and Snieckus, V., *JOC*, **59**, 6508.

$$\text{Ar-S(O}_2\text{)-Ph with TMS and OCONEt} \xrightarrow[\text{THF, } -78 \to 0°C]{\text{LDA}} \text{thioxanthone-S,S-dioxide with OH}$$

62-96%

I.F.2-3 Carrera, Jr., G.M. and Sheppard, G.S., *SL*, 93; Jackson, W.R., Marcuccio, S.M. et al., *CC*, 2395; Joullie, M.M. et al., *TL*, **35**, 7719; Uemura, M. et al., *CC*, 2697 and *JOM*, **473**, 129; Frenettte, R. and Friesen R.W., *TL*, **35**, 9177; Buchecker, R., et al., *TL*, **35**, 3277; Gilbert, A.M. and Wulff, W.D., *JACS*, **116**, 7449; Hoye, T.R. et al., *TL*, **35**, 8747; **see also**: Wright, S.W. et al., *JOC*, **59**, 6095.

$$\text{ArB(OH)}_2 + \text{6-bromoindole} \xrightarrow[\text{Ph-Me/EtOH, reflux}]{\text{Pd(PPh}_3)_4\text{, aq NaHCO}_3} \text{6-aryl indole}$$

73-90%

I.F.2-4 Maddaford, S.P. and Keay, B.A., *JOC*, **59**, 6501; Satoh, Y. and Shi, C., *S*, 1146.

$$\text{2-Li-C}_6\text{H}_4\text{C(O)NH}^i\text{Pr}_2 \xrightarrow[\text{aq NaHCO}_3\text{, Ph-H}]{\text{1. B(OMe)}_3 \quad \text{2. Pd(PPh}_3)_4\text{, Ph-Br}} \text{2-Ph-C}_6\text{H}_4\text{C(O)NH}^i\text{Pr}_2$$

95%

I.F.2-5 Lipshutz, B.H., *TL*, **35**, 815.

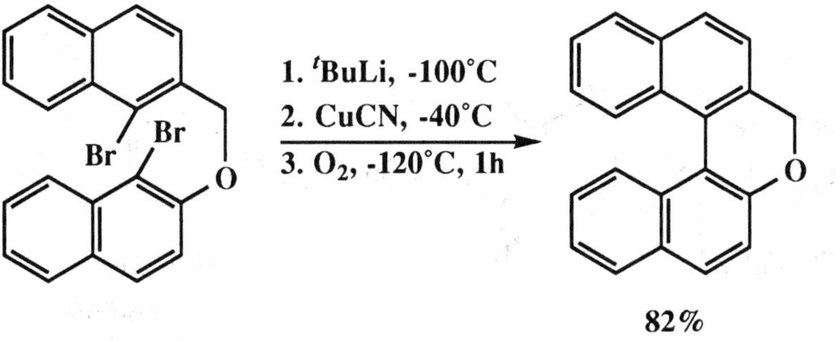

Reagents: 1. ^{t}BuLi, -100°C; 2. CuCN, -40°C; 3. O$_2$, -120°C, 1h

82%

I.F.2-6 Rawal, V.H. et al., *TL*, **35**, 8985.

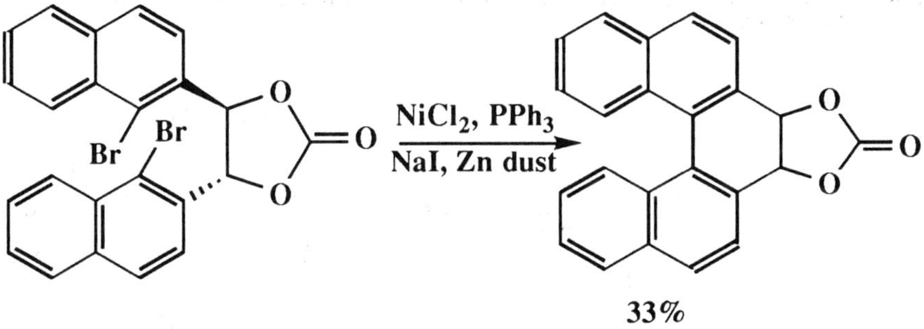

Reagents: NiCl$_2$, PPh$_3$, NaI, Zn dust

33%

I.F.2-7 Carroll, A.R. and Taylor, W.C., *AJC*, **47**, 937; Wakamatsu, T. et al., *TL*, **35**, 3733.

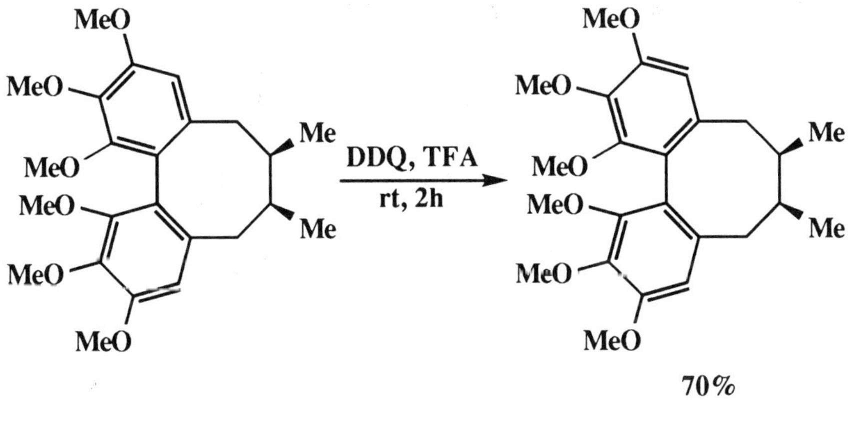

Reagents: DDQ, TFA, rt, 2h

70%

I.F.2-8 Miyano, S. et al., *JCS(P1)*, 2273.

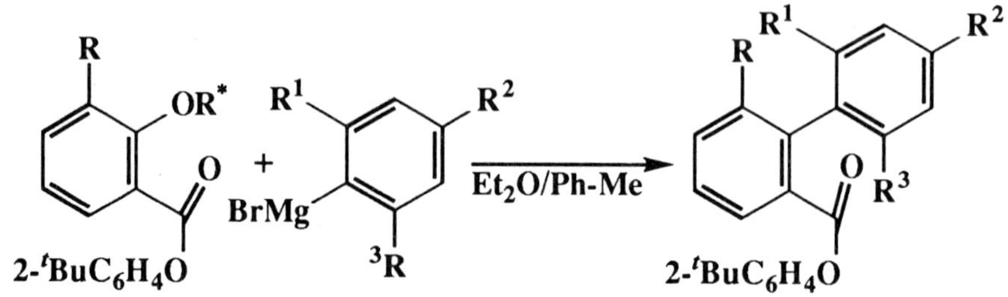

45-95%
e.e = 22-94%

I.F.2-9 Villemin, D. and Sauvaget, F., *SL*, 435; Noji, M., Nakajima, M. and Koga, K., *TL*, **35**, 7983; Sakamoto, T., Yonehara, H. and Pac, C., *JOC*, **59**, 6859.

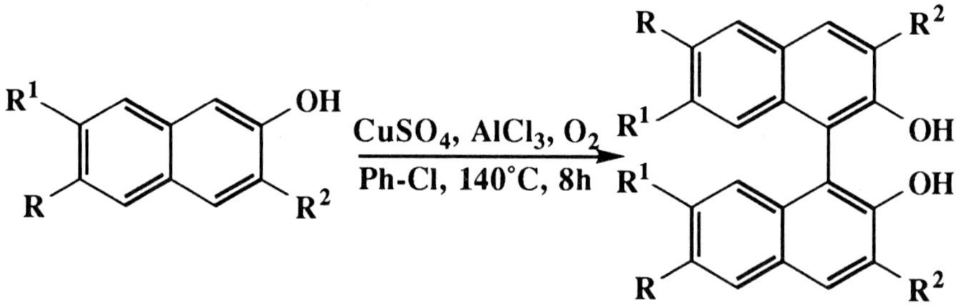

40-96%

I.F.2-10 Jung, M.E. et al., *JOC*, **59**, 3248.

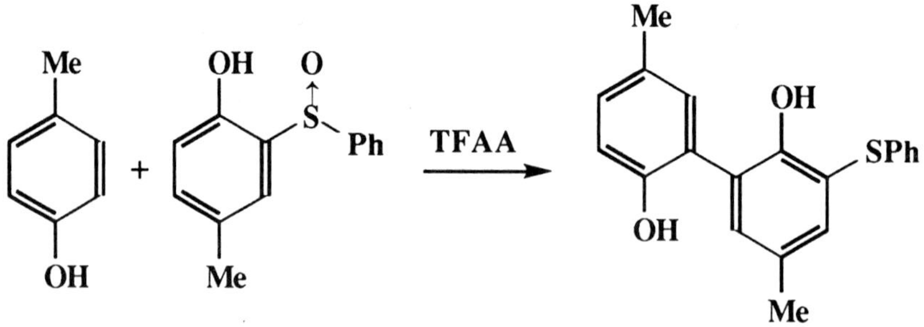

60-74%

I.F.2-11 Castedo, L. et al., *H*, **38**, 1.

[Scheme: aryl bromide + Bu₃SnH, AIBN, Ph-H, reflux, 18h → two products in 60% and 36% yield]

I.F.3. Other Aromatic Substitutions and Preparations

I.F.3-1 Bu, X.R. et al., *SC*, **24**, 1757; Guanti, G. et al., *T*, **50**, 11945; **see also**: Sarangi, C. and Rao, Y.R., *JCR(S)*, 392.

[Scheme: ArOMgBr + (CH₂O)ₙ, TEA → salicylaldehyde, 62-80%]

I.F.3-2 Nazareno, M.A. and Rossi, R.A., *TA*, **35**, 5185; **see also**: Lotz, G.A., Palacios, S.M. and Rossi, R.A., *TL*, **35**, 7711; Tschan, D.M. et al., *SC*, **24**, 887.

$$\text{PhI} + {}^-\text{CH}_2\text{COPh} \xrightarrow{\text{SmI}_2,\ \text{THF/DMSO}} \text{PhCH}_2\text{COPh}$$

47%

I.F.3-3 Kimura, Y. et al., *SL*, 61; Queguiner, G. et al., *JOC*, **59**, 6173; Snieckus, V.A. et al., *TL*, **35**, 7537; Mortier, J., Bennetau, B. et al., *JOC*, **59**, 4042.

[Reaction: 2-(3-benzyloxyphenyl)-2-methyl-1,3-dioxolane + 1. BuLi, Ph-Me, rt, 3h; 2. ClCO$_2$Me, rt, 2h → ortho-CO$_2$Me product, 87% (gc)]

I.F.3-4 Meyers, A.I. and Shimano, M., *JACS*, **116**, 10815.

[Reaction: 4-methoxy-N,N-diisopropylbenzamide + 1. CH$_2$=C(Li)OR; 2. MeI → 3-methyl product, 93%]

I.F.3-5 Suzuki, K. et al., *JACS*, **116**, 1004 and *PAC*, **66**, 2175; see also: Stamos, I.K. et al., *SC*, **24**, 1129.

[Reaction: 2-iodo-3-benzyloxyphenol + protected sugar (AcO, OBn, BnO, Me), Cp$_2$HfCl$_2$, AgClO$_4$, -20°C → C-aryl glycoside, 86%, α:β = 8.2:1]

I.F.3-6 Dufresne, C. et al., *TL*, **35**, 3691.

I.F.3-7 Brunet, J.-J. et al., *JOM*, **469**, 221.

I.F.3-8 Ottow, E. et al., *ST*, **59**, 185.

I.F.3-9 Brouillette, W.J. et al., *JMC*, **37**, 3289.

$$\text{azocan-2-one-3-CN} \xrightarrow{Ph_5Bi, CH_2Cl_2} \text{3-Ph-3-CN-azocan-2-one} \quad 74\%$$

I.F.3-10 Baciocchi, E. et al., *SL*, 821.

$$\text{Me-CHI-C(O)-N(sultam)} + \text{furan (X)} \xrightarrow[\text{DMSO, 20-40°C}]{FeSO_4, H_2O_2} \text{product} \quad 20\text{-}56\% \quad d.e. = 80\text{-}98\%$$

I.F.3-11 Kamigata, N. et al., *JCS(P1)*, 1339.

$$R_fSO_2Cl + C_6H_6 \xrightarrow{RuCl_2(PPh_3)_3, 120°C} C_6H_5\text{-}R_f \quad 36\text{-}71\%$$

I.F.3-12 Durandetti, M. et al., *SC*, **24**, 145.

$$\text{MeO-C}_6\text{H}_4\text{-I} + \text{Me-C(O)-CH}_2\text{Cl} \xrightarrow[\text{Ni, DMI}]{e^-} \text{MeO-C}_6\text{H}_4\text{-CH(Me)-C(O)Me} \quad 65\%$$

I.F.3-13 Moeller, K.D. and New, D.G., *TL*, **35**, 2857.

I.F.3-14 Hatanaka, Y., Goda, K. and Hiyama, T., *TL*, **35**, 1279; Hiyama, T. et al., *TL*, **35**, 6507; Hatanaka, Y. et al., *TL*, **35**, 6511.

I.F.3-15 Cristofol, W.A. and Keay, B.A., *SL*, 625.

I.F.3-16 Okita, T. and Isobe, M., *T*, **50**, 11143, 11153; Shibasaki, M. et al., *TL*, **35**, 1227; Samizu, K. and Ogasawara, K., *SL*, 499; Tietze, L.F. and Schimpf, R., *AG(E)*, **33**, 1089.

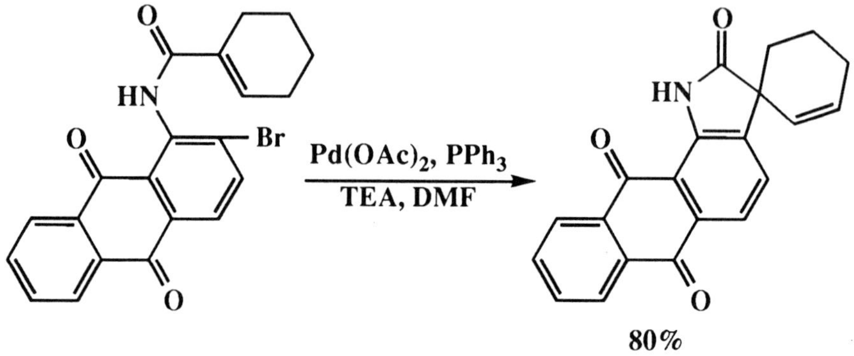

I.F.3-17 Friesen, R.W. et al., *CJC*, **72**, 1262; Gundersen, L.L. et al., *T*, **50**, 9743; **see also**: Martinez, A.G. et al., *SL*, 1047.

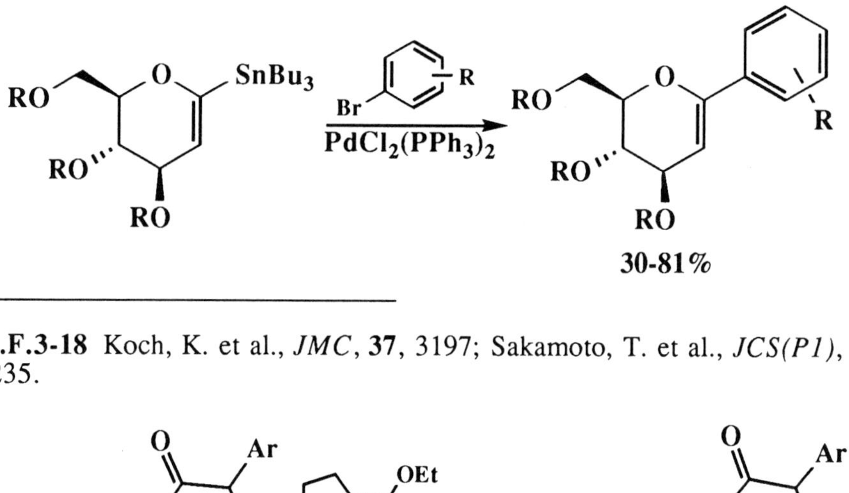

I.F.3-18 Koch, K. et al., *JMC*, **37**, 3197; Sakamoto, T. et al., *JCS(P1)*, 235.

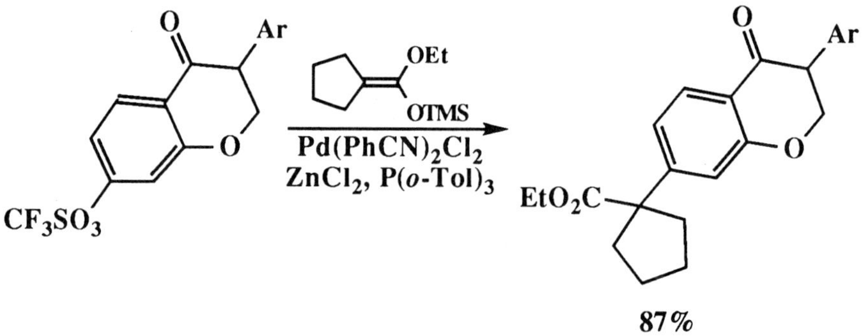

I.F.3-19 Knochel, P., Cahiez, G. et al., *TL*, **35**, 1177; Jackson, R.F.W. et al., *SL*, 379; Rossi, R. et al., *TL*, **35**, 6913.

$$RCH_2ZnBr + ArI \xrightarrow{THF,\ Pd(dppf)Cl_2} RCH_2\text{-}Ar$$

69-75%

I.F.3-20 Achiwa, K. et al., *SL*, 291; Dashkina, L.R. et al., *JOU*, **30**, 422; Song, Z.Z. and Wong, H.N.C., *LA*, 29.

norbornene + PhOTf $\xrightarrow[R_3N,\ HCO_2H,\ DMSO]{Pd(OAc)_2,\ chiral\ phosphine}$ 2-phenylnorbornane*

60-94%
e.e. = 5-71%

I.F.3-21 Lewis, S.B. and Borden, W.T., *TL*, **35**, 1357; Wulff, W.D. et al., *JACS*, **116**, 7616; Zora, M. and Herndon, J.W., *OM*, **13**, 3370.

1,2-diphenylcyclobutene + PhHgCF$_3$ $\xrightarrow{NaI,\ Ph\text{-}H,\ reflux}$ 1,3-diphenyl-2,4-difluorobenzene

77%

I.F.3-22 Coe, J.W. et al., *TL*, **35**, 6627.

1,2-diacyl + cyclopentadiene $\xrightarrow{Base}$ substituted indene

26-69%

I.F.3-23 Burnell, D.J. et al., *JOC*, **59**, 104.

I.F.3-24 Strekowski, L. et al., *SC*, **24**, 257.

I.F.3-25 Grissom, J.W. and Slattery, B.J., *TL*, **35**, 5137.

I.F.3-26 Zimmerman, T., *JPR*, **336**, 303 and *S*, 252.

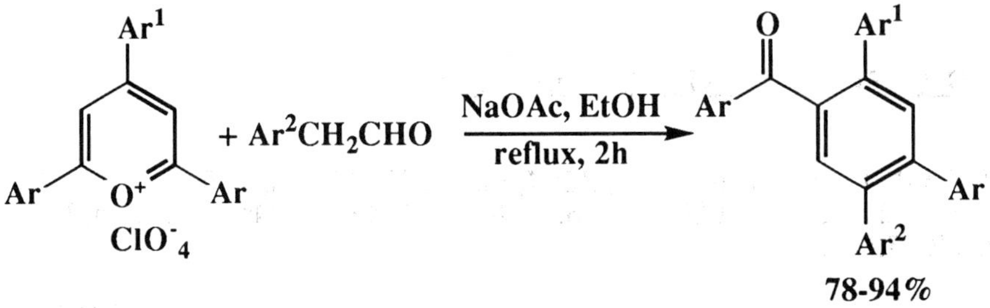

[Reaction: 2,4,6-triaryl pyrylium perchlorate + Ar^2CH_2CHO → NaOAc, EtOH, reflux, 2h → aryl ketone product, 78-94%]

I.F.3-27 Ciufolini, M.A. and Weiss, T.J., *TL*, **35**, 1127.

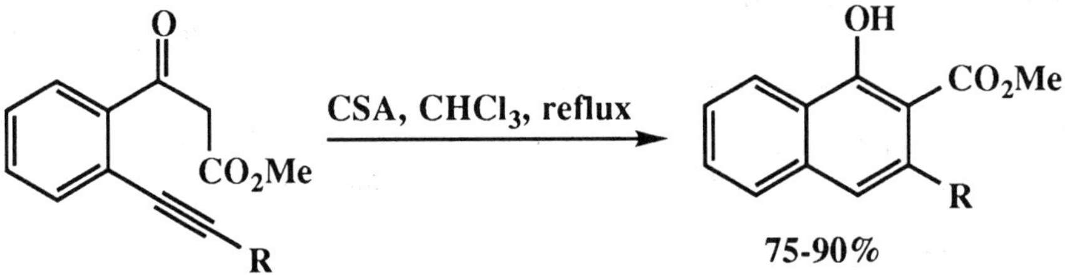

[Reaction: ortho-alkynyl β-ketoester → CSA, CHCl$_3$, reflux → 1-hydroxy-2-carbomethoxy-3-R-naphthalene, 75-90%]

I.F.3-28 Olson, S.H. and Danishefsky, S.J., *TL*, **35**, 7901.

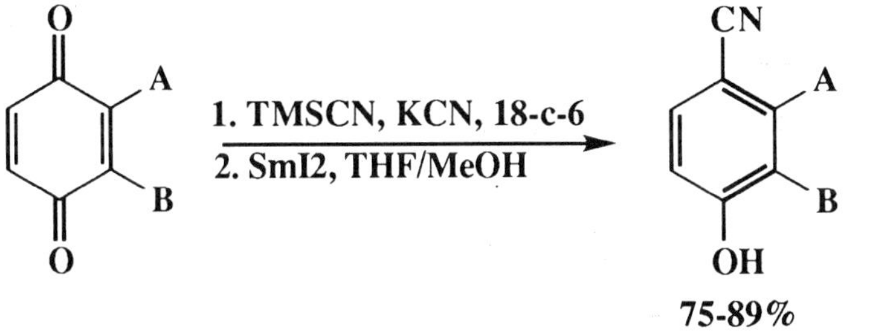

[Reaction: 2,3-disubstituted-1,4-benzoquinone → 1. TMSCN, KCN, 18-c-6; 2. SmI$_2$, THF/MeOH → 2-cyano-5-hydroxy arene, 75-89%]

I.G. Synthesis via Organometallics

I.G.1. Synthesis via Organoboranes

I.G.1-1 Urdaneta, N. et al., *JOM*, **464**, C33; Martin, A.R. et al., *H*, **37**, 1761; Cho, C.S. and Uemura, S., *JOM*, **465**, 85; **see also:** Miyaura, N. et al., *T*, *50*, 7961.

I.G.1-2 Soderquist, J.A. and Colberg, J.C., *TL*, **35**, 27; Stewart, S.K. and Whiting, A., *JOM*, **482**, 293; Kaga, H., Orita, K. et al., *SL*, 607.

I.G.1-3 Hara, S. et al., SL, 961.

I.G.1-4 Elgendy, S. et al., *TL*, **35**, 2435; Burgess, K. and van der Donk, W.A., *OM*, **13**, 3616; Brown, H.C. and Dhokte, U.P., *JOC*, **59**, 2025 and *TL*, **35**, 4715.

$$\text{Ph}\diagdown\!\!=\!\!\diagup\text{Br} + \text{HB(catechol)} \xrightarrow{\text{RhCl(PPh}_3)_3} \text{Ph-CH}_2\text{-CH(Br)-B(catechol)} \quad 87\%$$

I.G.1-5 Knochel, P. et al., *SL*, 410.

$$\text{FG-R}\diagup\!\!=\!\!\diagdown \xrightarrow[\text{2. Et}_2\text{Zn, neat}]{\text{1. Et}_2\text{BH}} (\text{FG-R-CH}_2\text{-CH}_2)_2\text{Zn} \quad 60\text{-}85\%$$

I.G.1-6 Brown, H.C. et al., *TL*, **35**, 6963, 8957, 8961; **see also**: Kabalka, G.W. et al., *JOC*, **59**, 5530; O'Donnell, M.J. et al., *TL*, **35**, 6421.

$$\text{RCH=CH-B(OCH}_2\text{CH}_2\text{CH}_2\text{O)} + \text{allyl-M} \xrightarrow[\text{2. THF/HMPT, }\Delta]{\text{1. THF, -78°C}}_{\text{3. [O]}} \text{R-C(=O)-CH}_2\text{-CH=CH}_2 \quad 45\text{-}96\%$$

I.G.1-7 Poncet, J. et al., *T*, **50**, 5345; Niel, G. et al., *JCS(P1)*, 1275.

$$\text{N-Boc-prolinal} + \text{(Z)-MeCH=CH-CH}_2\text{-B(pinacol)} \xrightarrow{\text{THF, rt, 3h}} \text{product} \quad 53\%$$

I.G.2. Carbonylations Reactions

I.G.2-1 Clive, D.L.J. et al., *JOC*, **59**, 1396; Yoo, S. and Lee, S.H., *JOC*, **59**, 6968; de Meijere, A. et al., *TL*, **35**, 3517; Jeong, N. et al., *JACS*, **116**, 3159; Moyano, A., Pericas, M.A. et al., *TA*, **5**, 307; Riera, A., Pericas, M.A., Greene, A.E. et al., *JACS*, **116**, 2153; Krafft, M.E. and Chirico, X., *TL*, **35**, 4511; Marco-Contelles, J., *TL*, **35**, 5059.

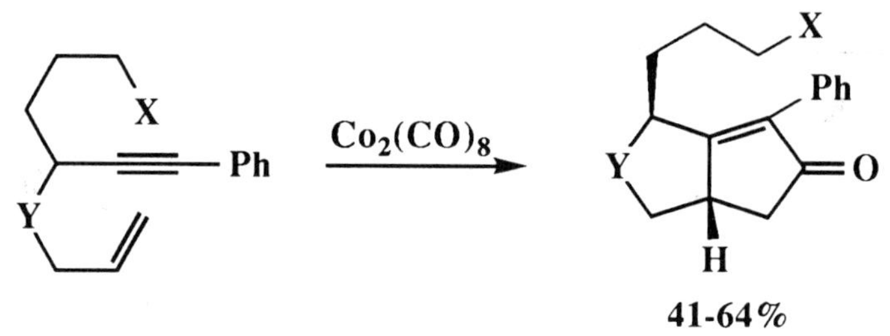

41-64%

I.G.2-2 Schore, N.E. et al., *TL*, **35**, 1153.

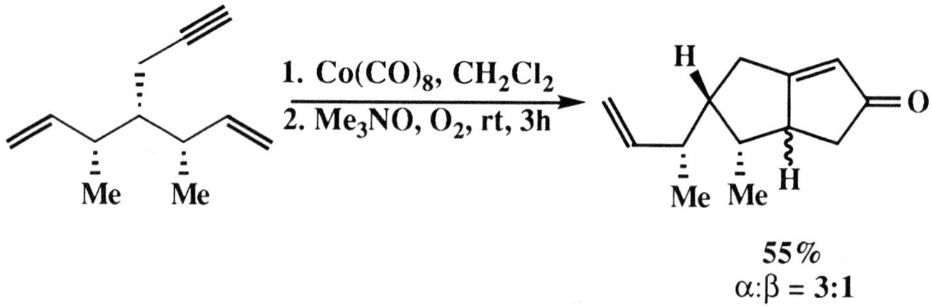

55%
α:β = 3:1

I.G.2-3 Narasaka, K. and Shibata, T., *CL*, 315.

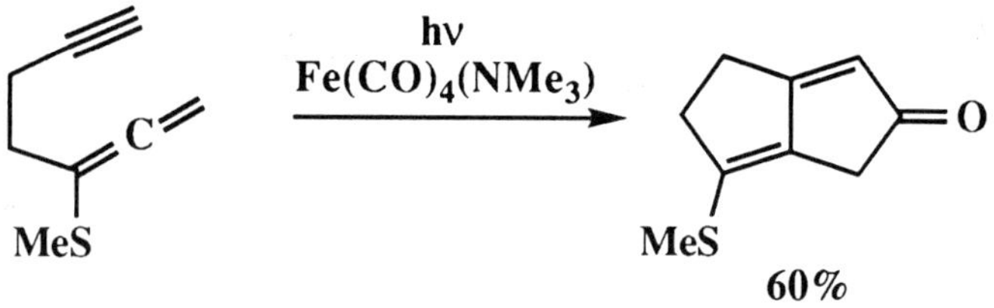

60%

I.G.2-4 Pearson, A.J. et al., *OM*, **13**, 578, 1656.

I.G.2-5 Chung, Y.K. et al., *JACS*, **116**, 8793, 2163.

I.G.2-6 Buchwald, S.L. et al., *JACS*, **116**, 8593.

I.G.2-7 Ojima, I. et al., *JOC*, **59**, 7594.

I.G.2-8 Grigg, R. et al., *TL*, **35**, 7661, 3197.

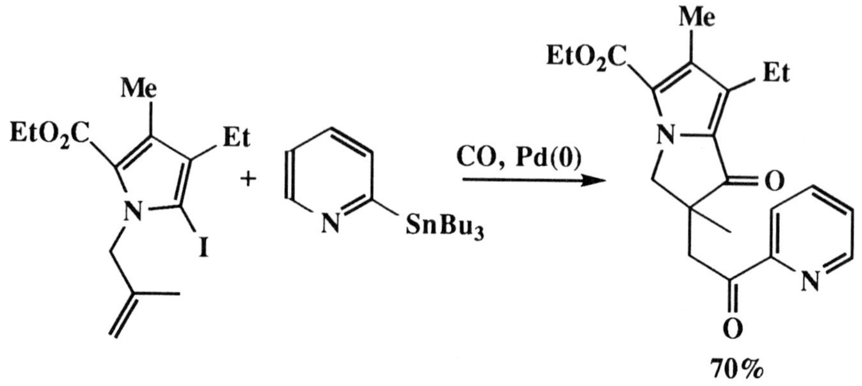

I.G.2-9 Alper, H. et al., *S*, 1149.

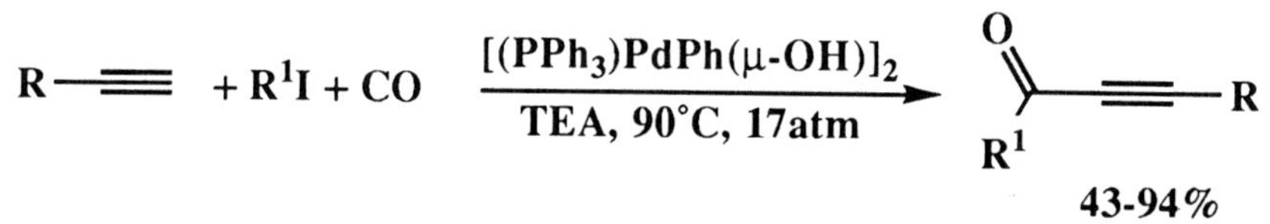

$$R\text{—}\equiv + R^1I + CO \xrightarrow[\text{TEA, 90°C, 17atm}]{[(PPh_3)PdPh(\mu\text{-}OH)]_2} R^1\text{-}C(O)\text{-}\equiv\text{-}R$$

43-94%

I.G.2-10 Freskos, J.N. et al., *TL*, **35**, 835; Mandai, T. et al., *TL*, **35**, 5697, 5701.

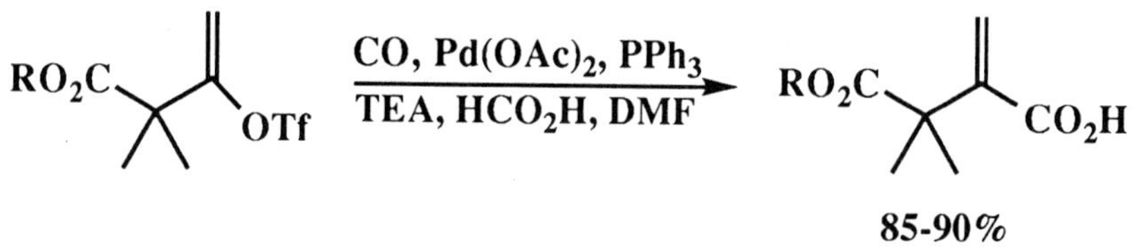

85-90%

I.G.2-11 Fernandez, E. and Castillon, S., *TL*, **35**, 2361; Takaya, H. et al., *TL*, **35**, 2023 and *CC*, 395; Yamamoto, K., *CL*, 189; Crudden, C.M. and Alper, H., *JOC*, **59**, 3091.

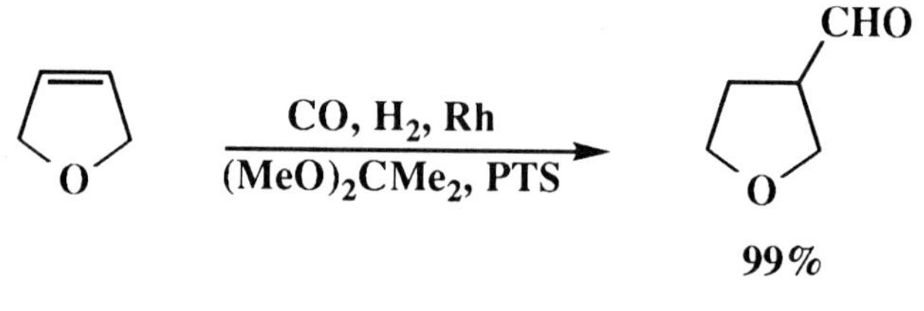

99%

I.G.2-12 Hu, Y. et al., *SC*, **24**, 1743.

$$ArCH_2X + CO \xrightarrow{Co(PPh_3)_2Cl_2,\ PTC,\ aq\ NaOH} ArCH_2CO_2H$$
$$\leq 88\%$$

I.G.2-13 Piotti, M.E. and Alper, H., *JOC*, **59**, 1956.

43-74%

I.G.2-14 Botteghi, C. et al., *JOC*, **59**, 7125.

91%

I.G.2-15 Khumtaveeporn, K. and Alper, H., *JOC*, **59**, 1414; Mitsudo, T., Watanabe, Y. et al., *JOC*, **59**, 7759; Miyazawa, M. and Yamamoto, K., *CL*, 491.

$$PhCH_2SCH_2NRR^1 \xrightarrow[Ph-Me,\ 140°C]{CO,\ [Rh(COD)Cl]_2} PhCH_2\overset{\underset{\|}{O}}{C}SCH_2NRR^1$$
$$68\text{-}92\%$$

I.G.2-16 Brunet, J.J., Neibecker, D. et al., *SC*, **24**, 2827; see also: Brookhart, M. et al., *JACS*, **116**, 1869.

$$C_{12}H_{25}Br + EtI \xrightarrow{K_2Fe(CO)_4} C_{12}H_{25}COEt$$
$$90\%$$

I.G.2-17 Alper, H. et al., *TL*, **35**, 6203.

isoprene →[CO, Pd/C, dppb, PPh$_3$ / HCO2H, DME]→ (CH$_3$)$_2$C=CH-CH(CH$_3$)-CH$_2$-CO$_2$H

60%

I.G.2-18 Ryu, I., Sonoda, N. et al., *JOC*, **59**, 7570.

diallyl-X →[CO, Bu$_3$SnH, AIBN]→ 3-(Bu$_3$SnCH$_2$)-4-(CHOCH$_2$)-tetrahydro-X-ole

37-59%

I.G.2-19 Abe, H. and Inoue, S., *CC*, 1197.

R^{1}CH$_2$R →[La(O^{i}Pr)$_3$, PhNCO, CO$_2$, DMF]→ R^{1}CH(R)CO$_2$Me

R = COR^2, CO$_2$R^3, CN

16-69%

I.G.2-21 Kalck, P. et al., *JOM*, **480**, 91.

2-isopropenyl-5-methylcyclohexanol →[CO, PdCl$_2$(PPh$_3$)$_2$, PPh$_3$ / SnCl$_2$, Ph-Me/MeOH]→ octahydrocoumarin

95%
(4 diastereomers)

I.G.2-22 Grevin, J. and Kalck, P., *JOM*, **476**, C23; Mortreux, A. et al., *CC*, 1173.

$$CH_2=CH_2 + HCO_2Me \xrightarrow[\text{MeOH, 130°C}]{\text{NaBH}_4, \text{PdCl}_2(\text{PBu}_3)_2} MeCH_2CO_2Me$$

90%

I.G.2-22 Ryu, I., Sonoda, N. et al., *SL*, 1009.

R—[cyclobutane]—OH $\xrightarrow{\text{CO, LTA, Ph-H}}$ [δ-lactone with R and OAc substituents]

57-62%

I.G.3. Other Synthesis via Organometallics

I.G.3-1 Chamberlin, S. and Wulff, W.D., *JOC*, **59**, 3047; Chan, K.S. and Mak, C.C., *T*, **50**, 2003; de Meijere, A. et al., *CC*, 1679; **see also**: Ikegami, S. et al., *SC*, **24**, 3277.

$(CO)_5Cr=$[C(OMe)=CH-CH=CH-TBDMS] + [alkyne with R_L and R_S] $\xrightarrow[\text{2. CAN}]{\text{1. THF, 45-60°C}}$ [1,4-benzoquinone with R_L and R_S]

5-54%

I.G.3-2 Hong, C.Y. and Overman, L.E., *TL*, **35**, 3453.

[aryl iodide with MeO₂CN, OMe, OH, I substituents] $\xrightarrow[\text{R}_3\text{N, Ph-Me, }\Delta]{\text{Pd(O}_2\text{CCF}_3)_2(\text{PPh}_3)_2}$ [polycyclic product with OMe, MeO₂CN]

56%

I.G.3-3 Whitby, R.J. et al., *TL*, **35**, 2431.

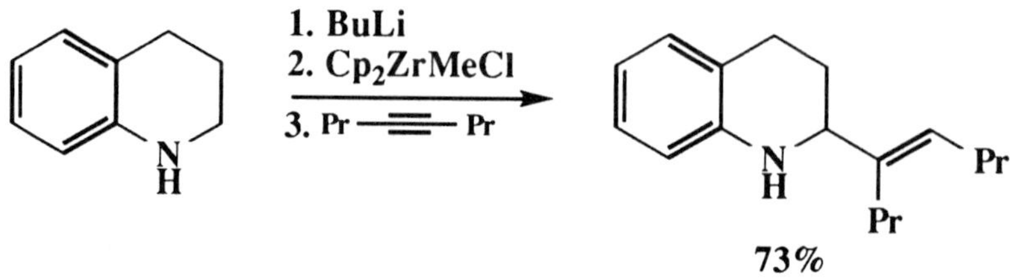

1. BuLi
2. Cp$_2$ZrMeCl
3. Pr—≡—Pr

73%

I.G.3-4 Taylor, R.J.K. et al., *CC*, 2623.

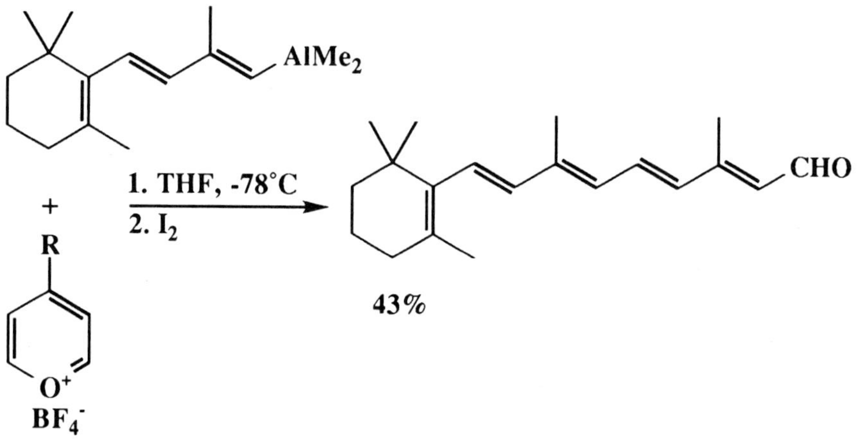

1. THF, -78°C
2. I$_2$

43%

I.G.3-5 Knight, K.S. and Waymouth, R.M., *OM*, **13**, 2575; Takahashi, T. et al., *CC*, 2693 and **see also**: *CL*, 259.

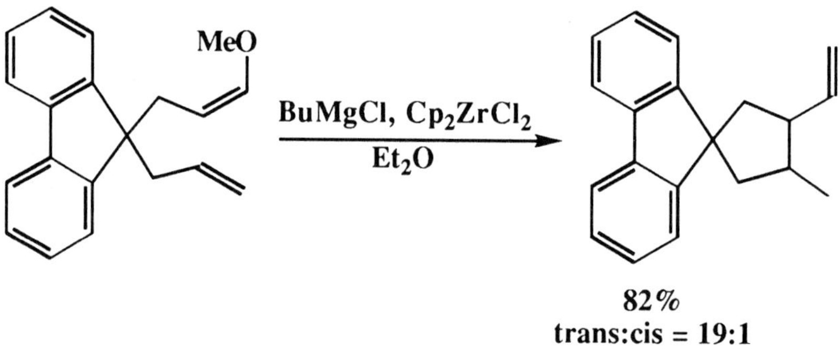

BuMgCl, Cp$_2$ZrCl$_2$
Et$_2$O

82%
trans:cis = 19:1

I.G.3-6 Negishi, E. et al., *JACS*, **116**, 8404.

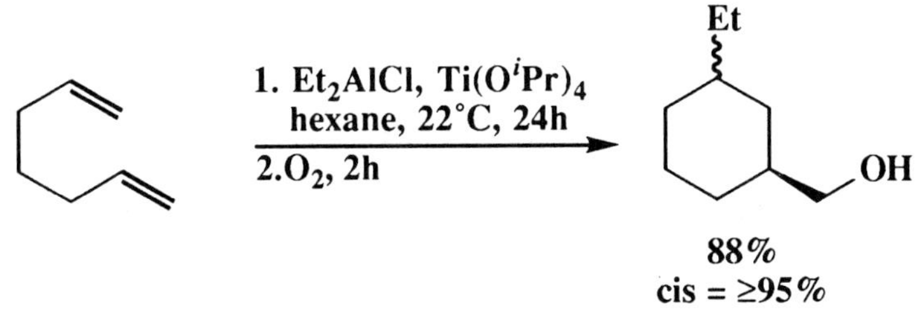
1. Et$_2$AlCl, Ti(O^{i}Pr)$_4$
hexane, 22°C, 24h
2. O$_2$, 2h
Et
OH
88%
cis = ≥95%

I.G.3-7 Takacs, J.M. and Lawson, E.C., *OM*, **13**, 4787.

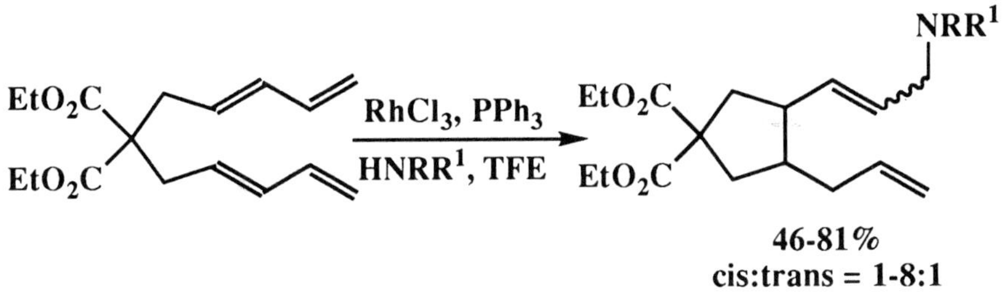
EtO$_2$C
EtO$_2$C
RhCl$_3$, PPh$_3$
HNRR^1, TFE
EtO$_2$C
EtO$_2$C
NRR^1
46-81%
cis:trans = 1-8:1

I.G.3-8 Agrios, K.A. and Srebnik, M., *JOC*, **59**, 5468.

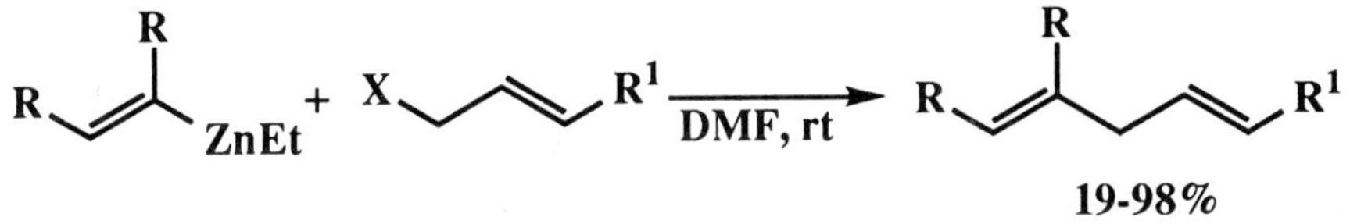
R
R
ZnEt
+
X
R^1
DMF, rt
R
R
R^1
19-98%

I.G.3-9 Moeller, K.D. et al., *JOC*, **59**, 2381.

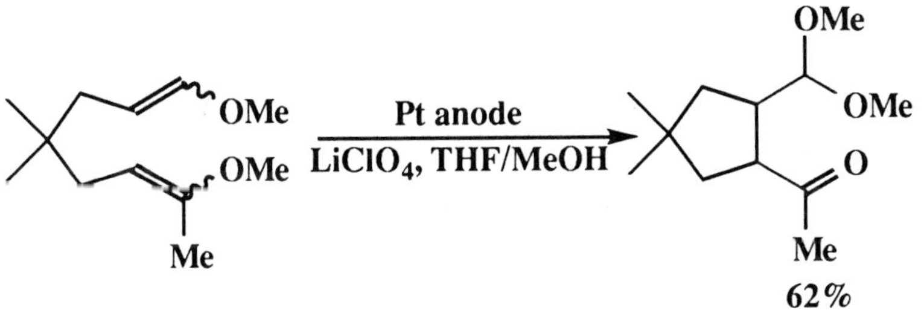
OMe
OMe
Me
Pt anode
LiClO$_4$, THF/MeOH
OMe
OMe
O
Me
62%

I.G.3-10 Malacria, M. et al., *TL*, **35**, 2341.

I.H. Rearrangements

I.H.1. Claisen, Cope and Similar Processes

I.H.1-1 Bruckner, R. et al., *CB*, **127**, 1949; Mulzer, J. and List, B., *TL*, **35**, 9021.

I.H.1-2 Begue, J. et al., *TL*, **35**, 2907.

I.H.1-3 Saigo, K. et al., *TA*, **5**, 1333; Fujimoto, K. and Nakai, T., *TL*, **35**, 5019; Greeves, N. and Vines, K.J., *TL*, **35**, 7077.

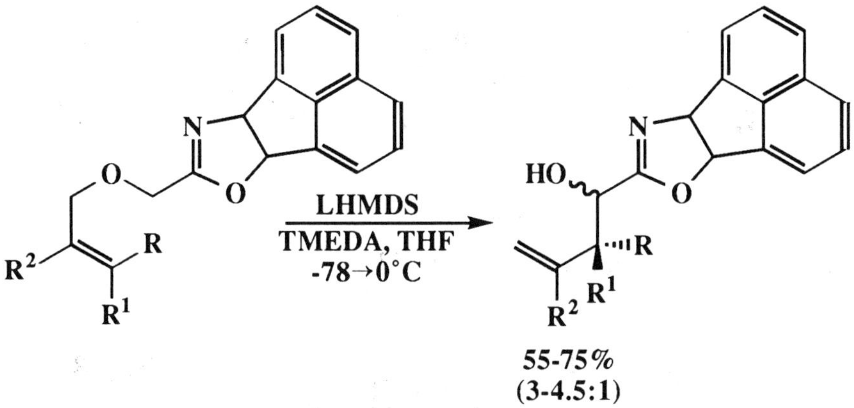
LHMDS
TMEDA, THF
-78→0°C
55-75%
(3-4.5:1)

I.H.1-4 Stevenson, P.J. et al., *T*, **50**, 4025.

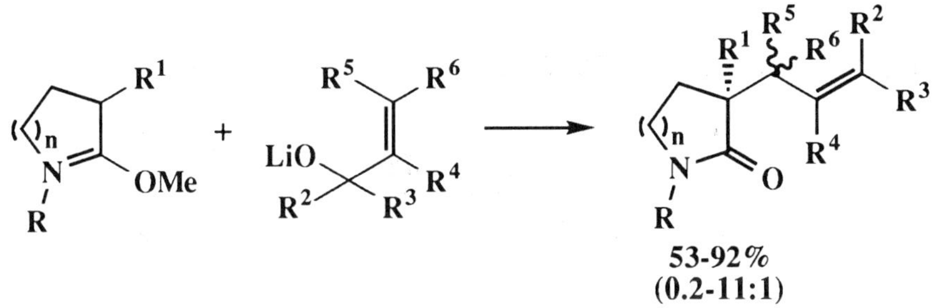
53-92%
(0.2-11:1)

I.H.1-5 Endo, Y. et al., *CPB*, **42**, 419.

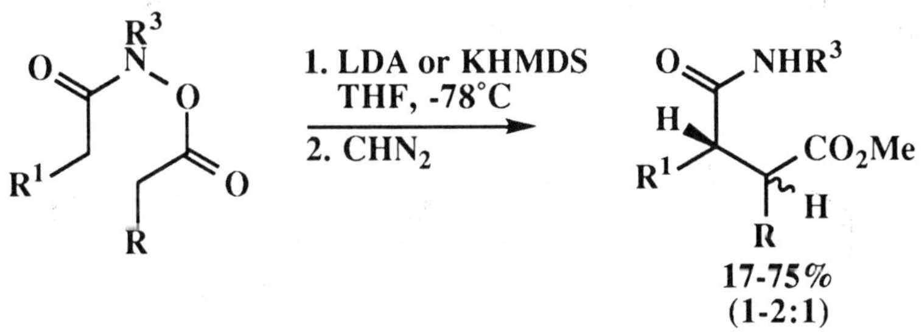
1. LDA or KHMDS
THF, -78°C
2. CHN2
17-75%
(1-2:1)

I.H.1-6 Kazmaier, U., *JOC*, **59**, 6667 and *T*, **50**, 12895; see also: Metz, P. and Linz, C., *T*, **50**, 3951.

$$\text{R*-C(O)-NH-CH}_2\text{-C(O)-O-CH}_2\text{-CH=CH}_2 \xrightarrow[\text{2. CHN}_2]{\text{1. LDA, ZnCl}_2, \text{Pd(PPh}_3)_4} \text{R*-C(O)-NH-CH(CH}_2\text{CH=CH}_2\text{)-CO}_2\text{Me}$$

54%

I.H.1-7 Honda, K. and Inoue, S., *SL*, 739.

$$\text{EtO}_2\text{C-CH=CH-CH}_2\text{-N}^+\text{Me}_2\text{-CH(R)-C(=CH}_2)\text{CH}_3 \; \text{Br}^- \xrightarrow[\text{EtOH, 0°C, 2h}]{\text{NaOEt}} \text{OHC-CH(CH}_2\text{CO}_2\text{Et)-CH}_2\text{-C(CH}_3)\text{=CH-R}$$

67%

I.H.1-8 Olsson, T. et al. *SL*, 271.

$$\xrightarrow[\text{2. TEA} \; \text{3. rt}]{\text{1. R}^2\text{Cu(LiI)/TMSI}}$$

57-88%

I.H.1-9 Pausler, M.G. and Rutledge, P.S., *AJC*, **47**, 2135, 2149; Harwood, L.M. et al., *JCS(P1)*, 3095.

$$\xrightarrow{\text{Na}_2\text{S}_2\text{O}_4, \text{aq DMF}}$$

96%

I.H.1-10 Jokela, R., Lounasmaa, M. et al., *T*, **50**, 3537; Sakamoto, M. et al., *CPB*, **42**, 1974.

I.H.1-11 Kim, D. et al., *TL*, **35**, 7957; Smith, D.B. et al., *TL*, **35**, 4951; McKinney, J.A. et al., *TL*, **35**, 5985.

I.H.1-12 Devine, P.N. and Meyers, A.I., *JACS*, **116**, 2633; Vedejs, E. and Gingras, M., *JACS*, **116**, 579; Stille, J.R. and Cook, G.R., *T*, **50**, 4105.

I.H.1-13 McVinish, L.M. and Rizzacasa, M.A., *TL*, **35**, 923; Kazmaier, U., *AG(E)*, **33**,998.

[Reaction scheme: BnO-substituted isopropylidene furanose allyl ester → 1. LDA, TMSCl, HMPA; 2. THP, -100°C→rt; 3. CH_2N_2 → BnO-substituted isopropylidene furanose with CO_2Me and allyl group, 71% (5:1)]

I.H.1-14 Paquette, L.A. et al., *JACS*, **116**, 1776, 12189.

[Reaction scheme: bicyclic diene with D label →(Δ)→ decalin product with H and D labels, 46%]

I.H.1-15 Iida, K. and Hirama, M., *JACS*, **116**, 10310.

[Reaction scheme: cyclopentene-CHO-OTBS-alkyne-OTBS-acetonide-alkyne substrate → LHMDS → bicyclic pentalene product with OTBS, OH, TBSO, acetonide, and cumulene groups, 65-72%]

I.H.1-16 Davies, H.M.L. et al., *T*, **50**, 9883 and *TL*, **35**, 8939.

I.H.1-17 Paquette, L.A. et al., *T*, **50**, 4071; Hayashi, Y. et al., *CL*, 289; Lee, E. et al., *JOC*, **59**, 1444; **see also**: Braisted, A.C. and Schultz, P.G., *JACS*, **116**, 2211.

I.H.2. Other Rearrangements

I.H.2-1 Booker-Milburn, K.I. et al. *TL*, **35**, 3883.

I.H.2-2 Zhang, W. and Dowd, P., *TL*, **35**, 5161.

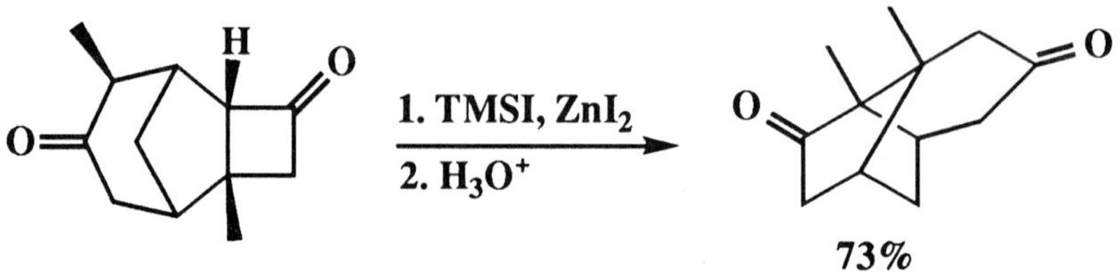
H
O
O
1. TMSI, ZnI2
2. H3O+
O
O
73%

I.H.2-3 Dowd, P. et al., *TL*, **35**, 5563.

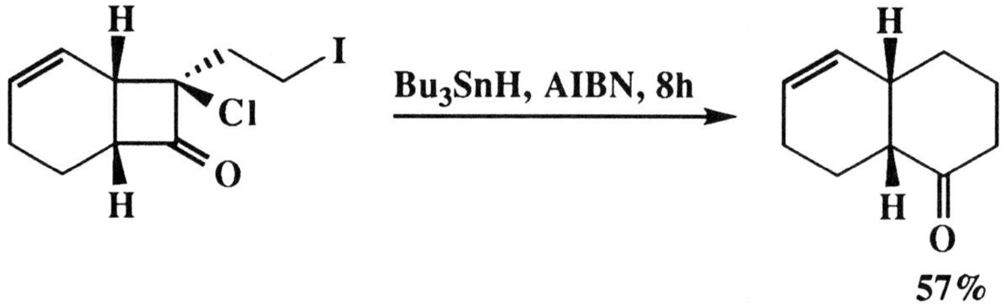
H
I
Cl
O
H
Bu3SnH, AIBN, 8h
H
H
O
57%

I.H.2-4 Martinez, A.G. et al., *TA*, **5**, 1599.

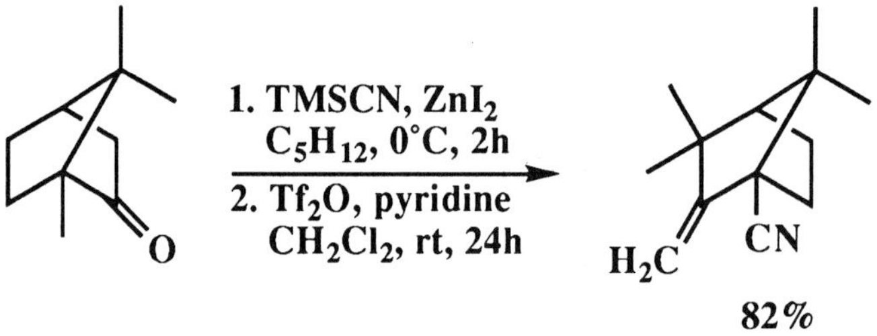
O
1. TMSCN, ZnI2
C5H12, 0°C, 2h
2. Tf2O, pyridine
CH2Cl2, rt, 24h
H2C
CN
82%

I.H.2-5 Rawal, V.H. and Dufour, C., *JACS*, **116**, 2613.

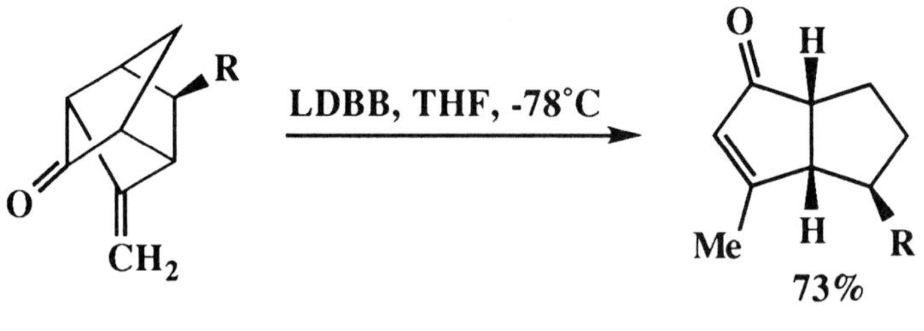
R
O
CH2
LDBB, THF, -78°C
O
H
Me
H
R
73%

I.H.2-6 Mehta, G. et al., *CC*, 2321.

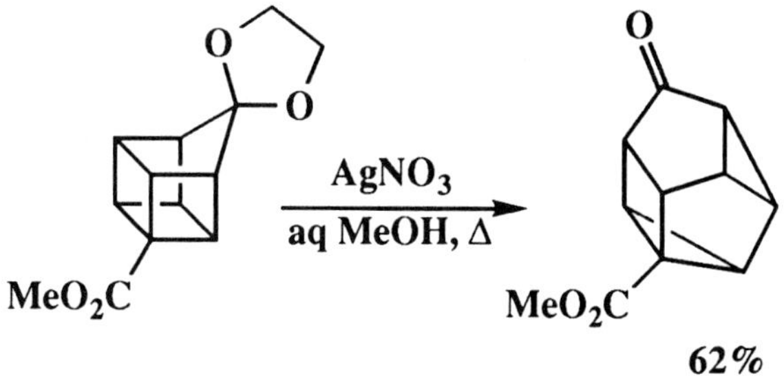

62%

I.H.2-7 Fitjer, L. et al., *I*, 893.

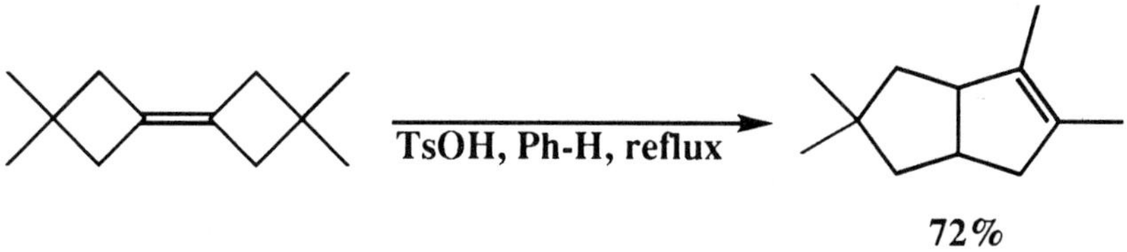

72%

I.H.2-8 Van Brocklin, H.F. et al., *JOC*, **59**, 8299.

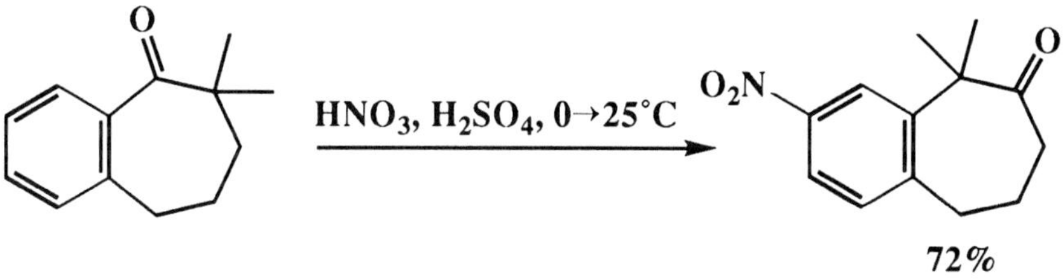

72%

I.H.2-9 Parsons, P.J. et al., *SL*, 721.

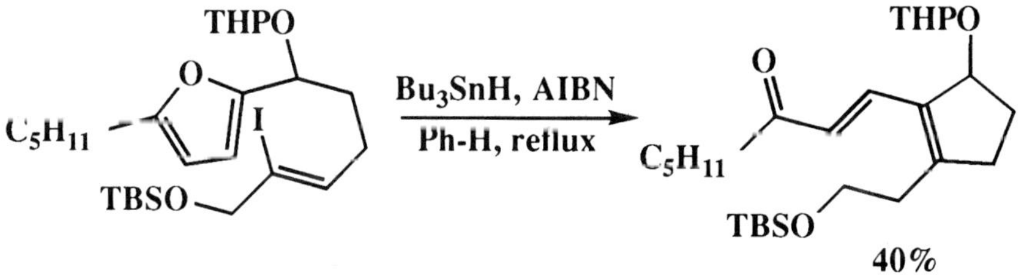

40%

I.H.2-10 Murai, S. et al., *JACS*, **116**, 6049.

EtO_2C-C(-CH$_2$-CH=CH-R)(-C≡CH)-CO_2Et → [RuCl$_2$(CO)$_3$]$_2$, CO, Ph-Me, 80°C → cyclopentene with CH=CH-R substituent

81-95%

I.H.2-11 Kuehne, M.E. et al., *JOC*, **59**, 7803.

[indole with 3-(CH$_2$CH$_2$NHBn) and 2-CH$_2$CO$_2$Me substituents] + [dioxolane-CH=CH-CHO with methyl] → BF$_3$·Et$_2$O, 4Å MS, Ph-Me, reflux, 3d → tetracyclic product with NBn, MeO$_2$C, dioxolane

30%

I.H.2-12 Taylor, R.J.K. et al., *CC*, 2289.

[o-tolyl-C(OH)(Me)-CH(SO$_2$Ph)(OMe)] → ZrCl$_4$, CH$_2$Cl$_2$ → [o-tolyl-CH(OMe)-C(=O)-Me]

99%

I.H.2-13 Lopez, L. et al., *JCS(P1)*, 779.

R-C(R^1)(OH)-C(R^2)(R^3)(OH) → Ar$_3$N$^{·+}$SbCl$_6^-$, CH$_2$Cl$_2$ → R-C(R^1)(R^3)-C(=O)R^2

10-95%

I.H.2-14 Abad, A., Arno, M. et al., *JCS(P1)*, 2987.

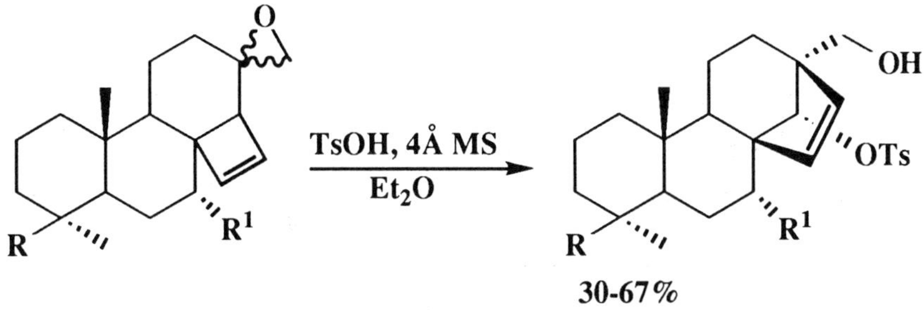

30-67%

I.H.2-15 Rutledge, P.S. et al., *AJC*, **47**, 1295, 1561.

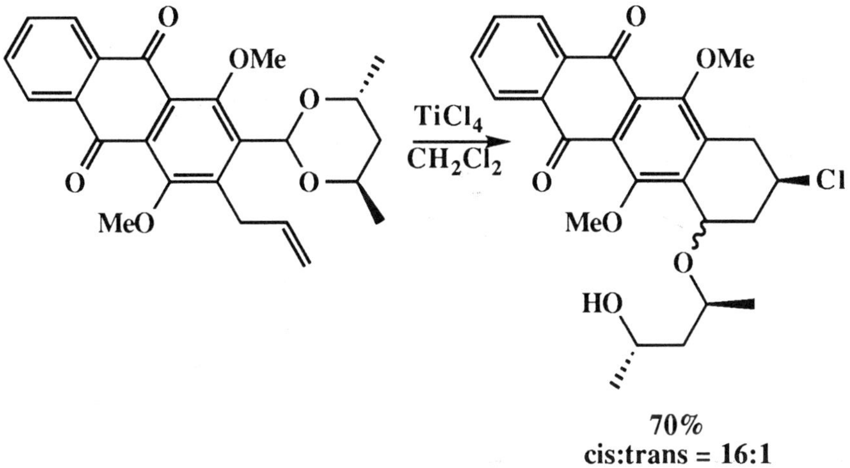

70%
cis:trans = 16:1

I.H.2-16 Wijnberg, J.B.P.A., de Groot, A. et al., *T*, **50**, 4733; Yamamoto, H. et al. *T*, **50**, 3663.

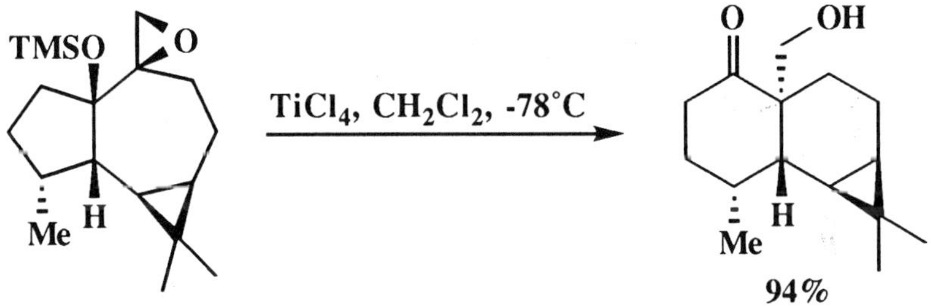

94%

I.H.2-17 Fukumoto, K. et al., *JOC*, **59**, 8092.

I.H.2-18 Yamamoto, K., Takahashi, T. et al., *TL*, **35**, 3333; **see also:** Fukumoto, K. et al., *SL*, 599.

I.H.2-19 Vo, N.H. and Snider, B.B., *JOC*, **59**, 5419; **see also:** McNelis, E. et al., *T*, **50**, 11793.

I.H.2-20 Paquette, L.A. et al., *JACS*, **116**, 506.

I.H.2-21 Yamakawa, K. et al., *BCJ*, **67**, 1412.

I.H.2-22 Yamada, Y. et al., *TL*, **35**, 603.

I.H.2-23 Boyer, F.D. and Lallemand, J.Y., *T*, **50**, 10443; Schwede, W. et al., *ST*, **59**, 176.

I.H.2-24 Miyashita, A. et al., *CPB*, **42**, 1960.

I.H.2-25 Frauenrath, H. and Kaulard, M., *SL*, 517.

I.H.2-26 Trost, B.M. and Czeskis, B.A., *TL*, **35**, 211; Desimoni, G. et al., *T*, **50**, 1821.

I.H.2-27 Lange, G.L. and Gottardo, C., *TL*, **35**, 6607.

I.H.2-28 White, J.D. and Somers, T.C., *JACS*, **116**, 9913; Yamamoto, H. et al., *T*, **50**, 6505.

I.H.2-29 Marchesini, A. et al., *JCS(P1)*, 579.

I.H.2-30 Stammler, R. and Malacria, M., *SL*, 92.

I.H.2-31 Varvoglis, A. et al., *TL*, **35**, 8449.

I.H.2-32 Fish, P.V. and Johnson, W.S., *TL*, **35**, 1469.

I.H.2-33 Moore, H.W. et al., *JOC*, **59**, 7572, 3284.

I.H.2-34 Proctor, G.R. et al., *JCR(S)*, 422.

I.H.2-35 Mason, P.H. and Emslie, N.D., *T*, **50**, 12001.

I.H.2-36 Bryson, T.A. et al., *SL*, 209.

I.H.2-37 Quayle, P. et al., *TL*, **35**, 1749, 1747; **see also:** Ichihara, A. et al., *JOC*, **59**, 4749.

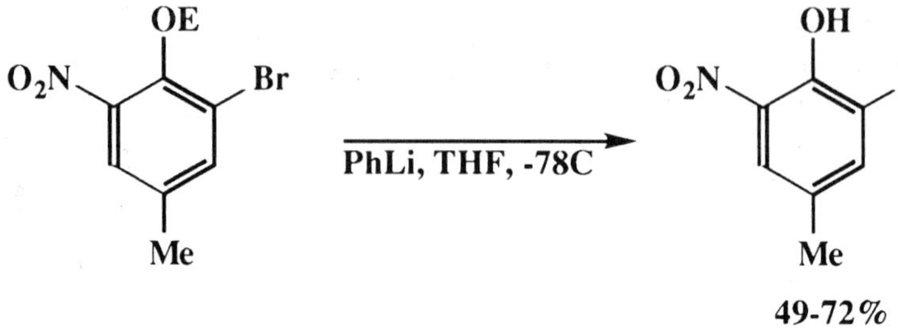

PhLi, THF, -78C

49-72%

I.H.2-38 Kita, Y. et al., *JCS(P1)*, 3335.

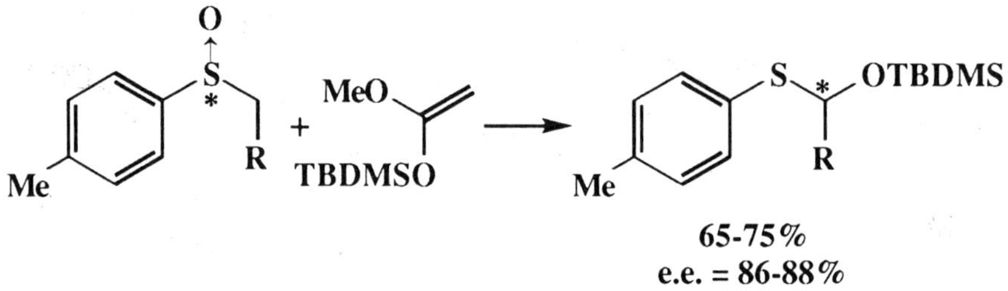

65-75%
e.e. = 86-88%

II
OXIDATIONS

II.A.1 Alcohols → Aldehydes, Ketones

II.A.1-1 Backvall, J.E. et al, *JOC*, **59**, 1196 and *CC*, 1037.

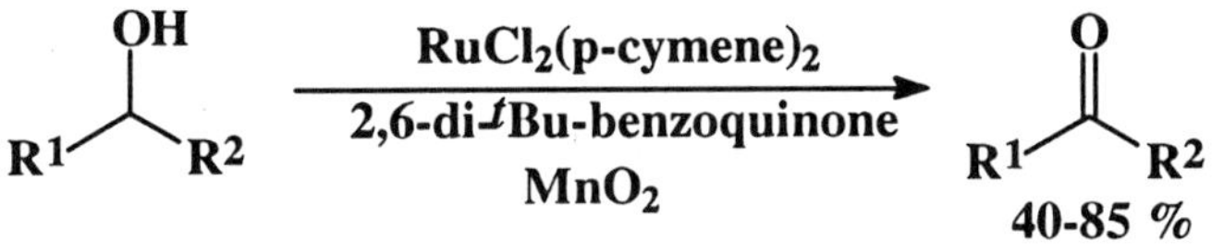

$$R^1\text{-CH(OH)-}R^2 \xrightarrow[\text{MnO}_2]{\substack{\text{RuCl}_2(\text{p-cymene})_2 \\ \text{2,6-di-}^t\text{Bu-benzoquinone}}} R^1\text{-CO-}R^2 \quad 40\text{-}85\%$$

II.A.1-2 Bovicelli, P., Lupattelli, P. et al., *TL*, **35**, 8477.

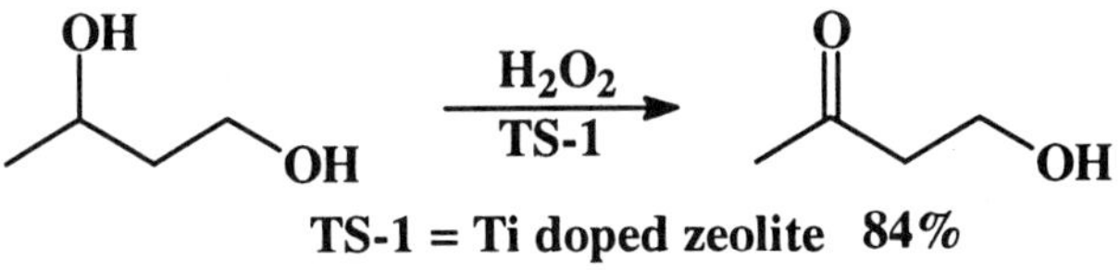

(3-hydroxybutan-1-ol) $\xrightarrow[\text{TS-1}]{\text{H}_2\text{O}_2}$ (4-hydroxybutan-2-one)

TS-1 = Ti doped zeolite   84%

II.A.1-3 Iqbal, J. et al., *TL*, **35**, 4847.

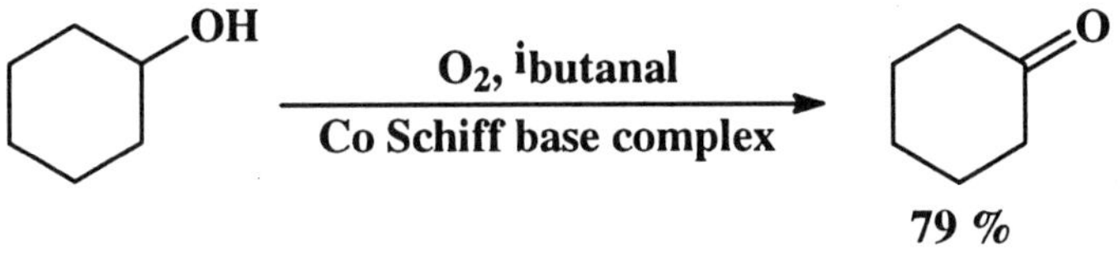

cyclohexanol $\xrightarrow[\text{Co Schiff base complex}]{\text{O}_2, \text{ }^i\text{butanal}}$ cyclohexanone

79 %

II.A.1-4 Beck, C. and Seifert, K., *TL*, **35**, 7221; Barton, D.H.R. et al., *ibid.*, **35**, 4681.

[Reaction: decalin diol substrate → tBuOOH, NEt₄OH, OsO₄, tBuOH, H₂O → enone product, 70%]

II.A.1-5 Suzuki, H. et al., *TL*, **35**, 8197.

$$R^1\text{-CH(OH)-}R^2 \xrightarrow{[(p\text{-MeC}_6H_4)_3BiO]_n} R^1\text{-CO-}R^2 \quad 80\text{-}100\%$$

II.A.1-6 Banwell, M.G. et al., *JOC*, **59**, 6338; Frigerio, M. and Santagostine, M., *TL*, **35**, 8019.

[Reaction: R¹-CH(OH)-CH(OH)-R² → AcN-TEMPO derivative, p-TsOH, CH₂Cl₂ → R¹-CO-CO-R², 23-95%]

II.A.1-7 Banks, R.E., Lawrence, N.J., and Popplewell, A.L., *SL*, 831.

$$Ar\text{-CH}_2\text{OH} \xrightarrow[\text{MeCN, }\Delta]{ClCH_2\text{-}N^+\text{=}N^+\text{-F (BF}_4^-)_2} Ar\text{-CHO} \quad 37\text{-}62\%$$

II.A.1-8 Li, L. et al., *JMC*, **37**, 2655; Yavari, I. and Shaabani, A., *JCR(S)*, 274.

[β-lactam diol → β-lactam α-hydroxy ketone using nBu$_2$SnO, Br$_2$, 83%]

II.A.1-9 Warner, P. et al., *JMC*, **37**, 3090.

[R-NH-CH(iPr)-CH(OH)-CF$_3$ → R-NH-CH(iPr)-C(O)-CF$_3$ using EDC, Cl$_2$CHCO$_2$H, DMSO, Ph-Me, 31-80%]

II.A.2 Alcohols, Aldehydes → Acids, Esters

II.A.2-1 Firouzabadi, H. and Mohammadpoor-Baltork, I., *SC*, **24**, 1065.

Ar-CH$_2$-OTMS $\xrightarrow{\text{AgBrO}_3, \text{AlCl}_3}$ Ar-CH$_2$-CO$_2$H, 82-95 %

Use of NaBrO$_3$ affords the aldehyde

II.A.2-2 Babu, B.R. and Balasubramaniam, K.K., *OPP*, **26**, 123

R-CHO $\xrightarrow{\text{NaClO}_4, \text{aq MeCN}}$ RCO$_2$H, 50-95 %

II.A.2-3 Ghelfi, F. et al., *BCJ*, **67**, 156.

$$\underset{\substack{R'\\Cl}}{\overset{OMe}{R}}\!OMe \xrightarrow{TCIA} \underset{\substack{R'\\Cl}}{\overset{O}{R}}\!OMe$$

TCIA = trichloroisocyanuric acid   11-93 %

II.A.2-4 Linderman, R.J. and Jaber, M., *TL*, **35**, 5993.

$$R\text{-CHO} \xrightarrow[{^i\text{Pr}_2\text{NEt}}]{1: \text{Bu}_3\text{SnLi} \atop 2: \text{MOMCl}} \underset{R}{\overset{O\frown O\diagup}{\diagdown}}\!\!\!\text{SnBu}_3 \xrightarrow[-78°C]{O_3, CH_2Cl_2} \underset{R}{\overset{O\frown O\diagup}{=O}}$$

74-100 %

II.B. C-H Oxidations

II.B.1   C-H → C-O

II.B.1-1 Resnati, G. et al., *JOC*, **59**, 5511; Barton, D.H.R. et al., *T*, **50**, 19, 31, and 47; Uemura, S. et al., *CC*, 2567; Li, S. et al., *CC*, 2423; Murahashi, S.I. et al., *TL*, **35**, 7953.

58-79 %

II.B.1-2 Xu, Y.C. et al., *JOC*, **59**, 4868; Isobe, K., Tsuda, Y. et al., *CPB*, **42**, 197; Blondet, D. and Pascal, J., *TL*, **35**, 2911; Wells, A.S. et al., *H*, **37**, 713; Skibo, E.B. et al., *JMC*, **37**, 78.

[isochroman] $\xrightarrow{\text{R*-OH, DDQ, rt}}$ [1-OR* isochroman diastereomers]

76-99 %
1 to 9:1

II.B.1-3 Punniyamurthy, T. and Iqbal, J., *TL*, **35**, 4003 and 4007; Ukaji, Y. and Inomata, K., *CL*, 1149; Hay, A.S. et al., *TL*, **35**, 5833.

Ph–CH$_2$–Ph $\xrightarrow[\text{Co(II) Schiff base complex}]{\text{O}_2,\ \text{ethyl 2-oxocyclopentanecarboxylate}}$ Ph–CO–Ph   **69%**

allylic oxidations also successful

II.B.1-4 Petrillo, G. et al., *T*, **50**, 11239.

R^1–CH$_2$–CO–R^2 $\xrightarrow[\text{2: } p\text{-Tol-N=N-S-}^t\text{Bu}]{\text{1: }^t\text{BuOK, DMSO}}_{\text{3: H+}}$ R^1C(=NN(R^3)-p-Tol)–CO–R^2

30-96%

II.B.1-5 Yamashita, M. et al., *JOC*, **59**, 7521.

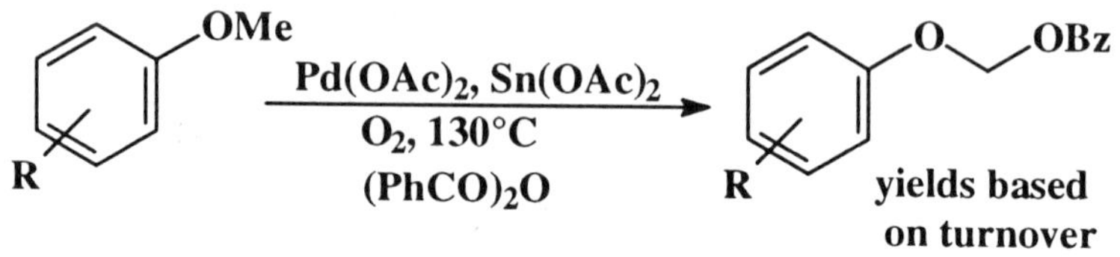

Ar-OMe + (PhCO)₂O → Ar-OCH₂OBz
Pd(OAc)₂, Sn(OAc)₂, O₂, 130°C
yields based on turnover

II.B.1.-6 Hanessian, S. and Girard, C., *SL*, 861 and 863.

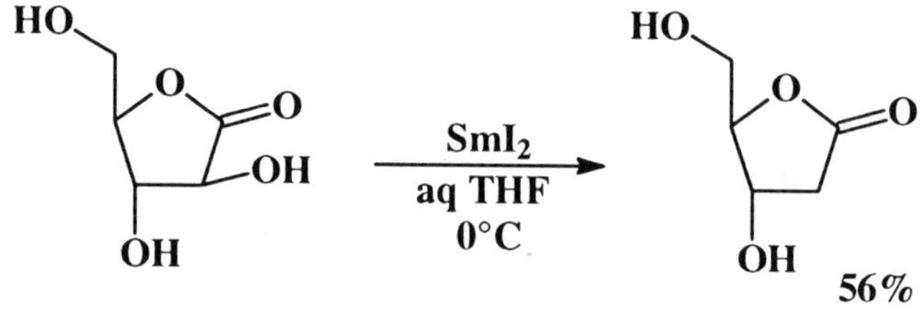

$\xrightarrow{\text{SmI}_2,\ \text{aq THF},\ 0°C}$ 56%

II.B.1-7 Ketcha, D.M. et al., *SC*, **24**, 565.

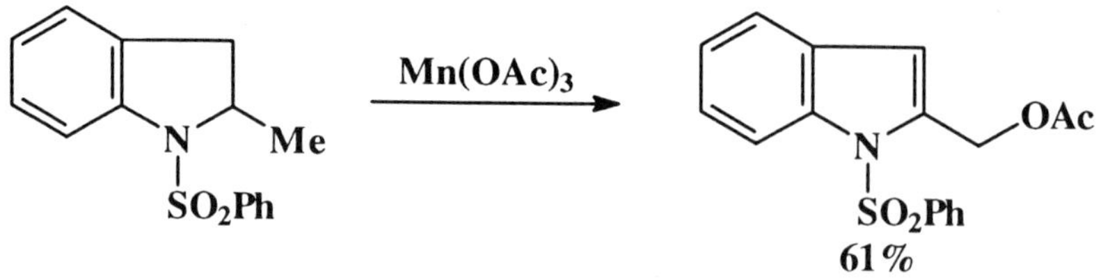

N-(SO₂Ph)-2-methylindoline $\xrightarrow{\text{Mn(OAc)}_3}$ N-(SO₂Ph)-2-(acetoxymethyl)indole 61%

II.B.1-8 Alpegiani, M. et al., *SL*, 233.

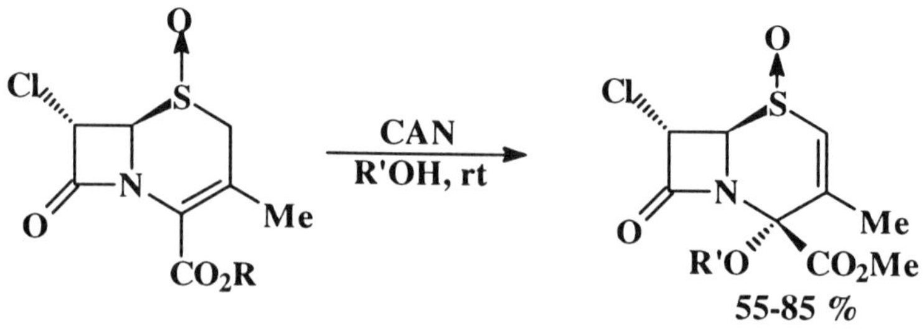

$\xrightarrow{\text{CAN, R'OH, rt}}$ 55-85 %

OXIDATIONS

II.B.1-9 Schulz, M. et al., *SL*, 669.

$$R\underset{R'}{\overset{}{\text{CHO}}} \xrightarrow[\substack{2:\ \text{NaOMe, MeOH} \\ \text{rt}}]{\substack{1:\ [\text{thianthrenium}]^+\text{BF}_4^- \\ \text{MeCN, rt}}} R\underset{R'}{\overset{\text{OH}}{\text{C}}}\text{CH(OMe)}_2$$

30-88 %

II.B.1-10 Akermark, B., Larsson, E.M., and Oslob, J.D., *JOC*, **59**, 5729; Ruddock, P.L. and Reese, P.B., *JCR(S)*, 442; Shibuya, K., *SC*, **24**, 2923.

$$\underset{R^2}{\overset{R^1}{\diagdown}}\!=\!\diagup\!\!\diagdown\! R^3 \xrightarrow[\text{benzoquinone}]{\substack{\text{Pd(OAc)}_2 \\ \text{H}_2\text{O}_2,\ \text{HOAc}}} \underset{R^2}{\overset{R^1}{\diagdown}}\!=\!\diagup\!\!\underset{\text{OAc}}{\overset{R^3}{\diagup}}$$

20-77 %

II.B.1-11 Hill, D.R. et al., *T*, **50**, 2665.

The Functionalization of Saturated Hydrocarbons Part XXIX. Application of *tert*-Butyl Hydroperoxide and Dioxygen Using Soluble Fe(III) and Cu(II) Chelates.

II.B.1-12 Adam, W. et al., *CB*, **127**, 667 and *JOC*, **59**, 2358; Massanet, G.M. et al, *T*, **50**, 5439; Bovicelli, P., Mincione, E. et al., *TL*, **35**, 935; Jauch, J., *T*, **50**, 12903; Curran, D.P. and Ko, S.B., *JOC*, **59**, 6139.

$$\text{Ph-CO-CH}_2\text{Me} \xrightarrow[\substack{3:\ \text{dioxirane} \\ 4:\ \text{NH}_4\text{F, H}_2\text{O}}]{\substack{1:\ \text{LDA, THF, }-78°\text{C} \\ 2:\ \text{L}_3\text{TiCl}}} \text{Ph-CO-CH(OH)Me}$$

92 %
63 % e.e.

II.B.1-13 Barton, D.H.R. and Wang, T.L., *TL*, **35**, 5149.

$$\text{alkene} \xrightarrow[\text{Ph-H, 2 h, }\Delta]{\text{ArSeO}_2\text{H}} \text{ketone, 90\%}$$

II.B.1-14 Zhao, D. and Lee, D.G., *S*, 915.

$$\text{isobenzofuran} \xrightarrow[\text{Al}_2\text{O}_3]{\text{KMnO}_4} \text{phthalide, 91\%}$$

Similar oxidations of arenes at benzylic positions

II.B.1-15 Kiener, A. et al., *SL*, 814; Matsumura, Y. et al., *TL*, **35**, 1271.

$$\text{pyrazine-2-carboxylic acid} \xrightarrow{\textit{Pseudomonas acidovorans}} \text{5-oxo product, 96\%}$$

II.B.1-16 Severin, T. and Feuerer, A., *JOC*, **59**, 6026.

$$R^2\text{-CH=CR}^1\text{-C(O)R}^3 \xrightarrow[\substack{\text{2: Br}_2\text{, MeOH, NaHCO}_3 \\ \text{3: H}_3\text{O}^+}]{\text{1: N-methylbenzothiazole hydrazone}} R^2\text{-C(OMe)=CR}^1\text{-C(O)R}^3$$

OXIDATIONS

II.B.1-17 Almeida, W.P. and Correia, C.R.D., *TL*, **35**, 1367.

[Reaction: methoxy-benzoquinone with OBn-ethyl substituent + Ac₂O, H₂SO₄, rt → triacetoxy aromatic product, 65%]

II.B.1-18 Kita, Y. et al., *TL*, **35**, 9733.

[Reaction: 2-pyridyl sulfoxide (S(O)-p-Tol) with R substituent + CH₂=C(OTBS)(OMe), ZnI₂, THF → α-TBSO substituted sulfide, 70%, >99% e.e.]

asymmetric Pummerer type rearrangement
by O-silylated ketene acetals

II.B.2 C-H → C-Hal

II.B.2-1 Martens, T. et al., *TL*, **35**, 6879.

[Reaction: Ph-substituted oxazolidine with NC, R groups + Br⁻/Cl⁻, e⁻ → chlorinated product, 22-95%]

II.B.2-2 Horiuchi, C.A. and Takahashi, E., *BCJ*, **67**, 271; Hruby, V.J. et al., *TL*, **35**, 2301; Davis, F.A. and Reddy, R., *TA*, **5**, 955; Banks, R.E., Lawrence, N.J., and Popplewell, A.L., *CC*, 343.

$$R\text{-}CH_2\text{-}CO\text{-}CH_2\text{-}R' \xrightarrow[\text{AcOH, H}_2\text{O, 80°C}]{I_2, \text{ CAN}} R\text{-}CHI\text{-}CO\text{-}CHI\text{-}R'$$

61-86 %

II.B.2-3 McNelis, E. et al., *TL*, **35**, 6787.

cyclohex-2-enone $\xrightarrow[\text{CH}_2\text{Cl}_2, \text{ rt}]{I_2, \text{ PDC or pyr}}$ 2-iodocyclohex-2-enone

86 %

II.B.2-4 Srinivasan, K.V. et al., *TL*, **35**, 7055; Muathen, H.A., *JCR(S)*, 405; McNelis, E. et al., *TL*, **35**, 2841; Choudary, B.M. et al., *SL*, 450; Snieckus, V. et al., *TL*, **35**, 3465; Scott, A.I. et al., *TL*, **35**, 3679; Zupan, M. and Segatin, N., *SC*, **24**, 2617.

$$\text{Ar—H} \xrightarrow[\text{CCl}_4]{\text{NBS, HZSM-5 (cat)}} \text{Ar—Br}$$

35-94 %

II.B.2-5 Paulini, K. and Reissig, H.U., *CB*, **127**, 685.

$$\text{dihydro-oxazine} \xrightarrow[\text{CCl}_4, \Delta]{\text{NBS, BzOOBz}} \text{4-bromo dihydro-oxazine}$$

65-74 %

II.C. C-N Oxidations

II.C-1 Murahashi, S.I. et al., *JOC*, **59**, 6170.

Reagents: H_2O_2, Na_2WO_4, Et_4NCl, K_2CO_3, CH_2Cl_2, H_2O

α-Amino acid (RCH(CO$_2$H)NHR') → nitrone (RCH=N(O)R')

52-99%

II.C-2 Saba, A., *SC*, **24**, 695.

Diazo-1,3-diketone (RCO-C(N$_2$)-COR') + dimethyldioxirane → vicinal triketone (RCO-CO-COR')

89-100%

II.D. Amine Oxidations

II.D-1 Hanquet, G. and Lusinchi, X., *T*, **50**, 12185.

Secondary amine (RCH$_2$NHR') + N-methyl-dihydroisoquinolinium oxaziridine BF_4^- → nitrone (RCH=N(O)R')

10-82 %

II.D-2 Goti, A. et al., *TL*, **35**, 6571.

N-hydroxylamine (RCH$_2$N(OH)R') — nPr_4NRuO_4, NMO, MeCN, rt → nitrone (RCH=N(O)R')

92-100 %

II.E. Sulfur Oxidations

II.E-1 Pitchen, P. et al., *TL*, **35**, 485; Thomas, S.E. et al., *TA*, **5**, 545; Bulman Page, P.C. et al., *TL*, **35**, 9629; **see also:** Glass, R.S. et al., *TL*, **35**, 5809; Machiguchi, T. et al., *JACS*, **116**, 407; Leriverend, C. and Metzner, P., *TL*, **35**, 5229; Colonna, S. et al., *TL*, **35**, 9103.

$$\text{Ph}\underset{\text{Ph}}{\overset{\text{N}}{\underset{\text{PMB}}{\bigvee}}}\text{S-Me} \xrightarrow[\text{CH}_2\text{Cl}_2, \text{H}_2\text{O}, -20°\text{C}]{\text{PhMe}_2\text{COOH} \atop \text{Ti(O}^i\text{Pr)}_4, \text{L-DET}} \text{Ph}\underset{\text{Ph}}{\overset{\text{N}}{\underset{\text{PMB}}{\bigvee}}}\text{S(O)-Me}$$

71 %, 98 % e.e.

II.E-2 Katsuki, T. et al., *T*, **50**, 9609 and *TL*, **35**, 1887; Yang, R. and Dai, L., *SC*, **24**, 2229; Furukawa, N. et al., *CL*, 27; Jennings, W.B. et al., *CC*, 2569; Grandi, R. et al., *SC*, **24**, 2393.

$$\text{Ar}-\text{S}-\text{Me} \xrightarrow[\text{(Salen)Mn(III) complex}]{\text{PhIO, MeCN}} \text{Ar}-\overset{\overset{\text{O}}{\uparrow}}{\text{S}^*}-\text{Me}$$

21-76 %
40-90 % e.e.

II.E-3 Su, W., *TL*, **35**, 4955; Webb, K.S., *TL*, **35**, 3457; **see also:** Ishii, Y. et al., *CL*, 1; Adam, W. et al., *T*, **50**, 13113 and 13121;.

$$\text{R}-\text{S}-\text{R'} \xrightarrow{\text{NaIO}_4, \text{RuCl}_3 \cdot \text{H}_2\text{O}} \text{R}-\overset{\overset{\text{O}}{\underset{\|}{\text{S}}}\text{O}}{}-\text{R'}$$

84-100 %

II.E-4 Morimoto, T. et al., *BCJ*, **67**, 1492; Bhalerao, U.T. and Sridhar, M., *TL*, **35**, 1413.

$$R-S-R' \xrightarrow[\text{H}^+\text{- exchanged zeolite F-9}]{\text{NaBrO}_2,\ \text{CH}_2\text{Cl}_2} R-S(\uparrow O)-R' \quad 50\text{-}87\ \%$$

II.E-5 Rozen, S. and Bareket, Y., *CC*, 1959.

$$R\text{-(thiophene)-}R' \xrightarrow{\text{F}_2,\ \text{H}_2\text{O},\ \text{MeCN}} R\text{-(thiophene-S,S-dioxide)-}R' \quad 27\text{-}95\ \%$$

II.F. Oxidative Additions to C-C Multiple Bonds

II.F.1 Epoxidations

II.F.1-1 Adam, W. and Richter, M.J., *JOC*, **59**, 3341; Lassila, K.R. et al., *TL*, **35**, 8077; Shapovalov, V.V. and Poluektov, V.A., *JOU*, **30**, 329.

$$R\text{-CH=C(SiMe}_2R'\text{)(Me)} \xrightarrow{^1\text{O}_2,\ \text{Ti(O}^i\text{Pr})_4} \underset{\text{OH}}{R\text{-CH-}}\overset{R'\text{Me}_2\text{Si}}{\underset{}{\text{C(Me)(O epoxide)}}}$$

56-70 %
dr: 93:7 to 97:3

II.F.1-2 Kandzia, C. and Steckhan, E., *TL*, **35**, 3695.

II.F.1-3 Koch, A., Reymond, J.L., and Lerner, R.A., *JACS*, **116**, 803.

II.F.1-4 Jacobsen, E.N. et al., *JACS*, **116**, 425.

Non-Stereospecific Mechanisms in Asymmetric Addition to Alkenes Result in Enantiodifferentation after the First Irreversible Step.

II.F.1-5 Bovicelli, P. et al., *JOC*, **59**, 4304; Yadav, V.K. and Kapoor, K.K., *TL*, **35**, 9481; Kende, A.S. et al., *TL*, **35**, 8123.

II.F.1-6 Romeo, S. and Rich, D.H., *TL*, **35**, 4939.

Stereoselective Synthesis of Protected Aminoalkyl Epoxides.

OXIDATIONS

II.F.1-7 Kurihara, M., Miyata, N. et al., *TL*, **35**, 1577.

1-methyl-3-methylcyclohexene → epoxide (80%)

Reagents: oxone, cyclohexanone, CH$_2$Cl$_2$, MeOH, H$_2$O, pH 11.0, 0-5°C

II.F.1-8 Nicolaou, K.C. et al., *T*, **50**, 11391; Yoshimitsu, T. and Ogasawara, K., *CC*, 2197; Duhamel, L. et al., *T*, **50**, 171; Sheldon, R.A. et al., *CC*, 1887; Adam, W. et al., *AG(E)*, **33**, 1107.

Reagents: Ti(O^{i}Pr)$_4$, DIPT, BuOOH, 4 Å M.S., CH$_2$Cl$_2$, 0°C

87 %, 80 % e.e.

II.F.1-9 Mohajer, D. and Tangestaninejad, S., *TL*, **35**, 945; Katsuki, T. et al., *T*, **50**, 11827 and *SL*, 255 and 356; Pietikainen, P., *TL*, **35**, 941; Brandes, B.D. and Jacobsen, E.N., *JOC*, **59**, 4378; Yamada, T. et al., *BCJ*, **67**, 2248; Mukaiyama, T. et al., *CL*, 527; Marchon, J.C., Scheidt, W.R. et al., *AG(E)*, **33**, 220; **see also:** Yorozu, K. et al., *BCJ*, **67**, 2195; Halterman, R.L. and Ramsey, T.M., *JOMC*, **465**, 175; Jackson, R.F.W. et al., *TL*, **35**, 6945.

R-CH=CH-R' → epoxide (75-98 %)

Reagents: Bu$_4$NIO$_4$, imidazole, Mn(III)(TPP)Cl, CH$_2$Cl$_2$, rt, 5 h

II.F.2 Hydroxylations

II.F.2-1 Lohray, B.B. et al., *TL*, **35**, 4209; Sharpless, K.B. et al., *JACS*, **116**, 1278 and 8470 and *TL*, **35**, 7315.

On the Mechanism of Asymmetric Dihydroxylation (AD) of Alkenes.

II.F.2-2 Salvadori, P. et al., *T*, **50**, 11321.

$$R\text{-CH=CH-}R' \xrightarrow[\text{polymer bound quinine derivative}]{OsO_4} R\text{-CH(OH)-CH(OH)-}R'$$

40-89 %
13-89 % e.e.

II.F.2-3 Kuwajima, I. et al., *TL*, **35**, 7813; Sharpless, K.B. et al., *TL*, **35**, 3469, 4685, and 5611 and *JOC*, **59**, 8302; Girijavallabhan, V.M. et al., *SL*, 263; Jung, M.E. and Gardiner, J.M., *TL*, **35**, 6755; Bittman, R. et al., *JOC*, **35**, 2630; Takano, S. et al., *SL*, 119; Takahata, H., Inose, K., and Momose, T., *H*, **38**, 269; Corey, E.J. et al., *TL*, **35**, 6427 and *JACS*, **116**, 12579; Lohray, B.B. et al., *TL*, **35**, 6559; Bassindale, A.R., Taylor, P.G., and Xu, Y., *JCS(P1)*, 1061; Ko, S.Y. et al., *JOC*, **59**, 2570.

[Reaction scheme: TBSO-substituted cyclohexenone with OPiv group reacts with OsO_4, DHQD-PHN, $K_3F(CN)_6$, K_2CO_3, ^tBuOH, H_2O to give HO/OHC-substituted cyclohexenone with OPiv group, 88 %, 94 % e.e.]

II.F.2-4 Lohray, B.B. et al., *JOC*, **59**, 1375.

Origin of α-Hydroxy Ketones in the Osmium Tetroxide Catalyzed Asymmetric Dihydroxylation of Alkenes.

OXIDATIONS

II.F.2-5 Sharpless, K.B. et al., *TL*, **35**, 5129.

Asymmetric Dihydroxylation of Olefins Containing Sulfur: Chemoselective Oxidation of C-C Double bonds in the Presence of Sulfides, 1,3-Dithianes, and Disulfides.

II.F.2-6 Boyd, D.R., Dalton, H. et al., *JACS*, **116**, 1147.

80 to 98 % e.e.

II.F.2-7 Cirillo, P.F. and Panek, J.S., *JOC*, **59**, 3055; Krysan, D.J. et al., *TA*, **5**, 625.

45-94 %
anti/syn = 1.4:1 to 147:1

II.F.3 Other Oxidative Additions to C-C Multiple Bonds

II.F.3-1 Shono, T., Kashimura, S. et al., *S*, 895.

1: $LiNO_3$, e^-
2: NaSH, H_2O

52-78 %

II.F.3-2 Francke, W. et al., *LA*, 1211; Chi, K., Filimonov, V., and Yusugov, M.S., *SC*, **24**, 2119; Santelli, M. et al., *TL*, **35**, 6481; Torii, S. et al., *CL*, 121.

$$\text{CH}_3\text{CH}_2\text{CH}_2\text{CH(OTBS)CH=CH}_2 \xrightarrow[\text{DMF, 60°C}]{\text{PdCl}_2,\ \text{CuCl}} \text{CH}_3\text{CH}_2\text{CH}_2\text{CH(OTBS)C(O)Me} \quad 65\%$$

II.F.3-3 Crisp, G.T. and Meyer, A.G., *S*, 667.

$$\text{HC≡C—(CH}_2)_n\text{—X} \xrightarrow{\text{TfOH, CHCl}_3,\ \text{rt}} \text{CH}_2\text{=C(OTf)(CH}_2)_n\text{—X}$$

X = Cl, OTf   39-71 %

II.F.3-4 Rubinstein, H. and Svendsen, J.S., *ACS*, **48**, 439.

$$\text{R-CH=CH-R'} \xrightarrow[\underset{\underset{O}{\|}}{O=\overset{\overset{O}{\|}}{Os}=N^t\text{Bu}}]{p\text{-ClBz-DHQD}} \text{R-CH(OH)-CH(NH}^t\text{Bu})\text{-R'}$$

40-97 %

II.F.3-5 Adam, W. and Klug, P., *CB*, **127**, 1441.

$$\underset{\text{H}\ \ \text{R}^2\ \ \text{R}^1}{\overset{\text{R}^4\ \ \ \text{SnBu}_3}{\text{R}^3\cdots\text{C=C}}} \xrightarrow[\text{2: Ti(O}^i\text{Pr)}_4,\ \text{CH}_2\text{Cl}_2]{\text{1: O}_2,\ \text{TPP, h}\nu,\ \text{CH}_2\text{Cl}_2,\ -20°\text{C}}} \underset{\text{H}\ \ \text{R}^2\ \ \text{R}^1}{\overset{\text{HO}\ \ \ \text{SnBu}_3}{\text{R}^4\text{-C(O)-C}}}$$

24-55 %
>81:19 erythro/threo

II.F.3-6 Yamano, Y. and Ito, M., *CPB*, **42**, 410.

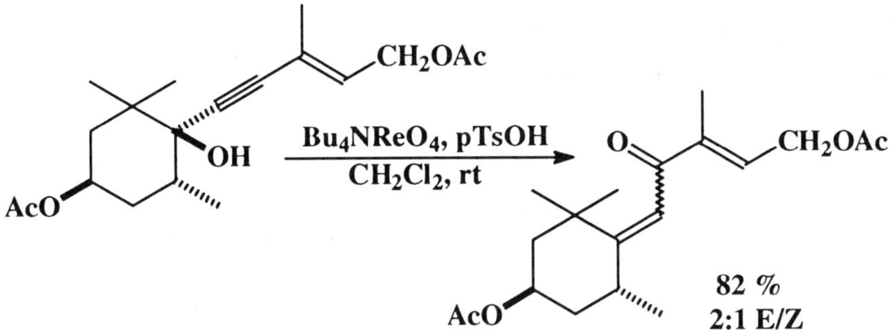

82 %
2:1 E/Z

II.F.3-7 Adam, W. and Sauter, M., *T*, **50**, 11441.

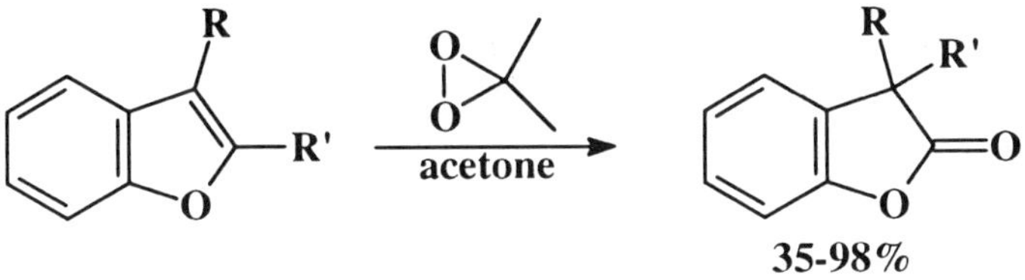

35-98%

II.F.3-8 Marshall, J.A. and Tang, Y., *JOC*, **59**, 1457.

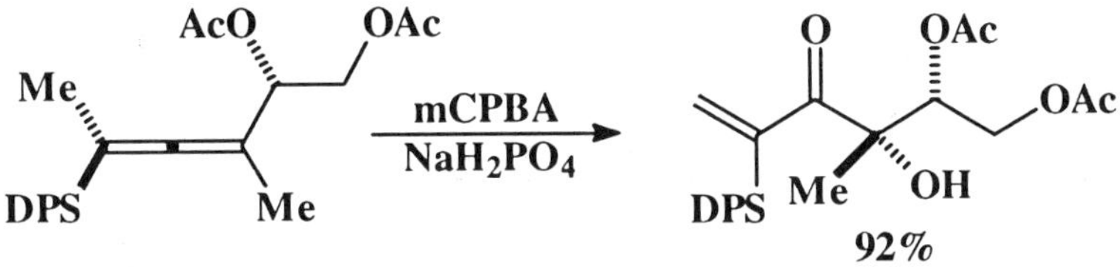

92%

II.G Phenol-Quinone Oxidations

II.G-1 McKillop, A., McLaren, L., and Taylor, R.J.K., *JCS(P1)*, 2047; Sanchez, A.J. and Konopelski, J.P., *SL*, 335.

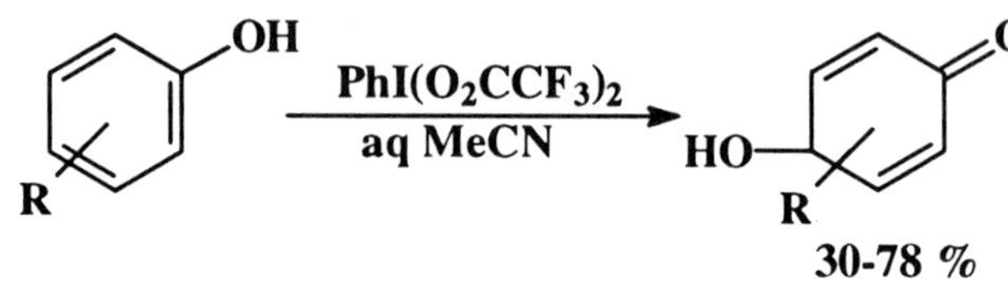

Ar-OH + PhI(O₂CCF₃)₂ / aq MeCN → quinone, 30-78 %

II.G-2 Kochi, J.K. et al., *TL*, **35**, 1335; Mukaiyama, T. et al., *CL*, 885.

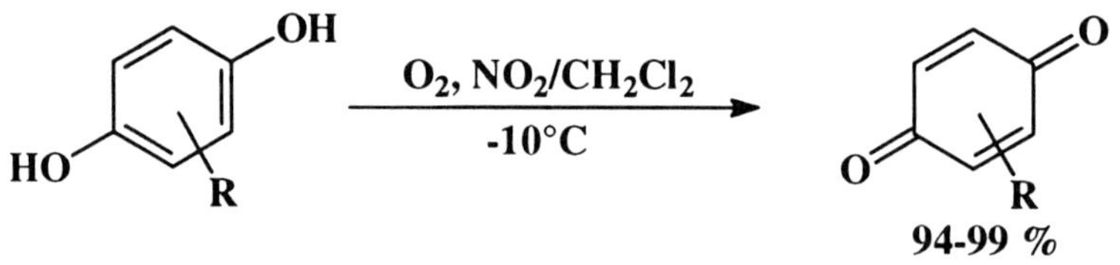

hydroquinone + O₂, NO₂/CH₂Cl₂, -10°C → quinone, 94-99 %

II.G-3 Tanoue, Y. et al., *BCJ*, **67**, 2593; Danishefsky, S.J. et al., *AG(E)*, **33**, 853.

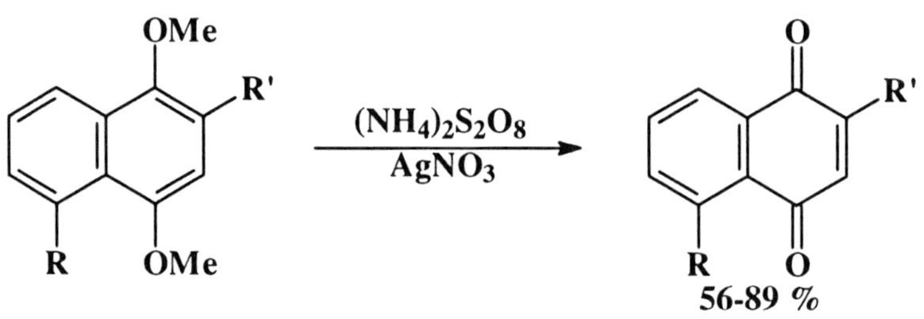

1,4-dimethoxynaphthalene + (NH₄)₂S₂O₈ / AgNO₃ → naphthoquinone, 56-89 %

II.G-4 McKillop, A., *SC*, **24**, 2989.

II.H. Dehydrogenations

II.H-1 Tavares, F. and Meyers, A.I., *TL*, **35**, 6803.

II.H-2 Vanden Eynde, J.J. et al., *T*, **50**, 2479; Bonnaud, B. and Bigg, D.C.H., *S*, 465.

II.H-3 Samoshin, V.V. and Kudryavtsev, K.V., *TL*, **35**, 7413; Rao, P.N. et al., *S*, 621; **see also:** Zoran, A. et al., *CC*, 2239.

$$\text{cyclohexanone-2-SR} \xrightarrow{\text{Br}_2 \text{ or NBS}} \text{2-(SR)phenol}$$

70-92 %

II.H-4 Goti, A. and Romani, M., *TL*, **35**, 6567; Lovey, R.G. and Cooper, A.B., *SL*, 167; Katritzky, A.R. et al, *SC*, **24**, 2955.

$$R\text{-CH}_2\text{-N(H)-R'} \xrightarrow[\text{NMO, MeCN, rt}]{n\text{Pr}_4\text{NRuO}_4} R\text{-CH=N-R'}$$

62-95 %

II.I. Other Oxidations

II.I-1 Gala, D. and DiBenedetto, D.J., *TL*, **35**, 8299.

$$\text{cis-Ph,Me-epoxide} \xrightarrow{\text{TMSOTf, DMSO}} \text{Ph-C(=O)-CH(Me)(OTMS)}$$

80 %, >86 % e.e.

II.I-2 Mastrorill, P. and Nobile, C.F., *TL*, **35**, 4193.

Catalytic Activity of a Polymerizable tris(β-ketoesterate)Iron (III) Complex towards the Oxidation of Organic Substrates.

II.I-3 Dunach, E. et al., *JOM*, **482**, 119.

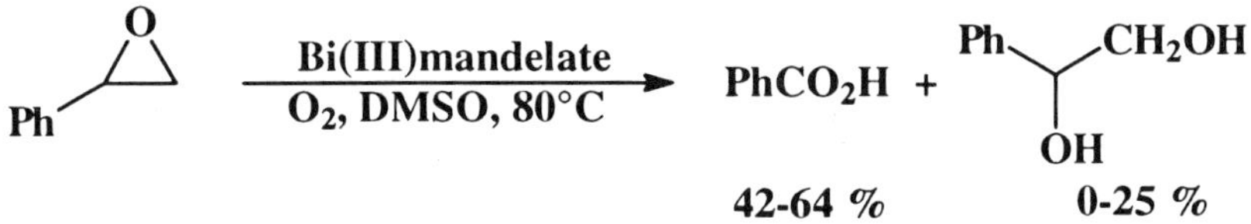

$$Ph\text{-epoxide} \xrightarrow[O_2, DMSO, 80°C]{Bi(III)mandelate} PhCO_2H + Ph\text{-CH(OH)-CH}_2OH$$

42-64 %   0-25 %

II.I-4 Deluca, H.F. et al., *TL*, **35**, 2295.

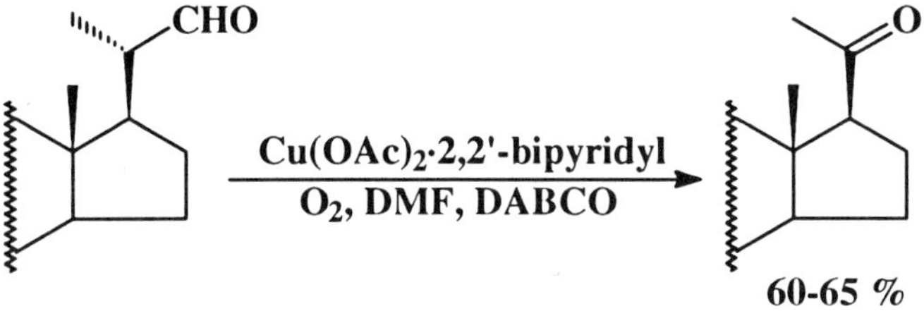

$$\xrightarrow[O_2, DMF, DABCO]{Cu(OAc)_2 \cdot 2,2'\text{-bipyridyl}}$$

60-65 %

II.I-5 Shioiri, T. et al., *PAC*, **66**, 2151.

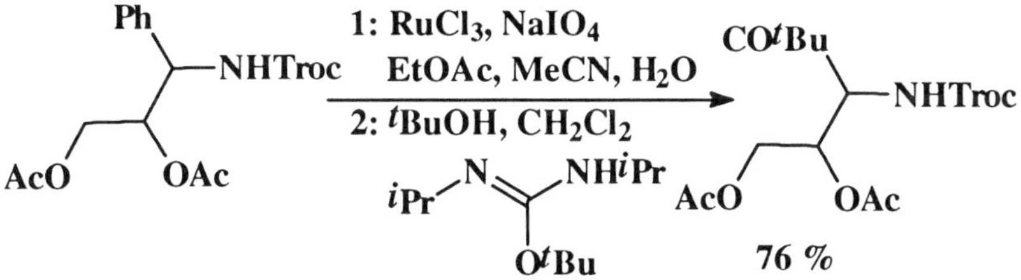

1: RuCl$_3$, NaIO$_4$, EtOAc, MeCN, H$_2$O
2: ^{t}BuOH, CH$_2$Cl$_2$, iPr-N=C(O^{t}Bu)-NH^{i}Pr

76 %

II.I-6 Torii, S. et al., *SL*, 1037; Kaneda, K. et al., *JOC*, **59**, 2915.

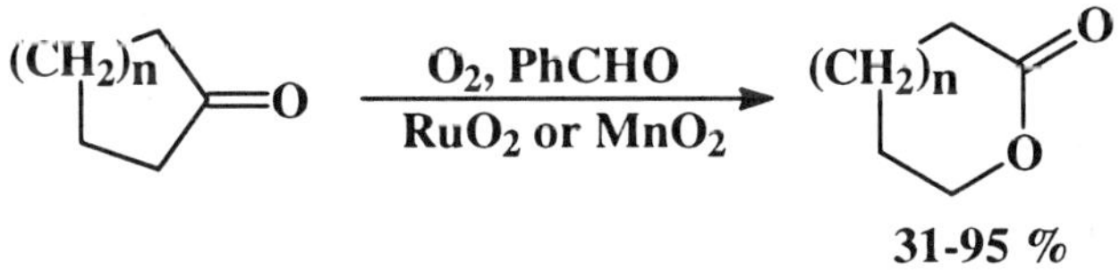

$$(CH_2)_n\text{-cyclopentanone} \xrightarrow[RuO_2 \text{ or } MnO_2]{O_2, PhCHO} (CH_2)_n\text{-lactone}$$

31-95 %

II.I-7 Tanimori, S. et al., *H*, **38**, 1533 and *SC*, **24**, 2861.

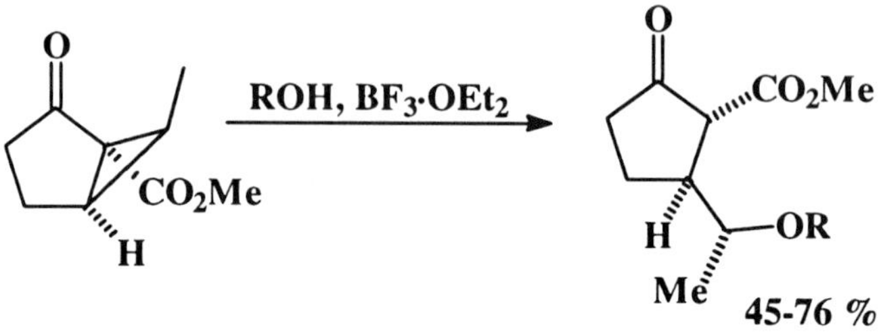

[Reaction: bicyclic ketone with CO₂Me group + ROH, BF₃·OEt₂ → cyclopentanone with CO₂Me and CH(Me)(OR) substituents, 45-76%]

II.I-8 Kita, Y. et al., *SL*, 1039.

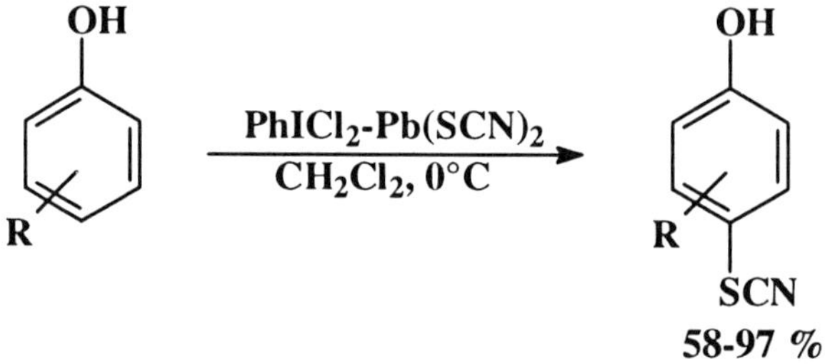

[Reaction: R-substituted phenol + PhICl₂-Pb(SCN)₂, CH₂Cl₂, 0°C → para-SCN phenol, 58-97%]

II.I-9 Ogawa, S. et al., *TL*, **35**, 7249; Strukul, G. et al., *OM*, **13**, 3442; Mérour, J.Y. et al., *S*, 411.

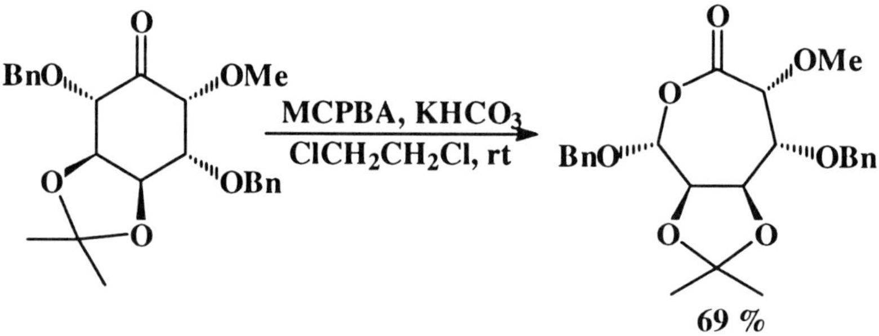

[Reaction: cyclohexanone with BnO, OMe, OBn, and acetonide substituents + MCPBA, KHCO₃, ClCH₂CH₂Cl, rt → seven-membered lactone, 69%]

II.I-10 Rosini, G. et al., *JOC*, **59**, 7526.

[Structure: bicyclic cyclobutanone with Me group and R, R' substituents] → NBS, aq DME, 0°C → [fused lactone product] 84-91 %

II.I-11 Gagnon, R. et al., *JSC(P1)*, 2537.

[F, Br-substituted norbornanone] → *A. calcoaceticus* → [lactone] 40 %, > 95 % e.e.

II.I-12 Cossy, J. et al., *TL*, **35**, 6089; Nomura, E. et al., *BCJ*, **67**, 309; deMeijere, A., Waegell, B. et al., *S*, 920; Wu, E.S.C. and Kover, A., *SC*, **24**, 273; Mukaiyama, T. et al., *CL*, 538.

[2-hydroxy-cycloalkenone with R substituent, (CH$_2$)$_n$] → Cu(ClO$_4$)$_2$·6 H$_2$O, O$_2$, MeCN, rt → R-C(O)-C(O)-(CH$_2$)$_n$-CH$_2$-C(O)OH 45-96 %

II.I-13 Krohn, K. and Khanbabaee, K, *AG(E)*, **33**, 99.

[bicyclic with Si$_2$Me$_5$ group] → 1: H$_2$O 2: O$_2$, hv → [bicyclic with OH] 60 %

III
REDUCTIONS

III.A. C=O Reductions

III.A-1 Yaozhong, J. et al., *TA*, **5**, 1211; Garcia, J. et al., *TA*, **5**, 165; Stone, G.B., *TA*, **5**, 465; Williams, I.H. et al., *CC*, 1651; Martens, J. et al., *TA*, **5**, 185.

$$\underset{R\ \ \ R'}{\overset{O}{\|}} \xrightarrow[\text{HN}\diagdown_{B}\diagup O]{\text{BH}_3,\ \text{THF, rt}} \underset{R\ \ \ R'}{\overset{OH}{*}}$$

60-90 %
19-99 % e.e.

III.A-2 Uemura, S. et al., *CC*, 1375; Faller, J.W. and Chase, K.J., *OM*, **13**, 989; Buchwald, S.L. et al., *JOC*, **59**, 4323; Breeden, S.W. and Lawrence, N.J., *SL*, 833; Halterman, R.L. et al., *JOC*, **59**, 2642; Noyori, R. et al., *JOC*, **59**, 217.

$$\underset{Ar\ \ \ R}{\overset{O}{\|}} \xrightarrow[\text{2: HCl, MeOH}]{\text{1: PH}_2\text{SiH}_2,\ \text{Rh(I)ligand}} \underset{Ar\ \ \ R}{\overset{OH}{*}}$$

ligand = chiral diferrocenyl dichalcogenides

5-100 %
31-88 % e.e.

III.A-3 Shi, Y.J., Cai, D. et al., *TL*, **35**, 6409; Gao, Y. et al., *TL*, **35**, 5551 and 6631; Helquist, P. et al., *TL*, **35**, 9375; Hiemstra, H., Speckamp, W.N. et al., *TL*, **35**, 1087; Wills, M. et al., *TA*, **5**, 801; Wells, P.B., *CC*, 2431.

III.A-4 Utaka, M. et al., *TL*, **35**, 4569; Zakarya, D. et al., *TL*, **35**, 4985; Kawai, Y. et al., *BCJ*, **67**, 2244; Waagen, V. et al., *ACS*, **48**, 506; Veschambre, H. et al., *TA*, **5**, 1249; Wunsch, B. and Diekmann, H., *H*, **38**, 709; Santaniello, E. et al., *T*, **50**, 10539.

III.A-5 Guzzo, P.R. and Miller, M.J., *JOC*, **59**, 4862; Takaya, H. et al., *JOC*, **59**, 3064; **see also:** Kawai, Y. et al., *BCJ*, **67**, 524; Forni, A. et al., *T*, **50**, 11995.

III.A-6 McKillop, A., Taylor, R.J.K. et al., *TL*, **35**, 8759; Wipf, P. and Kim, Y., *JOC*, **59**, 3518.

III.A-7 Maryanoff, B.E. et al., *TL*, **35**, 4891; Lindsley, C.W. and DiMare, M., *TL*, **35**, 5141; Brown, H.C. et al., *TA*, **5**, 1061 and 1075 and *TL*, **35**, 2141.

43-57 %, major produc

III.A-8 Vuljanic, T., Kihlberg, J. and Somfai, P. et al., *TL*, **35**, 6937.

III.A-9 Figadere, B. et al., *JOC*, **59**, 7138; Shibata, I. et al., *TL*, **35**, 8625.

III.A-10 Kaptein, B. et al., *TL*, **35**, 1776.

$$\underset{H_2N}{\overset{R}{\underset{||}{\overset{R'}{\underset{O}{\bigg|}}}}}NH_2 \xrightarrow{\text{Na, }^n\text{PrOH, reflux}} \underset{H_2N}{\overset{R}{\underset{}{\overset{R'}{\bigg|}}}}OH$$

40-99 %

III.A-11 Lemaire, M. et al., *CC*, 1417; Burk, M.J. et al., *TL*, **35**, 4963; Takaya, H. et al., *JOM*, **484**, 191; Brunet, J.J. et al., *TL*, **35**, 8801.

$$\underset{Ph}{\overset{O}{\bigg|\bigg|}}Me \xrightarrow[\text{chiral diamine}]{\underset{\text{KOH, propan-2-ol}}{[Rh(C_6H_{10})Cl]_2}} \underset{Ph}{\overset{OH}{\bigg|}}Me$$

28-55 % e.e. (R)
or
59-60 % e.e. (S)

III.A-12 Singaram, B. et al., *JOC*, **59**, 6378 and *TL*, **35**, 5201; Brussee, J. et al., *TA*, **5**, 377.

Aminoborohydrides. 4. The Synthesis and Characterization of Lithium Aminoborohydrides: A New Class of Powerful, Selective, Air-Stable Reducing Agents.

III.A-13 Cho, B.T. and Chun, Y.S., *TA*, **5**, 1147.

[Reaction scheme: R-C(=O)-(1,3-dioxane) with chiral borohydride reagent (K⁺ counterion), THF, -78°C, giving R-CH(OH)-(1,3-dioxane)]

72-83 %
96-99 % e.e.

III.A-14 Baiker, A. et al., *CC*, 2047; Agbossov, F. et al., *TA*, **5**, 515; Kearns, J. and Kayser, M.M., *TL*, **35**, 2845.

$$\text{Me-CO-CO-OEt} \xrightarrow[\text{Ar-CH(OH)-CH}_2\text{-pyrrolidine}]{\text{Pt, Al}_2\text{O}_3, \text{H}_2} \text{Me-CH(OH)-CO-OEt}$$

44-100 %, up to 87 % e.e.

III.A-15 Kamochi, Y. and Kudo, T., *CPB*, **42**, 402.

$$\text{R-CO}_2\text{R'} \xrightarrow[\text{10-20\% HCl, rt}]{\text{Sm or Yb}} \text{R-CH}_2\text{OH}$$

20-99 %

also for the reduction of CN or CONH$_2$ to amines

III.A-16 Delanghe, P.H.M. and Lautens, M., *TL*, **35**, 9513.

Me$_3$Si, Bu$_3$Sn cyclopropane-C(=O)R $\xrightarrow[0°C]{\text{LiAlH}_4 \text{ or Dibal-H}}$ Me$_3$Si, Bu$_3$Sn cyclopropane-CH(OH)R

85-95 %, major product

III.A-17 Raston, C.L., Young, D.J. et al., *TL*, **35**, 5915.

R-cyclohexanone $\xrightarrow{\text{LGaH}_3}$ R-cyclohexanol

L = Me$_3$N, quinuclidine, (C$_6$H$_{11}$)$_3$P

100 %
7:3 to 9:1 trans/cis

III.A-18 Zielinski, C. and Schäfer, H.J., *TL*, **35**, 5621.

Diastereoselective Cathodic Reduction of Chiral Phenylglyoxyl Amides.

III.A-19 Shimizu, I., Yamamoto, A. et al., *JOM*, **473**, 257.

$$\text{R-CH(CO}_2\text{-allyl)-CO-CO}_2\text{-allyl} \xrightarrow[\text{HCO}_2\text{H, NEt}_3]{[(\text{cod})\text{Ru}(\text{O}_2\text{CCF}_3)_2]_2} \text{R-CH}_2\text{-CH(OH)-CO}_2\text{H}$$

50-80 %

III.A-20 Ohmori, H. et al., *CPB*, **42**, 1041.

$$\text{R-CO}_2\text{H} \xrightarrow[\text{pyridinium·ClO}_4, \text{ CCE}]{\text{Ph}_3\text{P, CH}_2\text{Cl}_2, \text{ rt}} \text{R-CHO}$$

0-75 %

CCE = constant current electrolysis

III.A-21 Martinez, J. et al., *TL*, **35**, 9031.

$$\text{R-oxazolidinedione (N-X)} \xrightarrow[\text{or LiAlH(O}^t\text{Bu)}_3]{\text{LTEPA}} \text{X-NH-CHR-CHO}$$

55-90 %

III.B. C-N Multiple Bond Reductions

III.B.1. Imine Reductions

III.B.1-1 Singaram, B. et al., *TL*, **35**, 5389; Wills, M. et al., *TL*, **35**, 5303; Ahlbrecht, M. and Baumann, V., *S*, 770; **see also:** DeKimpe, N. and Stanoeva, E., *S*, 695.

$$\underset{R}{\overset{}{\text{C}}}=N-\text{CH(CH}_3\text{)Ph} \quad \xrightarrow{\text{LiEt}_2\text{NBH}_3, \text{THF, 0°C}} \quad R-\overset{H}{\underset{}{\text{CH}}}-N(H)-\text{CH(CH}_3\text{)Ph}$$

83-98 %, 34-92 % d.e.

III.B.1-2 Achiwa, K. et al., *CPB*, **42**, 1951; **see also:** Murahashi, S. et al., *CC*, 725.

$$R_2C=N-R \quad \xrightarrow{\text{H}_2, \text{RhL or IrL}}_{\text{Ph-H, MeOH}} \quad R_2C^*-N(H)R$$

60-100 % conversion
0-81 % e.e.

III.B.1-3 Zhou, J. et al., *JCS(P1)*, 3029.

Reagents: RaNi, NaH$_2$PO$_2$, (PhNHCH$_2$)$_2$, AcOH, pyr, H$_2$O

Substrate: TolO-furanose-CN with TolO substituent → product with imidazolidine bearing two NPh groups.

III.B.2. Reductions of Heterocycles

III.B.2-1 Uenishi, J. and Kubo, *TL*, **35**, 6697.

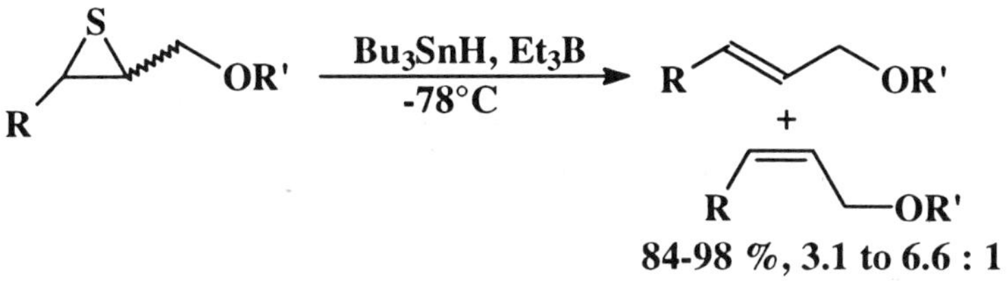

[Reaction: thiirane with OR' substituent + Bu₃SnH, Et₃B at -78°C gives E- and Z-allylic ether products]

84-98 %, 3.1 to 6.6 : 1

III.B.2-2 Jähnisch, K. et al., *TL*, **35**, 7613.

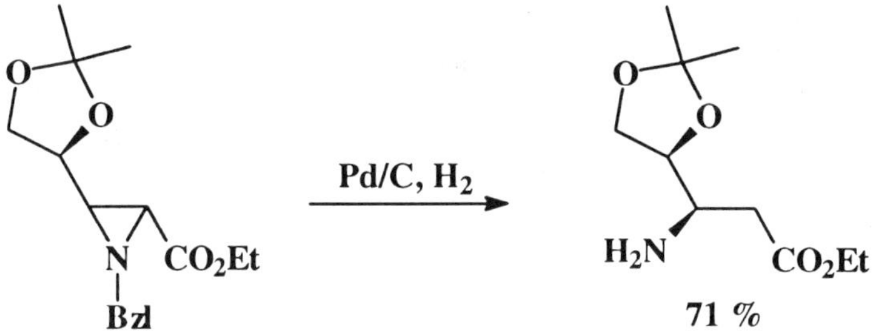

[Aziridine with N-Bzl, CO₂Et, and dioxolane substituent + Pd/C, H₂ gives amino ester]

71 %

III.B.2-3 Marazano, C. et al., *TL*, **35**, 707.

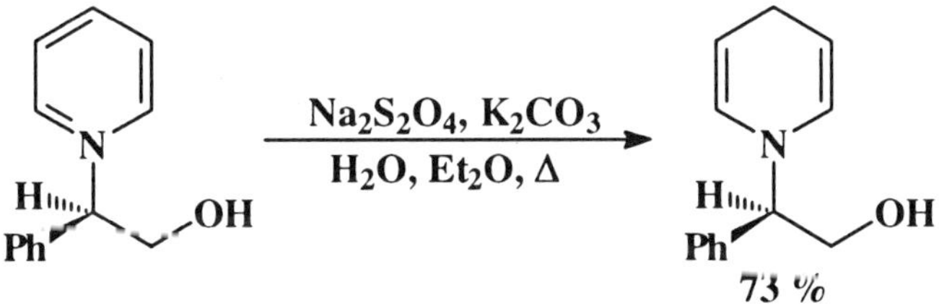

[Pyridinium salt with N-CH(Ph)CH₂OH + Na₂S₂O₄, K₂CO₃, H₂O, Et₂O, Δ gives tetrahydropyridine]

73 %

III.C. Reduction of Sulfur Compounds

III.C-1 Mohanazadeh, F. et al., *TL*, **35**, 6127; Lee, E., Pak, C.S., et al., *TL*, **35**, 2195.

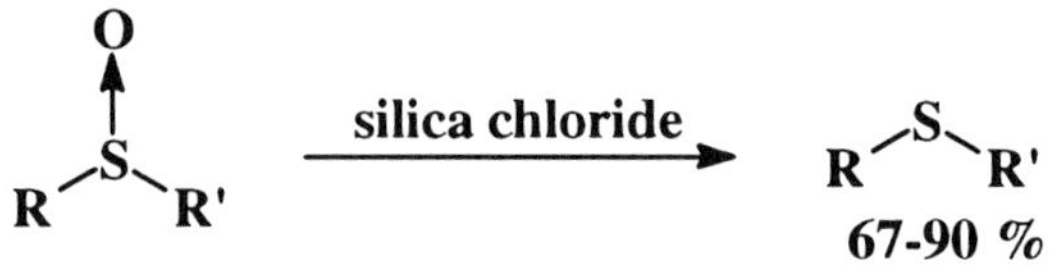

$$R-S(=O)-R' \xrightarrow{\text{silica chloride}} R-S-R'$$
67-90 %

III.C-2 Srinavasan, C. et al., *CC*, 1473.

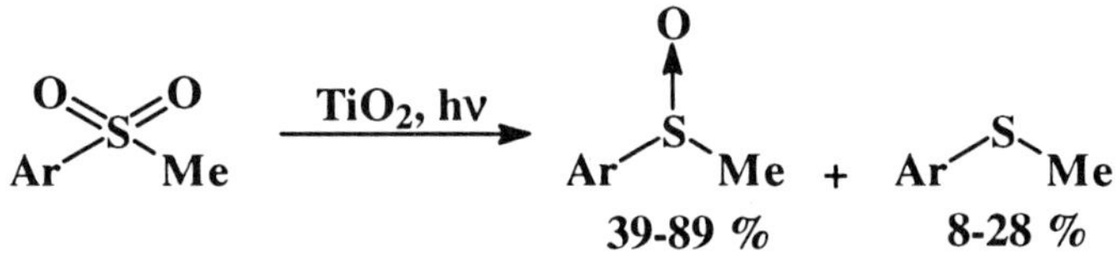

$$Ar-S(O)_2-Me \xrightarrow{TiO_2,\ h\nu} Ar-S(=O)-Me\ +\ Ar-S-Me$$
39-89 % 8-28 %

III.C-3 Nielsen, J.K. and Madsen, J.O., *TA*, **5**, 403.

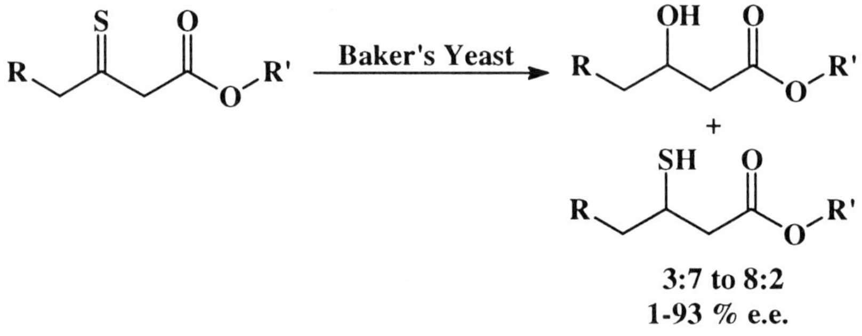

R–CH$_2$–C(=S)–CH$_2$–C(=O)–O–R' $\xrightarrow{\text{Baker's Yeast}}$ R–CH$_2$–CH(OH)–CH$_2$–C(=O)–O–R'

+

R–CH$_2$–CH(SH)–CH$_2$–C(=O)–O–R'

3:7 to 8:2
1-93 % e.e.

REDUCTIONS

III.D. N-O Reductions

III.D-1 Turner, N.J. et al., *TL*, **35**, 7867; Baik, W. et al., *TL*, **35**, 3965.

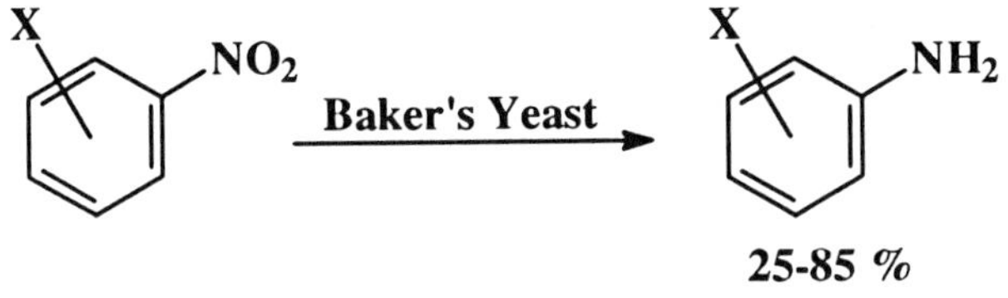

$$X\text{-}C_6H_4\text{-}NO_2 \xrightarrow{\text{Baker's Yeast}} X\text{-}C_6H_4\text{-}NH_2$$

25-85 %

III.D-2 Fitch, R.W. and Luzzio, F.A., *TL*, **35**, 6013.

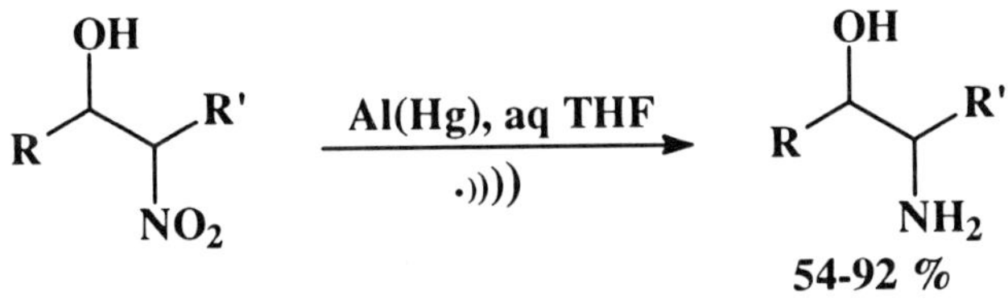

Substrate: R-CH(OH)-CH(R')-NO₂ → R-CH(OH)-CH(R')-NH₂

Reagents: Al(Hg), aq THF, .)))

54-92 %

III.D-3 Sandhu, J.S. et al., *JCR(S)*, 228.

$$R\text{-}NO_2 \xrightarrow[60°C]{BiCl_3, NaBH_4, THF} R\text{-}NH_2$$

35-90 %

III.D-4 Matsumoto, M. et al., *SC*, **24**, 1441.

(R-substituted cyclohexenone oxime) $\xrightarrow{Pd/C}$ (R-substituted aniline)

52-93 %

III.D-5 Oppolzer, W., *PAC*, **66**, 2127.

III.E. C-C Multiple Bond Reductions

III.E.1. C=C Reductions

III.E.1-1 Lautens, M. et al., *JOC*, **59**, 6208.

III.E.1-2 Palmieri, G. et al., *TA*, **5**, 1455.

56-73 %, 39-85 % d.e.

III.E.1-3 Yamashita, M. et al., *JOC*, **59**, 3500; Kabbara, J. et al., *CB*, **127**, 1489; von Holleben, M.L.A. et al., *T*, **50**, 973; Schmidt, T., *TL*, **35**, 3513; Ranu, B.C. and Sarkar, A., *TL*, **35**, 8649; Quayle, P. et al., *TL*, **35**, 4179 and 4183; Nagamatsu, T., Yoneda, F. et al., *JCS(P1)*, 1125; Rao, H.S.P and Reddy, K.S., *TL*, **35**, 171.

$$\underset{R}{\overset{O}{\|}}\diagdown\diagup R' \xrightarrow{\text{NaHTe, EtOH}} \underset{R}{\overset{O}{\|}}\diagdown\diagdown R'$$

5-98 %

III.E.1-4 Schmidt, U. et al., *S*, 1138; Genet, J.P. et al., *TA*, **5**, 675; Takaya, H. et al., *JCS(P1)*, 2309; Achiwa, K. et al., *CPB*, **42**, 481.

CO₂Et / OR / R' → H₂, 3 bar, rt, cat. → CO₂Et / OR / R'

cat. = Rh-DIPAMP, Ru-BINAP, Rh-BPPM   24-98 % e.e.

III.E.1-5 Obrecht, D. et al., *HCA*, **77**, 1395; Borner, A., Kagan, H.B. et al., *T*, **50**, 10419; Burk, M.J. et al., *JACS*, **116**, 10847 and *TL*, **35**, 9363; Sinou, D. et al., *OM*, **13**, 2951; Pham, T. and Lubell, W.D., *JOC*, **59**, 3676.

CO₂R' / R / NHCbz → [Rh(cod)L*]BF₄, MeOH, 60 bar, 40°C → CO₂R' / R / NHCbz

L* = chiral phosphine ligands

46-99 %
up to 100 % e.e.

III.E.1-6 Cho, I.S. and Alper, H., *JOC*, **59**, 4027.

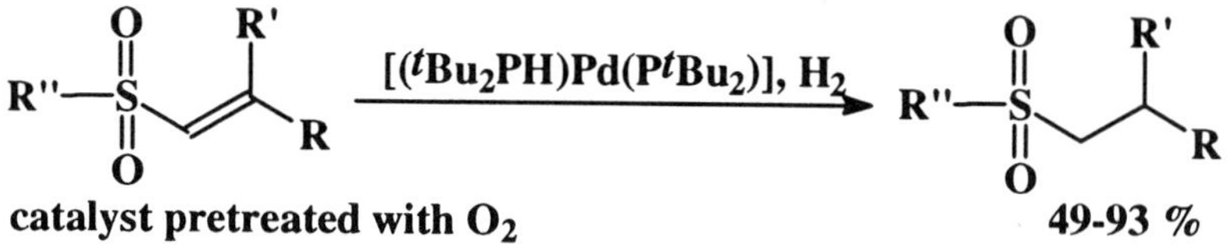

$$R''-\underset{O}{\overset{O}{\underset{\|}{S}}}-CH=CR'R \xrightarrow[\text{catalyst pretreated with } O_2]{[(^tBu_2PH)Pd(P^tBu_2)],\ H_2} R''-\underset{O}{\overset{O}{\underset{\|}{S}}}-CH_2-CHR'R$$

49-93 %

III.E.1-7 Nishigaichi, Y. et al., *BCJ*, **67**, 274.

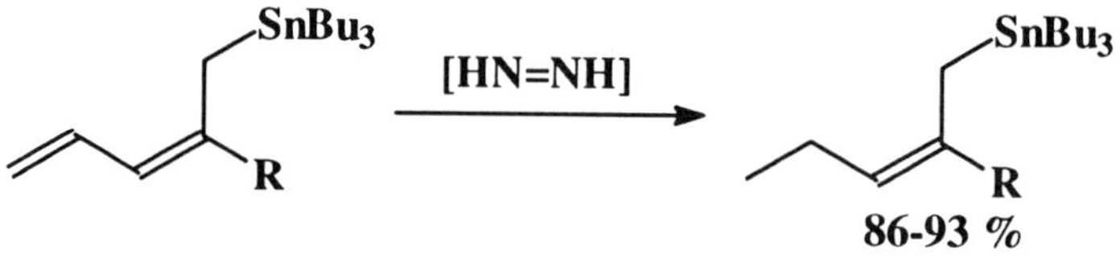

[HN=NH]

86-93 %

III.E.1-8 Matteoli, U. et al., *JOM*, **476**, 145.

On the Mechanism of the Platinum(0) Acid Catalyzed Hydrogenation of Alkenes.

III.E.1-9 Takeshita, M. et al., *H*, **37**, 553.

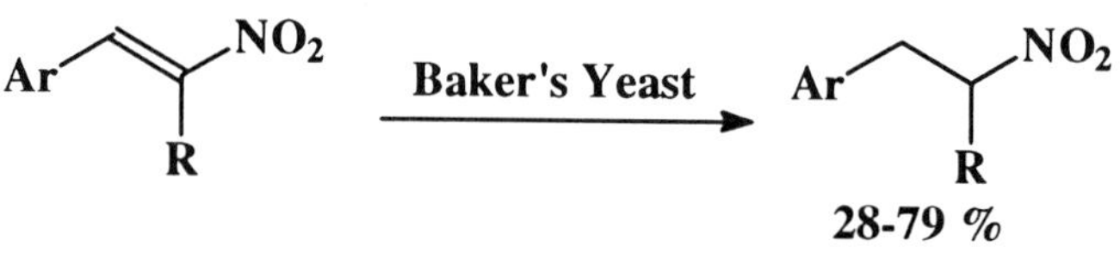

Baker's Yeast

28-79 %

III.E.1-10 Ferraboschi, P. et al., *TA*, **5**, 19.

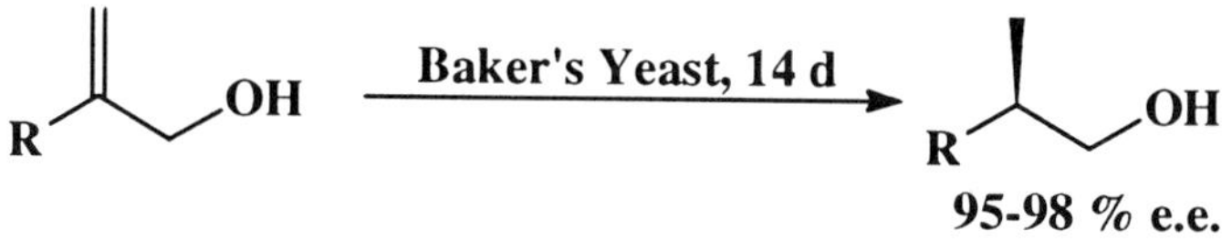

Baker's Yeast, 14 d

95-98 % e.e.

III.E.1-11 Iwata, C. et al., *CPB*, **42**, 1756; Kamochi, Y. and Kudo, T., *TL*, **35**, 4169.

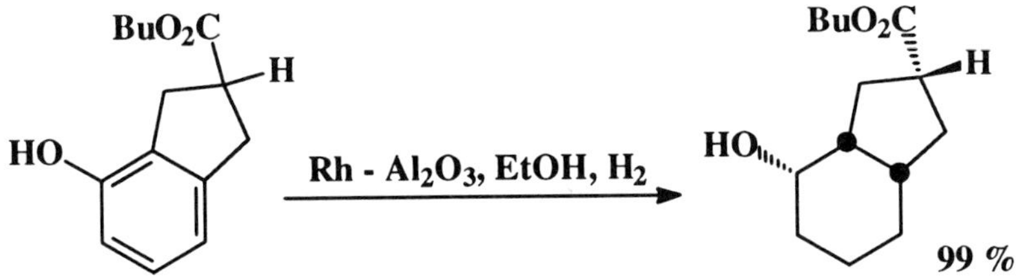

III.E.1-12 Schmidt, U. et al., *CC*, 1915.

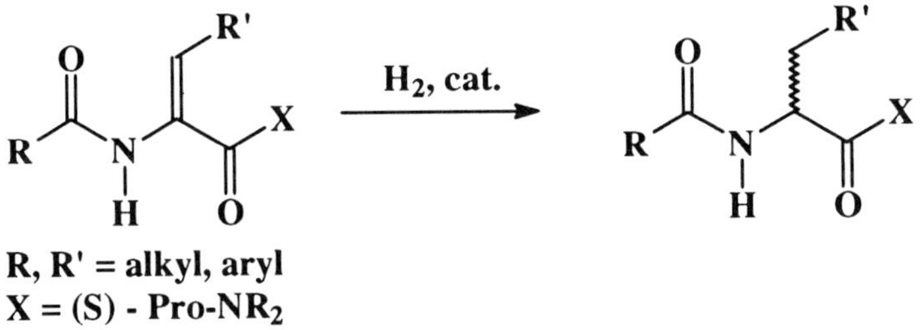

R, R' = alkyl, aryl
X = (S) - Pro-NR$_2$

III.E.1-13 Takaya, H. et al., *SL*, 501; Beck, G., Jendralla, H. and Kammermeier, B., *T*, **50**, 4691; **see also:** Wakamatsu, T. et al., *H*, **37**, 739; Broene, R.D. and Buchwald, S.L., *JACS*, **116**, 12569.

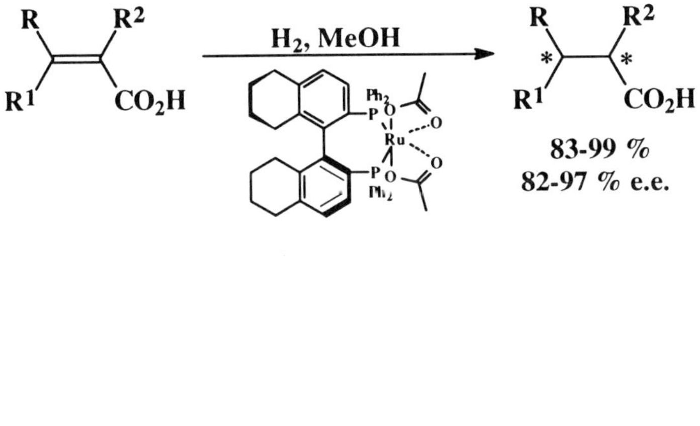

83-99 %
82-97 % e.e.

III.E.1-14 Bullock, R.M. and Song, J.S., *JACS*, **116**, 8602; Lau, C.P. et al., *JOMC*, **464**, 103.

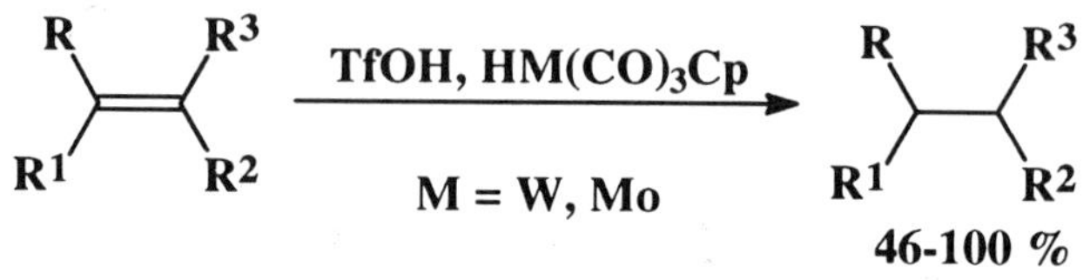

$$\underset{R^1 \quad R^2}{\overset{R \quad R^3}{\diagup\!\!\!\!\diagdown}} \xrightarrow[M = W, Mo]{TfOH, HM(CO)_3Cp} \underset{R^1 \quad R^2}{\overset{R \quad R^3}{\diagdown\diagup}}$$

46-100 %

III.E.2. C≡C Reductions

III.E.2-1 Sakai, M. et al., *BCJ*, **67**, 1984.

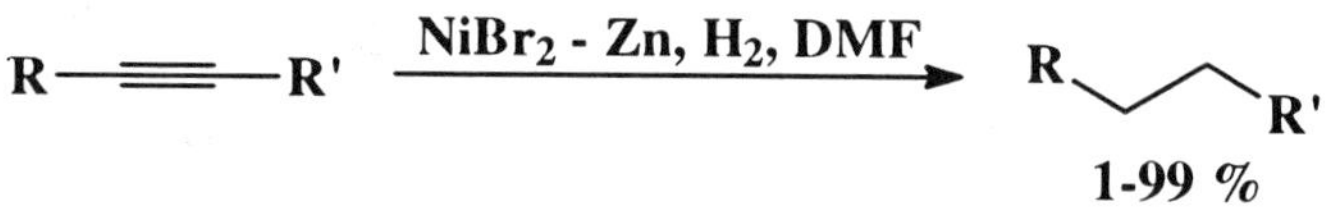

$$R\!\!-\!\!\equiv\!\!-\!\!R' \xrightarrow{NiBr_2 - Zn, H_2, DMF} R\diagdown\!\!\diagup R'$$

1-99 %

III.E.2-2 Reitsma, D.A. and Keene, F.R., *OM*, **13**, 1351.

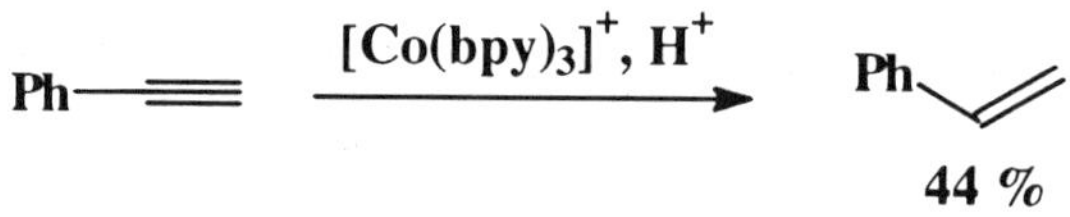

$$Ph\!-\!\!\equiv \xrightarrow{[Co(bpy)_3]^+, H^+} Ph\diagdown\!\!=$$

44 %

III.F. Hetero Bond Reductions

III.F.1. C-O → C-H

III.F.1-1 Oba, M. and Nishiyama, K., *T*, **50**, 10193 and *S*, 624.

$$R\text{-OH} \xrightarrow{\text{PhNCS}}_{\text{NaH}} RO-\underset{\underset{H}{|}}{C(=S)}-N\text{-Ph} \xrightarrow{\text{TMS}_3\text{SiH}}_{\text{AIBN}} R\text{-H} \quad 82\text{-}99\ \%$$

III.F.1-2 Wustrow, D.J. et al., *TL*, **35**, 61; **see also:** Saa, J.M. et al., *JOC*, **57**, 5093.

[3-phenylcyclohex-2-en-1-ol] $\xrightarrow{\text{Et}_3\text{SiH, LiClO}_4, \text{Et}_2\text{O, rt}}$ [1-phenylcyclohexene]   92 %

III.F.1-3 Ollivier, J. and Salaün, J., *SL*, 949; Hayashi, T. et al., *S*, 526 and *JACS*, **116**, 775.

[cyclopropane-CH=CH-SiR₃ with OAc, ()n] $\xrightarrow[\text{HCO}_2\text{Na or BuZnCl}]{\text{Pd(0), THF, rt}}$ [cyclopropane=CH-CH₂-SiR₃, ()n]   77-90 %

III.F.1-4 Ohmori, H. et al., *TL*, **35**, 4129.

$$R\text{-OH} \xrightarrow[\text{R'}_3\text{P, Et}_4\text{NX, MeCN}]{\text{constant current electrolysis}} \underset{70\text{-}96\ \%}{R\text{-H}}$$

III.F.1-5 Mandai, T. et al., *JOM*, **473**, 343; Masuyama, Y. et al., *CC*, 1219.

[Reaction: propargyl formate (R, HCO$_2$ on CH, C≡C-R') → Pd(acac)$_2$, Bu$_3$P → propargyl (R, H on CH, C≡C-R'), 85-97 %]

III.F.1-6 Crestini, C. and Saladino, R., *SC*, **24**, 2835; Gan, X. and Borchardt, R.T., *TL*, **35**, 3013.

[Reaction: 5-R-N-R'-isatin → NH$_2$NH$_2$, H$_2$O → 5-R-N-R'-oxindole, 80-92 %]

III.F.1-7 Linderman, R.J. et al., *TL*, **35**, 1477.

[Reaction: AcO-substituted bicyclic ketone with tetrahydropyranyl group → SmI$_2$, THF, HOCH$_2$CH$_2$OH, -78 °C → deoxygenated bicyclic ketone, 68 %]

III.F.1-8 DiVona, M.L. et al., *T*, **50**, 2949.

> **Zinc-Promoted Reactions. 8. The Effect of Ring Strain in the Reduction of 1,2-Dibenzoylcycloalkanes.**

III.F.1-9 Takahashi, K. et al., *BCJ*, **67**, 1107.

$$\text{R-CO}_2\text{H} \xrightarrow[\text{2-propanol}]{\text{SnO}_2,\ 300^\circ\text{C}} \text{R-Me} + \text{R-CH}_2\text{OH}$$

	R-Me	R-CH$_2$OH
R = Ar	65-98 %	1-16 %
R = alk	trace	51-69 %

III.F.1-10 Pedregal, C. and Ezquerra, J., *TL*, **35**, 2053.

Reagents: 1: LiEt$_3$BH; 2: BF$_3$·OEt$_2$; 3: Et$_3$SiH

78 %

III.F.1-11 Matsuki, K. et al., *CPB*, **42**, 9; see also: Winterfeldt, E. et al., *CB*, **127**, 2505.

Reagent: (R)-BINAL-H, EtOH

52-72 %, 64-99 % e.e.

III.F.1-12 Chowdhury, P.K. and Borah, P., *JCR(S)*, 230.

$$R-CO-R' \xrightarrow{\text{Zn, AlCl}_3\cdot 6\text{H}_2\text{O, aq THF}} R-CH_2-R' \quad 20\text{-}90\,\%$$

III.F.2. C-Hal → C-H

III.F.2-1 Maitra, U. and Sarma, K.D., *TL*, **35**, 7861.

X–C$_6$H$_4$–CO$_2$H $\xrightarrow{\text{NaHCO}_3,\text{ AIBN}}_{\text{Bu}_3\text{SnH, H}_2\text{O, }\Delta}$ H–C$_6$H$_4$–CO$_2$H

X = Br, I   84-99 %

III.F.2-2 Yoon, N.M. et al., *JOC*, **59**, 4687.

$$R\text{-}X \xrightarrow[\text{rt, 1-3 h}]{\text{BER, Ni(OAc)}_2\text{, MeOH}} R\text{-}H \quad 7\text{-}100\,\%$$

BER = borohydride exchange resin

III.F.2-3 Weiguny, J. and Schäfer, H.J., *LA*, 225 and 235.

[Cyclopentene with AcO and O-CHBr-CO$_2$R, OEt substituents] $\xrightarrow[\text{HOAc, MeOH, e}^-]{\text{Hg, LiOAc}}$ [Cyclopentene with O-CH$_2$-CO$_2$R, OEt]

91-93 %

III.F.2-4 Vcelak, J. et al., *CCC*, **59**, 1368 and 1645.

Dehalogenation of Chlorobenzenes with Sodium Dihydrobis(2-methoxyethoxy) Aluminate

---

III.F.2-5 Liao, S. et al., *TL*, **35**, 4599; Mason, J. and Milner, D.J., *SC*, **24**, 529; Tundo, P. et al., *JOC*, **59**, 3830 Heinisch, G. and Langer, T., *SC*, **24**, 773; **see also:** Roundhill, D.M. et al., *JOM*, **482**, 39.

Highly Active Polymer Anchored Palladium Catalyst for the Hydrodehalogenation of Organic Halides under Mild Conditions.

III.F.2-6 Kumar, V. et al., *TL*, **35**, 833; **see also:** Orvik, J.A., *JOC*, **59**, 12.

$XClFC(=O)$–[furan-steroid-OR'] $\xrightarrow[\text{THF, EtOH, }\Delta]{\text{NaSO}_2\text{CH}_2\text{OH}^*}$ $HXFC(=O)$–[furan-fragment]

X = Cl, F
* = Rongalit
80-86 %

III.F.2-7 Oba, M. and Nishiyama, K., *CC*, 1703.

R-X $\xrightarrow[\text{AIBN, Ph-H, 80°C}]{\text{[dibenzo-disilane, R',R', Me, H]}}$ R-H

X = Cl, Br
trace to 100 %

III.F.3. C-S → C-H

III.F.3-1 Hamel, P. et al., *JOC*, **59**, 6372; Hosomi, A. et al., *BCJ*, **67**, 1495; Yamakawa, K. et al., *T*, **50**, 4957.

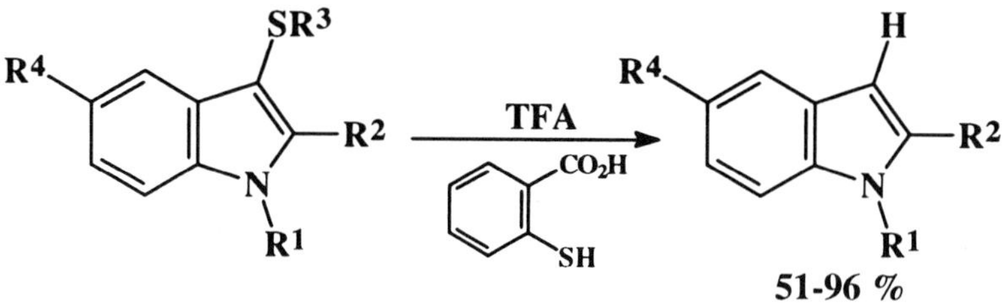

[Reaction: 3-SR³, 2-R², N-R¹, 5-R⁴ indole + TFA, 2-mercaptobenzoic acid → 3-H indole, 51-96%]

III.F.3-2 Hansen, M.M. and Harkness, A.R., *TL*, **35**, 6971.

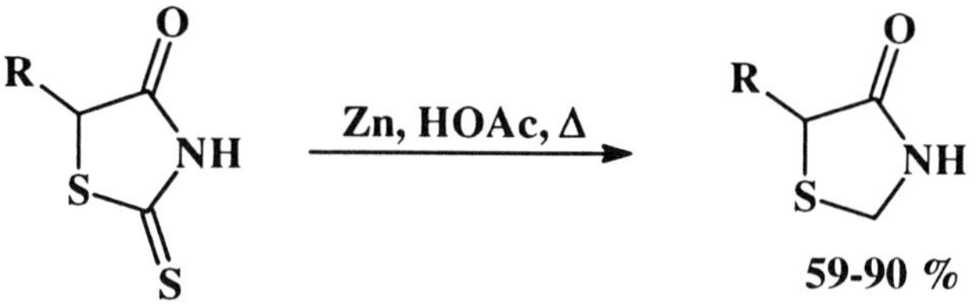

[Reaction: 5-R-2-thioxo-thiazolidin-4-one + Zn, HOAc, Δ → 5-R-thiazolidin-4-one, 59-90%]

III.F.3-3 Kurihara, T. et al., *TL*, **35**, 1255.

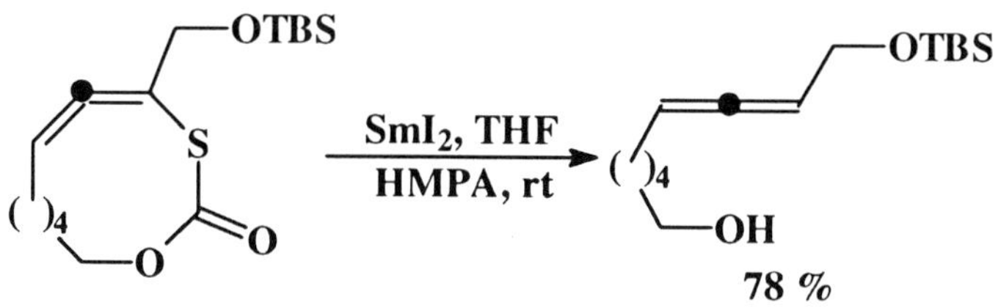

[Reaction: cyclic thiocarbonate with OTBS + SmI₂, THF, HMPA, rt → acyclic diene with OTBS and OH, 78%]

III.F.3-4 Falck, J.R., Mioskowski, C. et al., *TL*, **35**, 5437.

$$\underset{R'}{\overset{R}{\diagdown}}\mathrm{C}\underset{SO_2Ph}{\overset{SO_2Ph}{\diagup}} \xrightarrow[\text{2: H}_2\text{O}]{\text{1: LiNp}} \underset{R'}{\overset{R}{\diagdown}}\mathrm{C}\underset{H}{\overset{SO_2Ph}{\diagup}}$$

0-97 %

III.F.3-5 Alcaide, B., Sierra, M.A. et al., *JOC*, **59**, 7934.

[β-lactam with R^2 and SMe, SMe at C-3; R^1 at C-4; N-R] $\xrightarrow[\text{aq THF, -20°C to rt}]{\text{NiCl}_2\cdot6\text{H}_2\text{O, NaBH}_4}$ [β-lactam with R^2, R^1; N-R]

18-90 %

III.G. Reductive Cleavages

III.G.1. Oxiranes

III.G.1-1 Guanti, G. et al., *T*, **50**, 2219.

R^1–[epoxide]–CH(CH$_2$OR^2)(CH$_2$OR^3) $\xrightarrow[\text{MgI}_2]{\text{Bu}_3\text{SnH, AIBN}}$ R^1–CH$_2$–CH(OH)–CH(CH$_2$OR^2)(CH$_2$OR^3)

99 %

III.G.1-2 Meth-Cohn, O., Horak, R.M., and Fouche, G., *JCS(P1)*, 1517.

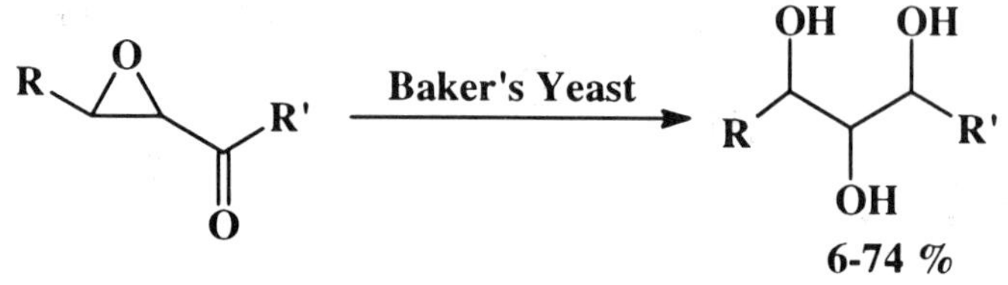

R—CH(O)—CH—C(=O)—R' →[Baker's Yeast] R—CH(OH)—CH(OH)—CH(OH)—R'

6-74 %

III.G.1-3 Chong, J.M. and Johannsen, J., *TL*, **35**, 7197.

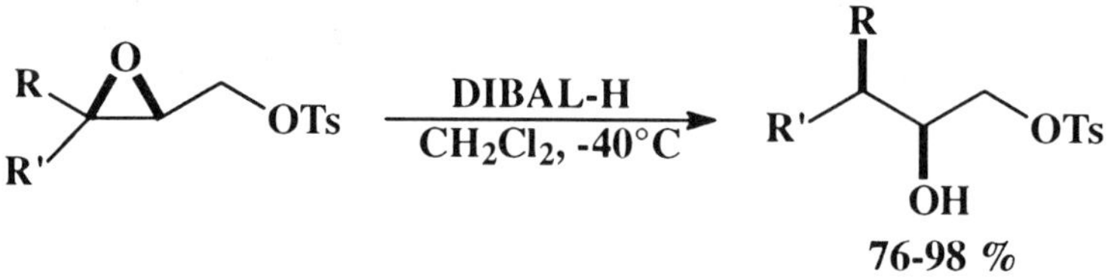

$$\text{R,R'-epoxide-CH}_2\text{OTs} \xrightarrow[\text{CH}_2\text{Cl}_2,\ -40°\text{C}]{\text{DIBAL-H}} \text{R'-CH(R)-CH(OH)-CH}_2\text{OTs}$$

76-98 %

III.G.1-4 Pepito, A.S. and Dittmer, D.C., *JOC*, **59**, 4311; Takano, S. et al., *H*, **39**, 59.

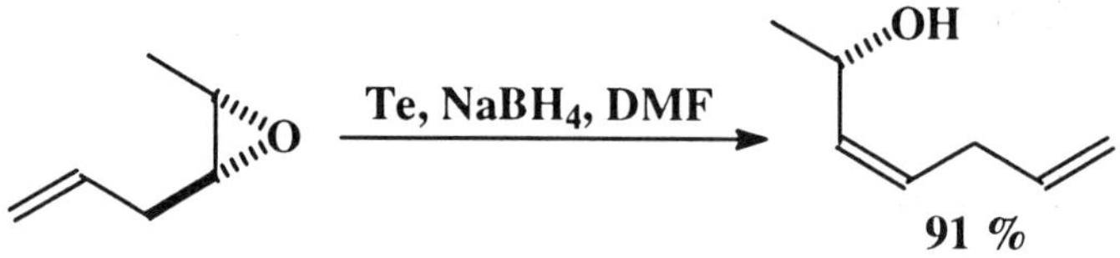

allyl-epoxide →[Te, NaBH₄, DMF] (Z)-alkenediene-OH

91 %

III.G.2. N-O Cleavages

III.G.2-1 Dutta, B.K., Konwar, D., and Sandhu, J.S., *JCR(S)*, 388.

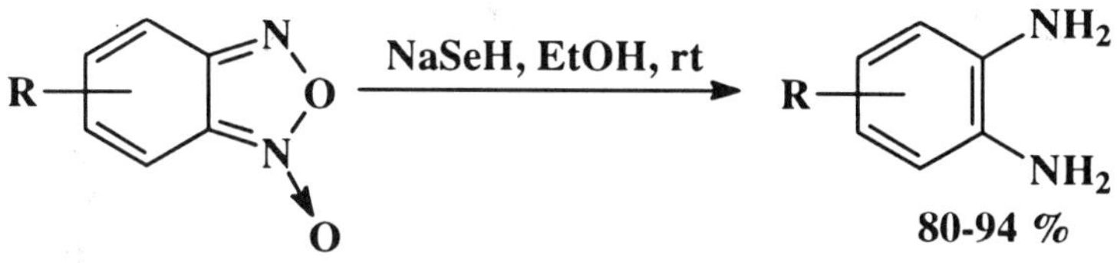

R—[benzofurazan N-oxide] →(NaSeH, EtOH, rt)→ R—[benzene-1,2-diamine]

80-94 %

III.G.2-2 Simpson, G.W. et al., *CC*, 2035.

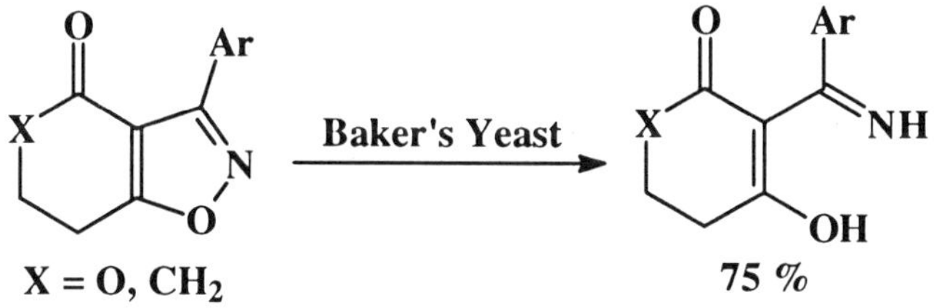

→(Baker's Yeast)→

X = O, CH$_2$

75 %

III.G.3. Other Reductive Cleavages

III.G.3-1 Martens, J. et al., *SC*, **24**, 1381.

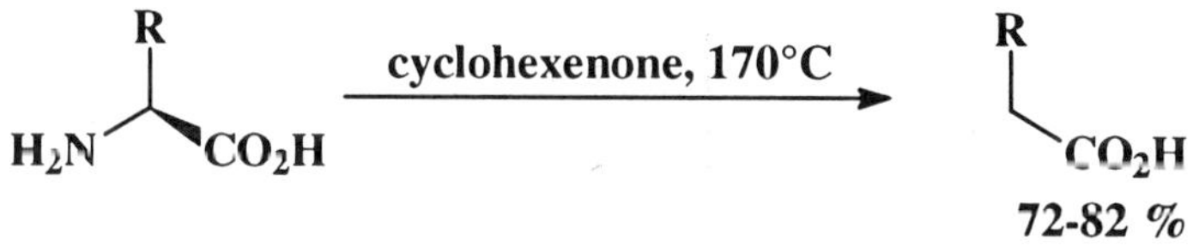

H$_2$N–CHR–CO$_2$H →(cyclohexenone, 170°C)→ R–CH$_2$–CO$_2$H

72-82 %

III.G.3-2 Anaya, J., Laso, N.M. et al., *TA*, **5**, 2137.

[Scheme: β-lactam with MeO, CO₂H, SPr, R substituents reacts with 1: 2,2'-dithiopyridine-1,1-di-N-oxide, Ph₃P, CH₂Cl₂; 2: ^{t}BuSH, hv → β-lactam with MeO, Me, SPr, R substituents, 58-60 %]

III.G-3-3 Sato, F. et al., *CC*, 279.

$C_5H_{11}-C\equiv C-CO-O-CH_2-CH=CH_2$ $\xrightarrow{\text{Pd(0), morpholine}, \Delta}$ $C_5H_{11}-C\equiv C-H$ 100 %

III.H. Reduction of Azides

III.H-1 Holletz, T. and Cech, D., *S*, 789.

[Scheme: furanose with RO, B, N₃ substituents → furanose with RO, B, NH₂, 89-100 %; reagents: dioxane, NH₃, polymer-supported Ph₂P-C₆H₄-CH-CH₂]

III.H-2 Sato, N. et al., *S*, 939.

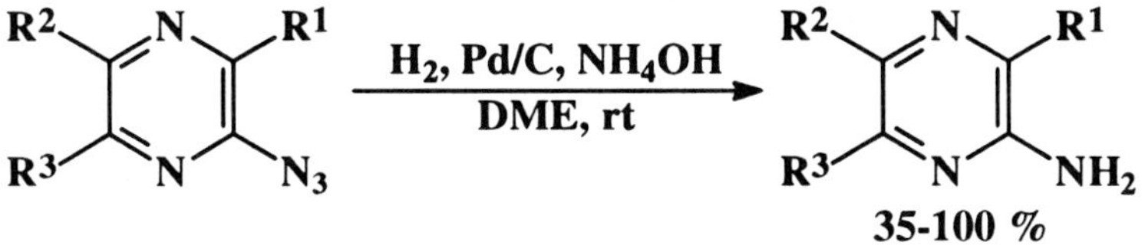

R²–R³ substituted pyrazine with R¹ and N₃ → $\xrightarrow{\text{H}_2,\text{ Pd/C, NH}_4\text{OH}}_{\text{DME, rt}}$ → corresponding pyrazine with NH₂ replacing N₃, 35-100 %

III.H-3 Armstrong III, J.D., Eng, K.K. et al., *TL*, **35**, 3239.

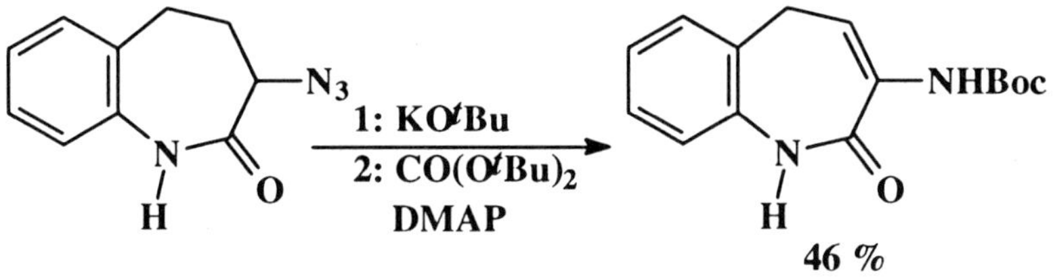

benzazepinone with –N₃ $\xrightarrow{\text{1: KO}^t\text{Bu}}_{\text{2: CO(O}^t\text{Bu})_2,\text{ DMAP}}$ benzazepinone with –NHBoc, 46 %

III.H-4 Ranu, B.C. et al., *JOC*, **59**, 4114; Rao, H.S.P and Siva, P., *SC*, **24**, 549.

R-N₃ $\xrightarrow{\text{Zn(BH}_4)_2,\text{ DME}}$ R-NH₂

R = aroyl, aryl, arylsulfonyl, acyl, alkyl   84-95 %

IV
SYNTHESIS OF HETEROCYCLES

IV.A. Oxiranes, Aziridines and Thiiranes

IV.A-1 Evans, D.A. et al., *JACS*, **116**, 2742.

IV.A-2 Tardella, P.A. et al., *T*, **50**, 11235.

IV.A-3 Michida, T. and Sayo, H., *CPB*, **42**, 27.

IV.A-4 Cha, J.K. et al., *TL*, **35**, 3489.

IV.A-5 Davis, F.A. et al., *JOC*, **59**, 3243.

[Reaction scheme: p-Tolyl sulfinimine + Br-C(OMe)=CH-OLi, at -78 °C, gives aziridine with CO₂Me, N-S(O)-Tolyl-p, 60-77%, (2S, 3S)]

IV.A-6 DeKimpe, N. et al., *TL*, **35**, 8023 and *SL*, 287; **see also:** Jahnisch, K., *JPR*, **336**, 73; Sweeney, J.B. et al., *TL*, **35**, 3159.

[Reaction: R^1CH=N-(CH$_2$)$_n$-Cl (n = 1,2) + 1.1 eq R^2Li, THF, -78 °C, 1-2h → aziridine with R^1R^2CH-N, 58-89%]

IV.A-7 Deshmulch, M. et al., *M*, **125**, 743; Atkinson, R.S. et al., *CC*, 2031.

[Reaction: 2-isobutyl-3-amino-quinazolinone + alkene (R^1R^2C=CR^3R), LTA, CH$_2$Cl$_2$ → N-aziridinyl quinazolinone, 58-72%]

IV.A-8 Yamamoto, H. et al., *SL*, 521; Aggarwal, V.K. et al., *JACS*, **116**, 5973; Bravo, P. et al., *TA*, **5**, 987; Heimgartner, H. et al., *HCA*, **77**, 1077.

RCHO + CH$_2$N$_2$ $\xrightarrow[\text{-78 °C}]{\text{ATPH} \atop \text{CH}_2\text{Cl}_2}$ R-epoxide, 75-85%

IV.A-9 Aggarwal, V.K. et al., *TA*, **5**, 723; Griengl, H. et al., *LA*, 999.

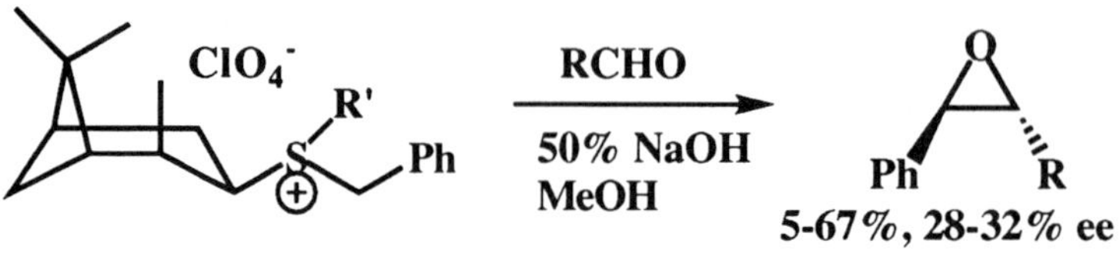
ClO4-
R'
S
Ph
RCHO
50% NaOH
MeOH
O
Ph
R
5-67%, 28-32% ee

IV.A-10 Gravier-Pelletier, C. et al., *SC*, **24**, 2843.

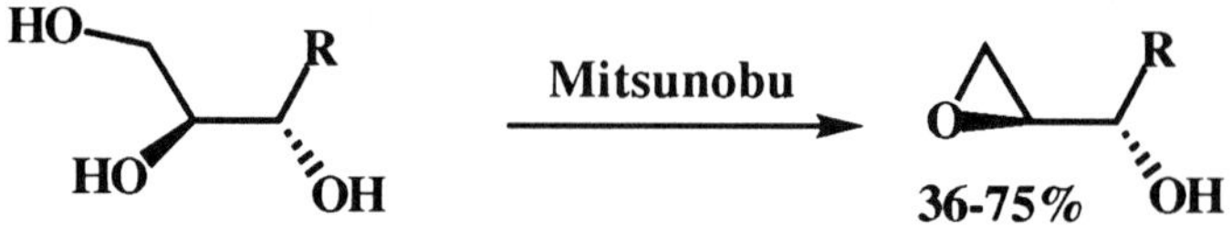
HO
R
HO
OH
Mitsunobu
O
R
36-75%
OH

IV.A-11 Capozzi, G., Skowronska, A. et al., *SL*, 267.

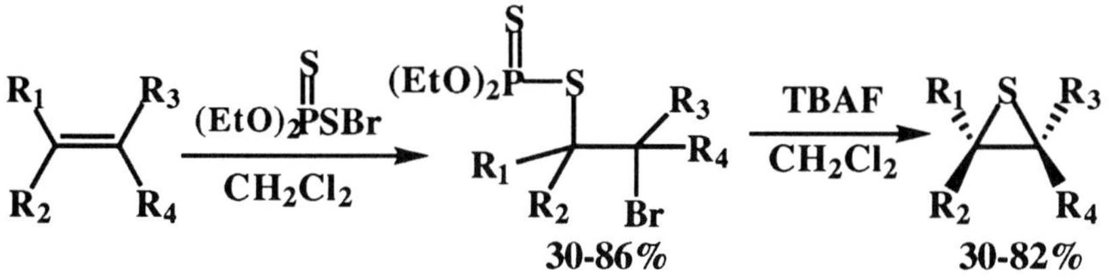
R1
R3
R2
R4
S
(EtO)2PSBr
CH2Cl2
S
(EtO)2P
S
R3
R4
R1
R2
Br
30-86%
TBAF
CH2Cl2
R1
S
R3
R2
R4
30-82%

IV.B. Oxetanes, Azetidines and Thietanes

IV.B-1 Beak, P. et al., *JOC*, **59**, 276.

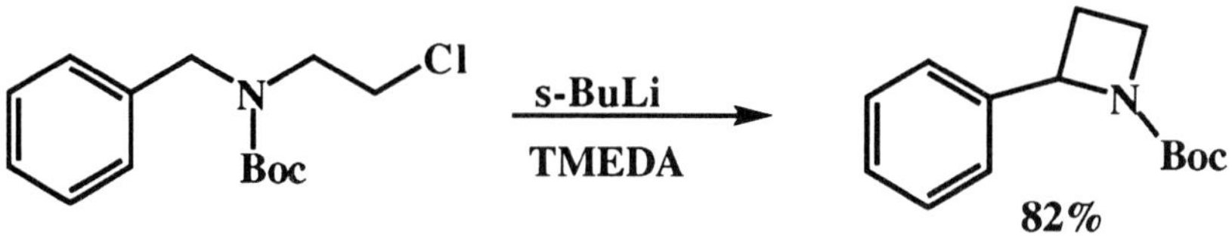
N
Cl
Boc
s-BuLi
TMEDA
N
Boc
82%

SYNTHESIS OF HETEROCYCLES

IV.B-2 Sauter, F. et al., *H*, **37**, 1879; Kato, K. et al., *T*, **50**, 13335.

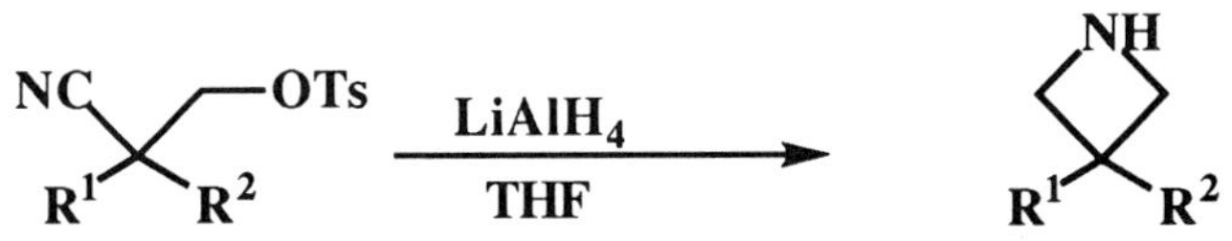

similarly by reduction of azides

41-90%

IV.B-3 Bach, T., *TL*, **35**, 5845; Watt, D.S. et al., *JOC*, **59**, 4677.

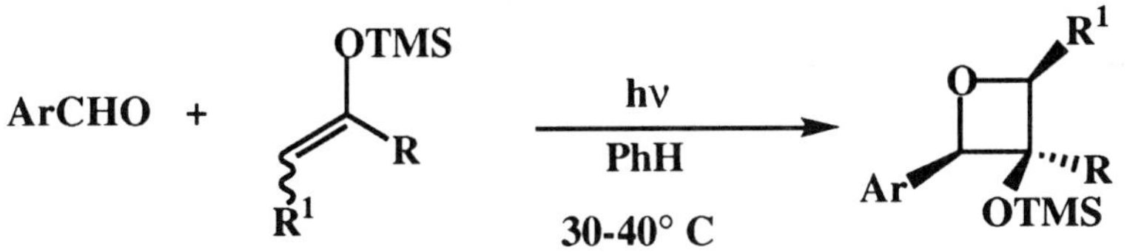

Z/E 25/75 to >95/5

35-87%, 65->95% ds

IV.B-4 Galatsis, P. and Parks, D.J., *TL*, **35**, 6611; see also: Holton, R.A. et al., *JACS*, **116**, 1599.

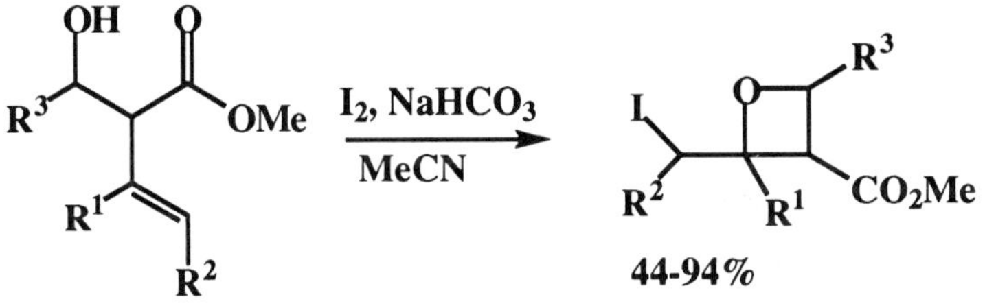

44-94%

IV.B-5 Rozwadowska, M.D., *TA*, **5**, 1327.

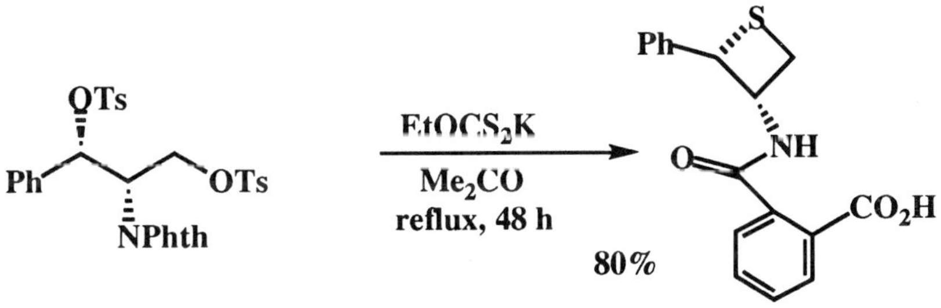

80%

IV.C. Lactams

IV.C-1 Chmielewski, M. et al., *SL*, 539.

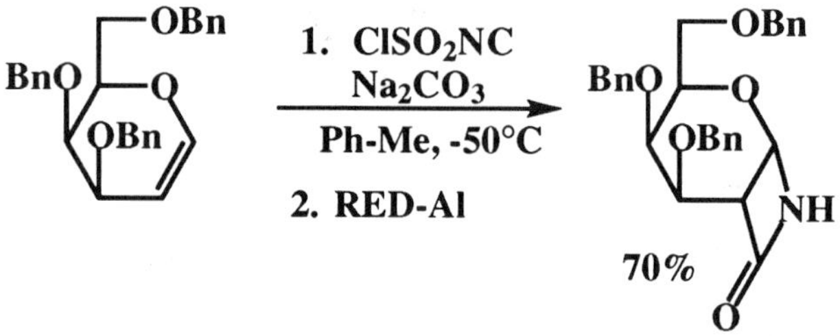
OBn
BnO
O
OBn
1. ClSO2NC
Na2CO3
Ph-Me, -50°C
2. RED-Al
OBn
BnO
O
OBn
NH
70%
O

IV.C-2 DeShong, P. et al., *JOC*, **59**, 6282.

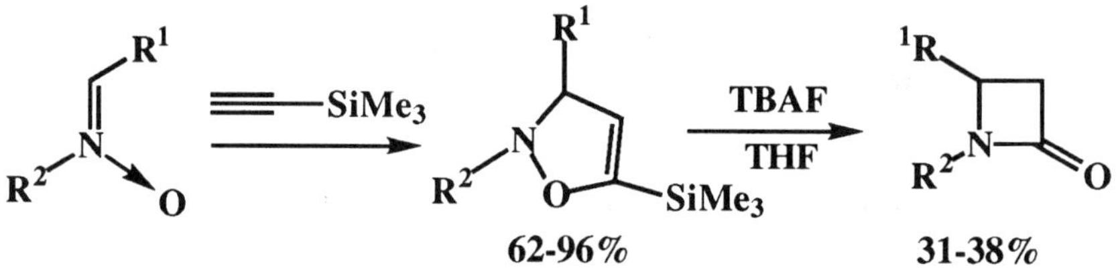
R1
N
R2
O
SiMe3
R1
N
R2
O
SiMe3
62-96%
TBAF
THF
1R
N
R2
O
31-38%

IV.C-3 Weinreb, S.M. et al., *JOC*, **59**, 5856.

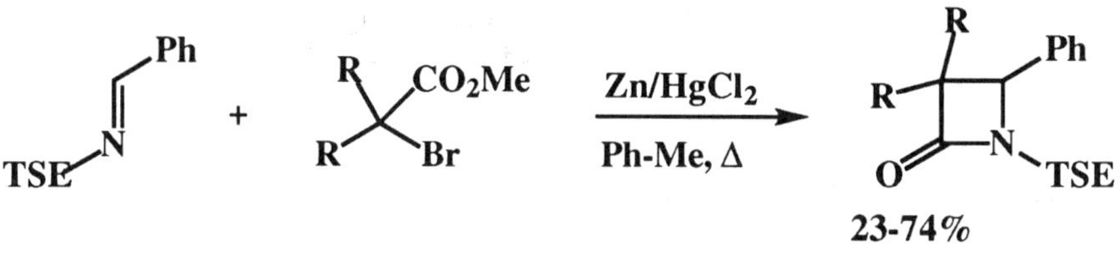
Ph
N
TSE
+
R
CO2Me
R
Br
Zn/HgCl2
Ph-Me, Δ
R
Ph
R
O
N
TSE
23-74%

IV.C-4 Hashimoto, S. et al., *SL*, 1031.

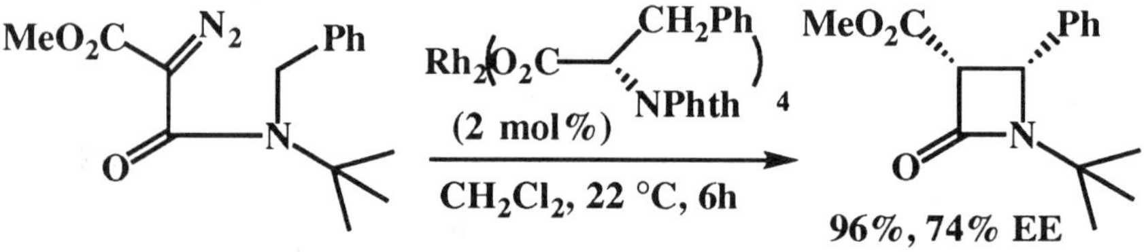
MeO2C
N2
Ph
O
N
Rh2(O2C
CH2Ph
NPhth
4
(2 mol%)
CH2Cl2, 22 °C, 6h
MeO2C
Ph
O
N
96%, 74% EE

IV.C-5 Ishibashi, H. et al., *SL*, 445.

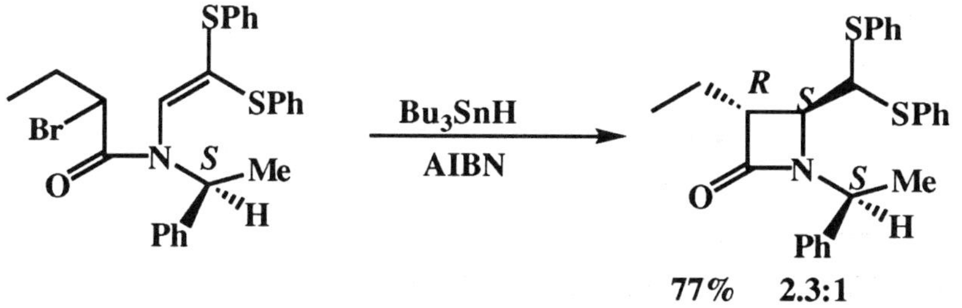

77% 2.3:1

IV.C-6 Dumas, S. and Hegedus, L.S., *JOC*, **59**, 4967.

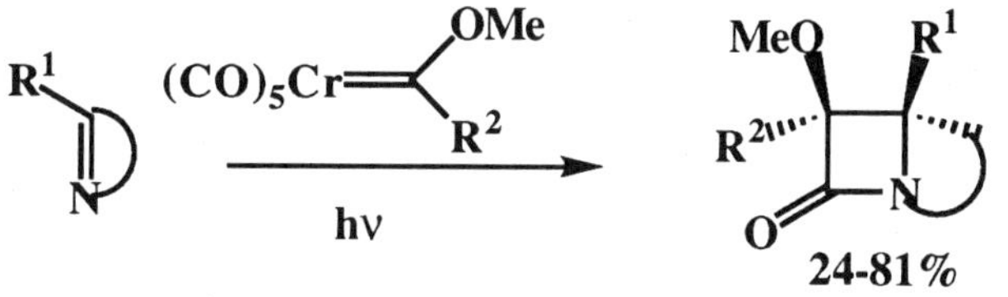

24-81%

IV.C-7 Alcaide, B. et al., *JOC*, **59**, 7994; Cainelli, G. et al., *S*, 805; van Koten, G. et al., *RTC*, **113**, 567.

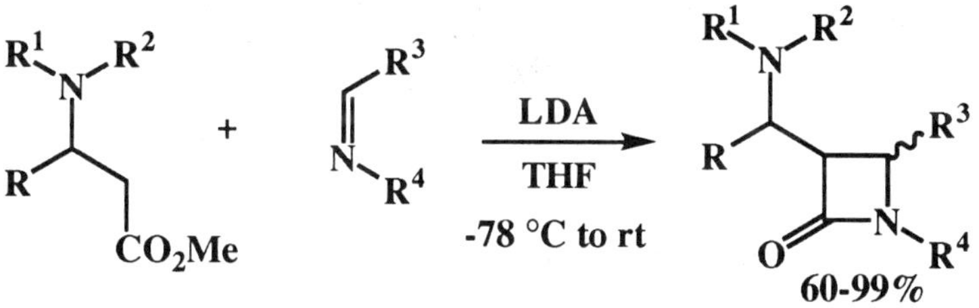

60-99%

IV.C-8 Georg, G.I. and Wu, Z., *TL*, **35**, 381; Alcaide, B. et al., *JOC*, **59**, 8003; Maiorana, S. et al., *TA*, **5**, 809.

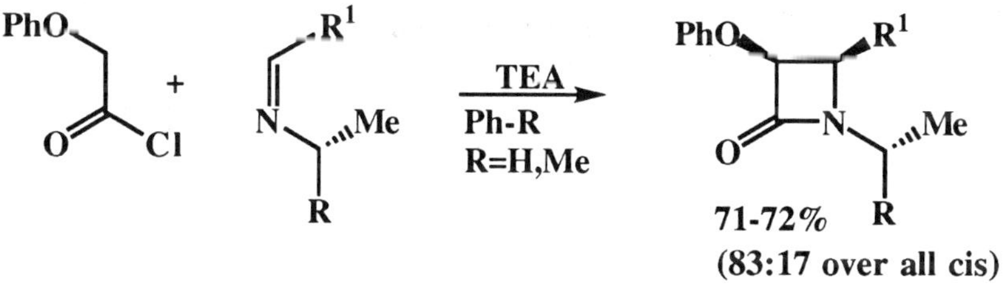

71-72%
(83:17 over all cis)

IV.C-9 Cinquini, M., Cozzi, F. et al., *T*, **50**, 9471.

IV.C-10 Yamamoto, Y. et al., *TL*, **35**, 8425.

IV.C-11 Guanti, G. et al., *T*, **50**, 11967 and 11994.

IV.C-12 Torii, S. et al., *JOC*, **59**, 3040.

IV.C-13 Meegan, M.J. et al., *JCR(S)*, 342.

X–CH$_2$CH$_2$–C(O)–NHR →[Calix[4]arene / KOH] β-lactam (N-R)   **68-90%**

IV.C-14 Parsons, A.F. et al., *JCS(P1)*, 3257 and 1945 and *CC*, 1224; Orena, M. et al., *H*, **38**, 2663; Zard, S.Z. et al., *TL*, **35**, 1719.

R-CHCl-C(O)-N(Bn)-C(=CH$_2$)CO$_2$Me →[Bu$_3$SnH / AIBN] pyrrolidinone with R, N-Bn, CO$_2$Me   **33-70%**

IV.C-15 Cossy, J. and Bouzide, A., *CC*, 1218.

(pyrrolidinyl-cyclopentenyl)-C(O)-N(allyl)$_2$ →[Co(OAc)$_2$ / rt] spirocyclic diketo-pyrrolidine (N-allyl)   **60%**

IV.C-16 Zard, S.Z. et al., *TL*, **35**, 6109.

PhCO-O-N(-)-C(CN)(cyclohexyl)-... pentenoyl →[Bu$_3$SnH / AIBN (cat.)] pyrrolidinone (N-cyclohexyl, CH$_2$CN)   **83%**

IV.C-17 Cossy, J. et al., *TL*, **35**, 1541.

IV.C-18 Jackson, W.R. et al., *T*, **50**, 2533.

IV.C-19 Yoshii, E. et al., *H*, **38**, 1839.

IV.C-20 Marcaccini, S. et al., *S*, 765.

IV.C-21 Zard, S.Z. et al., *TL*, **35**, 9553.

IV.C-22 Miura, M. et al., *JCR(S)*, 372.

IV.C-23 MaGee, D.I. and Ramaseshan, M., *SL*, 743.

IV.C-24 Stille, J.R. et al., *JOC*, **59**, 3575.

IV.C-25 Ray, P.S. and Manning, M.S., *H*, **38**, 1361.

[Scheme: 2-vinylbenzamide with NHNHCOR group + MCPBA, CH$_2$Cl$_2$, 0 to 20 °C → 4-hydroxy-3,4-dihydroisoquinolin-1(2H)-one with N-NHCOR, 20-58%]

IV.C-26 Grigg, R. et al., *TL*, **35**, 4429; Nimgirawath, S. and Ponghusabun, O., *AJC*, **47**, 951.

[Scheme: 2-iodo-N-benzyl-N-(2-methylallyl)benzamide + Pd(0), CO/NaBPh$_4$ → 4-methyl-4-(2-oxo-2-phenylethyl)-2-benzyl-3,4-dihydroisoquinolin-1(2H)-one, 60%]

IV.C-27 Fukumoto, K. et al., *H*, **37**, 289.

[Scheme: indole-containing bromo-acrylate amide + (TMS)$_3$SiH, AIBN, Ph-H, Δ → bicyclic piperidinone product, 62%]

IV.C-28 Abdel-Magid, A.F. et al., *Sl*, 81.

[Scheme: R(R')C=O + H$_2$N-(CH$_2$)$_n$-CO$_2$Me, NaBH(OAc)$_3$, DCE or THF → lactam product, 50-96%]

IV.C-29 Chuang, C.P. and Wang, S.F., *TL*, **35**, 1283.

IV.C-30 Lowe, J.A. III et al., *JMC*, **37**, 3789.

IV.D   Lactones

IV.D-1 Miyano, S. et al., *CC*, 2281 and *JCS(P1)*, 1549.

$$R^1CHO + CH_2=C=O$$

IV.D-2 Vederas, J.C. et al., *JOC*, **59**, 3642.

IV.D-3 Schick, H. et al., *JOC*, **59**, 3161.

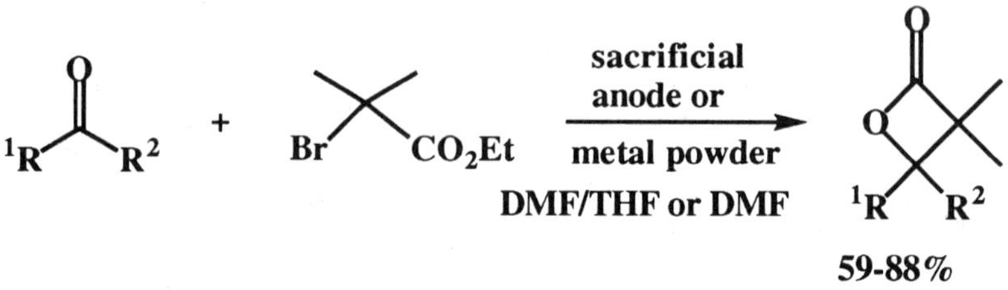

$^1R-C(=O)-R^2$ + Br-C(Me)(Me)-CO$_2$Et →(sacrificial anode or metal powder, DMF/THF or DMF)→ β-lactone with ^1R, R^2 at C and two Me groups

59-88%

IV.D-4 Quayle, P. et al., *TL*, **35**, 8883 and 3801.

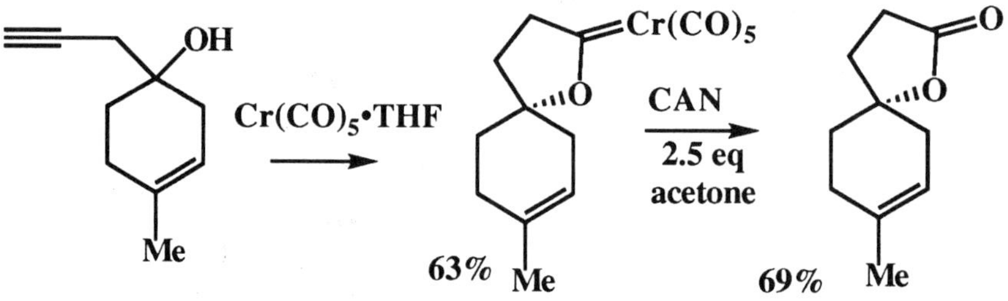

propargyl-substituted cyclohexenol →(Cr(CO)$_5$·THF)→ spirocyclic Fischer carbene (63%) →(CAN, 2.5 eq acetone)→ spirolactone (69%)

IV.D-5 Schmeck, C. and Hegedus, L.S., *JACS*, **116**, 9927.

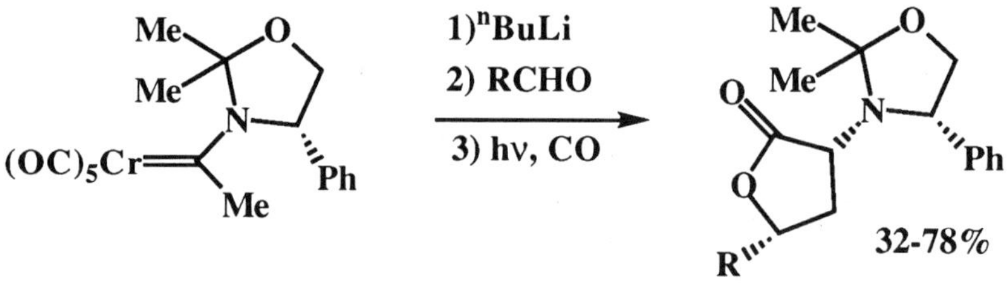

(OC)$_5$Cr=C(Me)–N(oxazolidine with Me,Me,Ph) →(1) ^{n}BuLi; 2) RCHO; 3) hν, CO)→ γ-butyrolactone-oxazolidine product

32-78%

IV.D-6 Inoue, Y. et al., *TL*, **35**, 5889; **see also:** Hoye, T.R. et al., *TL*, **35**, 7517.

$$R-\!\!\equiv\!\!-C(Me_2)OH \xrightarrow[\text{THF, 50 °C, 1-3 h}]{\text{CO, [Pd(MeCN)}_2(\text{PPh}_3)_2](\text{BF}_4)_2} \text{butenolide}$$

12-99% major

IV.D-7 Compain, P., Vatele, J.M. and Gore, J., *SL*, 943.

$$R^1R^2C(OH)CH_2C\!\!\equiv\!\!CSiMe_3 \xrightarrow[\text{CH}_3\text{CN - 1N HCl}]{\text{Pd(II)-CuCl}_2\text{-O}_2} \gamma\text{-butyrolactone}$$

50-74%

IV.D-8 Lu, X. et al., *T*, **50**, 9067 and *TL*, **35**, 613.

allyl propiolate $\xrightarrow[\text{CH}_2\text{Cl}_2, \text{MeOH, CO}]{\text{PdCl}_2, \text{CuCl}_2, \text{propylene oxide, HC(OEt)}_3}$ substituted butyrolactone with CO_2Me groups

62-80%

IV.D-9 Piva, O., *T*, **50**, 13687.

$$R^3R^2C\!\!=\!\!CR^1\text{-CH-C(O)OEt} \xrightarrow[\text{CH}_3\text{CN}, \Delta]{\text{TMS-Cl (1 eq), NaI (1.3 eq)}} \gamma\text{-butyrolactone}$$

67-87%

IV.D-10 Kurth, M.J. et al., *JOC*, **59**, 3389 and *TL*, **35**, 8915.

IV.D-11 Martin, V.S. et al., *JOC*, **59**, 4461.

IV.D-12 Honda, T. et al., *JCS(P1)*, 1043; **see also:** Taber, D.F. and Houze, J.B., *JOC*, **59**, 4004; Das, J. and Chandrasekaran, S., *T*, **50**, 11709.

IV.D-13 Eguchi, S. et al., *JOC*, **59**, 4707.

IV.D-14 Rosini, G. et al., *TL*, **35**, 2949.

[Reaction: bicyclic cyclobutanone with Me substituent + H$_2$O$_2$, AcOH, 0 °C → bicyclic lactone, 95%]

IV.D-15 Cha, J.K. et al., *TL*, **35**, 3449.

[Reaction: polycyclic hydroxymethyl ketone + PhI(OAc)$_2$, I$_2$ → iodolactone, 76-82%]

IV.D-16 Taguchi, T. et al., *TL*, **35**, 1059; D'Annibale, A. and Trogolo, C., *TL*, **35**, 2083; Cazes, B. et al., *TL*, **35**, 2881.

[Reaction: diester alkene with OBn group + I$_2$, CuO, Ti(O^{t}Bu)$_4$, CH$_2$Cl$_2$, rt → bicyclic lactone with CO$_2$Me and OBn, 82%, (trans:cis = 13:1)]

IV.D-17 Sato, F. et al., *TL*, **35**, 4389.

[Reaction: TMS-vinyl ester + AD mix-β, ^{t}BuOH-H$_2$O → γ-butyrolactone with OH and TMS, 75%, 86% ee]

IV.D-18 Prasad, K. et al., *TA*, **5**, 303.

HO–CH=CH–OH (cis) → [nocardia corallina B-276, 24 h] → but-2-en-4-olide (furan-2(5H)-one)

50%

IV.D-19 Bonete, P. and Najere, C., *JOC*, **59**, 3202; **see also:** deGroot, A. et al., *TL*, **35**, 2977.

Ts–CH(R^2)–CH(R^1)–C(=O)–OH → 1) 2 eq BuLi, −78 °C; 2) R^3R^4CO; 3) TFAA; 4) DBU → butenolide with R^1, R^2, R^3, R^4

25-90%

IV.D-20 Kaschabek, S.R. and Reineke, W., *JOC*, **59**, 4001.

catechol (X,X-disubstituted) + HOOAc/[Fe^{3+}], HOAc, rt, 48 h → furanone–CH=CH–CO_2H with X

X = H, F, Cl, Br

31-34%

IV.D-21 Doyle, M.P., Muller, P. et al., *JACS*, **116**, 4507.

Me-cyclohexyl–O–C(=O)–CHN_2 → Rh_2L_4, CH_2Cl_2 → bicyclic lactone

cis:trans, 63:37 to 10:90

IV.D-22 Holton, R.A. et al., *JACS*, **116**, 1597.

[Scheme: bicyclic carbonate with TBSO, OTES, butenyl substituents → LTMP, −25 to −10° → hydroxy lactone, 90%]

IV.D-23 Imamoto, T. et al., *TL*, **35**, 7805.

[Scheme: cyclopropane-1,1-dicarboxylate (R^1, CO$_2$Me, CO$_2$Me) + R^2-CO-R^3, SmI$_2$, Fe(DBM)$_3$, THF, Δ → δ-lactone with CO$_2$Me, 15-76%]

IV.D-24 Fukumoto, K. et al., *JOC*, **59**, 5317; **see also:** Ryu, I., Sonoda, N. et al., *SL*, 643.

[Scheme: bromomethyl acrylate ester, (TMS)$_3$SiH, AIBN → bicyclic lactone, 91%]

IV.D-25 Larock, R.C. and Yang, H., *SL*, 748; Kraus, G.A. and Ridgeway, J., *JOC*, **59**, 4735; Hanaoka, M. et al., *CPB*, **42**, 1700; **see also:** Catellani, M. et al., *TL*, **35**, 5919 and 5923.

[Scheme: 2-vinylbenzoic acid + R^1-C(X)=CHR^2, Pd(OAc)$_2$, Bu$_4$NCl, Li$_2$CO$_3$, DMF → isocoumarin/isochromanone with vinyl substituent, 34-82%]

IV.D-26 West, F.G. et al., *TL*, **35**, 9653.

IV.D-27 Suarez, E. et al., *JOC*, **59**, 6395.

IV.D-28 Pirrung, F.O.H., Hiemstra, H. and Speckamp, W.N., *T*, **50**, 12415.

IV.D-29 Buszek, K.R. et al., *JACS*, **116**, 5511.

IV.D-30 Boden, C. and Pattenden, G., *SL*, 181.

IV.D-31 Arseniyadis, S. et al., *TL*, **35**, 7949.

IV.E   Furans and Thiophenes

IV.E-1 Hiemstra, H., Speckamp, W.N. et al., *JOC*, **59**, 1993.

[Reaction: R-CH=CH-CH₂-CH₂-O-CH(Cl)-CO₂Me → (with Cu(bpy)Cl) → tetrahydrofuran with R, Cl, and CO₂Me substituents, 75-95%]

IV.E-2 Delgado, A. et al., *TL*, **35**, 4011.

[Reaction: allyl ether with Ph and vinyl bromide → (Ni(CO)₄, ROH) → tetrahydrofuran with Ph, exo-methylene, and CO₂R, 66-76%]

IV.E-3 Rudler, H. et al., *OM*, **13**, 4708.

(OC)₅Cr=C(NMePh)H → 1. Ph—≡—Ph, PhMe, heat; 2. pyridine, reflux → furan with PhMeN, Ph, Ph substituents, 70%

IV.E-4 Trost, B.M. et al., *TL*, **35**, 4059; **see also:** *JOC*, **59**, 1078 and *JACS*, **116**, 10819; Marson, C.M. et al., *CC*, 1879.

[Reaction: alkyne-diol substrate with Ph₃P-Ru(Cp)-Cl catalyst, NH₄PF₆, allyl alcohol → bicyclic tetrahydrofuran product with enone, 66%]

IV.E-5 Jiang, S. and Turos, E., *TL*, **35**, 7889.

IV.E-6 Lautens, M. et al., *JACS*, **116**, 8821.

IV.E-7 Iwata, C. et al., *CC*, 1529 and *JOC*, **59**, 4727.

IV.E-8 McKervey, M.A. et al., *TL*, **35**, 7269; **see also:** Kazuhiro, M., Aoyama, T. and Shioiri, T., *SL*, 461.

IV.E-9 Pirrung, M.C. et al., *TL*, **35**, 6229.

IV.E-10 Malacria, M. et al., *SL*, 366; see also: Rai, R. and Collum, D.B., *TL*, **35**, 6221; Schinzer, D. et al., *TL*, **35**, 5853; Torii, S. et al., *BCJ*, **67**, 595; Cossy, J. et al., *TL*, **35**, 1205 and 8161; Burke, S.D. and Jung, K.W., *TL*, **35**, 5837 and 5841; Parker, K.A. and Fokas, D., *JOC*, **59**, 3927 and 3933.

similar radical cyclizations upon alkenes or alkynes

IV.E-11 Walkup, R.D. et al., *JOC*, **59**, 3433 and *TL*, **35**, 8545; Marshall, J.A. and Bennett, C.E., *JOC*, **59**, 6110; Garcia, M.A., Meou, A. and Brun, P., *SL*, 911.

IV.E-12 Panek, J.S. et al., *TL*, **35**, 6453; Taber, D.F. et al., *JOC*, **59**, 3442; **see also:** Galatsis, P. et al., *JOC*, **59**, 6643; Horita, K., Yonemitsu, O. et al., *SL*, 40; da Silva, G.V.J., Pelisson, M.M.M. and Constantino, M.G., *TL*, **35**, 7327; Tiecco, M. et al., *SL*, 373; Andersson, P.G. and Aranyos, A., *TL*, **35**, 4441.

similar cyclizations induced by I_2, Se, or Pd

20-81%
6:1 to 30:1 syn: anti

IV.E-13 Wasserman, H.H. and Lee, G.M., *TL*, **35**, 9783; **see also:** Solladie, G. and Dominquez, C., *JOC*, **59**, 3898.

68-95%

IV.E-14 Kang, K.T., *SC*, **24**, 2915; **see also:** Kel'in, A.V. and Kulinkovich, O.G., *JOU*, **30**, 202; Dong, Y. et al., *TL*, **35**, 9367.

50-85%

IV.E-15 Marot, C. and Rollin, P., *TL*, **35**, 8377; **see also:** Brown, R.C.D. and Kocienski, P.J., *SL*, 415.

IV.E-16 Kanematsu, K. et al., *T*, **50**, 5645 and *CC*, 1979; Gustafsson, J. and Sterner, O., *JOC*, **59**, 3994; Grinsteiner, T.J. and Kishi, Y., *TL*, **35**, 8333; Schlessinger, R.H. et al., *JOC*, **59**, 3246; Cook, M.J. and Cracknell, S.J., *T*, **50**, 12125; Wong, H.N.C. et al., *JOC*, **59**, 3917; Yadav, J.S. et al., *TL*, **35**, 3609.

IV.E-17 Grubbs, R.H. et al., *JOC*, **59**, 4029.

similarly for the synthesis of other vinyl ethers

IV.E-18 Swenton, J.S. et al., *TL*, **35**, 7529; see also: Harayama, T. et al., *CPB*, **42**, 1550.

[Reaction: 4-methoxyphenol with R substituent + $R_2R_3C=CR_1SPh$ under anodic oxidation gives 2,3-dihydrobenzofuran with PhS, R_1, R_2, R_3, OCH$_3$, R substituents, 35-88%]

IV.E-19 Knight, D.W. et al., *SL*, 253.

[Reaction: 1-aminobenzotriazole with R_1, R_2, OH side chain + NBS or NIS gives 2,3-dihydrobenzofuran with X, R_1, R_2 substituents, 38-92%, X = Br, I]

IV.E-20 Dzhemilev, U.M. and Ibragimov, A.G., *JOMC*, **466**, 1; see also: Fagan, P.J., Nugent, W.A. and Calabrese, J.C., *JACS*, **116**, 1880.

[Reaction: aluminacyclopentane with Et and R substituents + Se or S$_8$ in PhH, 80° gives tetrahydroselenophene/thiophene, X = Se, S, 60-85%]

IV.E-21 Freeman, F. et al., *JOC*, **59**, 4350; see also: Chambers, R.D. et al., *JCS(P1)*, 3119.

[Reaction: Ph–C≡C–C≡C–Ph + Ar'-CH$_2$SH gives thiophene with Ph, Ar', CH$_2$Ph substituents, 54-66%]

IV.E-22 Murphy, P.J. et al., *JCS(P1)*, 2403.

[Reaction: cyclopropyl(CO₂Et)(PPh₃⁺BF₄⁻) + ClC(O)R, Na₂S, THF reflux → 2-R-3-CO₂Et-4,5-dihydrothiophene, 0-98%]

IV.E-23 Nakayama, J. and Yoshimura, K., *TL*, **35**, 2709.

[Reaction: bis(tBu-C(O)-CH₂)sulfide, 1. TiCl₄/Zn, 2. TsOH → 3,4-bis(tBu-CH₂)thiophene, 69%]

IV.E-24 Kirsch, G. and Primi, D., *SC*, **24**, 1721; **see also:** Reddy, K.V. and Rajappa, S., *H*, **37**, 347.

[Reaction: R-substituted β-hydroxy-α,β-unsaturated aldehyde, 1. HSCH₂CO₂Me, 2. CH₃ONa → 3-R-thiophene-2-CO₂Me, 50-96%]

IV.E-25 Menichetti, S, Nativi, C. et al., *S*, 521.

[Reaction: Z-aryl chloroalkene with S-NPhth and R, AlCl₃ → 6-Z-3-Cl-2-R-benzo[b]thiophene, 50-90%]

IV.E-26 Brigas, A.F. and Johnstone, R.A.W., *CC*, 1923; **see also** Caubere, P. et al., *T*, **50**, 11893.

IV.E-27 McMills, M.C. et al., *TL*, **35**, 8311; Padwa, A. et al., *JACS*, **116**, 2667 and *JOC*, **59**, 5518 and *TL*, **35**, 7159.

IV.F.   Pyrroles, Indoles etc.

IV.F-1 Larock, R.C., Weinreb, S.M. et al., *JOC*, **59**, 4172; **see also:** Huwe, C.M. and Blechert, S., *TL*, **35**, 9537; Tamaru, Y. et al., *CC*, 2531.

similarly for piperidines

IV.F-2 Danks, T.N. and Velo-Rego, D., *TL*, **35**, 9443; see also: de Meijere, A. et al., *CB*, **127**, 911.

$(CO)_5Cr=C(OEt)(Ph)$ + Ph-CH=CH-CH=NR $\xrightarrow[18 \text{ h}]{\text{heat} \atop C_7H_8}$ 2,3-diphenyl-N-R-pyrrole

50-60%

IV.F-3 Katritzky, A.R. et al., *JOC*, **59**, 4551; see also: Molina, P. et al., *T*, **50**, 5027.

$Ph_3P=CH-CH_2-N=PPh_3$ + Ar-CO-CO-Ar $\longrightarrow$ 2,3-diaryl pyrrole

58-75%

IV.F-4 Fry, D.F., Fowler, C.B. and Dieter, R.K., *SL*, 836.

$BrCH_2(CH_2)_nCH_2CN$ $\xrightarrow[\text{(add THF if n=2)}]{RMgX \atop C_6H_6/Et_2O, \text{ rt}}$ cyclic imine

n=1,2

33-90%

IV.F-5 Pearson, W.H. et al., *TL*, **35**, 7001, 2641 and 9173.

CH=CH-CH=N-CH(SnBu_3)(iPr) $\xrightarrow{\text{1) n-BuLi} \atop \text{2) } CH_2=CHX}$ pyrrolidine

similarly for intramolecular cyclizations

43-93%

IV.F-6 Katritzky, A.R. et al., *T*, **50**, 12571; Pandey, G. et al., *TL*, **35**, 7439; Torii, S. et al., *SL*, 217.

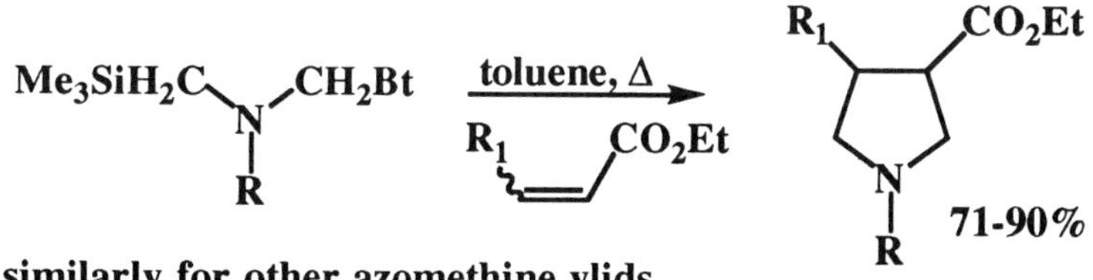

similarly for other azomethine ylids

IV.F-7 Garner, P. and Dogan, O., *JOC*, **59**, 4; Heathcock, C.H. et al., *TL*, **35**, 3651; Tanaka, K. et al., *BCJ*, **67**, 589; Matsumoto, K. and Lown, J.W., *CJC*, **72**, 2108; Leroy, J. and Wakselman, C., *TL*, **35**, 8605; LaPorta, P. et al., *S*, 287.

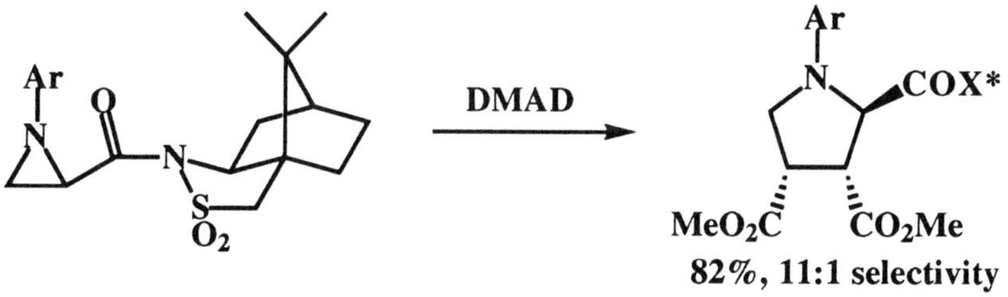

82%, 11:1 selectivity

similar inter- and intramolecular cycloadditions using alkenes

---

IV.F-8 Deng, W. and Overman, L.E., *JACS*, **116**, 11241.

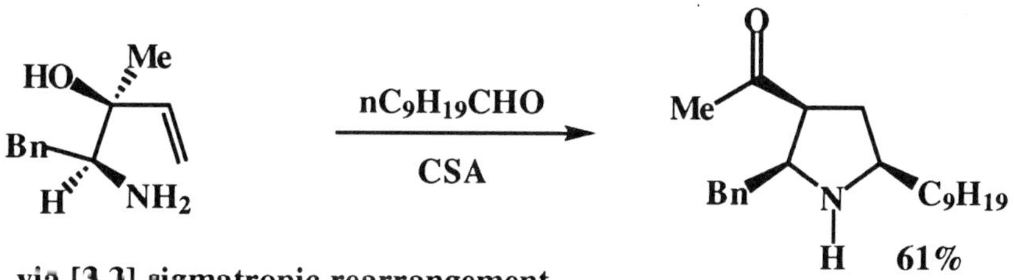

via [3,3] sigmatropic rearrangement

IV.F-9 Overhand, M. and Hecht, S.M., *JOC*, **59**, 4721; Tokuda, M., Suginome, H. et al., *JCS(P1)*, 777; **see also:** Marks, T.J. et al., *OM*, **13**, 439.

IV.F-10 Bowman, W.R. et al., *T*, **50**, 1295 and 1275; Zard, S.Z. et al., *T*, **50**, 1745, 1757 and 1769 and *TL*, **35**, 249.

IV.F-11 Moloney, M.G. et al., *T*, **50**, 9411 and 9425.

IV.F-12 Kim, S. et al., *JACS*, **116**, 5521.

IV.F-13 Mori, M. et al., *JOC*, **59**, 4542, 4993 and 5643; Takahashi, T. et al., *OM*, **13**, 3411; **see also:** Taguchi, T. et al., *JACS*, **116**, 5469.

IV.F-14 Bloch, R. et al., *TA*, **5**, 745; Lynch, G.P. et al., *T*, **50**, 13299; Kulkarni, S.J. et al., *JOC*, **59**, 3998; Nakata, M. et al., *BCJ*, **67**, 3057; Kim, H.J. and Lee, J.H., *H*, **38**, 1383.

IV.F-15 Savoia, D. et al., *T*, **50**, 4709; North, M. et al., *TL*, **35**, 8859; Baxter, E.W. and Reitz, A.B., *JOC*, **59**, 3175; Luo, T.M.H. et al., *H*, **38**, 1393.

IV.F-16 Chan, W.H. et al., *JCS(P1)*, 2355.

IV.F-17 Burley, I. and Hawson, A.T., *TL*, **35**, 7099; **see also:** Barco, A. et al., *TL*, **35**, 9293; Bourhis, M. and Vercauteren, J. *TL*, **35**, 1981.

IV.F-18 Kiyooka, S. et al., *JOC*, **59**, 1958.

IV.F-19 Turos, E. et al., *TL*, **35**, 8325.

IV.F-20 Denmark, S.E. and Schnute, M.E., *JOC*, **59**, 4576.

IV.F-21 Arnold, D.P. et al., *AJC*, **47**, 969 and 975; Montforts, F.P. et al., *TL*, **35**, 9703; Tang, J. and Verkade, J.G., *JOC*, **59**, 7793; Lash, T.D. et al., *TL*, **35**, 2493.

IV.F-22 Clark, J.S. and Hodgson, P.B., *CC*, 2701.

IV.F-23 Wasserman, H.H. and Blum, C.A., *TL*, **35**, 9787.

IV.F-24 Furstner, A. et al., *CB*, **127**, 1125.

IV.F-25 Iwao, M., *H*, **38**, 45.

IV.F-26 Tietze, L.F. and Grote, T., *JOC*, **59**, 192.

IV.F-27 Fukuyama, T. et al., *JACS*, **116**, 3127.

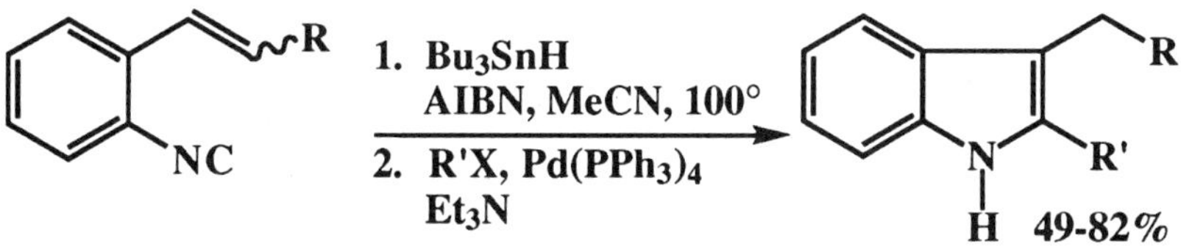

styryl-2-isocyanobenzene + 1. Bu₃SnH, AIBN, MeCN, 100°; 2. R'X, Pd(PPh₃)₄, Et₃N → 3-CH₂R-2-R'-indole, 49-82%

IV.F-28 Moody, C.J., Padwa, A. et al., *JOC*, **59**, 2447; Wee, A.G. and Liu, B., *T*, **50**, 609.

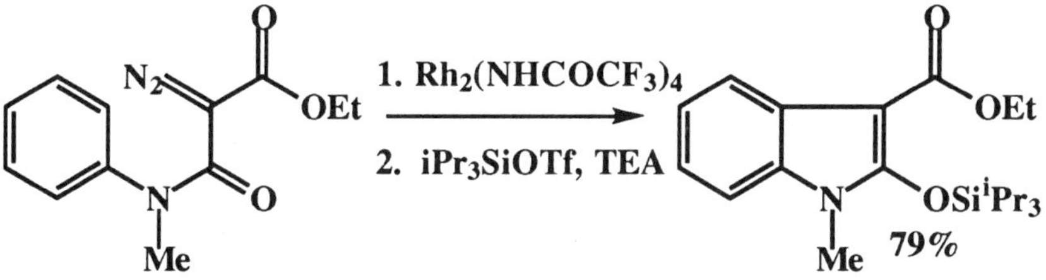

N-methyl-N-phenyl diazo malonate amide + 1. Rh₂(NHCOCF₃)₄; 2. iPr₃SiOTf, TEA → N-methyl-2-(OSiiPr₃)-3-(CO₂Et)-indole, 79%

IV.F-29 Cacchi, S., Carnicelli, V. and Marinelli, F., *JOM*, **475**, 283; **see also:** Sakamoto, T. et al., *T*, **50**, 11803; Watanabe, Y. et al., *JOC*, **59**, 3375; Pfeffer, M. et al., *JOMC*, **466**, 265.

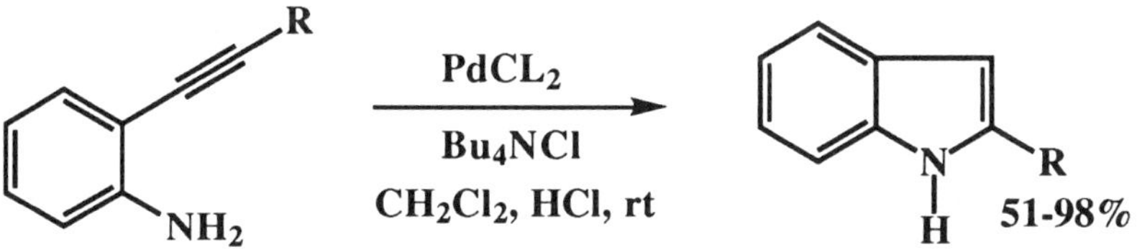

2-(alkynyl)aniline + PdCl₂, Bu₄NCl, CH₂Cl₂, HCl, rt → 2-R-indole, 51-98%

IV.F-30 Parson, P.J. et al., *T*, **50**, 2183; Balasubramanian, T. and Balasubramanian, K.K., *SL*, 946 and *CC*, 1237.

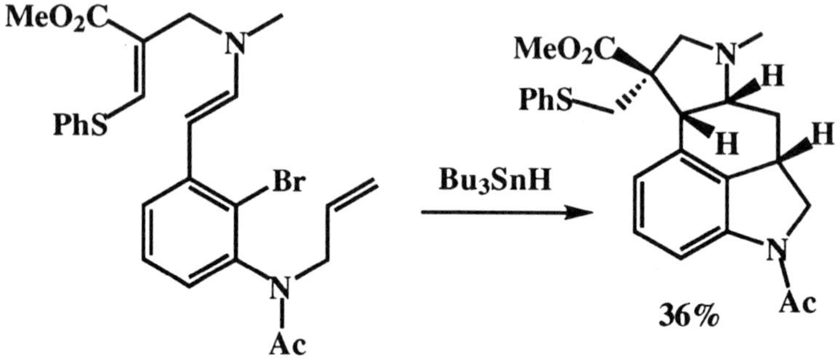

similar radical cyclizations upon allenes

IV.F-31 Harman, W.D. et al., *JACS*, **116**, 7931; **see also:** Seitz, G. et al., *TL*, **35**, 7923.

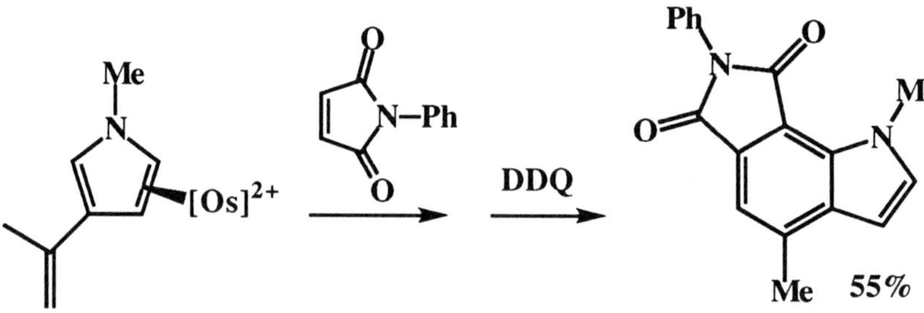

IV.F-32 Ahlbrecht, H. and Schmitt, C., *S*, 983; **see also:** Somei, M. et al., *H*, **39**, 31 and **38**, 273.

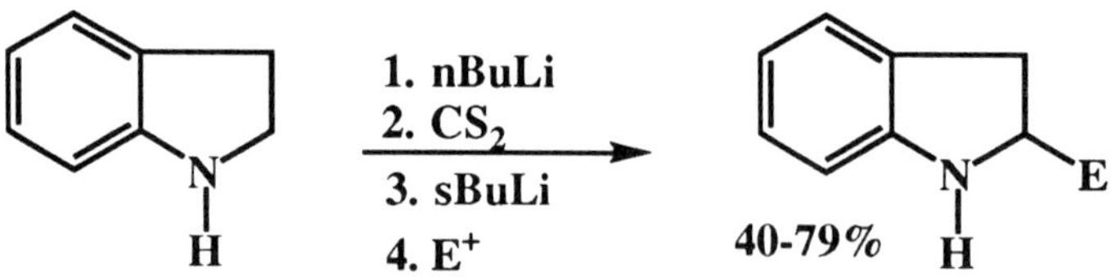

SYNTHESIS OF HETEROCYCLES

IV.F-33 Bosch, J. et al., *JOC*, **59**, 10.

indole
1. nBuLi
2. NBS
3. tBuLi (2)
4. E$^+$
5. TBAF
→ 3-E-indole, 58-84%

IV.F-34 Ishikura, M. and Terashima, M., *JOC*, **59**, 2634; see also: Labadie, S.S. and Teng, E., *JOC*, **59**, 4250.

N-Me-indole
1. tBuLi / BEt$_3$
2. CO, PdCl$_2$(PPh$_3$)$_2$, RX
→ N-Me-indole-2-C(O)R, 20-80%

IV.F-35 Pinto, A.C. et al., *TL*, **35**, 8923.

isatin (N-C(O)R', 5-R)
BH$_3$·THF
→ 5-R-N-CH$_2$R'-indole, 72-85%

IV.G. Pyridines, Quinolines, etc.

IV.G-1 Whitby, R.J. et al., *SL*, 451; see also: Kinoshita, A. and Mori, M., *SL*, 1020.

Bn-N(allyl)(butenyl)
1. Cp$_2$ZrBn$_2$, -78 °C
2. H$_2$O
→ Bn-N-3,4-dimethylpiperidine (cis) + (trans), 91%, 4:1

IV.G-2 West, F.G. et al., *JOC*, **59**, 6892 and *JACS*, **116**, 8420.

$$\text{Bn-N(Me)-CH}_2\text{CH}_2\text{-()}_n\text{-C(O)-CH=N}_2 \xrightarrow{\text{Cu(acac)}_2}{\text{Ph-Me, reflux}} \text{piperidinone product, 58-69\%}$$

IV.G-3 Tadano, K.I. et al., *T*, **50**, 5681; Hirai, Y. and Nagatsu, M., *CL*, 21.

$$\xrightarrow{\text{NaH, Pd(PPh}_3)_4,\ \text{Bu}_4\text{NI, THF, 0 °C}}$$

79% (cis:trans, 1:2)

IV.G-4 Compernolle, F. et al., *CC*, 2147 and *TL*, **35**, 9047; see also: Asaoka, M. et al., *H*, **38**, 2455; Francis, C.L. and Ward, A.D., *AJC*, **47**, 2109; Takahata, H., Momose, T. et al., *H*, **38**, 1961; Carroll, F.I. et al., *TL*, **35**, 8969; Naito, T. et al., *JCS(P1)*, 773.

$$\xrightarrow{\text{MeOH, reflux}}$$

56%

IV.G-5 Kamenecka, T.M. and Overman, L.E., *TL*, **35**, 4279.

Ans = p-anisyl

$$\xrightarrow{\text{HCHO - H}_2\text{O, HCO}_2\text{H, 60°, K}_2\text{CO}_3,\ \text{MeOH}}$$

75%

IV.G-6 Naito, T. et al., *TL*, **35**, 2205.

[Scheme: aldehyde with N-Cbz and CH=NOMe side chain → Bu₃SnH, AIBN → 3-hydroxy-4-(NHOMe)-piperidine with N-Cbz]

70%, 1:4 cis:trans

IV.G-7 Einhorn, J., Luche, J.L. et al., *CC*, 879; **see also:** Yang, J. et al., *TL*, **35**, 3581.

[Scheme: 5-chloropentylamine + HCOCO₂H → 1. NaCNBH₃; 2. NaHCO₃, Boc₂O; 3. LDA (2 eq) → N-Boc pipecolic acid, 59%]

IV.G-8 Herczegh, P. et al., *T*, **50**, 13671; Iwata, C. et al., *TL*, **35**, 8821; Kitazume, T. et al., *TA*, **5**, 1029; Bailey, P.D. et al., *CC*, 2543; Lock, R. and Waldmann, H. *LA*, 511.

[Scheme: R-CH=N-Bn + Danishefsky diene (MeO-CH=CH-C(OSiMe₃)=CH₂) / ZnCl₂ → two diastereomeric 2-R-N-Bn-2,3-dihydro-4-pyridones]

61-80%, 6:94 to 94:6

IV.G-9 Beaudegnies, R. and Ghosez, L., *TA*, **5**, 557; Gilchrist, T.L. et al., *T*, **50**, 13709; Menendez, J.C. et al., *T*, **50**, 10047; Tapia, R. et al., *H*, **38**, 1797; Balsamini, C. et al., *T*, **50**, 12375.

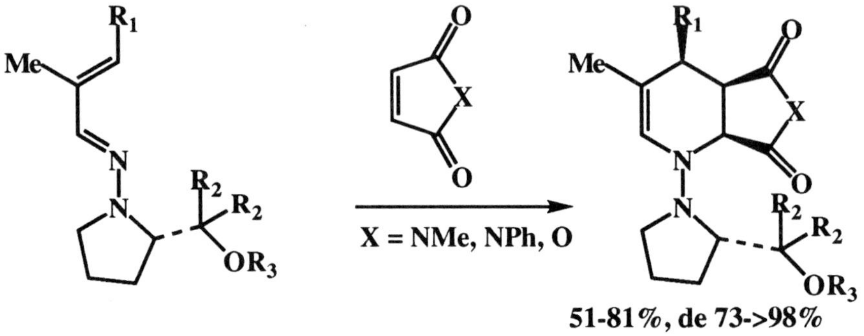

X = NMe, NPh, O

51-81%, de 73->98%

IV.G-10 Barco, A. et al., *T*, **50**, 2583.

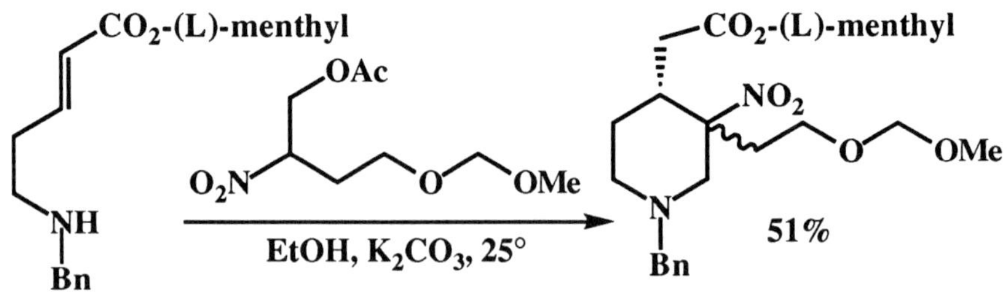

EtOH, K_2CO_3, 25°

51%

IV.G-11 Koyama, J. et al., *H*, **38**, 1595; **see also:** Sanchez, A. et al., *T*, **50**, 10345.

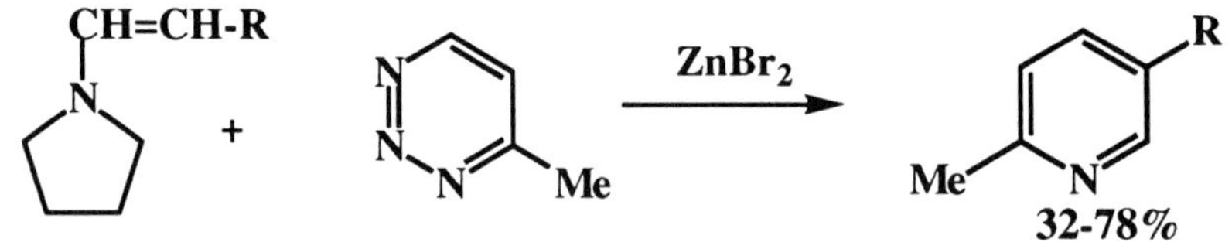

$ZnBr_2$

32-78%

IV.G-12 Mishriky, N. et al., *RTC*, **113**, 35; **see also:** Hussain, S.M. et al., *G*, **124**, 97; Aleely, H. et al., *JCR(S)*, 14; Dupas, G. et al., *SC*, **24**, 2697; Ram, V.J. et al., *JCR(S)*, 86 and 354; Russell, R.K. and Lever, O.W., Jr, *SC*, **23**, 2931 (1993).

IV.G-13 Oppolzer, W. et al., *HCA*, **77**, 554; **see also:** Grigg, R. et al., *CC*, 2225; Kibayashi, C. et al., *TL*, **35**, 9213; Gilchrist, T.L. et al., *H*, **37**, 697.

IV.G-14 Chelucci, G. et al., *JHC*, **31**, 1289.

IV.G-15 Spek, A.L. et al., *JACS*, **116**, 5134.

IV.G-16 Clark, R.D., Jahangir and Langston, J.A., *CJC*, **72**, 23.

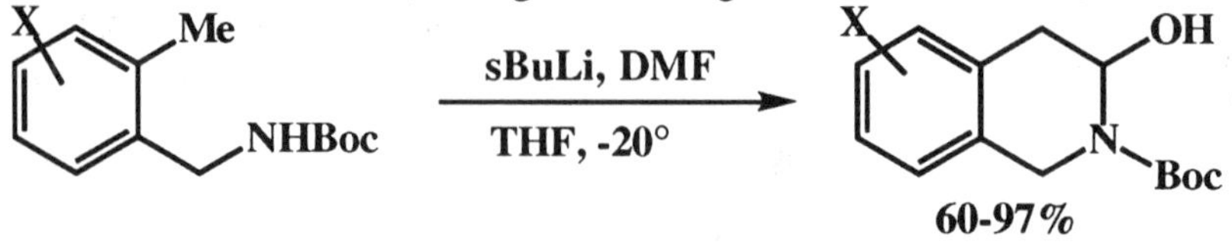

60-97%

IV.G-17 Katritzky, A.R. et al., *JOC*, **59**, 4556; **see also:** Molina, P. et al., *TL*, **35**, 1453 and 8851; Neidlein, R., Suschitzky, H. et al., *JCS(P1)*, 947.

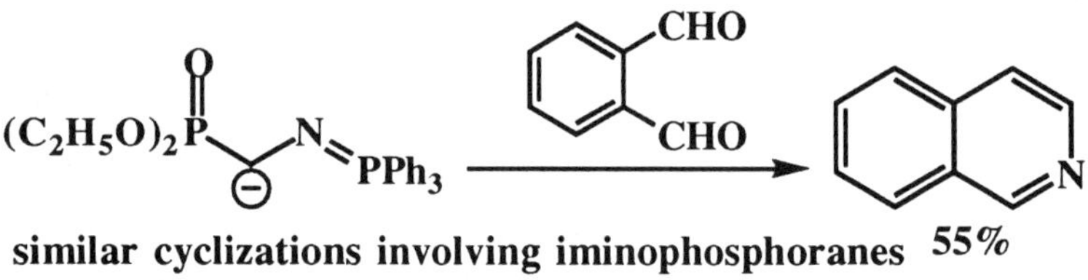

similar cyclizations involving iminophosphoranes 55%

IV.G-18 Walter, H., *HCA*, **77**, 608; Linkert, F. and Laschat, S., *SL*, 125; Nitta, M. et al., *JOC*, **59**, 1309; Fujiwara, H. and Okabayashi, I., *CPB*, **42**, 1322 and *H*, **38**, 541.

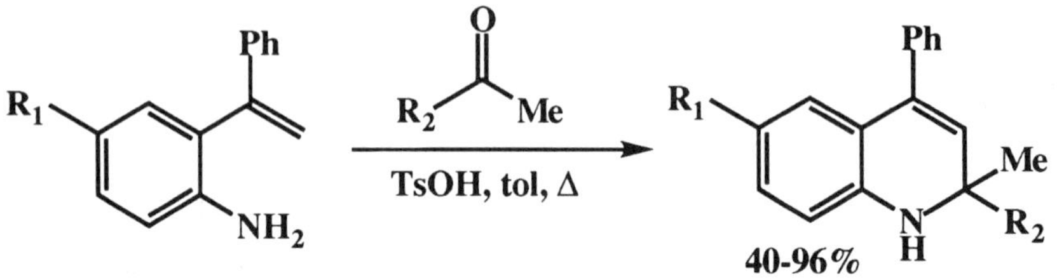

40-96%

IV.G-19 Reuter, D.C., Flippin, L.A. et al., *TL*, **35**, 4899.

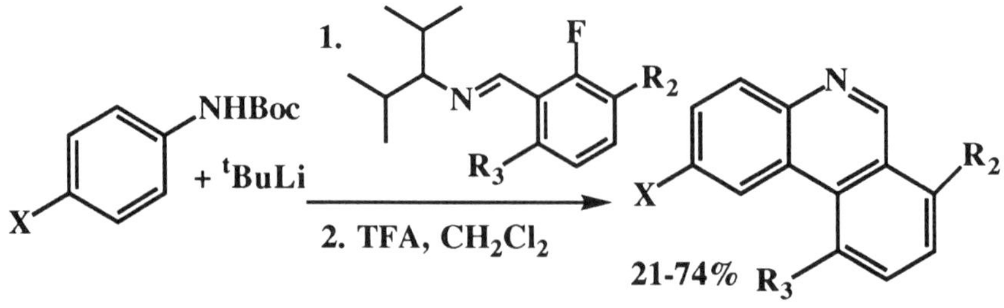

21-74%

IV.G-20 White, J.D. et al., *JACS*, **116**, 1831; Lobo, A.M., Prabhakar, S. et al., *TL*, **35**, 2043.

IV.G-21 Love, B.E. and Raje, P.S., *JOC*, **59**, 3219.

IV.G-22 Kaufman, M.D. and Grieco, P.A., *JOC*, **59**, 7197; Waldmann, H. et al., *T*, **50**, 11865; McNulty, J. and Still, I.W.J., *JCS(P1)*, 1329.

IV.G-23 Yang, C.-C. et al., *CC*, 2629.

IV.G-24 Streith, J. et al., *TL*, **35**, 3927; **see also:** Dhar, T.G.M. and Gluchowski, C., *TL*, **35**, 989; Ohsawa, A. et al., *T*, **50**, 13089; Isobe, M. et al., *TL*, **35**, 7997; Togo, H. et al., *BCJ*, **67**, 2522; Grignon-Dubois, M. et al., *S*, 800.

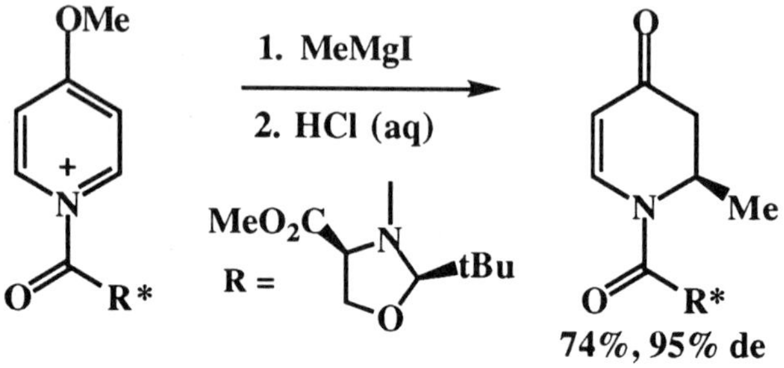

74%, 95% de

IV.G-25 Gronowitz, S. *JHC*, **31**, 11 and 1161.

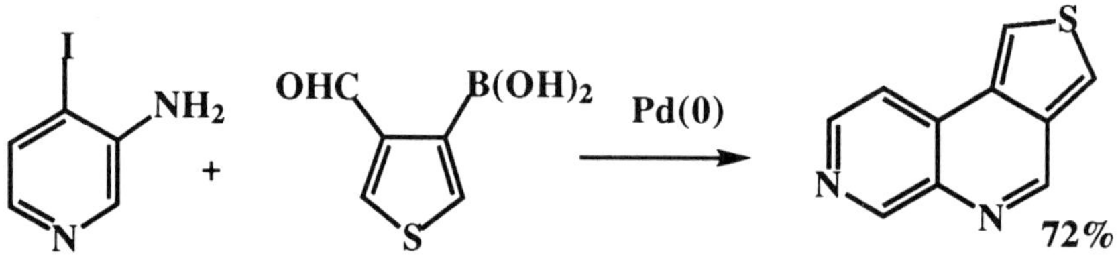

72%

IV.H. Pyrans, Pyrones and Sulfur Analogues

IV.H-1 Grijsen, H.J.M. and Wong, C.-H., *JACS*, **116**, 8422.

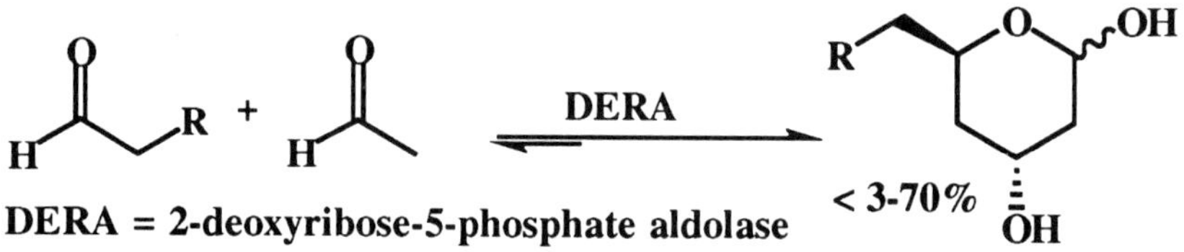

DERA = 2-deoxyribose-5-phosphate aldolase

< 3-70%

IV.H-2 Metzger, J.O. and Biermann, U., *BSB*, **103**, 393.

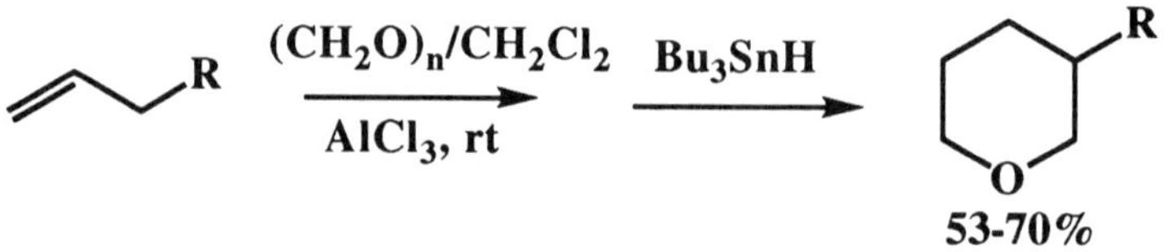

53-70%

IV.H-3 Hiemstra, H., Speckamp, W.N. et al., *T*, **50**, 7115.

[Reaction: alkene-substituted acetal with OAc and CO₂Me groups → SnCl₄ → chlorinated tetrahydropyran with Et and CO₂Me, 68%]

IV.H-4 Masaki, Y. et al., *H*, **38**, 2165.

[Reaction: oxetane with R group and OR¹-bearing sidechain → BF₃·Et₂O, CH₂Cl₂ → tetrahydropyran with R and CH₂OR¹, 0–82%]

IV.H-5 Gravel, D. et al., *TL*, **35**, 8981.

[Reaction: cyclohexane polyol with PhS substituent → hν, 350 nm, Ph₂CO, PhSH, CH₃CN → pyran product with SPh, OH substituents, 63%]

IV.H-6 Horita, K., Yonemitsu, O. et al., *SL*, 38; **see also:** Burke, S.D. et al., *TL*, **35**, 703; Prandi, C. and Venturello, P., *JOC*, **59**, 3494.

[Reaction: TES-protected bicyclic sugar derivative with EtO₂C-vinyl group → TBAF, THF, H₂O → cyclized tricyclic product with CO₂Et, 96%]

IV.H-7 Semmelhack, M.F. et al., *JACS*, **116**, 7455; Mootoo, D.R. et al., *JOC*, **59**, 7986.

IV.H-8 Clark, J.S. and Whitlock, G.A., *TL*, **35**, 6381.

intramolecular carbenoid insertion and ylide rearrangement

IV.H-9 Lee, E. et al., *TL*, **35**, 129; Wu, S.-H. et al., *CC*, 2783.

IV.H-10 Motoyama, Y. and Mikami, K., *CC*, 1563; Yamamoto, H. et al., *T*, **50**, 979 and *SL*, 439; Van de Weghe, P. and Collin, J., *TL*, **35**, 2545; Marko, I.E. et al., *BSB*, **102**, 655 (1993); Olofson, R.A. et al., *JOC*, **59**, 4117.

IV.H-11 Tietze, L.F. et al., *SL*, 509; Dondoni, A. et al., *CC*, 1963; Sera, A. et al., *BCJ*, **67**, 1912; Dujardin, G. et al., *TL*, **35**, 8619; Coutts, S.J. and Wallace, T.W., *T*, **50**, 11755; Dufresne, C. et al., *CJC*, **72**, 1866.

IV.H-12 Danishefsky, S.J. et al., *JOC*, **59**, 3752.

IV.H-13 Yoshida, J., Isoe, S. et al., *CC*, 236.

IV.H-14 Yamamoto, Y. et al., *CC*, 1953.

IV.H-15 Kraus, G.A. et al., *JOC*, **59**, 2219.

IV.H-16 Jenkins, P.R. et al., *JCS(P1)*, 3499.

IV.H-17 Gothelf, K.V. and Torssell, K.B.G., *ACS*, **48**, 61 and 165; Fringuelli, F. et al., *T*, **50**, 11499; Cavaleiro, J.A.S. et al., *TL*, **35**, 5899; Majewski, M. et al., *JOC*, **59**, 6697.

IV.H-18 Delorme, D. et al., *TL*, **35**, 1843.

IV.H-19 Xu, Y.C. et al., *S*, 363.

[Scheme: dibromoxylene + HSCH₂C(O)R'' → isothiochroman-3-carbonyl, NaOR, 22-50%]

IV.H-20 Weissenfels, M. et al., *JPR*, **336**, 434; Saito, T. et al., *JCS(P1)*, 1359 and *S*, 727; Bloxham, J. and Dell, C.P., *JCS(P1)*, 989.

[Scheme: Ar-C(=S)-CH=CH-NMe₂ + alkene → 2H-thiopyran, Ph-H reflux, 38-85%]

IV.H-21 Shimizu, H. et al., *JCS(P1)*, 3129; Tamaru, Y. et al., *CC*, 2365; Bianchini, C. et al., *CC*, 2219.

[Scheme: isothiochromenylium BF₄⁻ salt + diene → benzothiopyranium BF₄⁻, 41-98%]

IV.I. Other Heterocycles with One Heteroatom

IV.I-1 Tietze, L.F. and Schimpl, R., *CB*, **127**, 2235.

[Scheme: dimethoxy-iodoarene with tethered alkyne–NR and SiMe₃ → benzazepine with exocyclic =CH-SiMe₃, Pd(OAc)₂, PPh₃, NPr₄Br, HCO₂Na, DMF, 78-90%]

IV.I-2 Pfeffer, M. et al., *TL*, **35**, 2877.

IV.I-3 Ishibashi, H., Ikeda, M. et al., *SL*, 49.

IV.I-4 Yamamura, S. et al., *TL*, **35**, 8217.

SYNTHESIS OF HETEROCYCLES

IV.I-5 Grigg, R. et al., *T*, **50**, 5067.

IV.I-6 Tsuchiya, T. et al., *H*, **38**, 957.

IV.I-7 Holmann, B. and Reissig, H.U., *CB*, **127**, 2327.

IV.I-8 Hiemstra, H., Speckamp, W.N. et al., *JOC*, **59**, 6671.

IV.I-9 Grimm, E.L. et al., *TL*, **35**, 6847.

IV.J. Heterocycles with a Bridgehead Heteroatom

IV.J-1 Pandey, G. et al., *TL*, **35**, 7439.

IV.J-2 Albertini, E. et al., *TL*, **35**, 9297; Guanti, G. et al., *TA*, **5**, 537.

Similar route to a quinuclidine

IV.J-3 Davies, H.M.L., Childers, S.R. et al., *JMC*, **37**, 1262.

IV.J-4 Ziegler, C.B., Jr. et al., *T*, **50**, 12085; **see also:** Horikawa, H. et al., *TL*, **35**, 6317; Padova, A. et al., *CC*, 441.

IV.J-5 Keusenkothen, P.F. and Smith, M.B., *JCS(P1)*, 2485.

IV.J-6 Viehe, H.G. et al., *TL*, **35**, 1185; Martin, M.R. et al., *T*, **50**, 13857.

IV.J-7 Martin, S.F. et al., *TL*, **35**, 6005.

IV.J-8 Echavarren, A.M. et al., *TL*, **35**, 7435; **see also:** Jadhav, P.K. and Woerner, F.J., *TL*, **35**, 8973; Gurjar, M.K. et al., *TL*, **35**, 8871; Martin-Lopez, M.J. and Bermejo-Gonzalez, F., *TL*, **35**, 8843; Lhommet, G. et al., *TL*, **35**, 6105; Hesse, M. et al., *HCA*, **77**, 579; Kuciak, R. and Sas, W., *TL*, **35**, 8647.

IV.J-9 Goti, A., Brandi, A. et al., *TL*, **35**, 949 and Brandi, A. et al., *T*, **50**, 12713.

IV.J-10 Angelastro, M.R. et al., *JOC*, **59**, 2092.

IV.J-11 Knolker, H.-J. et al., *SL*, 194.

IV.J-12 Muchowski, J.M. et al., *JOC*, **59**, 2456.

IV.J-13 Pearson, W.H. and Walavakar, R., *T*, **50**, 12293.

IV.K. Heterocycles with Two or More Heteroatoms

IV.K.1a. 5-Membered Heterocycles with 2 N's

IV.K.1a-1 Filippone, P. et al., *JCR(S)*, 192.

IV.K.1a-2 Petrillo, G. et al., *T*, **50**, 3529.

IV.K.1a-3 Dorn, H. and Kreher, T., *H*, **38**, 2171; Sukhova, L.N. et al., *JOU*, **30**, 49; Jochims, J.C. et al., *CB*, **127**, 541.

IV.K.1a-4 Joseph, B. and Rollin, P., *JCR(S)*, 128; Palacios, F. et al., *T*, **50**, 12727; Zhang, L. et al., *TL*, **35**, 3675; Tang, X.Q. and Hu, C.M., *JCS(P1)*, 2161.

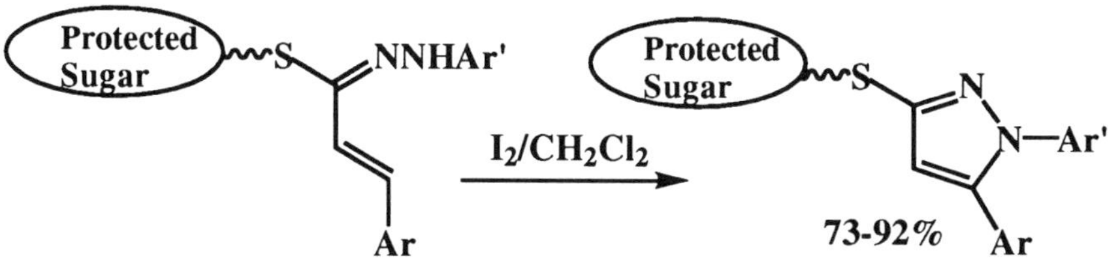

similar heterocycles from hydrazones

IV.K.1a-5 Baeg, J.-O., and Alper, H., *JACS*, **116**, 1220; Ahlbrecht, H. and Schmitt, C., *S*, 719; Lawrence, R.M., *TL*, **35**, 3767; Schantl, J.G. et al., *H*, **37**, 1873.

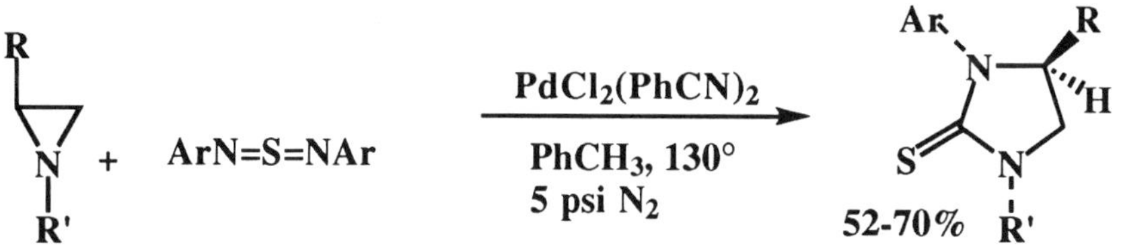

IV.K.1a-6 Kawase, M., *CC*, 2101.

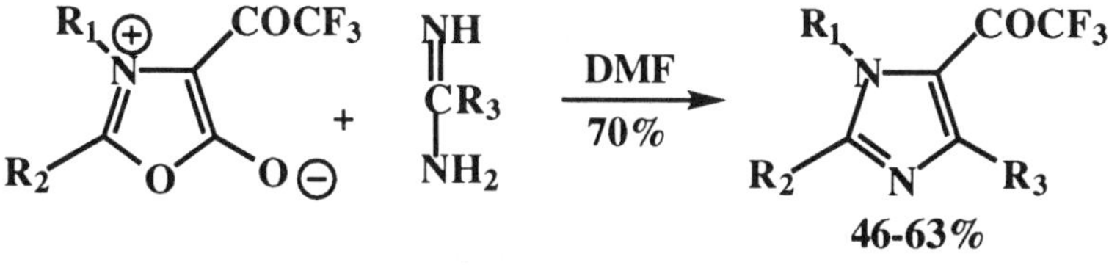

IV.K.1a-7 Buchi, G. et al., *H*, **39**, 139.

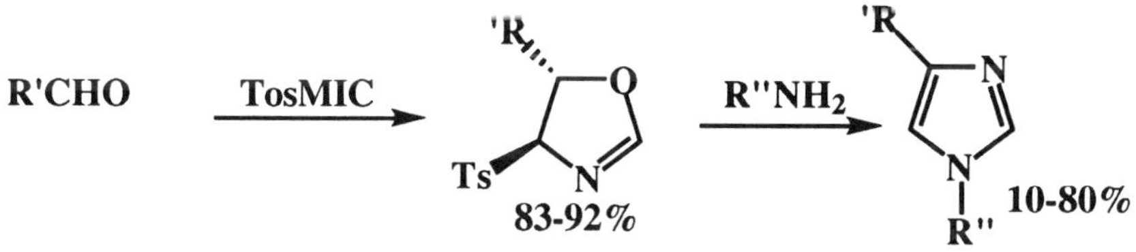

IV.K.1a-8 Sorrell, T.N. and Allen, W.E., *JOC*, **59**, 1589; **see also:** Hua, D.H. et al., *JOC*, **59**, 5084.

$$R_1\text{-CO-CH}_2\text{-NHR}_2 \xrightarrow[\Delta]{\text{HCONH}_2} \text{imidazole } (R_1, R_2) \quad 20\text{-}82\%$$

IV.K.1a-9 Little, T.L. and Webber, S.E., *JOC*, **59**, 7299; Svete, J., Stanovnik, B. and Tisler, M., *JHC*, **31**, 1259.

$$R\text{-CO-CHBr-R'} + H_2N\text{-C(=NHAc)-NH}_2 \xrightarrow[\text{r.t.}]{\text{DMF}} \text{2-NHAc-imidazole} \quad 41\text{-}78\%$$

IV.K.1a-10 Nunami, K. et al., *JOC*, **59**, 7635; DeKimpe, N. et al., *RTC*, **113**, 283.

$$\text{BrC(R)=C(CN)(CO}_2\text{Me)} \xrightarrow[\text{TEA / DMF}]{R'NH_2} \text{imidazole-CO}_2\text{Me} \quad 0\text{-}85\%$$

IV.K.1a-11 Brackeen, M.F. et al., *TL*, **35**, 1634; **see also:** Katritzky, A.R. et al., *H*, **38**, 2415.

$$R\text{-CO-CO-CO}_2\text{Et} + R'\text{CHO} \xrightarrow[65°]{\text{NH}_4\text{OAc, AcOH}} \text{imidazole } (R, R', CO_2Et) \quad 66\text{-}90\%$$

IV.K.1a-12 Casutt, M. et al., *S*, 247.

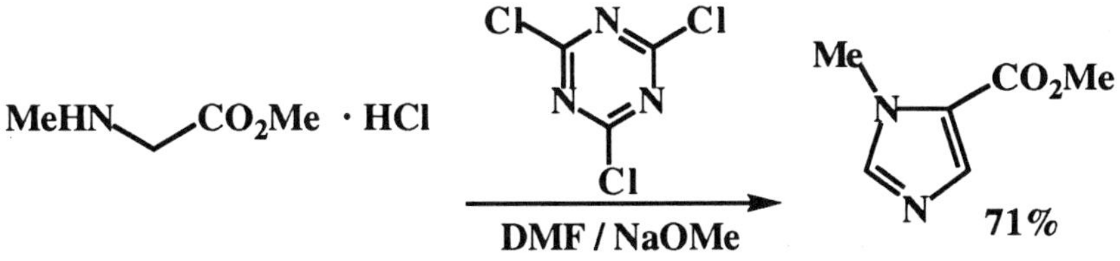

MeHN–CH2–CO2Me · HCl + cyanuric chloride (2,4,6-trichloro-1,3,5-triazine) → 1-methyl-1H-imidazole-5-carboxylic acid methyl ester
DMF / NaOMe, 71%

IV.K.1a-13 Molina, P. et al., *TL*, **35**, 2235 and *CB*, **127**, 1641.

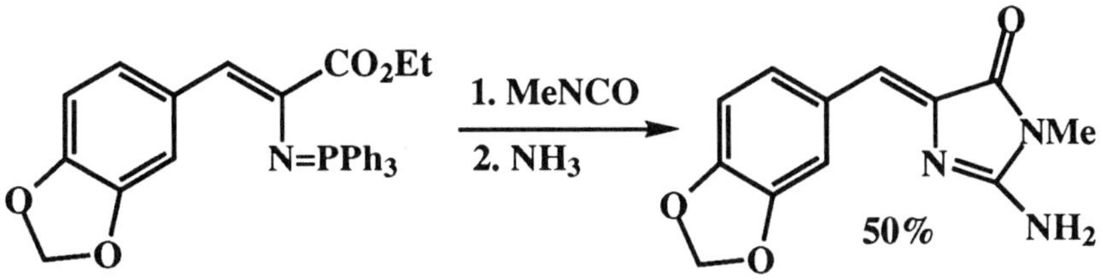

(benzo[1,3]dioxol-5-ylmethylene)(CO2Et)(N=PPh3)
1. MeNCO
2. NH3
→ imidazolone product, 50%

IV.K.1a-14 Takahashi, M. et al., *JHC*, **31**, 205.

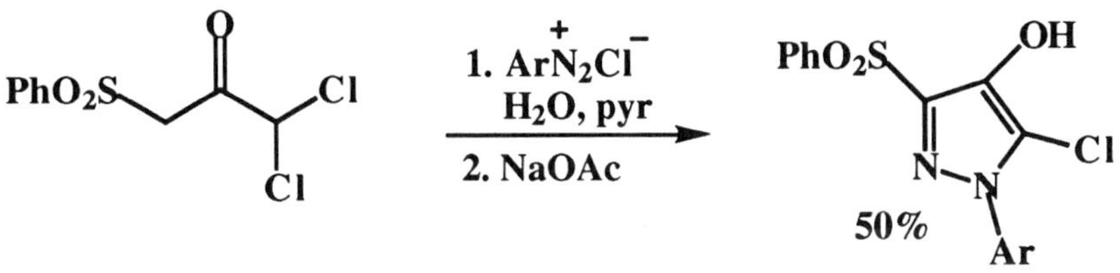

PhO2S–CH2–CO–CHCl–Cl
1. ArN2+Cl−, H2O, pyr
2. NaOAc
→ 3-(PhO2S)-4-OH-5-Cl-1-Ar-pyrazole, 50%

IV.K.1a-15 Nagao, Y. et al., *H*, **38**, 587.

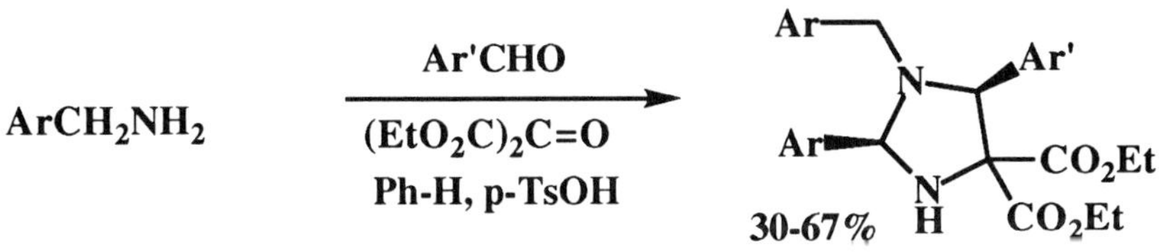

ArCH2NH2 + Ar'CHO + (EtO2C)2C=O
Ph-H, p-TsOH
→ imidazolidine product, 30-67%

IV.K.1b. 6 Membered Heterocycles with 2 N's

IV.K.1b-1 Boger, D.L. et al., *JOC*, **59**, 4950 and *JACS*, **116**, 82 and 5619.

$$R-CH_2-C(NH \cdot HCl)=NH_2 + \text{triazine}(EtO_2C, CO_2Et, CO_2Et) \xrightarrow[100\,°C]{DMF} \text{pyrimidine}(H_2N, CO_2Et, R, CO_2Et) \quad 44\text{-}85\%$$

IV.K.1b-2 Poindexter, G.S. et al., *TL*, **35**, 7331.

$$\text{oxazolidinone-CH}_2\text{CH}_2\text{NHR} \xrightarrow{HBr/HOAc} \text{piperazine} \quad 23\text{-}91\%$$

IV.K.1b-3 Okada, Y. et al., *TL*, **35**, 1231.

$$Boc\text{-NH-CHR-C(O)-NH-CHR'-C(O)-CH}_2Cl \xrightarrow[\text{reflux}]{6\,N\,HCl} \text{pyrazine}(HO, R', N, Me, R, N) \quad 65\text{-}90\%$$

IV.K.1b-4 Martinez, A.G. et al., *SL*, 559.

$$R\text{-CH}_2\text{-C(O)-R'} + MeSCN \xrightarrow[CH_2Cl_2]{Tf_2O} \text{pyrimidine}(SMe, R, N, R', N, SMe) \quad 40\text{-}80\%$$

SYNTHESIS OF HETEROCYCLES

IV.K.1b-5 Haudrechy, A. et al., *SL*, 913.

IV.K.1b-6 Burrows, C.J. et al., *TL*, **35**, 6215.

IV.K.1b-7 Okawa, T. and Eguchi, S., *SL*, 555.

IV.K.1b-8 Vasilevsky, S.F. et al., *SC*, **24**, 1733.

IV.K.1b-9 Demers, J.P. et al., *TL*, **35**, 6425.

IV.K.1b-10 Barluenga, J. et al., *JOC*, **59**, 3699; see also: Mokrosz, M.J. et al., *H*, **37**, 227.

IV.K.1b-11 Gupton, J.T., Sikorski, J.A. et al., *T*, **50**, 12113.

IV.K.1b-12 Scobie, M. and Tennant, G., *CC*, 2451.

IV.K.1b-13 Chan, W.L. et al., *H*, **38**, 2023.

[Scheme: 2-aminophenyl-substituted sydnone + PhNCX (X = O, S) → fused tricyclic product, 47-92%]

IV.K.1b-14 Ohsawa, A. et al., *CPB*, **42**, 1768.

[Scheme: 3-R-pyridazine, 1. ClCO₂R', CH₂Cl₂, 0 °C; 2. Bu₃Sn-allyl → 6-allyl-1-CO₂R' dihydropyridazine + 4-allyl isomer, 72-89%, 4:1 to 20:1]

IV.K.1c.   7-Membered Heterocycles with 2 N's

IV.K.1c-1 Soufiaoui, M. et al., *TL*, **35**, 8373.

[Scheme: o-phenylenediamine + ethyl β-ketoester (R-CO-CH₂-CO-OEt), xylene, microwave → 1,5-benzodiazepinone, 80-98%]

IV.K.1c-2 Robba, M. et al., *H*, **38**, 811.

[Scheme: 2-(pyrrol-1-yl)-3-(PhCH-N=CHR)thiophene, 12N HCl, IPA → fused pyrrolo-thieno-diazepine·HCl, 51-74%]

IV.K.1c-3   Matsunaga, N., Aoyama, T. and Shioiri, T., *H*, **37**, 387.

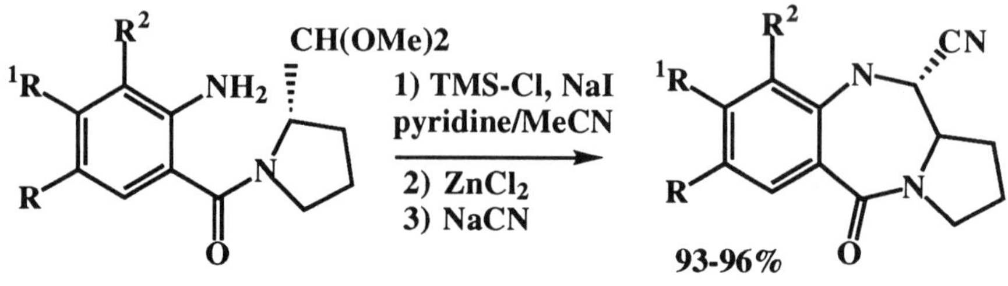

1) TMS-Cl, NaI pyridine/MeCN
2) ZnCl$_2$
3) NaCN

93-96%

IV.K.2.   Heterocycles with 2 O's or 2 S's

IV.K.2-1   Newcomb, M. and Dhanabalasingam, B., *TL*, **35**, 5193.

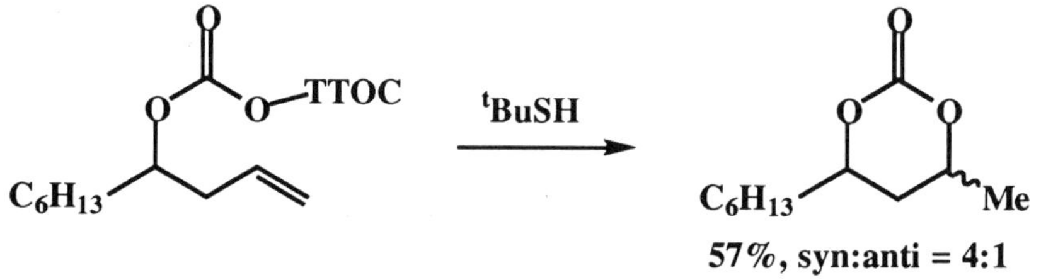

^{t}BuSH

57%, syn:anti = 4:1

IV.K.2-2   Kollenz, G. et al., *M*, **124**, 1133 (1993).

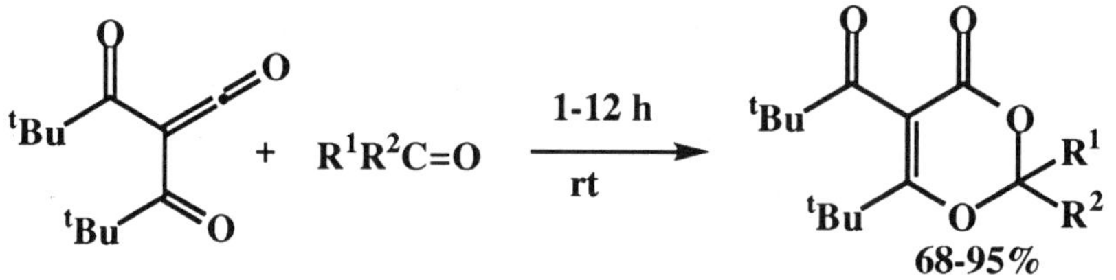

1-12 h
rt

68-95%

IV.K.2-3   Nair, V. and Kumar, S., *CC*, 1341.

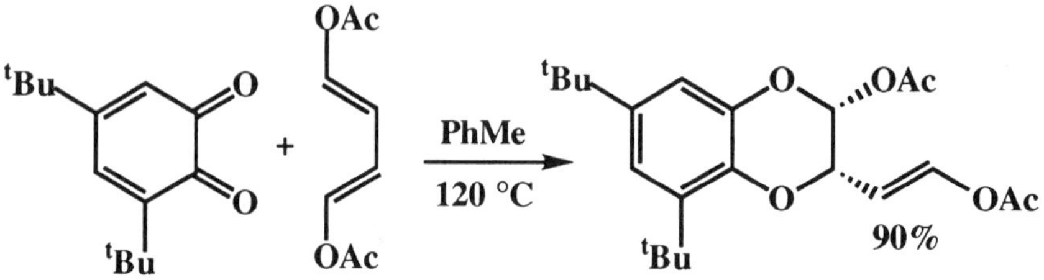

PhMe
120 °C

90%

IV.K.2-4 Nakata, T. et al., *TL*, **35**, 8229.

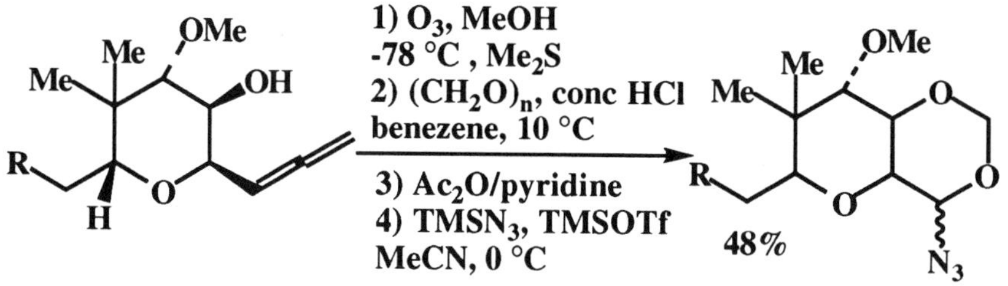
OMe
Me
Me
OH
R
H
O
1) O_3, MeOH
-78 °C , Me_2S
2) $(CH_2O)_n$, conc HCl
benezene, 10 °C
3) Ac_2O/pyridine
4) $TMSN_3$, TMSOTf
MeCN, 0 °C
48%
N_3

IV.K.2-5 Mazzanti, G., Zwanenburg, B. et al., *JCS(P1)*, 3299.

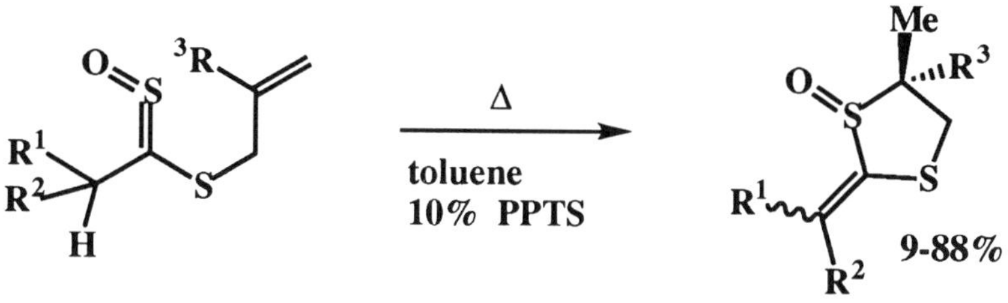
O
S
^{3}R
R^1
R^2
H
Δ
toluene
10% PPTS
Me
R^3
9-88%

IV.K.2-6 Koreeda, M. and Yang, W., *SL*, 201 and *JACS*, **116**, 10793.

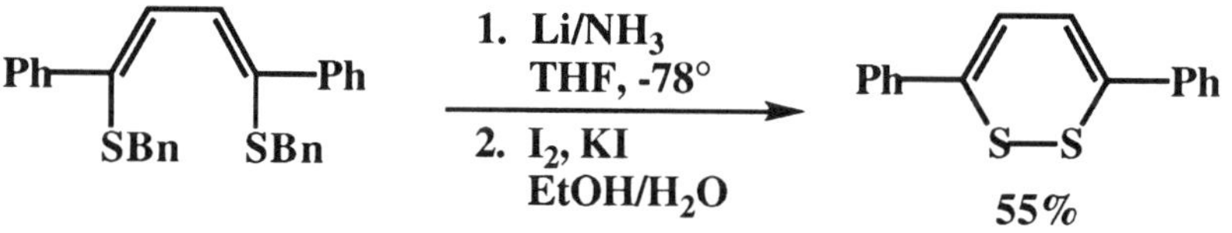
Ph
SBn
SBn
1. Li/NH_3
THF, -78°
2. I_2, KI
EtOH/H_2O
S—S
55%

IV.K.2-7 Aitken, R.A. et al., *CC*, 2603.

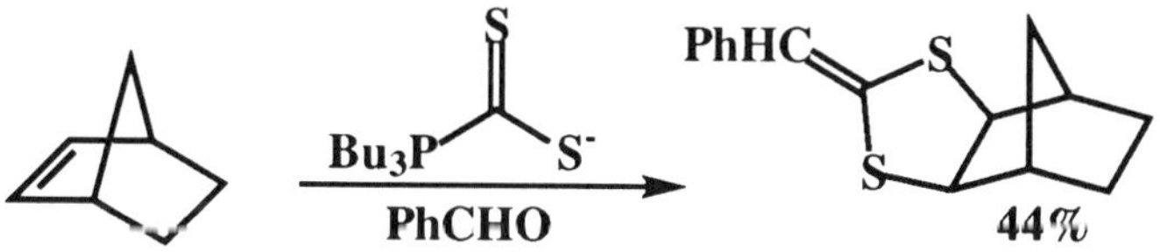
S
Bu_3P
S^-
PhCHO
PhHC
44%

IV.K.3. Heterocycles with 1 N and 1 O

IV.K.3-1 Doyle, K.J. and Moody, C.J., *T*, **50**, 3761.

$$RCN + N_2=C(SO_2Ph)(CO_2Et) \xrightarrow[\Delta]{Rh_2(OAc)_4 \; CHCl_3} \text{2-R-4-SO}_2\text{Ph-5-OEt-oxazole}$$

22-71%

IV.K.3-2 Umezawa, J. et al., *TA*, **5**, 491; Bulataova, O.F. et al., *JOU*, **30**, 58.

$$R_1R_2\text{-epoxide} \xrightarrow{\text{MeCN, acid}} \text{2-Me-4-R}_1\text{-4-R}_2\text{-oxazolines (both diastereomers)}$$

66-91%, 100:0 to 27:73

IV.K.3-3 Masuda, R. et al., *H*, **37**, 153 and **38**, 803.

$$Bu^t(Me)N-N=C(R)-C(O)-CF_3 \xrightarrow[\text{2. POCl}_3, \text{pyr, 90°}]{\text{1. SiO}_2 \text{ (wet), 70°}} \text{4-R-5-CF}_3\text{-oxazole}$$

92-99%

IV.K.3-4 Natale, N.R. et al., *SC*, **24**, 399.

$$R-C(O)-CH(C(O)R')-CH_2CH_2CH_2-Cl \xrightarrow{\text{NH}_2\text{OH, aq EtOH}} \text{3-R'-5-R-4-(CH}_2)_3\text{OH-isoxazole}$$

12-93%

IV.K.3-5 Mitchell, M.A. and Benicewicz, B.C., *S*, 675.

IV.K.3-6 Eastwood, F.W. et al., *TL*, **35**, 2039.

IV.K.3-7 Meyers, A.I. et al., *TL*, **35**, 2481 and 2477.

similarly using NiO$_2$

IV.K.3-8 Nitz, T.J. et al., *JOC*, **59**, 5828; He, Y. and Lin, N.H., *S*, 989.

IV.K.3-9 Wallace, R.H. and Liu, J., *TL*, **35**, 7493; Feringa, B.L. et al., *TA*, **5**, 607; Kanemasa, S. et al., *JACS*, **116**, 2325; Chanet-Ray, J. et al., *JCR(S)*, 382; Simpson, G.W., *TL*, **35**, 3589; Martin, M.R. et al., *H*, **38**, 1307; Hamelin, J. et al., *JCR(S)*, 116; Weidner-Wells, M.A. et al., *TL*, **35**, 6473; Jenkins, P.R. et al., *JCS(P1)*, 953.

similar cycloadditions employing nitrile oxides

IV.K.3-10 Pei, Z. and Moos, W.H., *TL*, **35**, 5825.

"Post-Modification of Peptoid Side Chains: [3 + 2] Cycloadditions of Nitrile Oxides with Alkenes and Alkynes on the Solid Phase"

IV.K.3-11 Shing, T.K.M. and Wong, C.H., *TA*, **5**, 1151; **see also:** Grigg, R. et al., *T*, **50**, 5495; L'Abbe, G. et al., *JCS(P1)*, 2553; Suh, Y. et al., *CL*, 63; Chattopadhyaya, J. et al., *T*, **50**, 4921; Aurich, H.G. and Quintero, J.-L.R., *T*, **50**, 3929; Chiacchio, U. et al., *T*, **50**, 5503.

IV.K.3-12 Scheeren, H.W. et al., *TL*, **35**, 4419; Kunieda, T. et al., *H*, **37**, 715; **see also**: Holmes, A.B. et al., *JCS(P1)*, 2205; Knight, D.W. et al., *JCS(P1)*, 1661.

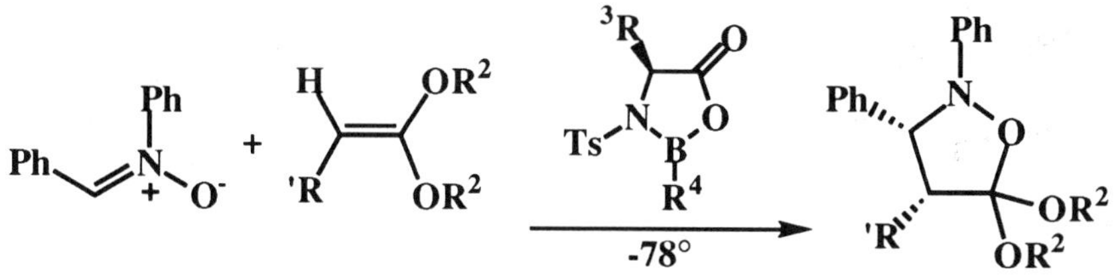

80-99%, 0-62% ee

IV.K.3-13 Hoshino, O. et al., *CC*, 443.

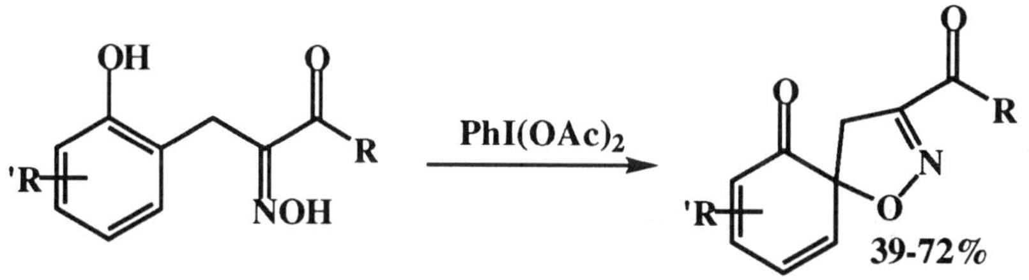

39-72%

IV.K-3-14 Palomo, C. et al., *JOC*, **59**, 3123 and *TL*, **35**, 2721 and 2725; Yoneda, R. et al., *TL*, **35**, 3749; Kurihara, T. et al., *CPB*, **42**, 31; **see also**: Bremner, J.B. et al., TL, **35**, 2409.

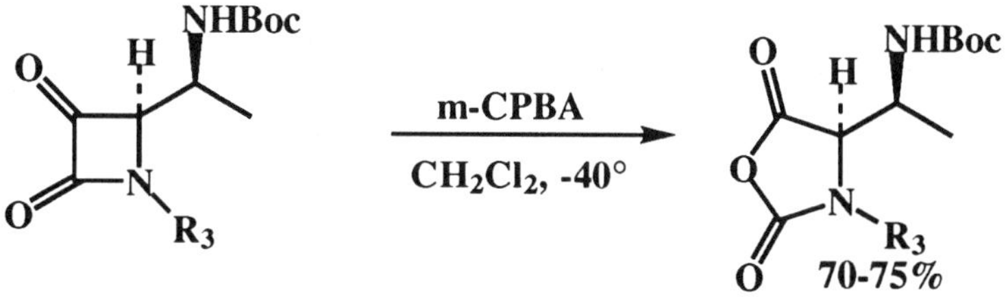

70-75%

similar examples of oxidative ring expansions

IV.K.3-15 Katagiri, N., Kaneko, C. et al., *JOC*, **59**, 8101.

IV.K.3-16 Cossy, J. and Guha, M., *TL*, **35**, 1715.

IV.K.3-17 Streith, J. et al., *H*, **37**, 747; Ritter, A.R. and Miller, M.J., *JOC*, **59**, 4603.

73-88%, 46-76% de

IV.K.3-18 Kibayashi, C. et al., *JOC*, **59**, 1358 and *TL*, **35**, 595.

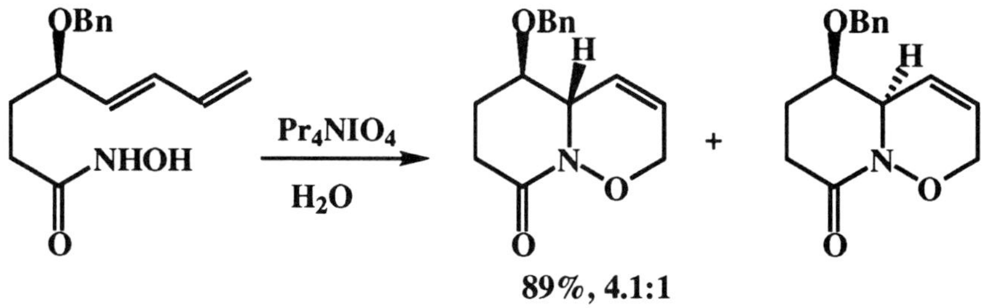

89%, 4.1:1

IV.K.3-19 Holmann, B. and Reissig, H.U., *CB*, **127**, 2337.

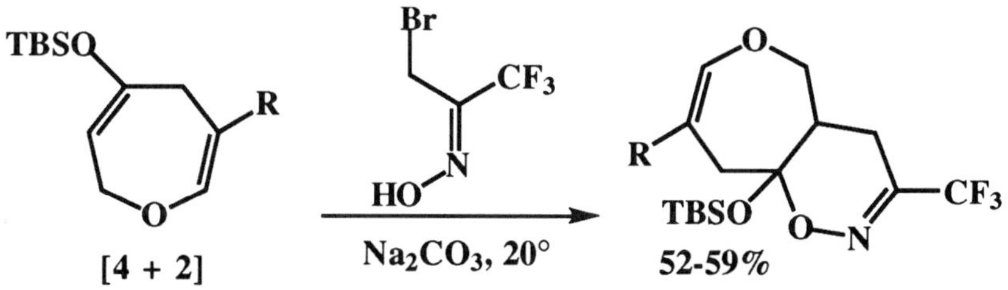

[4 + 2]   Na$_2$CO$_3$, 20°   52-59%

IV.K.3-20 Marshall, G.R., Moeller, K.D. et al., *TL*, **35**, 6989.

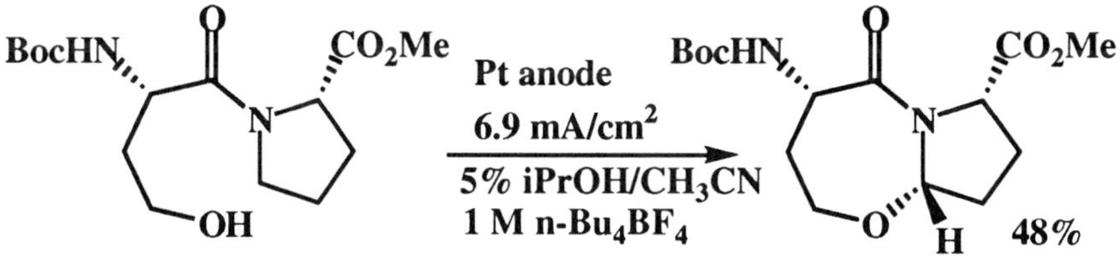

Pt anode
6.9 mA/cm^2
5% iPrOH/CH$_3$CN
1 M n-Bu$_4$BF$_4$ 48%

IV.K.3-21 Danishefsky, S.J. et al., *JOC*, **59**, 355.

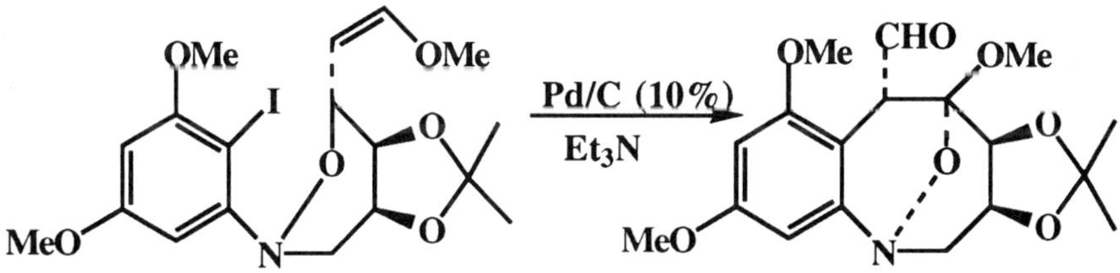

Pd/C (10%)
Et$_3$N

IV.K.4. Heterocycles with 1 N and 1 S

IV.K.4-1 Vierfond, J.M. et al., *H*, **38**, 1001; Strekowski, L. et al., *H*, **37**, 775.

IV.K.4-2 Perry, R.J. and Wilson, B.D., *OM*, **13**, 3346.

IV.K.4-3 Aguilar, E. and Meyers, A.I., *TL*, **35**, 2477.

IV.K.4-4 Fishwick, C.W.G. et al., *TL*, **35**, 6551.

IV.K.4-5 Khumtaveeporn, K. and Alper, H., *JACS*, **116**, 5662.

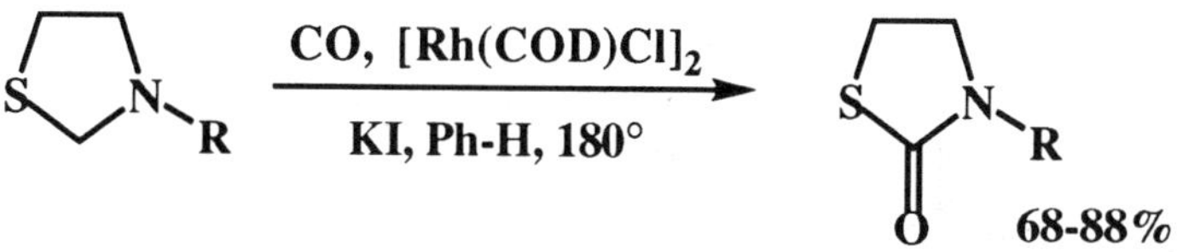

[thiazolidine] → [2-thiazolidinone]
CO, [Rh(COD)Cl]$_2$, KI, Ph-H, 180°
68-88%

IV.K.4-6 Harwood, L.M. et al., *JCS(P1)*, 2245.

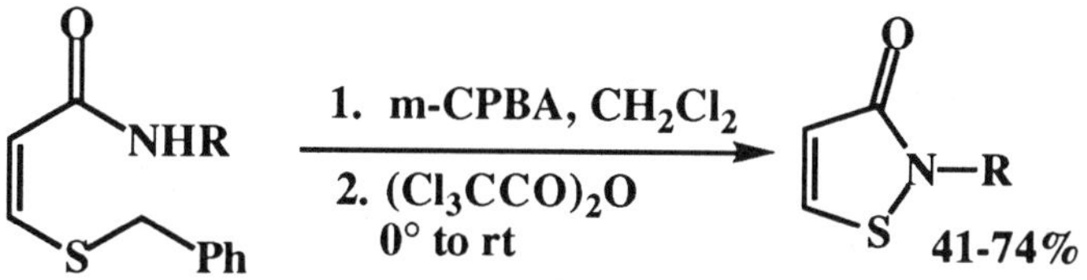

1. m-CPBA, CH$_2$Cl$_2$
2. (Cl$_3$CCO)$_2$O
0° to rt
41-74%

IV.K.4-7 Alpegiani, M. and Perrone, E., *H*, **38**, 843.

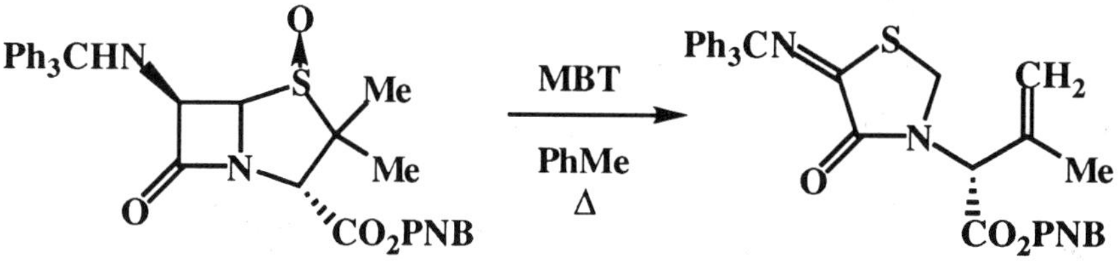

MBT, PhMe, Δ

MBT = 2-mercaptobenzotriazole

IV.K.4-8 Larsson, U. and Carlson, R., *ACS*, **48**, 517.

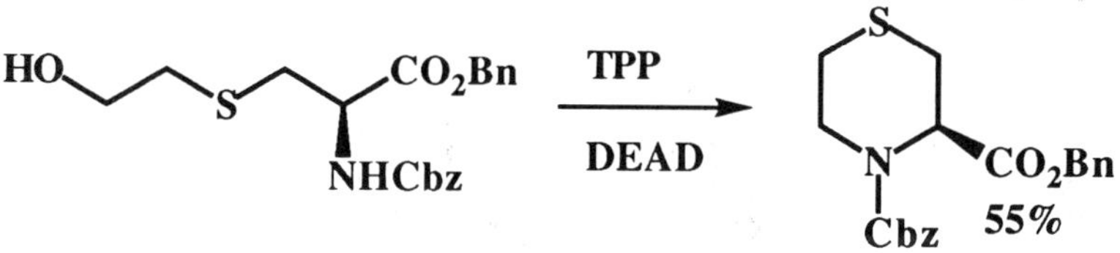

TPP, DEAD
55%

IV.K.4-9 Duguay, G. et al., *T*, **50**, 12609.

IV.K.4-10 Chen, L.C. et a., *H*, **38**, 1519.

IV.K.4-11 Meier, H. et al., *CB*, **127**, 955.

IV.K.4-12 Ohsawa, A. et al., *JOC*, **59**, 1319.

IV.K.5. Heterocycles with 1 O and 1 S

IV.K.5-1 Roush, W.R. et al., *TL*, **35**, 4931 and 4935.

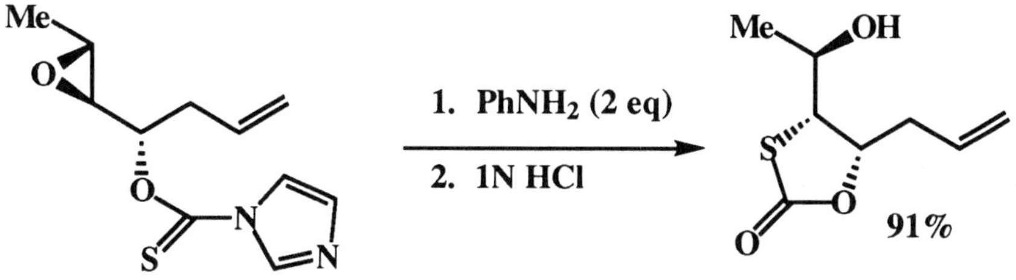

1. $PhNH_2$ (2 eq)
2. 1N HCl

91%

IV.K.5-2 Tominaga, Y. et al., *TL*, **35**, 3555.

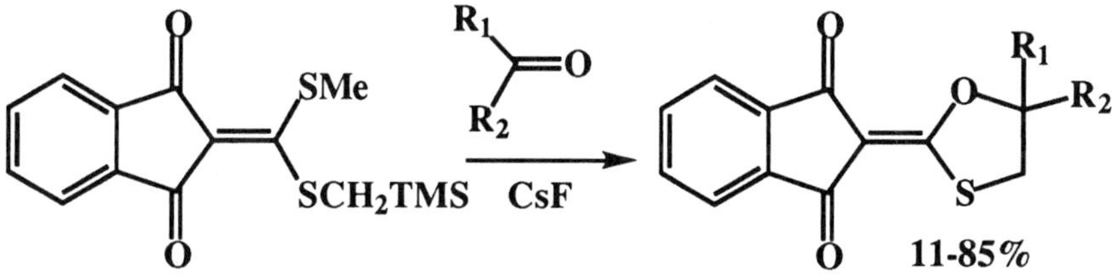

CsF

11-85%

IV.K.5-3 Marson, C.M. et al., *CC*, 1195.

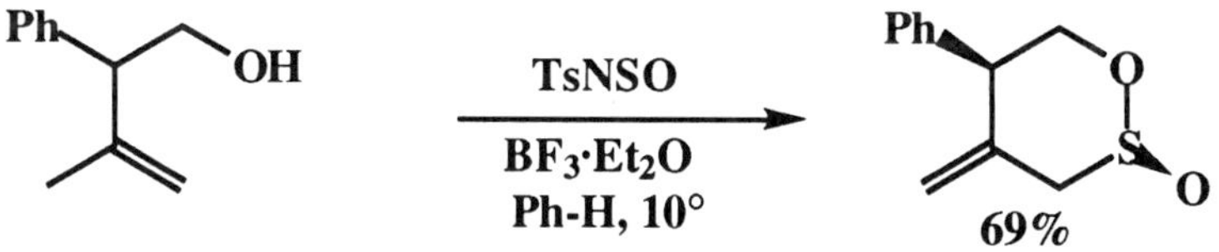

TsNSO
$BF_3·Et_2O$
Ph-H, 10°

69%

IV.K.5-4 Kim, S. and Cho, C.M., *H*, **38**, 1971; **see also:** DeVoss, J.J. and Sui, Z., *TL*, **35**, 49.

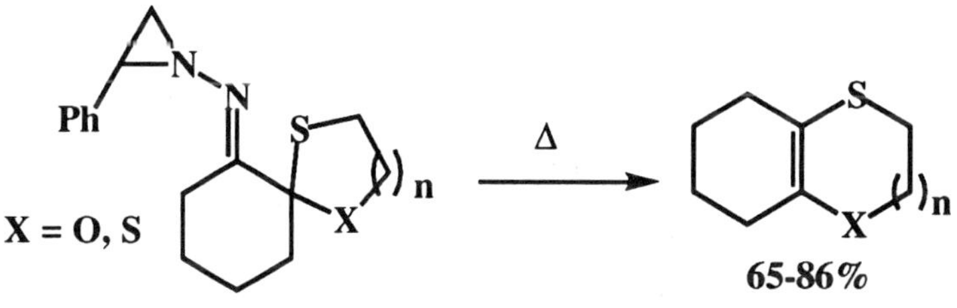

X = O, S

Δ

65-86%

IV.K.6. Heterocycles with 3 or more N's

IV.K.6-1 Palacios, F. et al., *H*, **38**, 95; Hlasta, D.J. and Ackerman, J.H., *JOC*, **59**, 6184; Garanti, L. et al., *H*, **38**, 291; Prager, R.H. and Razzino, P., *AJC*, **47**, 1375.

IV.K.6-2 Perrocheau, J. and Carrie, R., *BSB*, **102**, 749 (1993); see also: Augusti, R. and Kaschenes, C., *T*, **50**, 6723.

IV.K.6-3 Butler, R.N. et al., *JCR(S)*, 196; see also: Zhivich, A. et al., *ACS*, **48**, 596.

IV.K.6-4 Kane, J.M. et al., *JMC*, **37**, 125; Tsuje, O. et al., *H*, **38**, 235.

IV.K.6-5 Hoornaret, G. et al., *TL*, **35**, 9767.

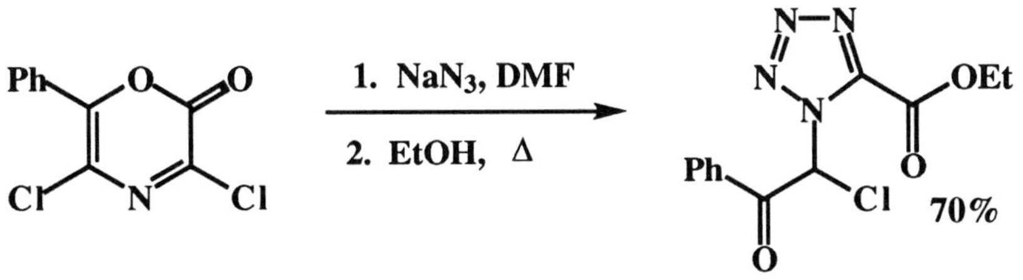

[Scheme: Ph/Cl-substituted oxazinone + 1. NaN₃, DMF; 2. EtOH, Δ → tetrazole product, 70%]

IV.K.6-6 Iwata, C. et al., *CC*, 230.

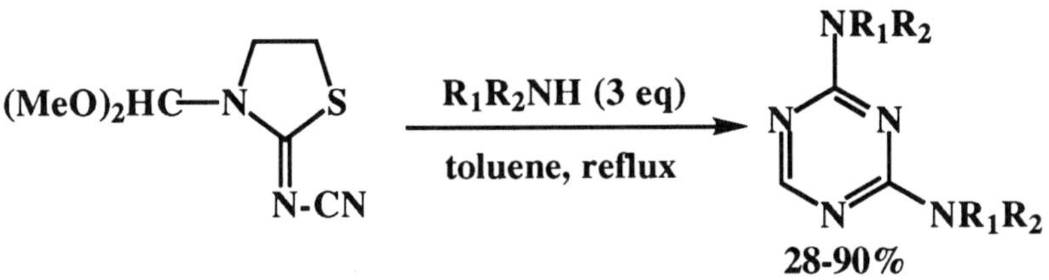

[Scheme: (MeO)₂HC–N(thiazolidine)=N–CN + R_1R_2NH (3 eq), toluene, reflux → 2,4-bis(NR₁R₂)-1,3,5-triazine, 28-90%]

IV.K.6-7 Kiselyov, A.S. and Strekowski, L., *TL*, **35**, 207.

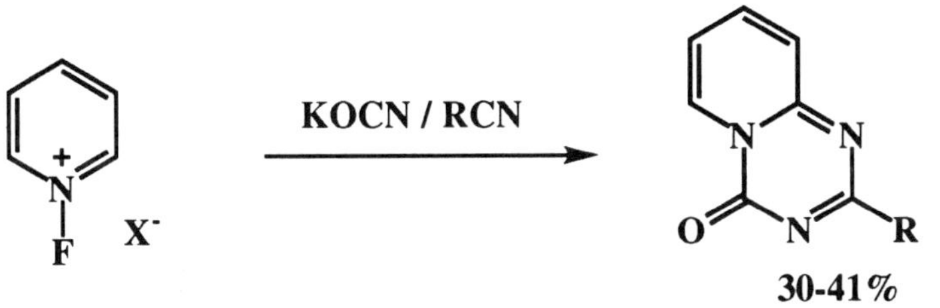

[Scheme: N-fluoropyridinium X⁻ + KOCN / RCN → pyrido-triazinone, 30-41%]

IV.K.6-8 Fields, S.C. et al., *JOC*, **59**, 8284.

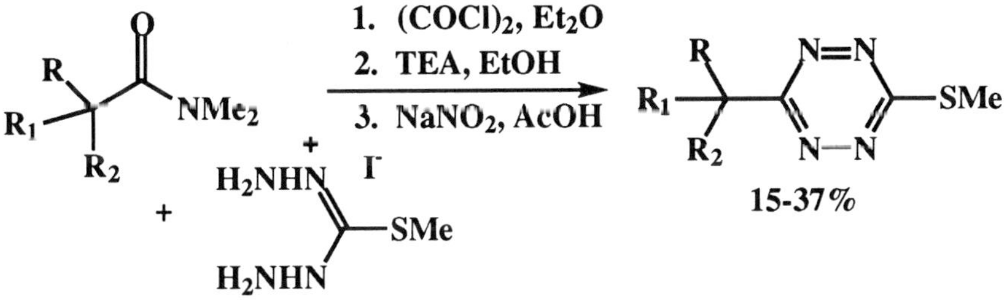

[Scheme: R,R₁,R₂-substituted amide (NMe₂) + H₂NHN–C(SMe)=NNH₂·HI; 1. (COCl)₂, Et₂O; 2. TEA, EtOH; 3. NaNO₂, AcOH → 1,2,4,5-tetrazine with SMe, 15-37%]

IV.K.6-9 Hegedus, L.S. and Moser, W.H., *JOC*, **59**, 7779.

IV.K.7. Heterocycles with 2 N's and 1 O

IV.K.7-1 Somogyi, L. *LA*, 623.

X = O,S

IV.K.7-2 Chimirri, A. et al., *H*, **38**, 2289.

IV.K.7-3 Kaneko, K. et al., *H*, **37**, 1645.

IV.K.8. Heterocycles with 2 N's and 1 S

IV.K.8-1 Kim, K. and Cho, J., *H*, **38**, 1859.

IV.K.8-2 Buscemi, S. and Vivona, N., *H*, **38**, 2423.

IV.K.8-3 Yamashita, Y. et al., *H*, **37**, 693.

IV.K.8-4 Matsubara, Y. et al., *CPB*, **42**, 373 and 1912.

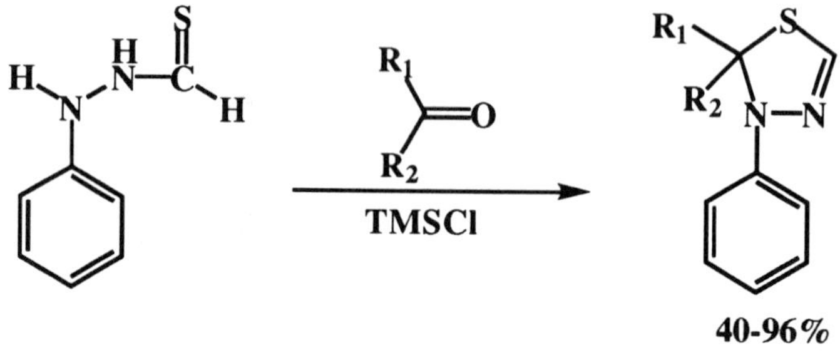

40-96%

IV.K.8-5 Bryce, M.R. et al., *JCS(P1)*, 2571.

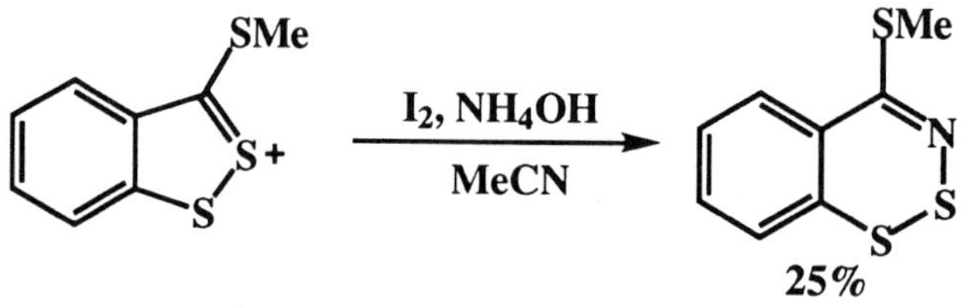

25%

IV.K.8-6 Chandrasekhar, S. and Joshi, D.K., *JCR(S)*, 56.

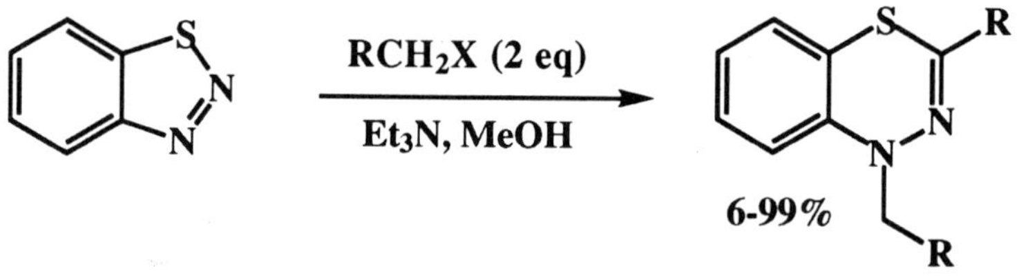

6-99%

IV.K.8-7 Yadav, L.D.S. and Sharma, S., *G*, **124**, 11.

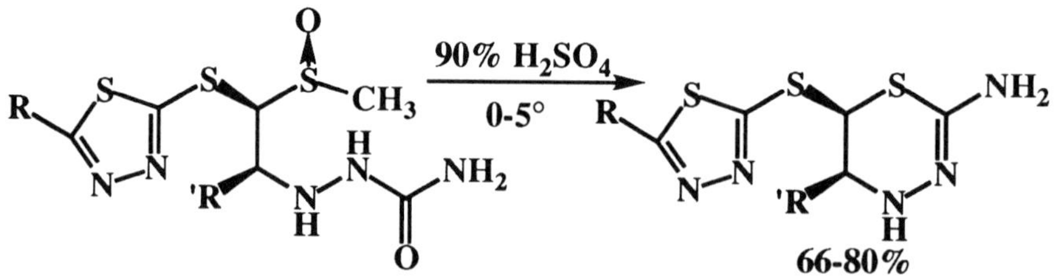

66-80%

IV.L.   Other Heterocycles

IV.L-1 Doxsee, K.M. et al., *JACS*, **116**, 2147.

Cp₂Ti(CH₃)₂ + H₃C—C≡C—CH₃ $\xrightarrow[\text{PhH or PhMe}]{65°}$ Cp₂Ti-cyclobutene(CH₃)₂ (15-20%) + Cp₂Ti-cyclopentene product

IV.L-2 Saito, T. et al., *BCJ*, **67**, 2785.

[bicyclic Ar/Ar' dithia-phosphole sulfide] $\xrightarrow{n\text{Bu}_3\text{P}}$ [thiaphosphole with Ar', Ar]

IV.L-3 Xu, Y. et al., *JCS(P1)*, 1665.

[vinyl phosphonate with Ph, O, bromoaryl, R] $\xrightarrow[\text{Et}_3\text{N, CH}_3\text{CN}]{\text{Pd(OAc)}_2, \text{PPh}_3}$ [cyclic phosphonate product] 30-95%

IV.L-4 Adam, W. et al., *JACS*, **116**, 7581.

[Reaction: 1,2-dioxetane with R₁, R₂, Me, Me substituents + R₃R₄C=PPh₃ → 1,3-dioxa-2-phospha ring product]

quantitative (unstable)

IV.L-5 Sato, R. et al., *TL*, **35**, 891.

[Benzene-1,2-dithiol + diphenylthiirane, TEA, DMSO → benzo-fused S,S,S,S ring with two Ph groups, 91%]

IV.L-6 Hoshino, O. et al., *H*, **38**, 883 and 1103.

[Allyl-SiCl₂-benzyl arene, 1. AlCl₃, CH₂Cl₂; 2. MeOH, TEA → tetrahydronaphthalene-Si(OMe)₂, 11-62%]

IV.M. Reviews

IV.M-1 Prakash, O. et al., *AA*, **27**, 15 and *SL*, 221.

> **Review:** "Iodobenzene Diacetate and Related Hypervalent Iodine Reagents in the Synthesis of Heterocyclic Compounds."

IV.M-2 Katritzky, A.R. et al., *AA*, **27**, 31 and *CRV*, **94**, 363 and *S*, 445 and 499.

> **Review:** "Benzotriazole-Stabilized Carbanions: Generation, Reactivity, and Synthetic Utility."

IV.M-3 Sessler, J.L. et al., *ACR*, **27**, 43.

Review: "Texaphyrins: Synthesis and Applications."

IV.M-4 Jager, V. et al., *BSB*, **103**, 491.

Lecture: "Synthesis of Glycosidase-Inhibiting Iminopolyols via Isoxaolines."

IV.M-5 Bertrand, G. et al., *BSB*, **103**, 531.

Lecture: "Phosphorus Substituted "CN$_2$" Groups: Building Blocks in Heterocyclic Chemistry."

IV.M-6 Reid, D.H. et al., *BSB*, **103**, 539.

Lecture: "Heterocycles of Hypervalent Sulfur and Selenium: New Syntheses and Structures."

IV.M-7 Hiemstra, H. and van Benthem, R.A.T.M., *BSB*, **103**, 559.

Lecture: "Palladium-Catalyzed Aerobic Oxidation of Allylic Amines via Heterocyclic Intermediates."

IV.M-8 Bernath, G., *BSB*, **103**, 509.

Lecture: "Fused-Skeleton Saturated Six-Membered 1,3-N,O, N,N and N,S Heterocycles. Fused-Skeleton Aryl-Substituted Saturated Isoindolones."

IV.M-9 Fischer, H.-P. et al., *BSB*, **103**, 565.

Lecture: "Synthesis and Chirality of Novel Heterocyclic Compounds Designed for Crop Protection."

IV.M-10 Hoornaert, G., *BSB*, **103**, 583.

Lecture: "2(1H)-Pyrazinones and 2H-1,4-Oxazin-2-ones and Their Use in Heterocyclic Synthesis."

IV.M-11 Becher, J. et al., *CRV*, **94**, 41.

Review: "Tetrathiafulvalenes as Building-Blocks in Supramolecular Chemistry."

IV.M-12 Sammes, P.G. and Yahioglu, G., *CRV*, **94**, 327.

Review: "1,10-Phenanthroline: A Versatile Ligand."

IV.M-13 Thurston, D.E. and Bose, D.S., *CRV*, **94**, 433.

Review: "Synthesis of DNA-Interactive Pyrrolo [2,1-c] [1,4] benzodiazepines."

IV.M-14 Butler, R.N. and O'Shea, D.F., *H*, **37**, 571.

Review: "Substituted 1,2,3-Triazolium-1-ylides as 1,3-Dipoles: Synthons for a Range of Azimine and 1,2,3-Triaza Systems."

IV.M-15 Moreno-Manas, M. and Pleixats, R., *H*, **37**, 585.

Review: "Bicyclic Compounds Structurally Related to Dehydroacetic Acid and Triacetic Acid Lactone."

IV.M-16 Dega-Szafran, Z. and Szafran, M., *H*, **37**, 627.

Review: "Complexes of Carboxylic Acids with Pyridines and Pyridine N-Oxides."

IV.M-17 Farcasiu, D. et al., *H*, **37**, 1165.

Review: "One-Electron Tranfer Reactions of Pyrylium Cations."

IV.M-18 Trofimov, B.A. et al., *H*, **37**, 1193.

Review: "Further Development of the Ketoxime-Based Pyrrole Synthesis."

IV.M-19 Huang, Z.T. and Wang, M.X., *H*, **37**, 1233.

Review: "Heterocyclic Ketene Aminals"

IV.M-20 Iddon, B., *H*, **37**, 1263 and 1321 (Part II) and 2087 (Part III) and *H*, **38**, 2487 (Part IV).

Review: "Synthesis and Reactions of Lithiated Monocyclic Azoles Containing Two or More Hetero-Atoms. Part I: Isoxazoles"

IV.M-21 Kuthan, J., *H*, **37**, 1347.

Review: "Extension of Decker Oxidation"

IV.M-22 Oae, S., *H*, **37**, 1359.

Review: "Small Ring Compounds Containing Sulfur Atoms."

IV.M-23 Brewster, M.E., Bodor, N. et al., *H*, **37**, 1373.

Review: "Contributions of Molecular Orbital Techniques to the Study of Dihydropyridines."

IV.M-24 Ando, K. and Takayama, H., *H*, **37**, 1417.

Review: "Heteroaromatic-Fused 3-Sulfolenes."

IV.M-25 Scriven, E.F.V. et al., *H*, **37**, 1951.

Review: "Approaches to the Synthesis of 1-Substituted 1,2,4-Triazoles."

IV.M-26 McNab, H. and Thornley, C., *H*, **37**, 1977.

Review: "Pyrrolizin-3-ones"

IV.M-27 Belen'kii, L., *H*, **37**, 2029.

Review: "Relative Stabilities of Hetarenium Ions: Factors Controlling Positional Selectivities of Electrophilic Substitution and Acid-Induced Transformations of Pyrrole, Furan, and Thiophene Derivatives."

IV.M-28 Korbonits, D. and Horvath, K., *H*, **37**, 2051.

Review: "Synthesis of Heterocycles From Aminoamide Oximes."

IV.M-29 Pagani, G.A., *H*, **37**, 2069.

Review: "Heterocycle-Based Electric Conductors"

IV.M-30 Queguiner, G. et al., *H*, **37**, 2149.

Review: "Metalation of Diazines"

IV.M-31 Fujii, T. et al., *H*, **38**, 253.

Review: "Synthesis of the N(1)- and N(3)- Oxides of 7-Benzyladenine."

IV.M-32 Yuxiang, O. et al., *H*, **38**, 1651.

Review: "Synthesis of Nitro Derivatives of Triazoles"

IV.M-33 Veinberg, G.A. and Lukevic, E., *H*, **38**, 2309.

Review: "Orgonosilicon and Organotin Compounds in the Synthesis and Transformation of β-Lactams."

IV.M-34 Gromov, S.P. and Kost, A.N., *H*, **38**, 1127.

Review: "Enamine Rearrangement"

IV.M-35 Sliwa, W., *H*, **38**, 897.

Review: "The Reactivity of Acridinium Salts and Related Compounds."

IV.M-36 Grigg, R. *JHC*, **31**, 631.

Review: "Heterocyclic Synthesis by Pd Catalyzed Cyclization-Anion Capture Process."

IV.M-37 Gronowitz, S., *JHC*, **31**, 641.

Review: "The Versatile Chemistry of Thiophenes"

IV.M-38 Martin, S.F., *JHC*, **31**, 679.

Review: "Strategies for the Synthesis of Heterocyclic Natural Products."

IV.M-39 Motohashi, N., *OPP*, **26**, 393.

Review: "Synthesis of Carcinogenic Oxygenated Derivatives of Benz[c]acridines."

IV.M-40 Wittenberger, S.J., *OPP*, **26**, 499.

Review: "Recent Developments in Tetrazole Chemistry"

IV.M-41 Baranovskii, A.B. et al., *RCR*, **62**, 661 (1993).

Review: "Steroids with a Side Chain Containing a Heterocyclic Fragment: Synthesis and Transformations."

IV.M-42 Kulinkovich, O.G., *RCR*, **62**, 839 (1993).

Review: "Activated Cyclopropanes in the Synthesis of Five-membered Carbocycles and Heterocycles."

IV.M-43 Esipenko, A.A. and Samarai, L.I., *RCR*, **62**, 1097 (1993).

Review: "Cycloaddition of Nitrile Oxides to Multiple Bonds Containing a Heteroatom."

IV.M-44 Ryashentseva, M.A., *RCR*, **63**, 437.

Review: "Catalytic Methods of Synthesis of Thiophenes from Hydrocarbons and Hydrogen Sulfide."

IV.M-45 Eremin, S.A. et al., *RCR*, **63**, 611.

Review: "Immunochemical Methods for the Assay of Herbicides of the 1,3,5-Triazine Group."

IV.M-46 Kalinin, V.N. and Shilova, O.S., *RCR*, **63**, 661.

Review: "Organoelement Derivatives of 2-Pyrone and their Applications in Organic Synthesis."

IV.M-47 Timoshchuk, V.A., *RCR*, **63**, 695.

Review: "The Synthesis and Transformations of Uronic Acid Nucleosides."

IV.M-48 Siling, S.A. and Vinogradova, S.V., *RCR*, **63**, 767.

Review: "The Reactions of Polycarboxylic Acid *o*-Dinitriles with Aromatic Diamines."

IV.M-49 Padwa, A. et al., *S*, 123 and 993.

Review: "Recent Advances in the Cycloaddition Chemistry of Isomunchnones and Thioisomunchnones."

IV.M-50 Waldmann, H., *S*, 535.

Review: "Asymmetric Hetero Diels-Alder Reactions"

IV.M-51 Piancatelli, G. et al., *S*, 867.

Review: "Synthesis of 1,4-Dicarbonyl Compounds and Cyclopentenones from Furans."

IV.M-52 Streith, J. and Defoin, A., *S*, 1107.

Review: "Hetero Diels-Alder Reactions with Nitroso Dienophiles: Application to the Synthesis of Natural Product Derivatives."

IV.M-53 Tietze, L.F. et al., *S*, 1185.

Feature Article: "Inter- and Intramolecular Hetero-Diels-Alder Reaction; Part 50: Domino Reactions in Organic chemistry: The Knoevenagel-hetero-Diels-Alder-Hydrogenation Sequence for the Biomimetic Synthesis of Indole Alkaloids *via* Strictosidine Analogues."

IV.M-54 Elnagdi, M.H. et al., *SL*, 27.

Review: "Akylheteroaromatics as Building Blocks for the Synthesis of Condensed Polyfunctionally Substituted Heterocycles."

IV.M-55 Liebscher, J. and Patzel, M., *SL*, 471.

Review: "ω-Aminoalkylheterocycles - Actual Aspects of the Chemistry of Histamine Analogues."

IV.M-56 Moody, C.J. et al., *SL*, 681.

Review: "Synthesis of Carbazole Alkaloids"

IV.M-57 Gant, T.G. and Meyers, A.I., *T*, **50**, 2297.

Review: "The Chemistry of 2-Oxazolines (1985 - Present)."

V
PROTECTING GROUPS

V.A. Hydroxyl Protecting Groups

V.A-1 Lee, S.G. et al., *JCS(P1)*, 2621 and *TL*, **35**, 9737.

Regioselective Hydrolysis — Dowex 50W-8X, aq MeOH — 95 %

V.A-2 Niculescu-Duvaz, I. and Springer, C.J., *JCR(S)*, 242; Hodgetts, K.J. and Wallace, T.W., *SC*, **24**, 1151.

42-94 % ← TFA ; → F-CO-OAd, pyr → 54-95 %

V.A-3 Falck, J.R. et al., *JACS*, **116**, 8354.

$$R-OH \underset{\text{Li naphthalenide}}{\overset{\substack{\text{Hip-OH, DEAD, Ph}_3\text{P} \\ \text{Hip} = -C(CF_3)_2Ph}}{\rightleftarrows}} R-OHip \quad 46\text{-}98\ \%$$

V.A-4 Waldmann, H. et al., *SL*, 65.

$$\text{AcO-sugar(B,OAc)} \xrightarrow[\substack{0.15\ N\ NaCl \\ pH\ 6.5,\ rt}]{\textit{acetyl esterase}} \text{HO-sugar(B,OAc)} \quad 52\ \%$$

Selective enzymatic deprotection of OH and NH groups in carbohydrates and nucleosides

---

V.A-5 Tanemura, K. et al., *BCJ*, **67**, 290.

$$R-OTHP \xrightarrow{\text{DDQ, aq MeOH}} R-OH \quad 81\text{-}98\ \%$$

V.A-6 Thompson, L.A. and Ellman, J.A., *TL*, **35**, 9333; Ranu, B.C. and Saha, M. *JOC*, **59**, 8269; Campelo, J.M. et al., *TL*, **35**, 1345.

$$R-OH + \text{DHP-CH}_2\text{-O-CH}_2\text{-}\textcircled{P} \xrightarrow{\text{PPTS, 80°C}} RO\text{-THP-CH}_2\text{-O-CH}_2\text{-}\textcircled{P}$$

V.A-7 Evans, D.A. et al., *TL*, **35**, 7171.

Mild Alcohol Methylation Procedures for the Synthesis of Polyoxygenated Natural Products. Applications to the Synthesis of Lonomycin A.

V.A-8 Diaz, R.R. et al., *JOC*, **59**, 7928; Zhu, J. et al., *TL*, **35**, 4349; Genet, J.P. et al., *TL*, **35**, 8783.

$$R-O-CH_2-CH=CH_2 \xrightarrow[\text{2: base}]{\text{1: NBS, hv, CCl}_4} R-OH \quad 78\text{-}99\%$$

V.A-9 Ziegler, T. and Pantkowski, G., *LA*, 659.

The 2-(Chloroacetoxymethyl)benzoyl (CAMB) Group as a Novel Protecting Group for Carbohydrates.

V.A-10 Mabic, S. and Lepoittevin, J.P., *SL*, 851; Jones, G.B. et al., *TA*, **5**, 1199; Brussee, J. et al., *JOC*, **59**, 7133; Prakash, C. et al., *TL*, **35**, 7565.

$$R-OSiR'_3 \xrightarrow[\text{MeO-C}_6\text{H}_3(\text{OH})\text{-CHO}]{BF_3 \cdot OEt_2,\ CH_2Cl_2} R-OH \quad > 98\%$$

V.A-11 Xu, Y.C. et al., *TL*, **35**, 6207.

PNBO-CH$_2$-C$_6$H$_4$-CH$_2$CH$_2$-OR' $\xrightarrow{\text{Mg, MeOH}}$ HO-CH$_2$-C$_6$H$_4$-CH$_2$CH$_2$-OR'   68-99 %

R' = Ac, Bz, Pv

V.A-12 Csuk, R. and Dorr, P., *T*, **50**, 9983.

$$\text{R-OBn} \xrightarrow[\text{acetone}]{\chemfig{(CH_3)_2C(O)_2}} \text{R-OH} \quad 85\text{-}93\%$$

V.A-13 Kumar, P. et al., *TL*, **35**, 1288; Oriyama, T. et al., *BCJ*, **67**, 885; Linderman, R.J. et al., *JOC*, **59**, 6499.

$$\text{R-OH} \xrightarrow[\text{CH}_2\text{Cl}_2, \Delta]{\text{MOM-Cl, Na-Y Zeolite}} \text{R-OMOM} \quad 70\text{-}91\%$$

V.A-14 Majetich, G. et al., *TL*, **35**, 8727.

EtO–C$_6$H$_3$(OMe) $\xrightarrow[\text{or Super Hydride, 67°C}]{\text{L-Selectride, 67°C}}$ EtO–C$_6$H$_3$(OH)   88-92 %

V.A-15 Kong, X. and Grindley, T.B., *CJC*, **72**, 2396; Leigh, D.A. et al., *CC*, 1373.

[tetrahydrofuran-diol-R] $\xrightarrow[\text{2: TsCl, CHCl}_3]{\text{1: Bu}_2\text{SnO, Ph-Me, }\Delta}$ [tetrahydrofuran with OTs, OH, R]   36-99 %

V.A-16 Wincott, F.E. and Usman, N., *TL*, **35**, 6827.

2'-(Trimethylsilyl)ethoxymethyl Protection of the 2'-Hydroxyl Group in Oligoribonucleotide Synthesis.

V.A-17 Tanabe, Y. et al., *TL*, **35**, 8409 and 8413; Gregg, B.T. and Cutler, A.R., *OM*, **13**, 1039.

$$\text{R—OH} \xrightarrow[\text{TBAF (cat.)}]{\text{imidazole-N—TMS}} \text{R—OTMS}$$

V.A-18 Scharf, H.D. et al., *LA*, 775; Ziegler, T., *TL*, **35**, 6857; Hodosi, G., *TL*, **35**, 6129; Ley, S.V. et al., *TL*, **35**, 773 and 777.

[Reaction of dihydroxy-γ-butyrolactone with methyl 3-oxobutyl phenyl sulfone / BF₃·OEt₂ giving bicyclic acetal product, 85%]

V.A-19 Kang, S. et al., *SC*, **24**, 305.

[Reaction of BnO-triol with (Cl₃CO)₂CO / pyr giving cyclic carbonate, 77%]

V.B. Amine Protecting Groups

V.B-1 Tsubouchi, H. et al., *SL*, 63.

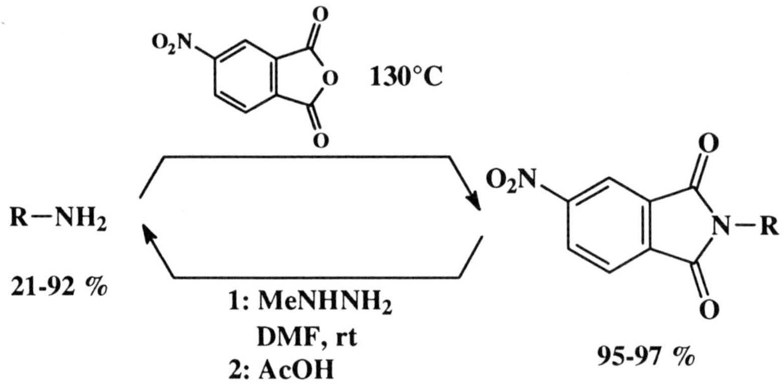

R—NH$_2$ + 4-nitrophthalic anhydride →(130°C) N-R phthalimide (95-97%)

Reverse: 1: MeNHNH$_2$, DMF, rt; 2: AcOH → R—NH$_2$ (21-92%)

Primary Amine Protecting Group

V.B-2 Periasamy, M., *SC*, **24**, 313.

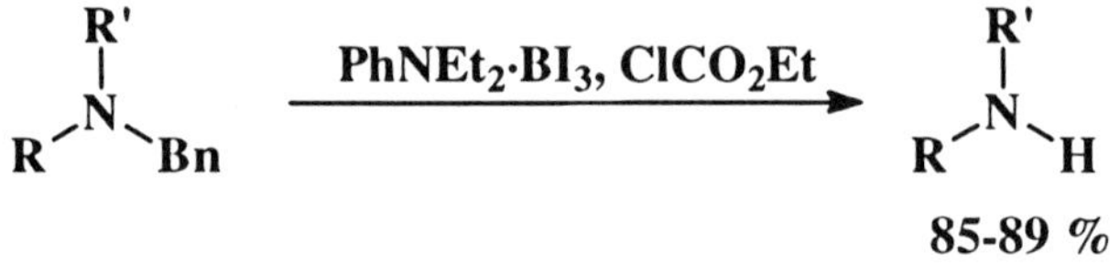

R(R')N-Bn →(PhNEt$_2$·BI$_3$, ClCO$_2$Et) R(R')N-H (85-89%)

V.B-3 Wei, Z.Y. and Knaus, E.E., *TL*, **35**, 847; Yoon, H. et al., *TL*, **35**, 3745.

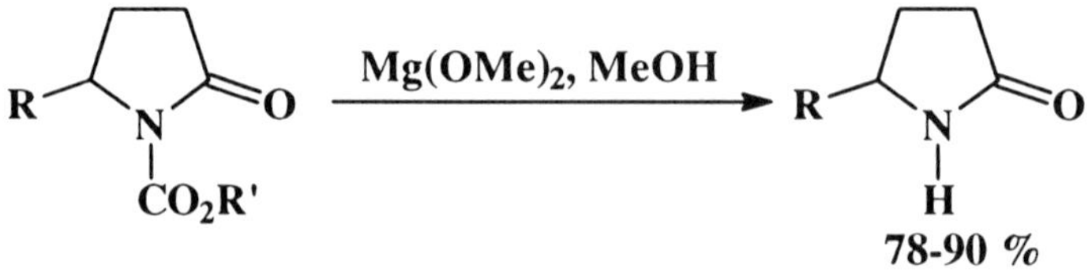

N-CO$_2$R' pyrrolidinone →(Mg(OMe)$_2$, MeOH) N-H pyrrolidinone (78-90%)

V.B-4 Schultz, P.G. et al., *TL*, **35**, 3873.

Catalysis of Carbamate Hydrolysis by an Antibody.

V.B-5 Curran, T.P. et al., *TL*, **35**, 5409.

Loss of the *tert*-Butyloxycarbonyl (BOC) Protecting Group Under Basic Conditions.

V.B-6 Vedejs, E. and Lin, S., *JOC*, **59**, 1602.

$$\text{Me} \overset{\text{CPh}_3}{\underset{\underset{\text{SO}_2\text{Tol}}{|}}{\overbrace{N}}} \xrightarrow{\text{SmI}_2,\ \text{THF, DMPU}} \text{Me} \overset{\text{CPh}_3}{\underset{\underset{\text{H}}{|}}{\overbrace{N}}} \quad 97\ \%$$

V.B-7 Butcher, K.J., *SL*, 825; Kelly, T.A. and McNeil, D.W., *TL*, **35**, 9003; Mobashery, S. et al., *JOC*, **59**, 1918; Angeles, E. et al., *SC*, **24**, 2441.

$$R^1\text{-N}(R^2)\text{-H} \xrightarrow[\text{Cs}_2\text{CO}_3]{R^3\text{-X, CO}_2,\ \text{DMF}} R^1\text{-N}(R^2)\text{-C}(=O)\text{-O-}R^3$$

44-96 %

V.C. Carboxyl Protecting Groups

V.C-1 Kita, Y. et al., *CPB*, **42**, 147; Ogawa, T. et al., *CPB*, **42**, 1579.

R—CO$_2$H ⇌ R-C(=O)-O-CH$_2$CH$_2$-CN

Forward: HO(CH$_2$)$_2$CN, DCC, DMAP (86-97 %)
Reverse: 1: TBAF; 2: H$^+$ (64-100 %)

V.C-2 Ravi, D., Rao, V.J., et al., *SL*, 856; Nagasawa, K. et al., *CL*, 209.

R—CO$_2$H $\xrightarrow{\text{1: Diphosgene, pyr, DCM, -40°C; 2: R'—XH (X = O,S)}}$ R-C(=O)-X-R' (49-94 %)

V.C-3 Naito, T. et al., *SL*, 637.

$\xrightarrow{\text{BnSAlMe}_3\text{Li, Ph-Me, 0°C}}$ (67 %)

V.C-4 Anson, M.S. and Montana, J.G., *SL*, 219.

R—CO$_2$Bn $\xrightarrow{\text{1: NBS, (PhCO)}_2\text{O, CCl}_4, \Delta;\ \text{2: H}_2\text{O}}$ R—CO$_2$H (0-97 %)

V.C-5 Bernatowicz, M.S. et al., *TL*, **35**, 1651.

$$R-CO_2H \xrightarrow[\text{removed with 1 \% TFA}]{\text{HO-CH}_2\text{CH}_2\text{-C}_6\text{H}_4\text{-OMe}, \text{ DCC, DMAP, 4°C to rt}} R-CO-O-CH_2CH_2-C_6H_4-OMe$$

28-93 %

V.C-6 Akiyama, T., Ozaki, S. et al., *SC*, **24**, 2179.

$$Ph-CH_2CH_2-CO-OR \xrightarrow{PhNMe_2, AlCl_3} Ph-CH_2CH_2-CO-OH$$

R = MOM, MEM, SEM   80-99 %

V.C-7 Fisher, J.W. and Trinkle, K.L., *TL*, **35**, 2505; Khurana, J.M. and Sehgal, A., *OPP*, **26**, 580.

$$R^1-CO-N(R^2)-CH_2-CO-OR^3 \xrightarrow{LiI, EtOAc, \Delta} R^1-CO-N(R^2)-CH_2-CO-OH$$

26-98 %

V.C-8 Cossy, J. et al., *TL*, **35**, 1539.

$$R-CO-O-CH_2-CH=C(CH_3)_2 \xrightarrow{I_2, \text{ cyclohexane, rt}} R-CO_2H$$

75-97 %

V.D. Protecting Groups for Aldehydes and Ketones

V.D-1 Samizu, K. and Ogasawara, K., *TL*, **35**, 7989.

Ar-[dioxepine with R, R'] → Na, NH$_3$(l), -33°C → Ar-CH(Me)-CHO

49-81 %

V.D-2 Cahiez, G. et al., *TL*, **35**, 6295; Rossi, L. and Pecunioso, A., *TL*, **35**, 5285.

iPr-CO-CH$_2$-R   1: PhMnN(Me)Ph, -10°C; 2: TMSCl, -10°C to rt → iPr-C(OTMS)=CH-R

R = C$_5$H$_{11}$

90 %

V.D-3 Mahrwald, R., *JPR*, **336**, 361; Stille, J.R. et al., *SC*, **24**, 583.

PhCHO $\xrightarrow{\text{Ti(OR)}_4, \text{TiCl}_4 \text{ (cat)}}_{\text{hexane, rt}}$ PhCH(OR)$_2$

77-89 %

V.D-4 Kumar, T.P. et al., *JCR(S)*, 394.

o-C$_6$H$_4$(CH$_2$OH)$_2$ $\xrightarrow{\text{RCOR', H-Y zeolite, CH}_2\text{Cl}_2, \Delta}$ benzo-fused dioxepine acetal

46-95 %

V.D-5 Yamada, T. et al., *BCJ*, **67**, 2614.

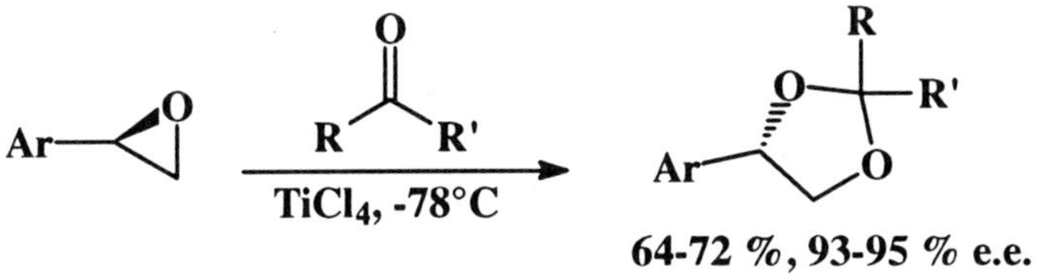

[Scheme: Ar-epoxide + R(C=O)R' → dioxolane; TiCl$_4$, -78°C; 64-72 %, 93-95 % e.e.]

V.D-6 Yamamoto, H. et al., *JACS*, **116**, 11179; Reymond, J.L., Reber, J.L. and Lerner, R.A., *AG(E)*, **33**, 475.

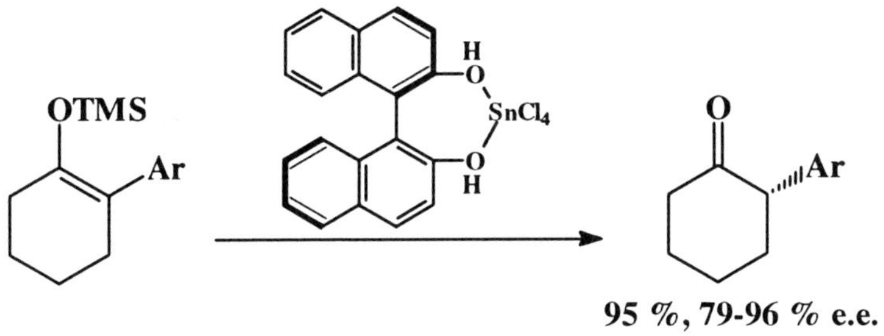

[Scheme: OTMS-cyclohexene-Ar + BINOL·SnCl$_4$ catalyst → cyclohexanone with Ar substituent; 95 %, 79-96 % e.e.]

V.D-7 McDonald, C.E. et al., *TL*, **35**, 57; Lillie, B.M. and Avery, M.A., *TL*, **35**, 969.

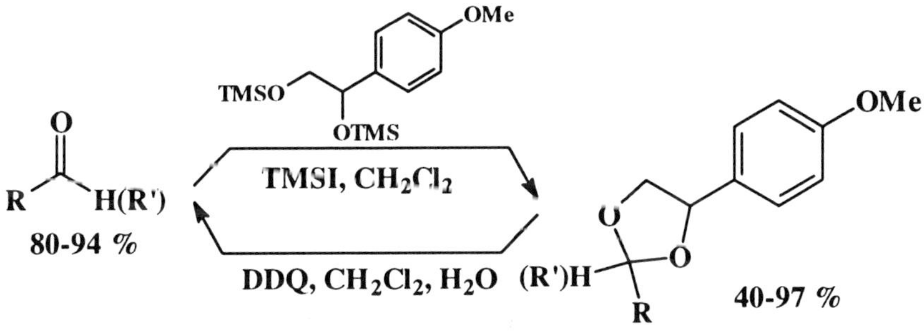

[Scheme: R(C=O)H(R') (80-94 %) ⇌ dioxolane with p-methoxyphenyl group (40-97 %); forward: TMSO-CH(OTMS)-C$_6$H$_4$-OMe, TMSI, CH$_2$Cl$_2$; reverse: DDQ, CH$_2$Cl$_2$, H$_2$O]

V.D-8 Ravindranathan, T. et al., *CC*, 1937.

$$\underset{R'}{\overset{R}{>}}\!\!\!<\!\!\overset{O}{\underset{S}{\big|}} \quad \xrightarrow[\text{OHC}-\!\!\!\left\langle\!\!\bigcirc\!\!\right\rangle\!\!-\text{NO}_2]{\text{TMSOTf (cat.), CH}_2\text{Cl}_2,\text{ rt}} \quad \underset{R'}{\overset{R}{>}}\!\!=\!\text{O}$$

75-97 %

V.D-9 Khurana, J.M. et al., *BCJ*, **67**, 1091; Firouzabadi, H. and J.M. Baltork, *SC*, **24**, 489.

$$\underset{R'}{\overset{R}{>}}\!\!=\!\!\underset{\text{N}}{\overset{\text{OH}}{\big/}} \quad \xrightarrow{\text{NaOCl, MeCN, rt}} \quad \underset{R'}{\overset{R}{>}}\!\!=\!\text{O}$$

23-99 %

V.D-10 Chen, D.W. and Chen, Z.C., *S*, 773; Choi, H.C. and Kim, Y.H., *SC*, **24**, 2307.

$$\underset{R'}{\overset{R}{>}}\!\!=\!\!\underset{\text{N}}{\overset{\text{H}\;\;\;\text{O}}{\text{N}-\!\!\!<\!\!\!\underset{\text{NH}_2}{\big|}}} \quad \xrightarrow[\text{aq MeCN}]{\text{PhI(OAc)}_2} \quad \underset{R'}{\overset{R}{>}}\!\!=\!\text{O}$$

70-83 %

V.D-11 Das, N.B., Sharma, R.P. et al., *JCR(S)*, 100; Patney, H.K., *TL*, **35**, 5717; Kamata, M., Hasegawa, E. et al., *T*, **50**, 12821.

$$\underset{R'}{\overset{R}{>}}\!\!=\!\text{O} \quad \underset{\underset{\text{SiO}_2,\text{ CH}_2\text{Cl}_2,\text{ H}_2\text{O}}{\overset{\text{CuCl}_2\cdot 2\text{H}_2\text{O}}{\longleftarrow}}}{\overset{\overset{\text{CuSO}_4,\text{ THF}}{\text{HSCH}_2\text{CH}_2\text{SH}}}{\longrightarrow}} \quad \underset{R'}{\overset{R}{>}}\!\!<\!\!\underset{S}{\overset{S}{\big|}}$$

50-94 %   40-96 %

V.E. Amino Acid Protection

V.E-1 Pearson, A.J. and Lee, K., *JOC*, **59**, 2257

Some Studies on the Uses of 2-Bromoethyl and 2-Iodoethyl Ester Blocking Groups in Peptide Synthesis: Samarium Diiodide Mediated Deprotection.

V.E-2 Samukov, V.V. et al., *TL*, **35**, 7821.

2-(4-Nitrophenyl)sulfonylethoxycarbonyl (Nsc) Group as a Base-Labile α-Amino Protection for Solid Phase Peptide Synthesis.

V.E-3 Richter, L.S. et al., *TL*, **35**, 1631.

[Reaction scheme: Ar-substituted thiazolidine-CO$_2$H → 1: Et$_3$SiH, TFA, CH$_2$Cl$_2$; 2: Boc$_2$O → BocNH-CH(CH$_2$-S-Ar)-CO$_2$H, 81-82 %]

V.E-4 Shapiro, G. and Buechler, D., *TL*, **35**, 5421.

[Reaction scheme: Boc-NH-CH(Bn)-C(O)-O-CH$_2$-CH=CH-C(O)-NH-CH$_2$-CH$_2$-CO$_2$-Resin → TMSN$_3$, Bu$_4$NF, Pd(PPh$_3$)$_4$, CH$_2$Cl$_2$, rt → Boc-NH-CH(Bn)-CO$_2$H, >95 %]

V.E-5 Giralt, E. et al., *TL*, **35**, 4437.

Solid-Phase Synthesis of Peptides Using Allylic Anchoring Groups 2. Palladium-Catalyzed Cleavage of Fmoc-Protected Peptides.

V.E-6 Chao, H.G. et al., *JACS*, **116**, 1746.

A Novel and Versatile Silicon-Derived Linkage Agent, 4-[1-Hydroxy-2-(trimethylsilyl)ethyl]benzoic Acid. Compatible with the Fmoc/*t*-Bu Strategy for Solid-Phase Synthesis of C-Terminal Peptide Acids.

V.E-7 Rapoport, H. et al., *JOC*, **59**, 3216; Joullie, M.M. et al., *SC*, **24**, 187.

[Reaction scheme: MeO-C(O)-CH2CH2CH2-CH(NHBoc)-C(O)-O*t*Bu → (HCl, EtOAc) → ~~~-CH(NH2·HCl)-C(O)-O*t*Bu, 100%]

V.E-8 Berkowitz, D.B. and Pedersen, M.L., *JOC*, **59**, 5476.

Simultaneous Amino and Carboxyl Group Protection for α-Branched Amino Acids.

V.E-9 Johnson, T. and Quibell, M., *TL*, **35**, 463.

[Reaction scheme: H–Ala–OH + 2-hydroxybenzaldehyde (salicylaldehyde), NaBH4, KOH, aq EtOH → H–(HBz)Ala–OH, remove with TFMSA, stable to TFA]

V.E-10 Kundu, B. and Shukla, S., *CCC*, **59**, 231.

A Convenient Differential Protection Strategy for Functional Groups of Serine. Application to Boc-Ser(Bzl)-OH Synthesis.

V.E-11 Okada, Y. et al., *JCS(P1)*, 3201.

Development of a New Amino-Protecting Group, 2-Adamantyloxycarbonyl, and its Application to Peptide Synthesis.

V.E-12 Mutter, M. et al., *TL*, **35**, 1039.

Polyethylene Glycol Bound Benzyl- and Fluorenyl Derivatives as Solubilizing Side-Chain Protecting Groups in Peptide Synthesis.

V.F. Other Protecting Groups

V.F-1 Cohen, T. et al., *TL*, **35**, 6041.

Copper(I) Bromide-Dimethyl Sulfide Complex - An Alternative to Copper(I) Triflate for Removal of The Thiophenoxide Group.

V.F-2 Ravikumar, V.T. et al., *T*, **50**, 9255.

Synthesis of Oligonucleotides via Phosphoramidite Approach Utilizing 2-Diphenylmethylsilylethyl (DPSE) as a Phosphorus Protecting Group.

V.F-3 Reddy, M.P. et al., *TL*, **35**, 4311.

Fast Cleavage and Deprotection of Oligonucleotides.

V.F-4 Sproat, B.S. et al., *JCS(P1)*, 3423.

New and Convenient Protection System for Pseudouridine, Highly Suitable for Solid-Phase Oligoribonucleotide Synthesis.

VI
USEFUL SYNTHETIC PREPARATIONS

VI.A. Functional Group Preparations

VI.A.1. Acetals and Ketals

VI.A.1-1 Zhao, K. et al., *TL*, **35**, 7147; Knapp, S. et al., *JOC*, **59**, 4800; Shimizu, H., Ito, Y., and Ogawa, T., *SL*, 535; Takeda, K. et al., *TL*, **35**, 125; see also: Pinto, B.M. et al., *TA*, **5**, 2367; Lichtenthaler, F.W. and Schneider-Adams, T. *JOC*, **59**, 6728 and 6735; Boger D.L. and Honda, T., *JACS*, **116**, 5647; Borowiecka, J. and Michalska, M., *S*, 709.

VI.A.1-2 Beaupere, D. et al., *TL*, **35**, 6279.

VI.A.1-3 Sanders, W.J. and Kiessling, L.L., *TL*, **35**, 7335; Nishizawa, M. et al., *CPB*, **42**, 2400; Susaki, H., *CPB*, **42**, 1917; **see also:** Schmid, W. et al., *T*, **50**, 10407.

VI.A.1-4 Hashimoto, H. et al., *T*, **50**, 12143.

VI.A.1-5 Pedersen, E.B. et al., *JMC*, **37**, 73.

VI.A.1-6 Miura, T. and Masaki, Y., *TL*, **35**, 7961.

$$\underset{R}{\overset{R'}{>}}\underset{OMe}{\overset{OMe}{<}} \xrightarrow[\underset{NC}{\overset{NC}{>}}=\underset{O}{\overset{O}{<}}]{R''\text{-SH, DMF}} \underset{R}{\overset{R'}{>}}\underset{SR''}{\overset{OMe}{<}}$$

44-93 %

VI.A.1-7 Miwa, K., Aoyama, T., and Shioiri, T., *SL*, 109.

$$\underset{R}{\overset{R'}{>}}=O \xrightarrow[2:\ H_2O]{1:\ LDA,\ ^iPr_2NH,\ THF \atop TMSCHN_2} \underset{R}{\overset{R'}{>}}CHO$$

16-84 %

VI.A.2. Acids and Anhydrides

(see also I.G.2)

VI.A.2-1 Chenevert, R. and Desjardins, M., *CJC*, **72**, 2312; Le Goffic, F. et al., *SC*, **24**, 2873; Achiwa, K. et al., *CPB*, **42**, 1969 and *TA*, **5**, 1447; Hattner, G. et al., *CB*, **127**, 271.

$$Ar\underset{CO_2Me}{\overset{CO_2Me}{<}} \xrightarrow[\text{Triton X}]{\alpha\text{-chymotrypsin} \atop \text{phosphate buffer}} Ar\underset{CO_2H}{\overset{CO_2Me}{<}}$$

85 %, (R)

VI.A.2-2 Ozegowski, R. et al., *LA*, 215.

The Enzyme Catalyzed Sequential Esterification of (±)-*anti*-2,4-Dimethylglutaric Anhydride. An Efficient Route to Enantiomerically Enriched Mono- and Diesters of *anti*-2,4-Dimethylglutaric Acid.

VI.A.2-3 Lefker, B.A. et al., *TL*, **35**, 5205; Naso, F. et al., *TL*, **35**, 4635; Griengl, H. et al., *M*, **125**, 469; Csuk, R. and Dorr, P., *TA*, **5**, 269; Sanchez-Montero, J.M. et al., *T*, **50**, 10749; Rakels, J.L.L. et al., *TA*, **5**, 93; Kazlauskas, R.J. et al., *JOC*, **59**, 2075.

$$\underset{\text{HO}}{\overset{\text{R}}{\diagdown}}\text{CO}_2\text{Et} \xrightarrow[\text{pH 7-7.4, H}_2\text{O}]{\text{Lipase PS-30}} \underset{\text{HO}}{\overset{\text{R}}{\diagdown}}\text{CO}_2\text{H} + \underset{\text{HO}}{\overset{\text{R}}{\diagdown}}\text{CO}_2\text{Et}$$

51-66 %, 14-89 % e.e.

VI.A.2-4 Turner, N.J. et al., *JCS(P1)*, 1679.

Regioselective Hydrolysis of Aromatic Dinitriles Using a Whole Cell Catalyst.

VI.A.2-5 Fisher, L.E. et al., *CJC*, **72**, 142.

$$\text{R}-\overset{\text{O}}{\overset{\|}{\text{C}}}-\text{NH}_2 \xrightarrow{\text{TiCl}_4,\text{ HCl, aq dioxane, }\Delta} \text{R}-\overset{\text{O}}{\overset{\|}{\text{C}}}-\text{OH}$$

78-92 %

VI.A.2-6 Anand, R.C. and Selvapalm, N., *SC*, **24**, 2743; King, S.A., *JOC*, **59**, 2253.

δ-valerolactone $\xrightarrow{\text{Amberlyst 15, MeOH, rt}}$ methyl 5-hydroxypentanoate

94 %

VI.A.2-7 Jenner, G. and Ben Taleb, A., *JOM*, **470**, 257; Osakada, K., Sato, R. and Yamamoto, T., *OM*, **13**, 4645.

$$Ar-Cl \xrightarrow[Ru_3(CO)_{12},\ 160°C]{HCO_2Me,\ PdCl_2(PCy_3)_2} Ar-CO_2H \quad 15\text{-}66\ \%$$

VI.A.2-8 Yamakawa, K. et al., *TL*, **35**, 133.

$$R-C(O)-CH(Cl)-S(O)Ph \xrightarrow[2:\ aq\ KOH]{1:\ KH,\ {}^tBuLi} R-CH_2-CO_2H \quad 70\text{-}95\ \%$$

VI.A.2-9 Wasserman, H.H. and Ho, W.B., *JOC*, **59**, 4364.

$$R-CO_2H \xrightarrow[\substack{CH_2Cl_2,\ rt \\ Ph_3P=CHCN}]{EDCl,\ DMAP} R-C(O)-C(CN)=PPh_3 \xrightarrow[ROH,\ CH_2Cl_2]{O_3,\ -78°C} R-C(O)-C(O)-OR$$

59-80 %   58-89 %

VI.A.2-10 Nakamura, E. et al., *JACS*, **116**, 1123.

[spiro bicyclic acetal with CO$_2$Me] $\xrightarrow{H_3O^+}$ HO$_2$C–(cyclopropyl)–CH$_2$CO$_2$Me   54 %

VI.A.2-11 Moloney, M.G. et al., *JCR(S)*, 205.

$$R-CO_2H + Pb(OAc)_4 \xrightarrow{AcOH, Ph-Me} Pb(O_2CR)_4$$
36-95 %

VI.A.3. Alcohols and Related Species

(see also II.B.1, III.A)

VI.A.3-1 Enders, D. and Kempen, H., *SL*, 969; **see also:** Crozet, M.P. et al., *TL*, **35**, 3055; Fiksdahl, A. et al., *TA*, **5**, 895.

$R'_2N\text{—CH=CH—}R$

1: MCPBA, CH_2Cl_2, -40°C
2: Meisenheimer rearrangement Et_2O, -8°C, 1-5 d
3: Zn, HOAc, 40°C, ·)))

→ $CH_2=CH-C^*H(OH)-R$

40-65 %
93-99 % e.e.

VI.A.3-2 Nakamura, K. et al., *TL*, **35**, 4375.

racemic ArCH(OH)CH₃ —*Geotrichum candidum*→ ArCH(OH)CH₃ + ArC(O)CH₃

49-50 %
96-99 % e.e.

VI.A.3- Bose, A.K. et al., *JOC*, **59**, 4714.

Optical Resolution of Alcohols Using Stereospecific Glycosylation.

USEFUL SYNTHETIC PREPARATIONS

VI.A.3-4 Basavaiah, D. et al., *SC*, **24**, 467 and *T*, **50**, 10521; Sibi, M.P. and Lu, J., *TL*, **35**, 4915; Mori, K. and Ogita, H. *LA*, 1065; Achiwa, K. et al., *SL*, 929; Yamada, Y. et al., *T*, **50**, 10849.

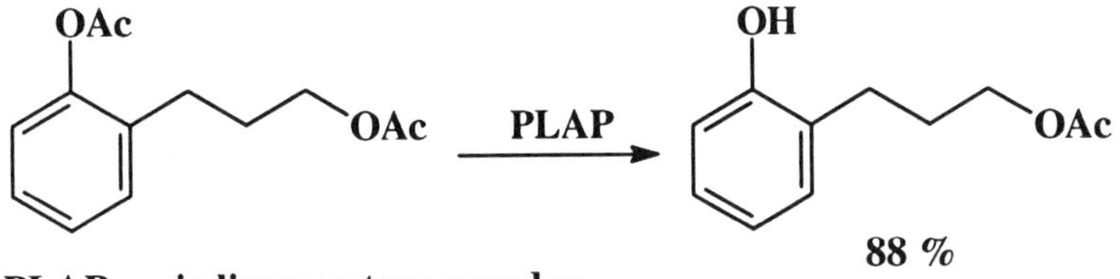

PLAP = pig liver acetone powder

VI.A.3-5 Rychnovsky, S.D. et al., *TL*, **35**, 6799.

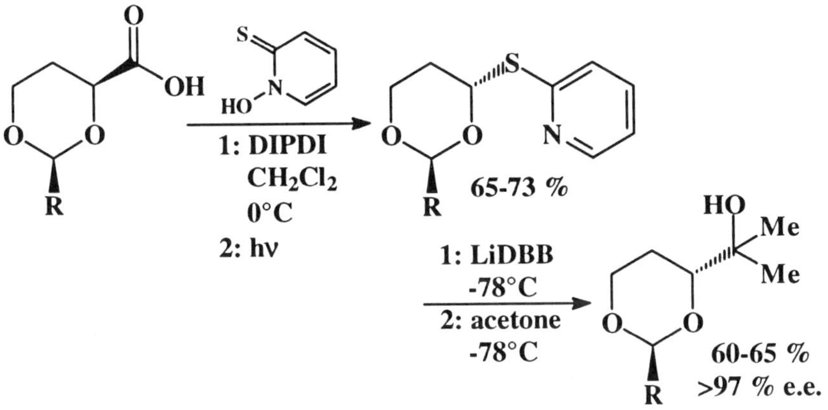

VI.A.3-6 Asami, M. et al., *TA*, **5**, 793.

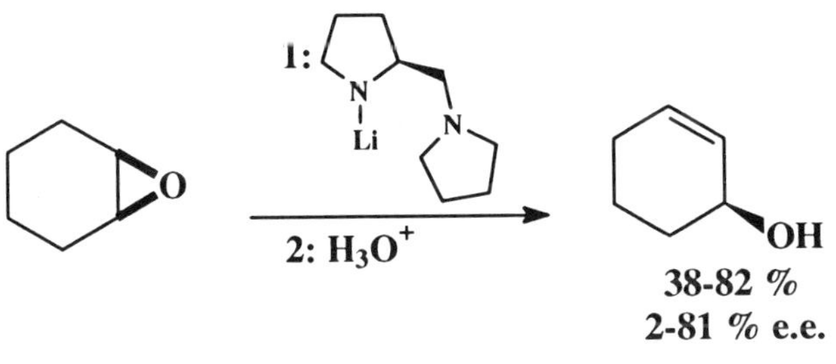

VI.A.3-7 Wills, M. et al., *TL*, **35**, 1785.

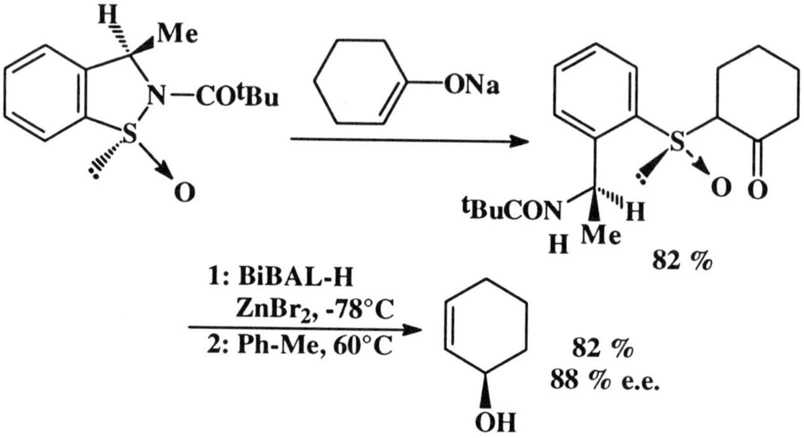
H
Me
N—COtBu
S
O
ONa
S
O O
tBuCON
H Me
H
82 %
1: BiBAL-H
ZnBr2, -78°C
2: Ph-Me, 60°C
OH
82 %
88 % e.e.

VI.A.3-8 Huang, D.L. and Draper, R.W., *TL*, **35**, 661.

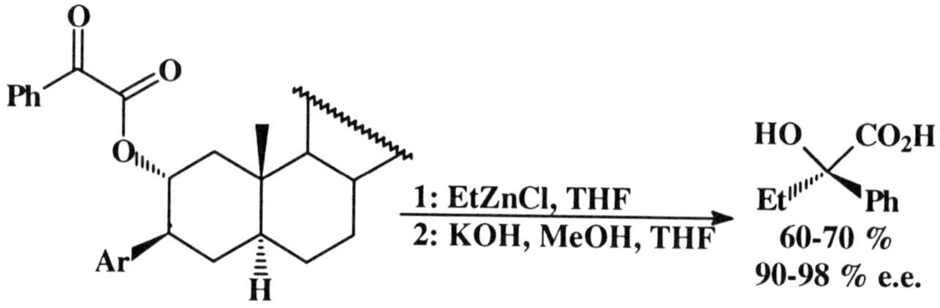
O
Ph
O
O
Ar
H
1: EtZnCl, THF
2: KOH, MeOH, THF
HO
CO2H
Et
Ph
60-70 %
90-98 % e.e.

VI.A.3-9 Sinay, P. et al., *TL*, **35**, 2537.

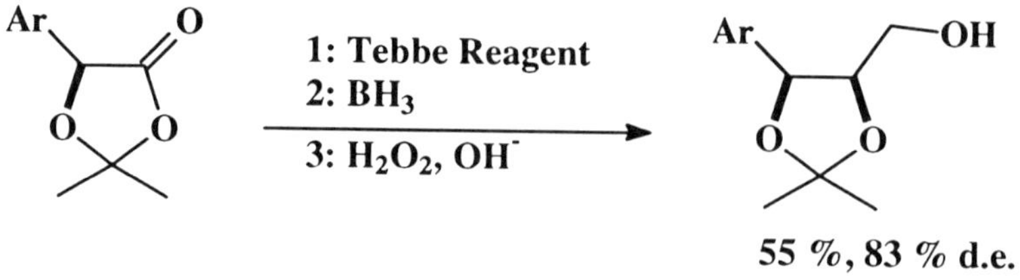
Ar
O
O
O
1: Tebbe Reagent
2: BH3
3: H2O2, OH-
Ar
OH
O
O
55 %, 83 % d.e.

VI.A.4. Aldehydes and Ketones

(see also I.A.1, II.A.1, V.E.)

VI.A.4-1 Yamamoto, H. et al., *CC*, 2103; Kauffmann, T. et al., *CB*, **127**, 659; **see also:** Robert, A. et al., *JCS(P1)*, 2045.

$$C_{11}H_{23}\text{-epoxide} \xrightarrow{\text{LiTMP, THF, rt}} C_{11}H_{23}\text{-CH}_2\text{-CHO}$$

VI.A.4-2 Raubo, P. and Wicha, J., *TL*, **35**, 3387; Robertson, J. and Burrows, J.N., *TL*, **35**, 3777.

$$\text{TMS-epoxide-OPNB} \xrightarrow[\text{TMSOTf}]{\text{4-NO}_2\text{-pyridine N-oxide}} \text{OHC-CH(OTMS)-CH}_2\text{-OPNB} \quad 80\%$$

VI.A.4-3 Oshima, K., Utimoto, K. et al., *TL*, **35**, 7977.

$$RR'C\text{-epoxide} \xrightarrow[\text{2: MEMCl, }^i\text{Pr}_2\text{NEt}]{\text{1: Li-CH=CH-SiMe}_3,\ \text{Me}_3\text{Ga}} R(R')C(\text{OMEM})\text{-CH}_2\text{-CH=CH-SiMe}_3 \xrightarrow{\text{TiCl}_4} R\text{-CO-}R' \quad 52\text{-}55\%$$

VI.A.4-4 Shimizu, T. et al., *H*, **38**, 243; Winter, J. and Retey, J., *S*, 245; Pansare, S.V. and Ravi, R.G., *SL*, 823.

[Reaction: 4-hydroxy-6-methyl-2H-pyran-2-one + MeOCHCl$_2$, TiCl$_4$, CH$_2$Cl$_2$, -10°C to rt → 3-formyl-4-hydroxy-6-methyl-2H-pyran-2-one, 77%]

VI.A.5 Hosomi, A. et al., *CL*, 437; **see also:** Baklouti, A. et al., *TL*, **35**, 6877.

[Reaction: R,CO$_2$Et ketene dithioacetal with MeS/SMe → 1: Me$_2$Cu(CN)Li$_2$, 2: R'COCl → product with MeS, R', C=O, 71-88%]

VI.A.4-6 Fukumoto, K. et al., *JOC*, **59**, 74.

[Reaction: cyclopropylidene allylic alcohol with OTBS → Sharpless epoxidation → spirocyclobutanone product, 98%, 95% e.e.]

VI.A.4-7 Cha, J.S. et al., *OPP*, **26**, 583; Oguni, N. et al., *T*, **50**, 2821.

Ar—CN $\xrightarrow{\text{1: Na(hex}_2\text{N)}_3\text{AlH, THF} \atop \text{2: aq HCl}}$ Ar—CHO 63-99 %

VI.A.4-8 Vetelino, M.G. and Coe, J.W., *TL*, **35**, 219.

MeO$_2$C–C$_6$H$_3$(NO$_2$)–CH=CH–NMe$_2$ $\xrightarrow{\text{NaIO}_4, \text{ aq THF}}_{\text{rt}}$ MeO$_2$C–C$_6$H$_3$(NO$_2$)–CHO

95 %

VI.A.4-9 Sato, T. and Otera, J., *TL*, **35**, 6701.

R^{4}CH(OH)–CHR^5–CR^1(SPh)–C(R^2)=CH(OR^3) $\xrightarrow{\text{NaIO}_4}$ R^{4}CH(OH)–CHR^5–C(R^1)=C(R^2)–CHO

45-97 %

VI.A.4-10 McGrath, D.V. and Grubbs, R.H., *OM*, **13**, 224.

R^1–CH=C(R^2)–CH(R^3)–OH $\xrightarrow[\text{2: H}_2\text{O}]{\text{1: Ru(II)(H}_2\text{O)}_6\text{(Tos)}_2}$ R^1–CH$_2$–CH(R^2)–C(=O)–R^3

>90 %

VI.A.4-11 Ravindranathan, T. et al., *TL*, **35**, 5493; Barluenga, J. et al., *TL*, **35**, 9471.

R(R')C=N–OH $\xrightarrow[\text{acetone, }\Delta]{\text{TS-1, H}_2\text{O}_2}$ R(R')C=O

TS-1 = titanium silicalite-1 zeolite   65-86 %

VI.A.4-12 Jin, Z. and Fuchs, P.L., *JACS*, **116**, 5995.

$$\text{MeO-cyclohexenyl-SO}_2\text{Ph} \xrightarrow[\text{2: aq NaHCO}_3]{\text{1: }^t\text{BuLi, R-X, THF, -78°C}} \text{3-R-cyclohex-2-enone}$$

0-99 %

VI.A.4-13 Ballini, R. and Bosica, G., *S*, 723; Menicagli, R. et al., *T*, **50**, 1871.

$$\underset{R}{\overset{R'}{>}}=\text{CHNO}_2 \xrightarrow[\text{MeOH, rt}]{\text{NaBH}_4, \text{H}_2\text{O}_2, \text{K}_2\text{CO}_3} R\text{-CH}_2\text{-C(O)-}R'$$

48-80 %

VI.A.5. Amides

VI.A.5-1 Moreira, R. et al., *TL*, **35**, 7107.

$$R^1\text{C(O)N(H)R}^2 \xrightarrow[\text{Me}_3\text{SiCl}]{\text{(HCHO)}_n} R^1\text{C(O)N(CH}_2\text{Cl)R}^2 \xrightarrow[\text{THF}]{R^3\text{CO}_2\text{Na}} R^1\text{C(O)N(R}^2)\text{CH}_2\text{OC(O)R}^3$$

93-100 %   45-89 %

VI.A.5-2 Miyashita, M., Shiina, I., and Mukaiyama, T., *BCJ*, **67**, 210; see also: Davis, A.P. and Walsh, J.J., *TL*, **35**, 4865.

$$\underset{R}{\overset{O}{\|}}\!\!-\!\text{OTMS} \quad \xrightarrow{\text{H}_2\text{NAr, Lewis Acid, CH}_2\text{Cl}_2} \quad \underset{R}{\overset{O}{\|}}\!\!-\!\text{NHAr}$$
92-99 %

VI.A.5-3 Sim, T.B. and Yoon, N.M., *SL*, 827; Sidler, D.R. et al., *JOC*, **59**, 1231; Bon, E., Bigg, D.C.H., and Bertrand, G., *JOC*, **59**, 1904 and 4035.

$$\underset{R}{\overset{O}{\|}}\!\!-\!\text{OR}' \quad \xrightarrow{\text{NaEt}_2\text{Al(NR}^1\text{R}^2)_2} \quad \underset{R}{\overset{O}{\|}}\!\!-\!\text{NR}^1\text{R}^2$$
83-96 %

VI.A.5-4 Gotor, V. et al., *SL*, 529 and *T*, **50**, 6935.

$$\text{R}\!-\!\text{CR}'\!=\!\text{CO}_2\text{Me} \quad \xrightarrow[60°\text{C, 60-160 h}]{\text{NH}_3\text{, lipase, dioxane}} \quad \text{R}\!-\!\text{CR}'\!=\!\text{CONH}_2$$
77-98 %

VI.A.5-5 Miller, M.J. et al., *T*, **50**, 8275.

[β-lactam with R, N-OTs] + Me-C(O)-NHTs, iPr$_2$NEt, MeCN → [β-lactam with N-Ts acyl group, R, N-OTs]
66 %

VI.A.5-6 Kitagawa, T. et al., *CPB*, **42**, 1655, 1931; Chancellor, T. and Morton, C., *S*, 1023.

$$R-NH(R') \xrightarrow{\text{OHC-im}} R-N(R')-CHO \quad 67\text{-}98\%$$

VI.A.5-7 Frauenrath, H. et al., *LA*, 931.

$$R^1-N=R^3 \xrightarrow[\substack{2:\ Et_3N \\ R^4 \\ HO \diagup\!\!\!\diagdown R^5}]{1:\ R^2\text{-Cl}} R^1\text{-}N(R^2)\text{-}CH(R^3)\text{-}O\text{-}CH(R^4)\text{-}CH=CH\text{-}R^5 \quad 55\text{-}93\%$$

1: TMSOTf
2: K_2CO_3, H_2O

35-67 %
1:1 to 98:2

VI.A.5-8 Marchese, G. et al., *SL*, 719; **see also:** Hoeg-Jensen, T. et al., *JOC*, **59**, 1257.

$$Cl\text{-}C(=S)\text{-}NMe_2 \xrightarrow[\text{THF, rt}]{RMgX,\ NiCl_2(dppe)} R\text{-}C(=S)\text{-}NMe_2 \quad 75\text{-}90\%$$

USEFUL SYNTHETIC PREPARATIONS

VI.A.5-9 McGhee, W.D. et al., *TL*, **35**, 839.

$$\underset{R}{\overset{R'}{N}}\!\!-\!\!H + CO_2 \xrightarrow[\text{2: SOCl}_2]{\text{1: Base, Ph-Me, -10°C}} \underset{R}{\overset{R'}{N}}\!\!-\!\!\overset{O}{C}\!\!-\!\!Cl \quad \text{45-89 \%}$$

VI.A.5-10 Sonawane, H.R. et al., *TL*, **35**, 8877.

$$\text{ArHN}\!-\!\overset{O}{C}\!\!-\!\!Me \xrightarrow{\text{RCOCl, EDC, zeolite, }\Delta} \text{ArHN}\!-\!\overset{O}{C}\!\!-\!\!R \quad \text{20-60 \%}$$

VI.A.5-11 Watanabe, Y. et al., *BCJ*, **67**, 879.

$$\underset{Bn}{\overset{H}{N}}\!\!-\!\!TMS \xrightarrow[\underset{O}{\triangle}\!\!R]{Co_2(CO)_8,\ CO,\ rt,\ Ph\text{-}H} \underset{Bn}{\overset{H}{N}}\!\!-\!\!\overset{O}{C}\!\!-\!\!\underset{R}{CH}\!\!-\!\!OTMS \quad \text{72-84 \%}$$

VI.A.5-12 El Kaim, L., *TL*, **35**, 6669.

$$R\!-\!N\!\!=\!\!C \xrightarrow[\text{2: H}_2\text{O}]{\text{1: (CF}_3\text{CO)}_2\text{O}} \underset{R}{\overset{H}{N}}\!\!-\!\!\overset{O}{C}\!\!-\!\!\underset{CF_3}{\overset{OH}{C}\!\!-\!\!OH} \quad \text{63-100 \%}$$

VI.A.5-13 Ichikawa, Y. et al., *SL*, 919.

VI.A.5-14 Strauss, C.R. et al., *JOC*, **59**, 5814.

VI.A.5-15 Firouzabadi, H. et al., *SC*, **24**, 601; Lantos, I. and Zhang, W.Y., *TL*, **35**, 5977; Marcaccini, S. et al., *S*, 672.

VI.A.5-16 Uguen, D. et al., *TL*, **35**, 1400.

NC−CH₂−CH(OH)−CH₂−CN → (MnO₂, SiO₂, hexane, rt, 7 d) → NC−CH₂−CH(OH)−CH₂−CONH₂   55 %

VI.A.6. Amine and Carbamates

VI.A.6-1 Rico, J.G., *TL*, **35**, 6599; Bittner, S. and Lempert, D., *S*, 917.

Coumarin-R → 1: TMS₂NLi, THF, -78°C to 0°C; 2: HCl, dioxane → 4-amino-chroman-2-one·HCl-R   60-70 %

VI.A.6-2 Funabiki, K. et al., *CL*, 1075.

$F_2HC-CF_2-CH_2-OTs$ → 1: ^{n}BuLi; 2: R'RNH, TBAF, Et₃N → R(R')N−CH=CF−CHO   52-99 %

VI.A.6-3 Bouquant, J., Chuche, J. and Moussounga, J., *S*, 483; Texier-Boullet, F., Hamelin, J. et al., *SL*, 935; Braibante, M.E.F. et al., *S*, 898; **see also:** Fisher, G.B. et al., *SC*, **24**, 1541.

$$\text{R} \underset{\text{HO}}{\overset{\text{S}}{\diagup\!\!\!\diagdown}} \text{OEt} \quad \xrightarrow[\text{Ph-Me, }\Delta]{\text{R'NH}_2,\ \text{HCO}_2\text{H}} \quad \text{R} \underset{\text{O}}{\overset{\text{NHR'}}{\diagup\!\!\!\diagdown}} \text{OEt}$$

80-96 %

VI.A.6-4 Pfaltz, A., Helmchen, G. et al., *TA*, **5**, 573; Srivastava, R.S. and Nicholas, K.M., *TL*, **35**, 8739; **see also:** Larock, R.C. et al., *JOC*, **59**, 8107; Katz, T.J. and Shi, S., *JOC*, **59**, 8297.

$$\text{Ph}\diagup\!\!\!\diagdown\underset{\text{OAc}}{\text{CH}}\diagdown\text{Ph} \quad \xrightarrow{\text{PhCH}_2\text{NH}_2,\ [\text{Pd}(\text{C}_3\text{H}_5)\text{Cl}]_2,\ \text{L}^*} \quad \text{Ph}\diagup\!\!\!\diagdown\underset{\text{NHCH}_2\text{Ph}}{\overset{*}{\text{CH}}}\diagdown\text{Ph}$$

L* = chiral phosphino-oxazolines 78-98 %
73-94 % e.e.

VI.A.6-5 Stuk, T.L. et al., *JOC*, **59**, 4040.

$$\text{Bn}_2\text{N}\diagdown\underset{\text{Ph}}{\text{CH}}\diagup\overset{\text{O}}{\text{C}}\diagdown\text{CH}_2\text{CN} \quad \xrightarrow{\text{BnMgCl, THF}} \quad \text{Bn}_2\text{N}\diagdown\underset{\text{Ph}}{\text{CH}}\diagup\overset{\text{O}}{\text{C}}\diagdown\text{CH}=\underset{\text{CH}_2\text{Ph}}{\overset{\text{NH}_2}{\text{C}}}$$

94 %

VI.A.6-6 Hartsock, F.W. et al., *TL*, **35**, 8761.

$$\text{PhNH}_2 + \text{MeOH} \quad \xrightarrow[\substack{\text{NaOAc, CO, 50°C} \\ \text{0.35 V vs SCE}}]{\text{Pd(OAc)}_2,\ \text{Cu(OAc)}_2} \quad \text{PhNHCO}_2\text{Me}$$

61-99 %

VI.A.6-7 Fioravanti, S., Pellacani, L. et al., *T*, **50**, 3829; Gmeiner, P. and Bollinger, B., *T*, **50**, 10909; Cativiela, C. et al., *TA*, **5**, 1465.

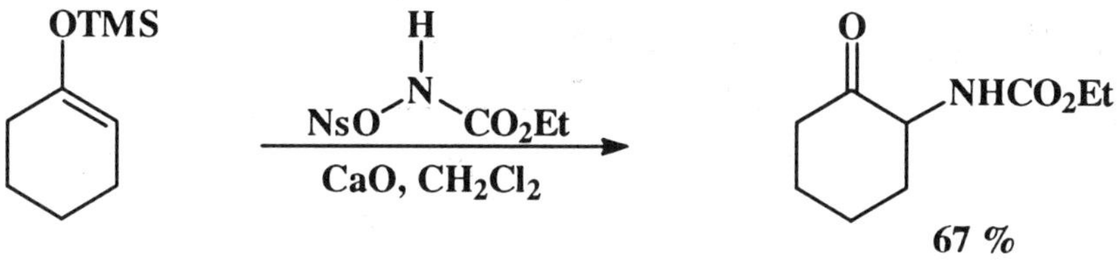

VI.A.6-8 Katritzky, A.R. et al., *JOC*, **59**, 7947; Matsumura, Y. et al., *TL*, **35**, 3737; Takai, K. et al., *TL*, **35**, 1893.

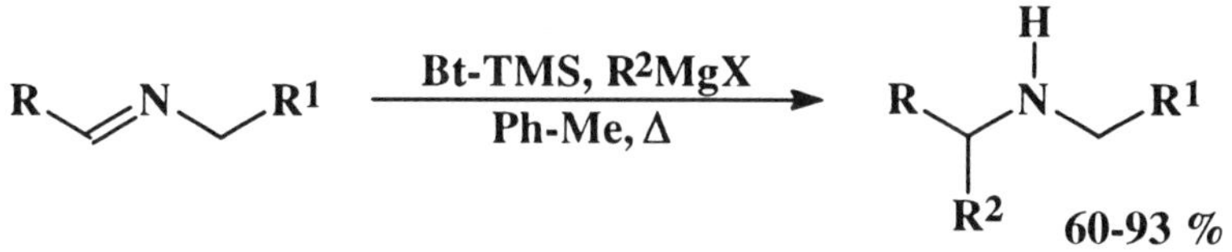

VI.A.6-9 Hoffman, R.V. et al., *TL*, **35**, 3231; Eisch, J.J. et al., *JOC*, **59**, 7.

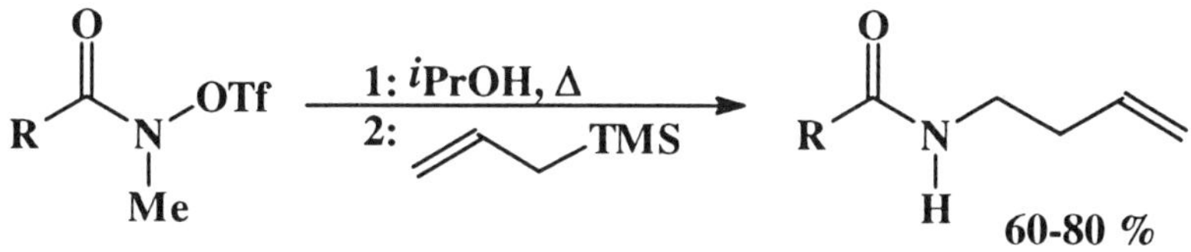

VI.A.6-10 Krawczyk, H., *SC*, **24**, 2263; Johnnsen, M. and Jorgensen, K.A., *JOC*, **59**, 214.

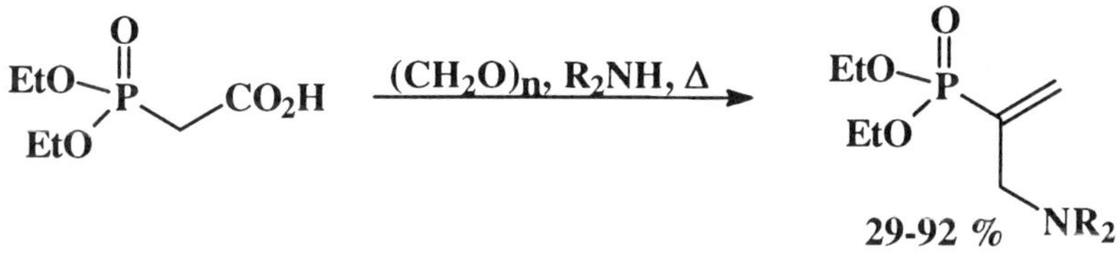

VI.A.6-11 Whitby, R.J. et al., *TL*, **35**, 1445.

1: Cp$_2$ZrBu$_2$, -78°C to rt
2: Me$_2$RSiCN, THF, Δ
R———R'
3: aq MeOH

21-63 %

VI.A.6-12 Yamamoto, Y. et al., *TL*, **35**, 7395 and *CC*, 1201; Crotti, P. et al., *TL*, **35**, 7089; Davis, F.A. and Zhou, P., *TL*, **35**, 7525; Rajappa, S. et al., *TL*, **35**, 6133.

R$_2$NH, Yb(OTf)$_3$

42-100 %

VI.A.6-13 Edwards, M.L. et al., *T*, **50**, 5579; Tsunoda, T. et al., *CL*, 539; Saladino, R., Crestini, C., and Nicoletti, R., *H*, **38**, 567; Hiemstra, H. et al., *SL*, 368; Murahashi, S.I. et al., *JOC*, **59**, 2282; Kim, K. et al., *JOC*, **59**, 6179; **see also:** Chen, S.F. et al., *JMC*, **37**, 2232.

MeNHTf, DEAD
Ph$_3$P, THF

58 %

VI.A.6-14 Rao, P.N. et al., *CC*, 1985.

[Reaction: 4-methyl-N,N-dimethylaniline → 4-methyl-N-methylaniline]
Reagents: F$_2$, CaO, THF, MeOH
Yield: 90 %

VI.A.6-15 Nelson, W.L. et al., *JMC*, **37**, 2856; Bhattacharyya, S., *TL*, **35**, 2401; Fujii, T. et al., *CPB*, **42**, 383; Montanari, V. and Resnati, G., *TL*, **35**, 8015.

[Reaction: Ar-CH(NH$_2$)-CH$_2$-N(pyrrolidine) → Ar-CH(NHMe)-CH$_2$-N(pyrrolidine)]
Reagents: 1: EtO$_2$CH; 2: BH$_3$·DMS, THF
Yield: 81 %

VI.A.6-16 Dell, C.P. et al., *H*, **38**, 399; Guram, A.S. and Buchwald, S.L., *JACS*, **116**, 7901; Yasuda, M. et al., *BCJ*, **67**, 246.

[Reaction: 3-nitro-4-fluoro aryl dicyanovinyl → 3-nitro-4-(R$_2$N) aryl dicyanovinyl]
Reagents: R$_2$NH, EtOH
Yield: 60-85 %

VI.A.6-17 Banwell, M.G. et al., *CC*, 61.

[Reaction: gem-dibromobicyclic → cyclohexenyl-NHCO$_2$R with Br]
Reagents: 1: AgNCO, Δ; 2: (-)-menthol
Yield: 94 %
R = mentholyl

VI.A.7. Amino Acid Derivatives

VI.A.7-1 Palomo, C. et al., *CC*, 1957; Ojima, I. et al., *JOC*, **59**, 1249 and *TL*, **35**, 5785.

VI.A.7-2 O'Donnell, M.J. et al., *TL*, **35**, 9383.

VI.A.7-3 Lundin, R.H.L. et al., *TL*, **35**, 6339.

A Convenient Method for the Synthesis of Peptide Trisulfides.

VI.A.7-4 Tang, W. et al., *TL*, **35**, 6515.

Preparation of a New PEGylation Reagent for Sulfhydryl-Containing Polypeptide.

VI.A.7-5 Hutchins, S.M. and Chapman, K.T., *TL*, **35**, 4055.

VI.A.7-6 Effenberger, F. et al., *LA*, 1069.

VI.A.7-7 Shimano, M. and Meyers, A.I., *JACS*, **116**, 6437.

VI.A.7-8 Richter, L.S. et al., *TL*, **35**, 4705 and 5547.

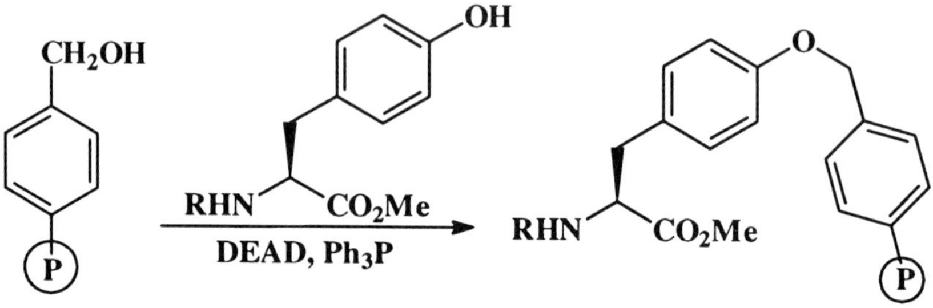

VI.A.7-9 Ratemi, E.S. and Vederas, J.C., *TL*, **35**, 7605.

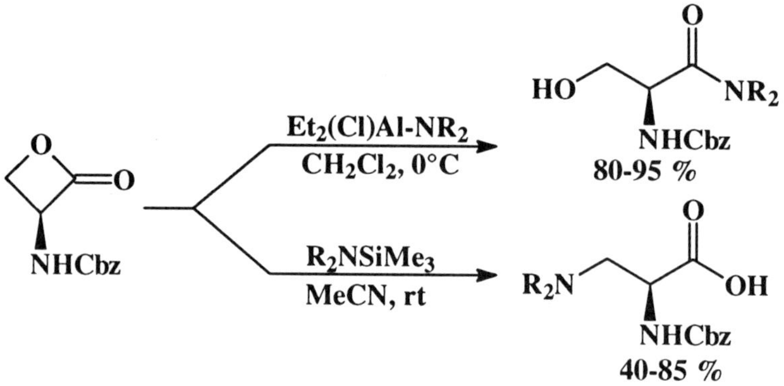

VI.A.7-10 Jommi, G. et al., *G*, **124**, 299.

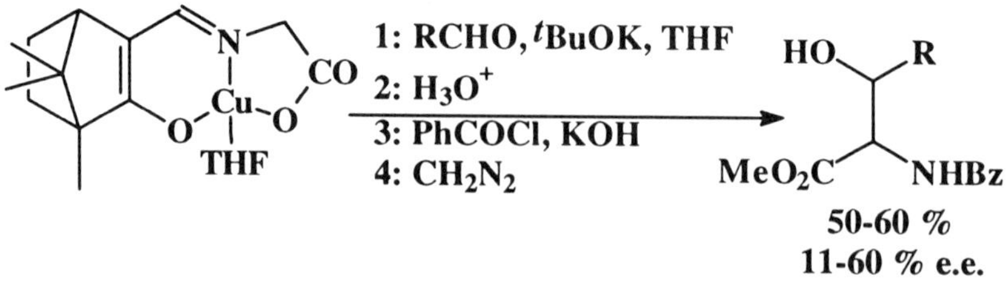

1: RCHO, ^{t}BuOK, THF
2: H_3O^+
3: PhCOCl, KOH
4: CH_2N_2

50-60 %
11-60 % e.e.

VI.A.7-11 Crout, D.H.G. et al., *JCS(P1)*, 3537.

$$\text{allyl-C(OMe)=NCl} \xrightarrow{\text{}^-\text{OH}} \text{CH}_2=\text{CH-CH(NH}_2\text{)-CO}_2\text{H}$$

53 %

VI.A.7-12 Ottenheijm, H.C.J. et al., *TL*, **35**, 7659.

[Structure: BocHN-CH((CH$_2$)$_3$-N(Z)-C(=NH)-NHZ)-COCHN$_2$] $\xrightarrow{\text{R-H, MeCN, h}\nu, 30°\text{C}}$ [Structure: BocHN-CH((CH$_2$)$_3$-N(Z)-C(=NH)-NHZ)-CH$_2$-C(=O)-NH-CH(R)-CO$_2$R']

35-68%

VI.A.7-13 Davis, F.A. et al., *TL*, **35**, 9351.

Ar-S(=O)-N=CH-R $\xrightarrow{\text{Et}_2\text{AlCN}}$ Ar-S(=O)-NH-CH(CN)(R) + Ar-S(=O)-NH-CH(CN)(R)

83:17 to 60:40 $\xrightarrow{\text{6N HCl}, \Delta}$ $^+$H$_3$N-CH(R)-CO$_2^-$

>95 % e.e.

asymmetric Strecker reaction

VI.A.7-14 Hansen, D.E. et al., *TL*, **35**, 6195.

The Synthesis of Cyclobutanol-Containing Dipeptide Analogues.

VI.A.7-15 Reetz, M.T. et al., *TL*, **35**, 8765; Utimoto, K. et al., *CL*, 827.

$$\underset{R}{\overset{Bn_2N}{\diagdown}}\!\!\!\!\underset{}{\diagup}\!\!\!\overset{CO_2Et}{\underset{CO_2Et}{\diagdown}} \quad \xrightarrow{\underset{CH_2Cl_2,\,rt}{Me_3SiNHOSiMe_3}} \quad \underset{R}{\overset{Bn_2N}{\diagdown}}\!\!\!\!\underset{}{\diagup}\!\!\!\overset{CO_2Et}{\underset{\underset{NHOSiMe_3}{|}}{\diagdown CO_2Et}}$$

60-76 %, major isomer

VI.A.7-16 Pascal, R. et al., *TL*, **35**, 6291.

Carboxyl-Protecting Groups Convertible into Activating Groups. Carbamates of o-Aminoanilides are Precursors of Reactive *N*-Acylureas.

VI.A.7-17 DeGrado, W. et al., *TL*, **35**, 6191.

A General Method for Coupling Unprotected Peptides to Bromoacetamido Porphyrin Templates.

VI.A.7-18 Rich, D.H. et al., *TL*, **35**, 5981.

Comparative Studies of the Coupling of N-Methylated, Sterically Hindered Amino Acids During Solid-Phase Peptide Synthesis.

VI.A.7-19 Jezek, J. and Houghten, R.A., *CCC*, **59**, 691.

A Comparative Study of BOP as a Coupling Agent Using Simultaneous Multiple Peptide Synthesis.

VI.A.7-20 Hoffmann, S. and Frank, R., *TL*, **35**, 7763.

A New Safety-Catch Peptide-Resin Linkage for the Direct Release of Peptides into Aqueous Buffers.

VI.A.7-21 Bambino, F. et al., *TL*, **35**, 4615 and 4619.

Synthesis of Peptides Containing α,α-Dialkyl Amino Acids.

VI.A.7-22 Maffre-Lafon, D. et al., *TL*, **35**, 4097; **see also:** Ryglowski, A. and Kafarski, P., *SC*, **24**, 2725.

Solid Phase Synthesis of Phosphonopeptides from Fmoc Phosphonodipeptides.

VI.A.8. Azides

VI.A.8-1 Magnus, P. et al., *JACS*, **116**, 4501; **see also:** Sato, N. et al., *JCS(P1)*, 885.

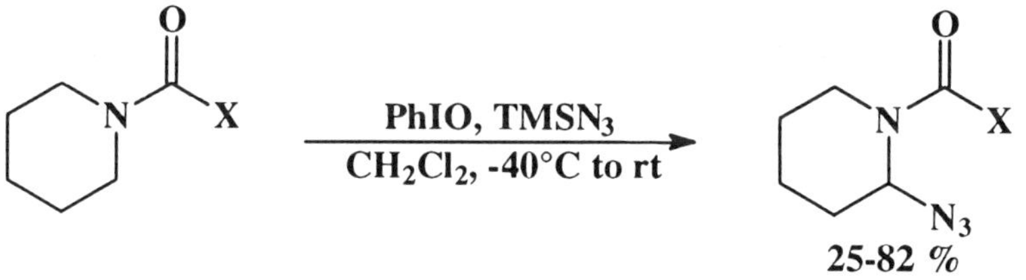
O
N
X
PhIO, TMSN3
CH2Cl2, -40°C to rt
O
N
X
N3
25-82 %

VI.A.8-2 Freskos, J.N., *SC*, **24**, 557; Kirschenheuter, G.P. et al., *TL*, **35**, 8517.

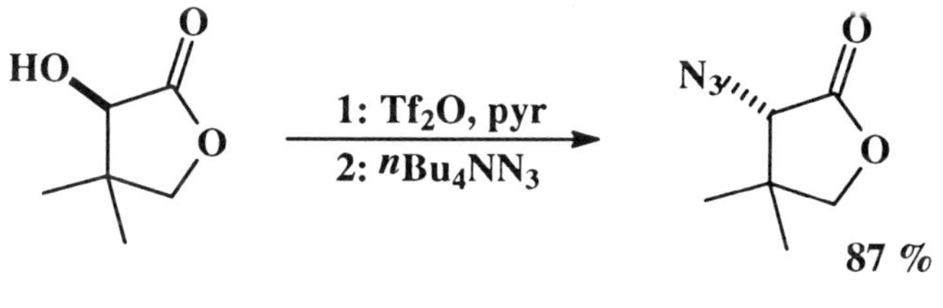
HO
O
O
1: Tf2O, pyr
2: nBu4NN3
N3
O
O
87 %

VI.A.8-3 Zhdankin, V.V. et al., *TL*, **35**, 9677.

VI.A.8-4 Rawal, V.H. and Zhong, H.M., *TL*, **35**, 4947; **see also:** Read, R.W. et al., *TL*, **35**, 2729.

VI.A.8-5 Clive, D.L.J. and Etkin, *TL*, **35**, 2459.

VI.A.8-6 Crotti, P. et al., *T*, **50**, 12999 and *JOC*, **59**, 4131.

VI.A.8-7 Matsubara, K. and Mukaiyama, T., *CL*, 247; Uzan, R. et al., *TL*, **35**, 3913.

AcO-[sugar]-OAc with OAc groups → TMSN$_3$, SnCl$_4$ / AgClO$_4$ → AcO-[sugar]-N$_3$, 96 %

VI.A.8-8 Kita, S. et al., *JACS*, **116**, 3684 and *SL*, 427.

R-C$_6$H$_4$-OMe → 1: PhI(O$_2$CCF$_3$)$_2$, (CF$_3$)$_2$CHOH; 2: TMSN$_3$ → R-C$_6$H$_3$(OMe)(N$_3$), 31-68 %

VI.A.8-9 Tingoli, M. et al., *CC*, 1883.

Ph-CH(SePh)-CH$_2$-N$_3$ → PhSeOTf, aq MeCN → Ph-CH(NHAc)-CH$_2$-N$_3$, 90 %

VI.A.9. Esters

(see also: I.G.2, IV.D, V.C.)

VI.A.9-1 Castro, J.L. et al., *JOC*, **59**, 2289; Kim, M.H. and Patel, D.V., *TL*, **35**, 5603; Rao, N.R. et al., *TL*, **35**, 4415; Tsunoda, T. et al., *TL*, **35**, 5081; Oriyama, T. et al., *TL*, **35**, 2027; Chen, S.T. et al., *TL*, **35**, 3583; Fuller, W.D. et al., *TL*, **35**, 4673; Ogawa, T., Suzuki, H., et al., *JCS(P1)*, 3473; Shina, I. et al., *CL*, 515; Tsujihara, K. et al., *SC*, **24**, 767.

$$RCO_2H + R'\text{-}OH \xrightarrow{\text{Ph}_3P^+\text{-isoxazolidine reagent}} R'\text{-}O\text{-}C(O)\text{-}R$$

89-95 %

VI.A.9-2 Lopez-Herrera, F.J. et al., *TL*, **35**, 2929 and 2933.

90 %

VI.A.9-3 Trost, B.M. and Organ, M.G., *JACS*, **116**, 10320.

94 %, 91 % e.e.

VI.A.9-4 Harwood, L.M. et al., *TL*, **35**, 8027.

$$R^1\text{-CO-CHR}^2R^3 \xrightarrow[\text{2: } R^4O_2CCl,\ THF,\ 0°C]{\text{1: NaH, TMEDA, THF, }\Delta} R^1\text{-CH(OCO}_2R^4\text{)-CR}^2R^3$$

30-85 %

VI.A.9-5 Khanna, M.S., *OPP*, **26**, 125; Murakami, Y. et al., *CPB*, **42**, 443.

[chromanone] $\xrightarrow[\text{Pb(OAc)}_4,\ HClO_4]{(MeO)_3CH}$ [benzofuran with CO$_2$Me]

70-86 %

VI.A.9-6 Onozawa, S., Sakakura, T., and Tanaka, M., *CL*, 531; Yamashita, M. et al., *OM*, **13**, 4641.

$$\text{RCHO} \xrightarrow{\text{*Cp}_2\text{LnCH(TMS)}_2} R\text{-CO-O-CH}_2\text{R}$$

31-100 %

VI.A.9-7 Murahashi, S.I. et al., *CC*, 1359.

$$\text{R-CN + R'-OH} \xrightarrow{\text{RuH}_2(\text{PPh}_3)_4,\ H_2O} R'CO_2R$$

48-91 %

VI.A.9-8 Baldwin, J.E. et al., *JCS(P1)*, 1697.

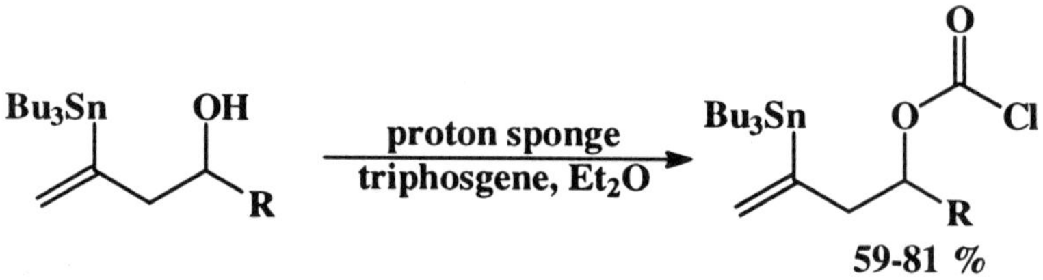

59-81 %

VI.A.9-9 Hoffmann, H.M.R. et al., *CB*, **127**, 1275; Takeda, K. et al., *S*, 1063.

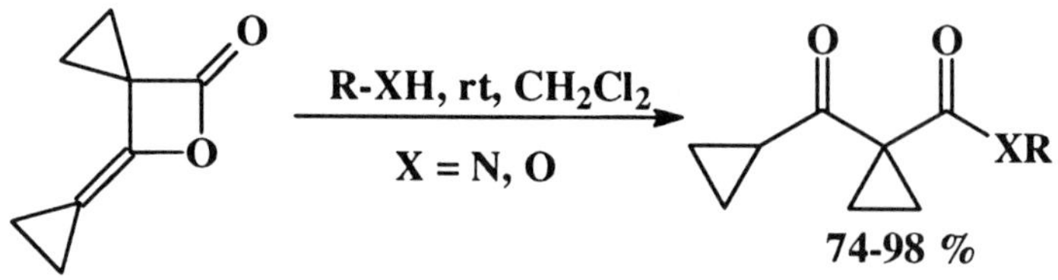

74-98 %

VI.A.9-10 Sugi, Y. et al., *SL*, 515 and *CC*, 1553.

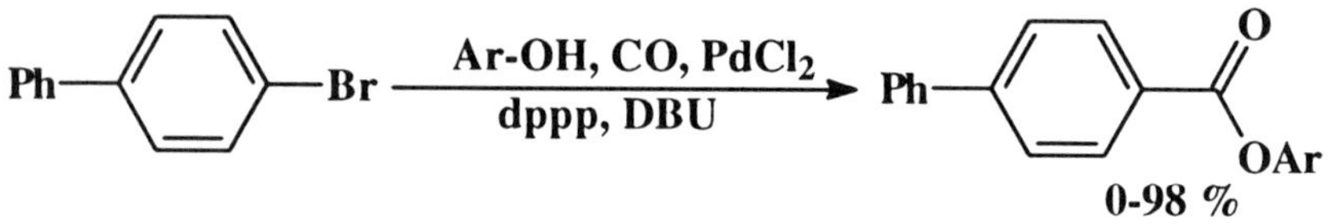

0-98 %

VI.A.9-11 Tsunoi, S., Ryu, I. and Sonoda, N., *JACS*, **116**, 5473.

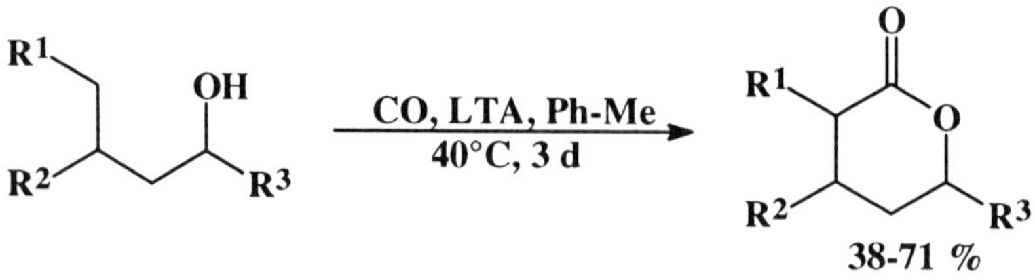

38-71 %

VI.A.9-12 Moutel, S. and Prandi, J., *TL*, **35**, 8163.

VI.A.9-13 Abe, M. and Oku, A., *TL*, **35**, 3551; **see also:** Sorokin, V.L. and Kulinkovich, O.G., *S*, 361.

VI.A.9-14 Yamada, Y. et al., *CPB*, **42**, 405; Boaz, N.W. and Zimmerman, R.L., *TA*, **5**, 153; Achiwa, K. et al., *SL*, 289; Schick, H. et al., *LA*, 1019; Fang, J.M. et al., *JOC*, **59**, 6018; Vanttinen, E. and Kanerva, L.T., *JCS(P1)*, 3459; Pallavicini, M. et al., *JOC*, **59**, 1751; Basavaiah, D. and Rao, P.D., *TA*, **5**, 223; Kazlauskas, R.J. et al., *TA*, **5**, 83; Allevi, P. et al., *TA*, **5**, 13; Naemura, K. et al., *JCS(P1)*, 1253; Mallavadhani, U.V. and Rao, Y.R., *TA*, **5**, 23; Gil, G. et al., *TL*, **35**, 8787; Berkowitz, D.B. et al., *TL*, **35**, 8743; **for thiols see also:** Helmchen, G. et al., *T*, **50**, 7109.

VI.A.9-15 Hof, R.P. and Kellogg, R.M., *TA*, **5**, 565; Guanti, G. et al., *TA*, **5**, 9; Vandewalle, M. et al., *BSB*, **103**, 285; Nicolosi, G. et al., *TA*, **5**, 283; Sakakibara, J. et al., *T*, **50**, 1993; Johnson, C.R. et al., *TL*, **35**, 6975 and 7735; Lovey, R.G. et al., *TL*, **35**, 6047.

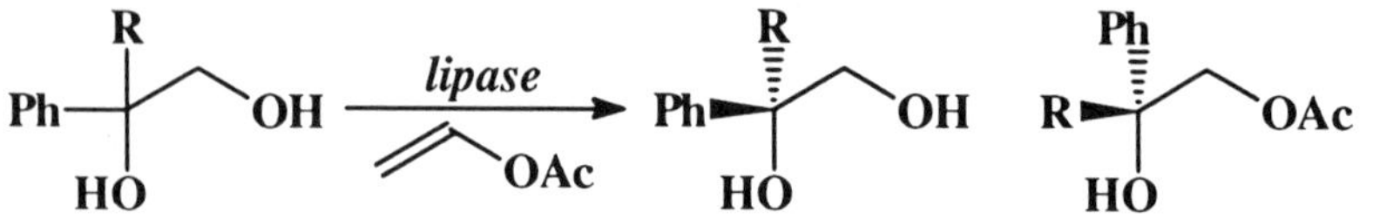

8-59 % conversion
7->97 % e.e.

VI.A.10. Ethers

VI.A.10-1 Moody, C.J. et al., *TL*, **35**, 5949 and 3139.

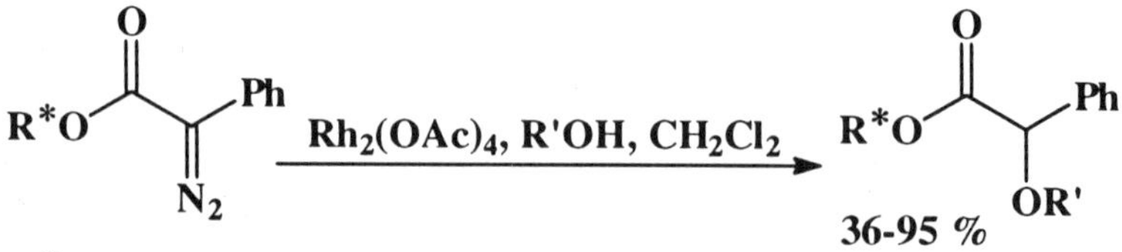

R* = chiral auxiliary

36-95 %
5-53 % d.e.

VI.A.10-2 Koh. K. and Durst, T., *JOC*, **59**, 4683; Cavicchioni, G. et al., *SC*, **24**, 2223.

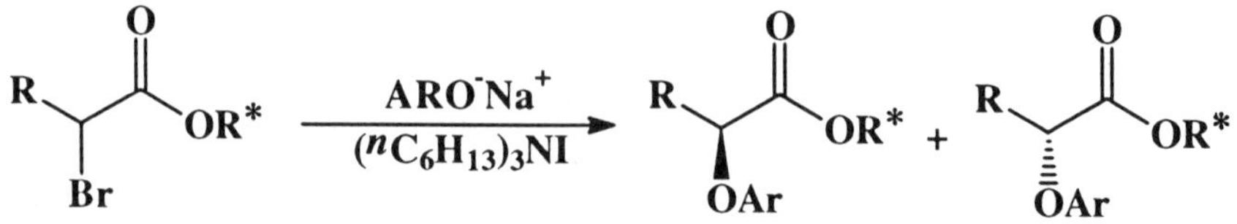

55-76 % up to 95:5

VI.A.10-3 Higgins, R.H. et al., *JOC*, **59**, 2172.

[Reaction: 3-hydroxyazetidine (N-R) + ArOH, 130°C → ArO-CH₂-CH(OH)-CH₂-NHR, 8-80%]

VI.A.10-4 Hoffmann, H.M.R. et al., *SL*, 745; Hudlicky, T. and Thorpe, A.J., *SL*, 899.

[Reaction: R(R¹)CH-OH + glycidyl tosylate (R²-epoxide-CH₂-OTs), BF₃·OEt₂, CH₂Cl₂, -20°C to rt → R(R¹)CH-O-CH(R²)-CH(OH)-CH₂-OTs, 35-97%]

VI.A.10-5 Hatakeyama, S., Nishizawa, M., et al., *TL*, **35**, 4367; Fang, F.G. et al., *JOC*, **59**, 6142.

[Reaction: R(R¹)C=O, 1: R²-OTMS, TMSOTf; 2: Et₃SiH → R(R¹)(H)C-OR², 0-100%]

VI.A.10-6 Hoffman, R.V. and Nayyar, N.K., *JOC*, **59**, 3530.

[Reaction: R-C(=O)-N(Me)(OTf), iPrOH, Δ → R-C(=O)-NH-CH₂-OiPr, 73-92%]

VI.A.10-7 Falck, J.R. et al., *TL*, **35**, 5997.

$$R^1\text{—OH} + R^2\text{—OH} \xrightarrow{R_3P, RC(O)N=NC(O)R} R^1\text{—O—}R^2$$
$$34\text{-}96\ \%$$

VI.A.10-8 Iranpoor, N. and Mothaghineghad, E., *T*, **50**, 1859.

[tricyclic alcohol with OH] $\xrightarrow{\text{CAN, MeOH, rt}}$ [tricyclic ether with OMe]   85 %

VI.A.10-9 Godfrey Jr., J.D. et al., *TL*, **35**, 6405; Burk, R.M. et al., *TL*, **35**, 8111; Abribat, B. et al., *SL*, **24**, 2091.

[R-substituted phenol] + [HC≡C—C(Me)(Me)X] $\xrightarrow[\text{MeCN, 0°C}]{\text{CuCl}_2, \text{DBU}}$ [aryl propargyl ether product]   63-88 %

VI.A.10-10 Hosokawa, T., Murahashi, S.I. et al., *JOM*, **470**, 253.

[CH$_2$=C(CO$_2$Me)CH$_2$OH] $\xrightarrow[\text{DME, 50°C}]{\text{MeOH, PdCl}_2}$ [CH$_2$=C(CO$_2$Me)CH$_2$OMe]   77 %

VI.A.11. Halides

VI.A.11-1 Olah, G.A. et al., *SL*, 425; Rozen, S. et al., *JOC*, **59**, 2918; Kuroboshi, M. and Hiyama, T., *TL*, **35**, 3983 and *SL*, 251; Wells, A., *SC*, **24**, 1715; Graham, S.M. and Prestwich, G.D., *JOC*, **59**, 2956.

$$R\text{-}C(=N\text{-}OH)\text{-}R' \xrightarrow{NO^+BF_4^-, PPHF, rt} R\text{-}CF_2\text{-}R'$$
65-95 %

VI.A.11-2 Ghelfi, F. et al., *G*, **123**, 629 (1993), *BCJ*, **67**, 1622 and *TL*, **35**, 2961.

$$R(R')CH\text{-}CH(OMe)_2 \xrightarrow{TMSCl, Br_2, NaBr, MeOH} R(R')(Br)C\text{-}CH(OMe)_2$$
87-95 %

VI.A.11-3 Umemoto, T. and Adachi, K., *JOC*, **59**, 5692; Yamamoto, H. et al., *SL*, 847; Iseki, K., Kobayashi, Y., et al., *TL*, **35**, 7399; **see also:** Rozen, S. and Mishani, E., *CC*, 2081.

cyclohexenyl-OK → 2-(trifluoromethyl)cyclohexanone
Reagents: 1: catecholboronate B-Ar; 2: dibenzothiophenium-CF$_3$ BF$_4^-$
65 %

VI.A.11-4 Welch, J.T. et al., *TL*, **35**, 6033; Lakhrissi, M. and Chapleur, Y., *JOC*, **59**, 5752.

VI.A.11-5 Fukuyama, T. and Chen, X., *JACS*, **116**, 3125; Herndon, J.W. and Reid, M.D., *JACS*, **116**, 383.

VI.A.11-6 Rock, M.H. et al., *TL*, **35**, 6097; Jeong, I.H., Kim, B.T., et al., *TL*, **35**, 7783.

VI.A.11-7 Katritzky, A.R. et al., *OPP*, **26**, 439; Wu, Z. and Moore, J.S., *TL*, **35**, 5539; Collazo, L.R. et al., *TL*, **35**, 7911; Tour, J.M. et al, *AG(E)*, **33**, 1360; Clark, J.H., *JCR(S)*, 478.

$$ArOSO_2CF_3 \xrightarrow{Bu_4NBr, Ph\text{-}Me, \Delta} Ar\text{-}Br$$
6-72 %

VI.A.11-8 Balenkova, E.S. et al., *T*, **50**, 11023.

[Reaction: alkene with $(CF_3CO)_2O$, SMe_2, BF_3 gives α,β-unsaturated trifluoromethyl ketone, 19-95 %]

VI.A.11-9 Walinsky, S.W. et al., *SL*, 162.

[Reaction: acetylated glycosyl bromide with ZnF_2, MeCN, Δ, 2,2'-bipyridine gives acetylated glycosyl fluoride, 61 %]

VI.A.11-10 Knorr, R. et al., *JPR*, **336**, 260.

[Reaction: 2,3-dimethyloxirane with catecholPBr$_3$/HCCl$_3$ gives 2,3-dibromobutane, 42 %]

VI.A.11-11 Qian, C., Zhu, D. et al., *SC*, **24**, 2203; Buschmann, E. and Schafer, B., *T*, **50**, 2433.

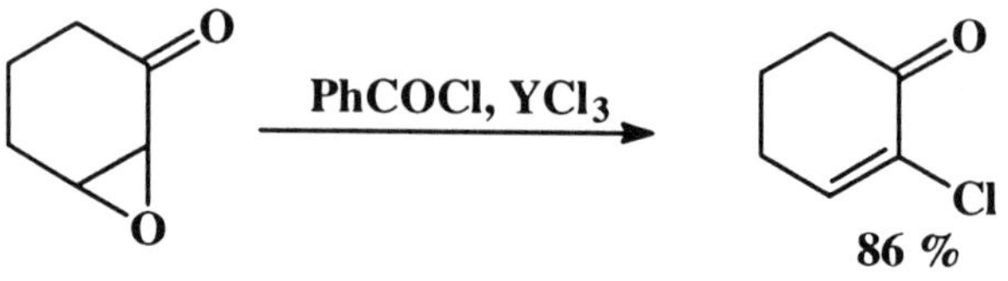
O
O
PhCOCl, YCl3
O
Cl
86 %

VI.A.11-12 Iqbal, J. et al., *TL*, **35**, 5935.

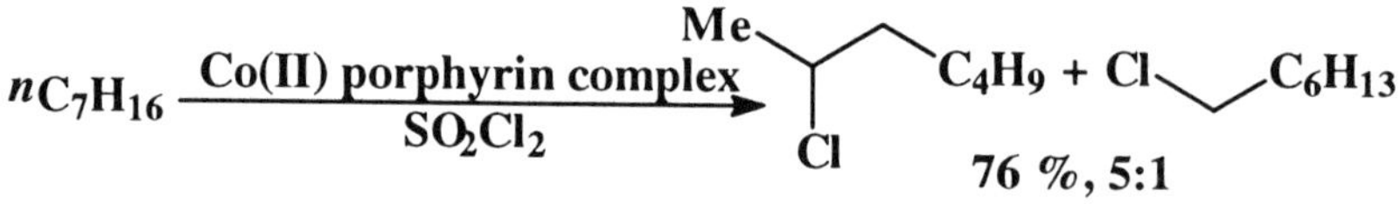
nC7H16
Co(II) porphyrin complex
SO2Cl2
Me
Cl
C4H9 + Cl
C6H13
76 %, 5:1

VI.A.11-13 Dubac, J. et al., *SL*, 723; Rezzonico, B. and Grignon-Dubois, M., *JCR(S)*, 142; Oliver, J.E. et al., *S*, 273; Pelletier, J.D. and Poirier, D., *TL*, **35**, 1051.

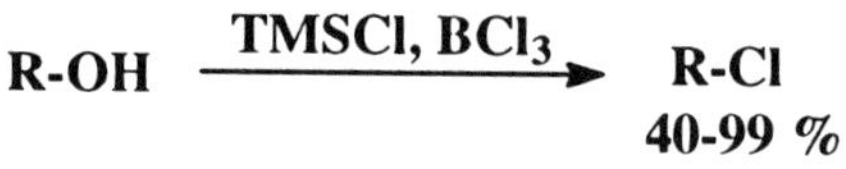
R-OH
TMSCl, BCl3
R-Cl
40-99 %

VI.A.11-14 Jacquesy, J.C. et al., *TL*, **35**, 2541.

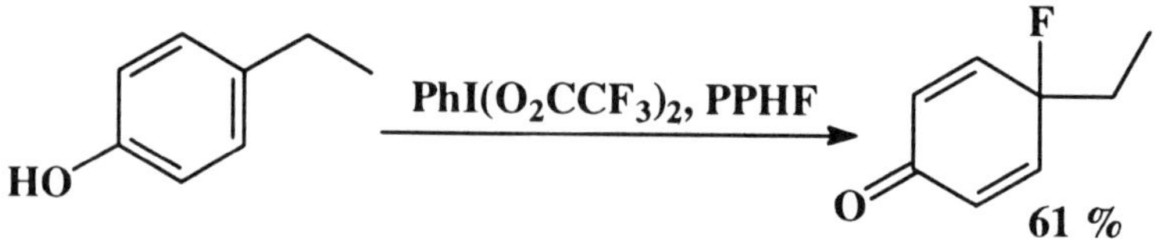
HO
PhI(O2CCF3)2, PPHF
F
O
61 %

VI.A.11-15 Desai, R.C. et al., *SL*, 933.

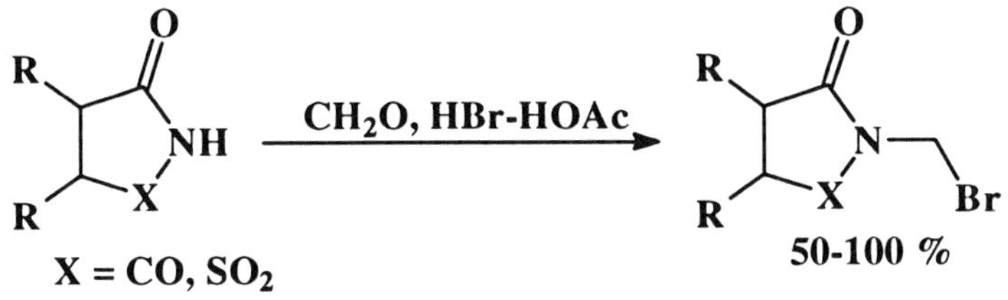

[Reaction: pyrrolidinone/sulfonamide N-H with CH₂O, HBr-HOAc → N-CH₂Br derivative, X = CO, SO₂, 50-100 %]

VI.A.11-16 Singh, P.K. and Khanna, R.N., *TL*, **35**, 3753.

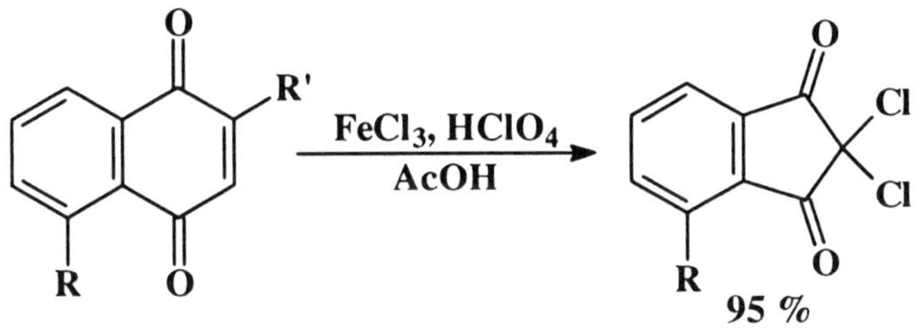

[Reaction: 2-R′-5-R-1,4-naphthoquinone with FeCl₃, HClO₄, AcOH → 2,2-dichloro-4-R-indane-1,3-dione, 95 %]

VI.A.11-17 Della, E.W. and Taylor, D.K., *JOC*, **59**, 2986; Jorgensen, K.A. et al., *JOC*, **59**, 3543.

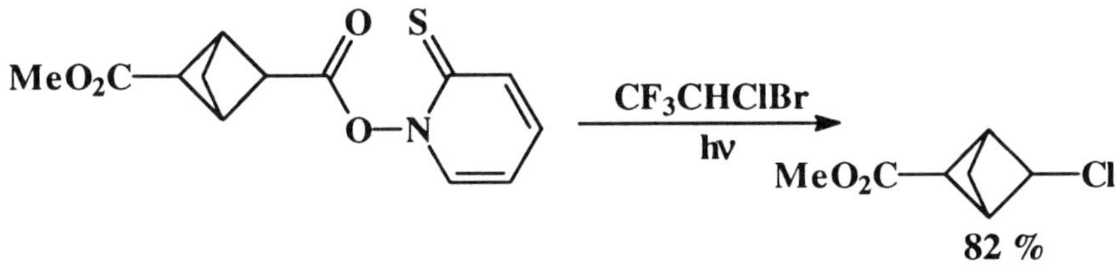

[Reaction: MeO₂C-bicyclo[1.1.1]pentane-carboxylic acid Barton ester (O-N-pyridinethione) with CF₃CHClBr, hν → MeO₂C-bicyclo[1.1.1]pentane-Cl, 82 %]

VI.A.12. Nitriles and Imines

VI.A.12-1 Heimgartner, H. et al., *HCA*, **77**, 1903.

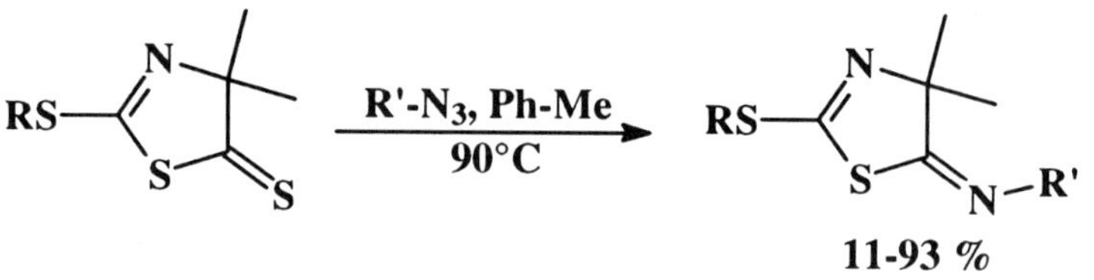

VI.A.12-2 Love, B.E. et al., *SL*, 493.

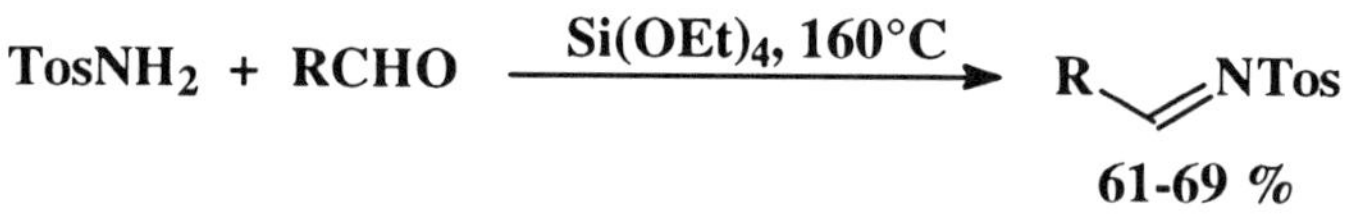

TosNH$_2$ + RCHO $\xrightarrow{\text{Si(OEt)}_4,\ 160°C}$ R—CH=NTos

61-69 %

VI.A.12-3 Kita, Y. et al., *JOC*, **59**, 938.

TMSOTf, MeCN

71 %

VI.A.12-4 Yamazaki, M. et al., *LA*, 791.

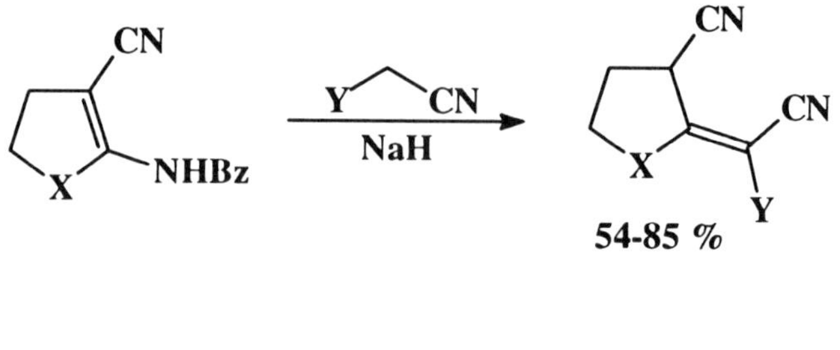

54-85 %

VI.A.12-5 Mlochowski, J. et al., *JPR*, **336**, 467.

$$R-CH=N-NMe_2 \xrightarrow{MCPBA, CH_2Cl_2} R-CN \quad 35\text{-}94\%$$

VI.A.12-6 Fürstner, A. and Praly, J.P., *AG(E)*, **33**, 751.

[sugar-azide starting material] $\xrightarrow[\text{2: } C_8K]{\text{1: NBS}}$ [TBDPS-protected cyanide product] 3: TBDPSCl

86 %

VI.A.12-7 Correia, J., *S*, 1127; Otsubo, T., Ogura, F., et al., *BCJ*, **67**, 1759; Boyle, R.W. et al., *SL*, 939.

$$R-CH_2-C(=O)-NH_2 \xrightarrow{NaOCl, NaBr, TBAHSO_4} R-CN \quad 48\text{-}68\%$$

VI.A.12-8 Herdeis, C. et al., *LA*, 1117; Santamaria, J. et al., *S*, 291; Yang, T.K. et al., *H*, **38**, 1711; **see also:** Zieger, H.E. and Wo, S., *JOC*, **59**, 3838.

[TBSO-piperidine-OEt, N-CO₂Me] $\xrightarrow[\text{CH}_2\text{Cl}_2, -78°\text{C to rt}]{\text{TMSCN, ZnCl}_2}$ [TBSO-piperidine-CN, N-CO₂Me]

86 %, 80 % d.e.

VI.A.12-9 Brun, P. et al., *TL*, **35**, 5865.

Polyclonal Antibody-Catalyzed Aldimine Formation.

VI.A.13. Other N-Containing Functional Groups

VI.A.13-1 Bildstein, B. and Denifl, P., *S*, 158.

$$\underset{R}{\overset{R'}{\underset{\|}{C}}}\!\!=\!\!O \xrightarrow[\text{Ph-Me, }\Delta]{Me_2AlNHNMe_2} \underset{R}{\overset{R'}{\underset{\|}{C}}}\!\!=\!\!N\text{-}N(Me)Me \quad 77\text{-}99\%$$

VI.A.13-2 Rolfs, A. and Liebscher, J., *S*, 683; Lhommet, G. et al., *S*, 1118; Vohra, R. and Maclean, D.B., *CJC*, **72**, 1660; Taylor, E.C. et al., *JOC*, **59**, 7092.

$$R^1\text{-}CH_2\text{-}C(=S)\text{-}NR^2R^3 \xrightarrow[HNR^4{}_2, \Delta]{HC(OEt)_3} R^4{}_2N\text{-}CH\!=\!C(R^1)\text{-}C(=S)\text{-}NR^2R^3 \quad 40\text{-}94\%$$

VI.A.13-3 Tamura, R. et al., *AG(E)*, **33**, 878.

[Scheme: cyclohexenone with pendant –CH$_2$C(Me)$_2$NO$_2$ group → 1: SmI$_2$; 2: ArCOCl → bicyclic enol ester N-oxide with O$_2$CAr substituent, 75%]

VI.A.13-4 Sonawane, H.R. et al., *CC*, 1215.

$$ArNH_2 \xrightarrow[\text{TS-1 = titanium silicate zeolite}]{H_2O_2,\ \text{TS-1, acetone, }\Delta} \underset{Ar}{\overset{O^-}{N}}=N-Ar \quad 10\text{-}75\ \%$$

VI.A.13-5 Dondoni, A. et al., *SC*, **24**, 2537 and 2551.

$$RCHO\ +\ BnNHOH \xrightarrow{MgSO_4,\ CH_2Cl_2} \underset{Bn}{\overset{O^-}{N}}=CH-R \quad 59\text{-}90\ \%$$

VI.A.13-6 Huang, H.C. et al., *TL*, **35**, 7201.

$$R-SO_2-Me \xrightarrow[\text{3: }H_2NOSO_3H]{\text{1: MeMgCl;\ 2: BBu}_3} R-SO_2-NH_2 \quad 36\text{-}67\ \%$$

VI.A.13-7 Olah, G.A., Prakash, G.K.S. et al., *S*, 468; Patel, H.V. et al., *OPP*, **26**, 118; Suzuki, H. et al., *JCS(P1)*, 903, 1367 and *S*, 841; Evans, P.A. and Longmire, J.M., *TL*, **35**, 8345; Bakke, J.M. and Hegbom, I., *ACS*, **48**, 181; Hwu, J.R. et al., *CC*, 1425; **see also:** Bosch, E. and Kochi, J.K., *JOC*, **59**, 5573.

$$Ar\text{-}R \xrightarrow{NaNO_3,\ TMSCl,\ AlCl_3} R\text{-}Ar\text{-}NO_2 \quad 62\text{-}97\ \%$$

VI.A.13-8 Kikugawa, Y. et al., *OPP*, **26**, 111.

$$\text{Phthalimide-N-OH} \xrightarrow[\text{2: NH}_2\text{NH}_2]{\text{1: RCH}_2\text{CH}_2\text{OH, Ph}_3\text{P, DEAD, CH}_2\text{Cl}_2} \text{R-CH}_2\text{CH}_2\text{-ONH}_2 \quad 75\text{-}85\%$$

VI.A.13-9 Paradisi, C. et al., *TL*, **35**, 301.

$$\text{Ar-N=N(O)-Ar} \xrightarrow{^t\text{BuSNa, }^i\text{PrOH, }\Delta} \text{Ar-NH-S}^t\text{Bu} \quad 44\text{-}65\%$$

VI.A.13-10 Staszak, M.A. and Doecke, C.W., *TL*, **35**, 6021.

$$\text{Boc-NH-OBoc} \xrightarrow[\text{2: TFA}]{\text{1: R-X, NaOH, TBAB, CH}_2\text{Cl}_2} \text{R-NH-OH} \quad 80\text{-}94\%$$

VI.A.13-11 Dodd, D.S. and Kozikowski, A.P., *TL*, **35**, 977; Carrie, R. et al., *BSB*, **102**, 719 (1993).

$$\underset{\underset{\text{NH}_2}{\overset{\text{H}}{\text{R-C=N-R}}}}{} + \underset{\underset{\text{R}^1}{\overset{\text{HO}\quad\text{H}}{\text{C}}}\text{R}^2}{} \xrightarrow{\text{R}^3\text{O}_2\text{CNNCO}_2\text{R}^3, \text{Ph}_3\text{P}} \text{R}^1\text{R}^2\text{C(H)-N(R)-C(NH}_2\text{)=NR} \quad 64\text{-}95\%$$

VI.A.13-12 Kumaran, G. and Kulkarni, G.H., *TL*, **35**, 5517 and 9099.

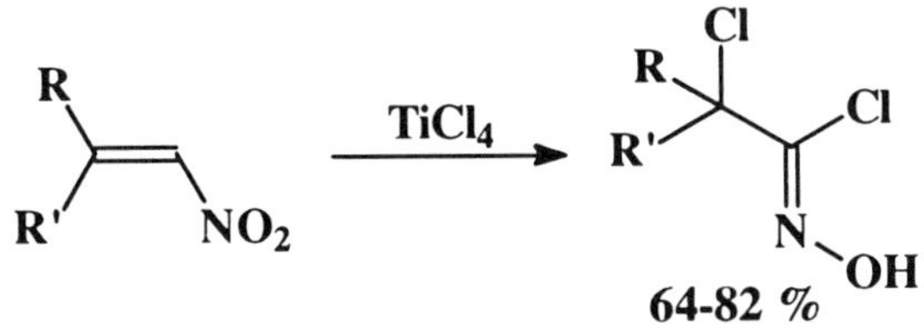

$$\underset{R'}{\overset{R}{>}}=\underset{NO_2}{<} \xrightarrow{TiCl_4} \underset{\underset{64-82\ \%}{N-OH}}{R'-\underset{Cl}{\overset{R,Cl}{C}}-C=} $$

VI.A.13-13 Tanno, M. et al., *CPB*, **42**, 1760.

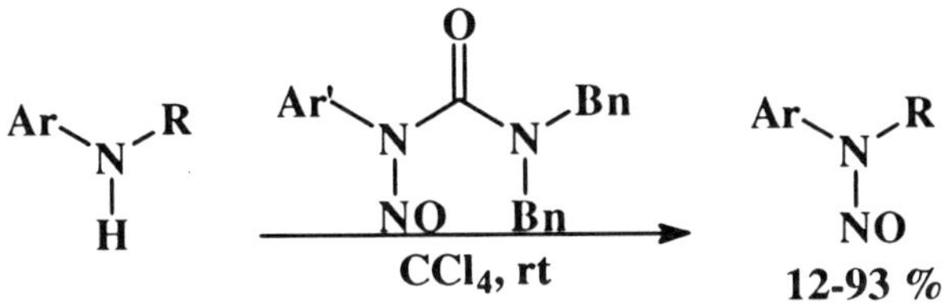

$$Ar\underset{H}{-N}-R \quad \xrightarrow[CCl_4,\ rt]{Ar'-N(NO)-C(O)-N(Bn)_2} \quad Ar-\underset{NO}{N}-R \quad 12\text{-}93\ \%$$

VI.A.13-14 Morgans Jr., D. et al., *TL*, **35**, 15.

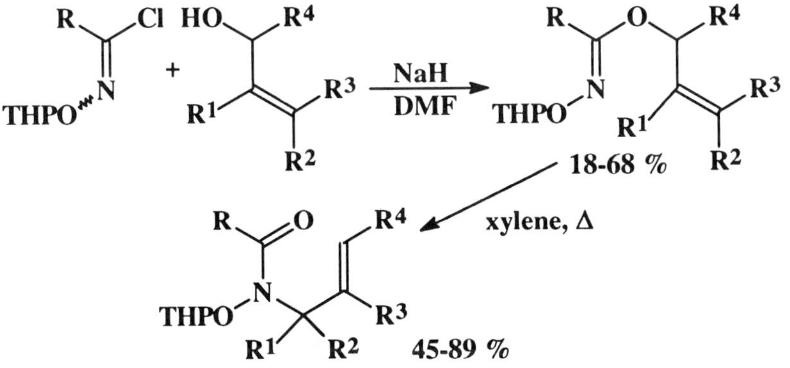

R–C(Cl)=N–OTHP + HO–CR⁴H–CR³=CR¹R² $\xrightarrow{NaH, DMF}$ R–C(=N–OTHP)–O–CR⁴H–CR³=CR¹R²   18-68 %

$\xrightarrow{xylene,\ \Delta}$ R–C(=O)–N(OTHP)–CR¹R²–CR³=CHR⁴   45-89 %

VI.A.13-15 Kyziol, J.B. et al., *OPP*, **26**, 337.

$$R'\text{-}NH\text{-}R \xrightarrow{\text{1: EtMgBr} \atop \text{2: BuONO}_2} R'\text{-}N(R)\text{-}NO_2 \quad 40\text{-}70\%$$

VI.A.13-16 Maffre, D. et al., *JCR(S)*, 30; Bulman Page, P.C. et al., *TL*, **35**, 2427; Cuadro, A.M. and Alvarez-Builla, J., *T*, **50**, 10037.

$$R'_2P(O)\text{-}CH_2R \xrightarrow{\text{1: BuLi, THF, -78°C} \atop \text{2: BocN=NBoc, THF, -78°C}} R'_2P(O)\text{-}CH(R)\text{-}N(Boc)\text{-}N(Boc)H \quad 33\text{-}75\%$$

VI.A.13-17 Rakitin, O.A. et al., *OPP*, **26**, 331.

$$Ph\text{-}S(Ph)=N\text{-}SO_2Ph \xrightarrow{\text{1: H}_2\text{SO}_4\text{, CHCl}_3\text{, }\Delta \atop \text{2: Ph-Me, }\Delta} Ph\text{-}S(Ph)=N\text{-}H \quad 80\%$$

VI.A.13-18 Hutchins, R.O. et al., *JOC*, **59**, 4007.

$$R^1\text{-}CH=C(R^2)\text{-}CH(R^3)\text{-}OAc \xrightarrow[\text{Et}_2\text{O}_3\text{P-N(Boc)-Na}]{\text{Pd(PPh}_3)_4\text{, THF, }\Delta} R^1\text{-}CH=C(R^2)\text{-}CH(R^3)\text{-}N(Boc)\text{-}PO_3Et_2 \quad 19\text{-}98\%$$

VI.A.13-19 Squillacote, M. and DeFelippis, J., *JOC*, **59**, 3564.

$$\underset{\text{(thiadiazolidine-dione)}}{\text{R-N(CO)-S-(CO)-N-R}} \xrightarrow{h\nu} \text{R-N=N-R} \quad 19\text{-}78\%$$

VI.A.13-20 Alvarez-Ibarra, C. et al., *JOC*, **59**, 2648; **see also:** Besenyei, G. et al., *TL*, **35**, 9609.

$$\underset{\text{Ar}}{\overset{\text{H}}{\diagdown}}C=C\underset{\text{CO}_2\text{Me}}{\overset{\text{NHCOSMe}}{\diagup}} \xrightarrow[\text{2: Ph-Me, }\Delta]{\text{1: TMSCl, Et}_3\text{N}} \underset{\text{Ar}}{\overset{\text{H}}{\diagdown}}C=C\underset{\text{CO}_2\text{Me}}{\overset{\text{NCO}}{\diagup}} \quad 100\%$$

VI.A.13-21 Hwu, J.R., Yang, J.C. et al., *S*, 471.

$$\underset{\text{R}}{\overset{\text{R'}}{\diagdown}}\text{CH-OTs} \xrightarrow[\text{Ph-H, H}_2\text{O}]{\text{NaNO}_3,\ \text{Bu}_4\text{NNO}_3} \underset{\text{R}}{\overset{\text{R'}}{\diagdown}}\text{CH-ONO}_2 \quad 67\text{-}92\%$$

VI.B. Additions to Alkenes and Alkynes

VI.B-1 Ishii, Y. et al., *JOC*, **59**, 5550; de Mattos, M.C.S. and Sanseverino, A.M., *JCR(S)*, 440; Soman, R. et al., *SC*, **24**, 2299; Hoffmann, R.W. et al., *TL*, **25**, 6263; Stavber, S. et al., *TL*, **35**, 1105 and *T*, **50**, 12235; Rozen, S. et al., *JOC*, **59**, 4281; Poleschner, H. et al., *S*, 1043; Sweeney, J.B. et al., *TL*, **35**, 1405.

$$R\text{—CH=CH—}R' \xrightarrow{H_5IO_6, NaHSO_3} R\text{—CH(OH)—CHI—}R' \quad 26\text{-}90\%$$

VI.B-2 Piers, E. et al., *CJC*, **72**, 1816; Luo, F.T. et al., *TL*, **35**, 2553; Tani, K. et al., *CL*, 1283.

$$R\text{—}\equiv\text{—}CO_2R' \xrightarrow{NaI, AcOH, 115°C} \text{(Z)-RCI=CHCO}_2R' \quad 35\text{-}98\%$$

VI.B-3 Bovonsombat, P. and McNelis, E., *TL*, **35**, 6431.

9-(bromoethynyl)-9-hydroxyfluorene $\xrightarrow{I_2, HTIB}$ 10-(bromoiodomethylene)phenanthren-9(10H)-one 85 %

VI.B-4 D'Annibale, A., Resta, S., and Trogolo, C., *TL*, **35**, 6525.

$$R_2C=CR_2 \xrightarrow{\text{PhSeSePh, CAN}}_{\text{MeOH, rt}} \text{PhSe-CR}_2\text{-CR}_2\text{-OMe}$$

30-97 %

VI.B-5 Kano, K. et al., *OM*, **13**, 1208; Curran, D.P. et al., *JACS*, **116**, 4279.

$$\text{Ph(R}^1\text{)C=C(R}^2\text{)(R}^3\text{)} \xrightarrow[\text{NaBH}_4,\text{ PP(Fe)}]{\text{PhSSPh, Ph-H, EtOH}} \text{Ph-C(R}^1\text{)(CH}_2\text{R}^2\text{R}^3\text{)-SPh}$$

PP(Fe) = (porphinato) iron

35-70 %

VI.B-6 Goo, Y.M. et al., *SC*, **24**, 1433.

$$\text{RCH=CHR'} \xrightarrow[\text{EtSNa, MeOH}]{\text{Br-C}\equiv\text{N}\rightarrow\text{O}} \text{RCH(OH)-CH(CN)R'}$$

78-98 %

VI.B-7 Hazra, B.G. et al., *JCS(P1)*, 1667; Sakai, K. et al., *TL*, **35**, 737.

$$R_2C=CR_2 \xrightarrow[\text{Me}_3\text{SiBr}]{[\text{N(Me}_3\text{)C}_{14}\text{H}_{29}][\text{MnO}_4]} \text{R}_2\text{C(Br)-C(Br)R}_2$$

60-91 %

VI.B-8 Davies, S.G. et al., *T*, **50**, 3975, *TA*, **5**, 203, and *JCS(P1)*, 2373 and 2385; Semenov, V.P., *JOU*, **30**, 62 and 216.

VI.B-9 Gani, D. et al., *CC*, 1601; Yamamoto, Y. et al., *JOC*, **59**, 4068; Davies, S.G. et al., *TA*, **5**, 35; Ahn, K.H. and Lee, S.J., *TL*, **35**, 1875. .

VI.B-10 Lobo, A.M. et al., *TL*, **35**, 2747.

VI.C. Nucleotides, Etc.

VI.C-1 Reddy, M.P. et al., *TL*, **35**, 5771; Pedroso, E. et al., *T*, **50**, 2617; Beaucage, S.L. et al., *JOC*, **59**, 1963; **see also:** Rao, M.V. and Macfarlane, K., *TL*, **35**, 6741.

New and Efficient Solid Support for the Synthesis of Nucleic Acids.

VI.C-2 Sujino, K. and Sugimura, H., *CC*, 2541; Mevellec, L. and Huet, F., *T*, **50**, 13145.

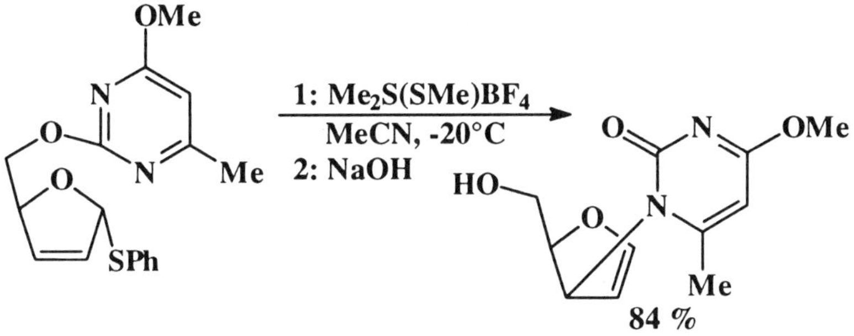

VI.C-3 Jung, M.E. and Rhee, H., *JOC*, **59**, 4719; Schneller, S.W. et al., *JMC*, **37**, 551.

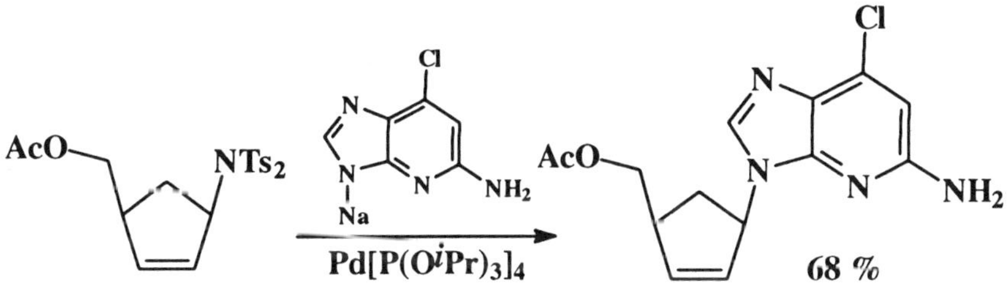

VI.C-4 Mukaiyama, T. et al., *BCJ*, **67**, 2532 and 3100; Chanteloup, L. and Thuong, N., *TL*, **35**, 877; Luu, B. et al., *T*, **50**, 5361; Togo, H. et al., *JCS(P1)*, 2931; Pedersen, E.B. et al., *S*, 516.

VI.C-5 Sawai, H. et al., *CC*, 1997.

VI.C-6 Saladino, R., Mincione, E. et al., *JCS(P1)*, 3053.

VI.D. Phosphorus, Selenium and Tellurium Compounds

VI.D-1 Hata, T. et al., *TL*, **35**, 1063.

activated bifunctional phosphorylating agent

VI.D-2 Cornforth, J. and Wilson, J.R.H., *JCS(P1)*, 1897; Martin, S.F. et al., *JOC*, **59**, 7957.

$$\text{Ar-OH} \xrightarrow[\text{NaH}]{\text{Ar'SO}_3\frown\text{PO}_3\text{R}_2} \text{ArO}\frown\text{PO}_3\text{R}_2 \quad 62\text{-}94\%$$

VI.D-3 Kim, T.H. and Oh, D.Y., *SC*, **24**, 2313; **see also:** Walker, B.J. et al., *CC*, 37.

$$\text{Ph-S(O)-CH}_2\text{-PO}_3\text{Et}_2 \xrightarrow{\text{RSH, TFAA, SnCl}_4} \text{(PhS)(RS)CH-PO}_3\text{Et}_2$$

62-70 %

VI.D-4 Sakamoto, M. et al., *CPB*, **42**, 1919.

$$\text{Et}_2\text{O}_3\text{P-CN} \xrightarrow[\text{ZnCl}_2,\ \text{Et}_3\text{N},\ 4\ \text{Å MS}]{\text{R-CH}_2\text{-CO}_2\text{Me}} \underset{\text{Et}_2\text{O}_3\text{P} \quad \text{NH}_2}{\text{R}\diagdown\text{C=C}\diagup\text{CO}_2\text{Me}}$$

22-71 %

VI.D-5 Andreae, S. and Pieper, V., *JPR*, **336**, 75.

(3,4-dibromosuccinic anhydride) $\xrightarrow[\text{2: H}_2\text{O, rt, 2 d}]{\text{1: (RO)}_3\text{P, Ph-Me}}$ $\underset{\text{HO}_2\text{C} \quad \text{CO}_2\text{H}}{\text{H}_2\text{O}_3\text{P} \quad \text{PO}_3\text{H}_2}$

71-98 %

VI.D-6 Kobayashi, S. et al., *S*, 763; Shibuya, S. et al., *JOC*, **59**, 7562 and 7930; Bongini, A., Panunzio, M. et al., *TL*, **35**, 8045; Jurgens, A.R. et al., *SC*, **24**, 1171.

$$\text{R-CHO} \xrightarrow[\text{EtOH, 60°C}]{\text{NH}_4\text{OAc, HPO}_3\text{Et}_2} \underset{\text{NH}_2}{\text{R-CH(PO}_3\text{Et}_2)}$$

32-74 %

VI.D-7 Kambe, N., Sonoda, N. et al., *OM*, **13**, 4543.

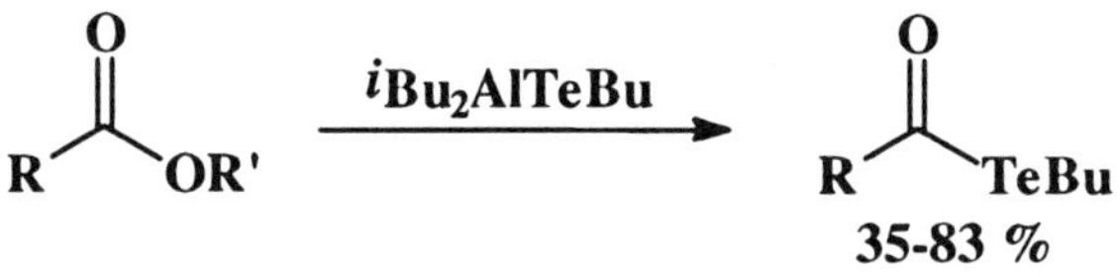

$$R-C(=O)-OR' \xrightarrow{^{i}Bu_2AlTeBu} R-C(=O)-TeBu$$
35-83 %

VI.D-8 Takikawa, Y. et al., *BCJ*, **67**, 876; Silks III, L.A. et al., *JOC*, **59**, 4977.

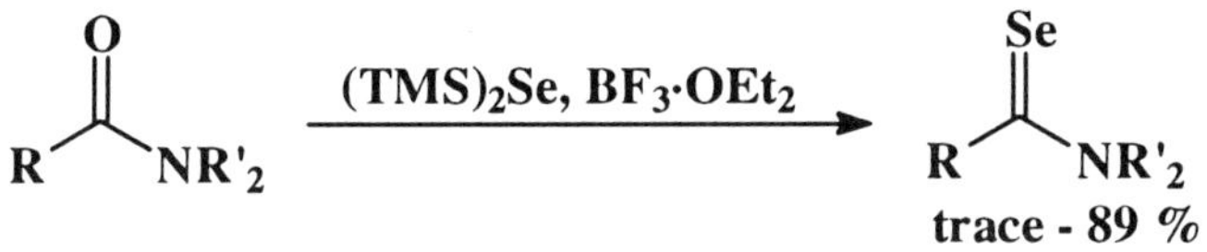

$$R-C(=O)-NR'_2 \xrightarrow{(TMS)_2Se, BF_3 \cdot OEt_2} R-C(=Se)-NR'_2$$
trace - 89 %

VI.D-9 Yamazaki, S. et al., *JCS(P1)*, 695; see also: Tsuchiya, T. et al., *CPB*, **42**, 1437.

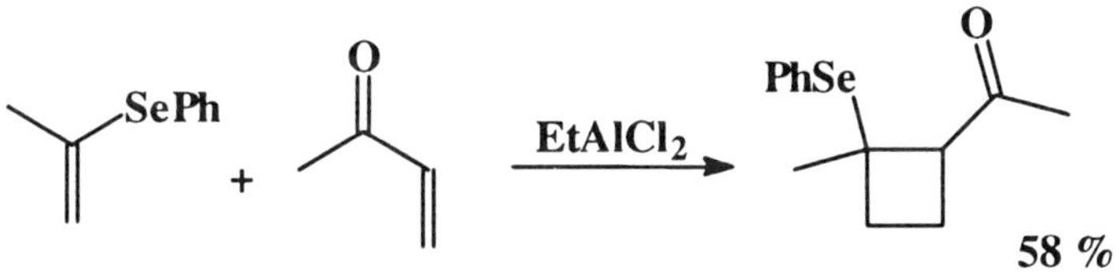

CH₂=C(CH₃)SePh + CH₂=CH-C(=O)-CH₃ →[EtAlCl₂] cyclobutane with PhSe and acetyl substituents
58 %

VI.D-10 Oh, D.Y. et al., *JCS(P1)*, 717.

$$Et_2O_3P-CH_2-TePh \xrightarrow{NaH, RCHO} \underset{H}{\overset{R}{>}}C=C\underset{}{\overset{TePh}{<}}$$
82-95 %

VI.D-11 Pietrusiewicz, K.M. et al., *TL*, **35**, 6343 and *OM*, **13**, 5166; **see also:** Villemin, D. et al, *TL*, **35**, 3537.

A Novel Displacement Route to P-Chiral Phosphine Oxides of High Enantiomeric Purity.

VI.E. Silicon Compounds

VI.E-1 Raubo, P. and Wicha, J., *JOC*, **59**, 4355.

$$Me_3Si-\text{epoxide}(H,R',H)-O \xrightarrow[2:\ ^iPr_2NEt,\ CH_2Cl_2]{1:\ DMSO,\ TfOR} Me_3Si-C(=O)-CH(R')-OR \quad 48\text{-}94\ \%$$

VI.E-2 Hevesi, L. et al., *TL*, **35**, 6729; Mayon, P. and Chapleur, Y., *TL*, **35**, 3703.

$$R^1R^2C=C(SeMe)R^3 \xrightarrow[DME,\ \Delta,\ Ni\ or\ Pd]{Me_3SiCH_2MgCl} R^1R^2C=C(CH_2SiMe_3)R^3 \quad 65\text{-}83\ \%$$

VI.E-3 Makioka, Y. et al., *CL*, 645; Quayle, P. et al., *TL*, **35**, 3797; **see also:** Wright, S.W., *TL*, **35**, 1841.

$$RCH=C(OTMS)(OR') \xrightarrow[90\text{-}99\ \%]{Ln(OTf)_3,\ CH_2Cl_2} R-CH(SiMe_3)-C(=O)-OR'$$

USEFUL SYNTHETIC PREPARATIONS

VI.E-4 Takaya, H. et al., *CC*, 2525; **see also:** Resnati, G. et al., *TL*, **35**, 6329; Fassler, J. and Bienz, S., *OM*, **13**, 4704.

$$\text{Np-Si(Ph)(H)}_2 \xrightarrow[\text{2: MeMgBr}]{\text{1: R}_2\text{CO, binap-Rh}} \text{Np-Si(Ph)(H)(Me)}$$

74 %, 95 % e.e.

VI.E-5 Murai, S. et al., *OM*, **13**, 1533.

$$\text{R}_3\text{Si-N(Ar)-Li} \xrightarrow[\text{2: MeI}]{\text{1: CO}} \text{Ar-N(Me)-C(O)-SiR}_3$$

17-41 %

VI.E-6 Hale, M.R. and Hoveyda, A.H., *JOC*, **59**, 4370; Villa, M.J. and Warren, S., *JCS(P1)*, 1569.

[Ph$_2$(Et$_2$N)Si]$_2$CuLi, -78°C

Ph$_2$SiOH

65-85 %

VI.E-7 Solladie-Cavallo, A. and Csaky, A.G., *JOC*, **59**, 2585.

Stereochemistry of Silyl Ketene Acetals of Some 8-Phenylmenthyl Arylacetates.

VI.E-8 Farooq, O. and Tiers, G.V.D., *JOC*, **59**, 2122.

$$R'R_2Si\text{-}Cl \xrightarrow{F^-} R'R_2Si\text{-}F$$
$$87\text{-}97\ \%$$

VI.E-9 Ojima, I. et al., *JACS*, **116**, 3643; Doyle, M.P. and Shanklin, M.S., *OM*, **13**, 1081; Zhou, J.Q. and Alper, H., *OM*, **13**, 1586; Murai, T., Kato, S. et al., *CC*, 2143; Hatanaka, Y. et al., *TL*, **35**, 7981; Chan, K.S. et al., *JOC*, **59**, 3585; Marinetti, A., *TL*, **35**, 5861; Marciniec, B. et al., *JOM*, **484**, 147; Tillack, A. et al., *JOM*, **482**, 85; Wang, X. and Bosnich, B., *OM*, **13**, 4131; Ozawa, F., Sugawara, M., and Hayashi, T., *OM*, **13**, 3237; Kocienski, P.J. et al., *SL*, 77.

$$H\text{---}\equiv\text{---}(CH_2)_n\text{--}CHO \xrightarrow[\text{Rh cat.}]{R_3SiH,\ CO} \underset{H\quad (CH_2)_n\text{--}CHO}{\overset{R_3Si\quad CHO}{\diagup=\diagdown}}$$
$$62\text{-}93\ \%$$

VI.E-10 Landais, Y. and Planchenault, D., *TL*, **35**, 4565.

$$\underset{R\quad CO_2R^*}{\overset{N_2}{\|}} \xrightarrow[\text{CH}_2\text{Cl}_2,\ rt]{R_3SiH,\ Rh_2(OAc)_4} \underset{R\quad CO_2R^*}{\overset{SiR_3}{|}}$$
$$52\text{-}75\ \%$$

VI.F. Sulfur Compounds

VI.F-1 Castagnino, E. et al., *TL*, **35**, 6057; Soderquist, J.A. et al., *TL*, **35**. 3221.

$$\text{R-CO}_2\text{H} \xrightarrow[\text{2: NaBH}_4]{\text{1: S}_8} \text{R-SH} \quad 88\text{-}98\ \%$$

VI.F-2 Jamart-Grégoire, B. et al., *SC*, **24**, 1799.

[MeO-substituted N-methyl tetrahydrocarbazole] $\xrightarrow{\text{AlCl}_3,\ \text{EtSH}}$ [EtS-substituted N-methyl tetrahydrocarbazole]   80 %

VI.F-3 Ueki, M. et al., *S*, 21.

[3-nitro-2-(benzylthio)pyridine] $\xrightarrow{\text{SO}_2\text{Cl}_2,\ \text{DCE}}$ [3-nitro-2-(chlorosulfenyl)pyridine]   81 %

VI.F-4 Timar, T. et al., *S*, 837.

[Me$_2$N-C(=S)-O-chromanone with R substituent] $\xrightarrow{\text{DEA, 210°C}}$ [Me$_2$N-C(=O)-S-aryl product]   94-96 %

VI.F-5 Sucholeiki, I., *TL*, **35**, 7307.

Solid Phase Photochemical C-S Bond Cleavage of Thioethers - A New Approach to the Solid-Phase Production of Non-Peptide Molecules.

VI.F-6 Menichetti, S., Nativi, C. et al., *TL*, **35**, 9451; Watson, K.G. et al., *SC*, **24**, 671; Sato, R. et al., *CL*, 507.

PhthNSCl + [arene with R, R'] $\xrightarrow{CHCl_3}$ [product arene with R, R', SNPhth]

for activated arenes   35-98 %

VI.F-7 Tojo, G. et al., *H*, **38**, 495; Ponten, F. and Magnusson, G., *ACS*, **48**, 566; Yoon, N.M. et al., *JOC*, **59**, 3490; Boeykens, M. and DeKimpe, N., *T*, **50**, 12349.

[pyrrole with MeO₂C, CH₂OH, N-CH₂OMe] $\xrightarrow{TolSO_2Na,\ HCO_2H}$ [pyrrole with MeO₂C, CH₂SO₂Tol, N-CH₂OMe] 98 %

VI.F-8 Makosza, M. and Sypniewski, M., *TL*, **35**, 6141.

Ar-CHO $\xrightarrow{RS\frown S^+RR'}$ OHC-C(SR)(Ar)-H

57-81 %

VI.F-9 Chibale, K. and Warren, S., *TL*, **35**, 3991; Kataoka, T. and Iwama, T., *SL*, 1017.

$$\text{R}\overset{O}{\underset{}{\|}}\text{CH}_2\text{-N(oxazolidinone, Bn)} \xrightarrow[\text{2: PhSSPh}]{\text{1: LDA, -78°C}} \text{R-CH(SPh)-C(O)-N*} + \text{R-CH(SPh)-C(O)-N*}$$

83-92 %
>97:3

VI.F-10 Sinou, D. et al., *T*, **50**, 10321; Brückner, R. et al., *TL*, **35**, 7609.

$$\text{R-CH=CH-CH}_2\text{-OCO}_2\text{Me} \xrightarrow[\text{Pd}_2\text{(dba)}_3\text{, dppb}]{\text{R'SH, THF}} \text{R-CH=CH-CH}_2\text{-SR'}$$

44-96 %

VI.F-11 Martinez, A.G. et al., *SL*, 561; Soderquist, J.A., *TL*, **35**, 3225; **see also:** Cabri, W. et al., *TL*, **35**, 3379.

$$\text{TfO-C(R)=CH-R}^1 \xrightarrow[\text{Pd(Ph}_3\text{P)}_4]{\text{R}^2\text{SLi, THF, }\Delta} \text{R}^2\text{S-C(R)=CH-R}^1$$

87-99 %

VI.F-12 Backvall, J.E. and Ericsson, A., *JOC*, **59**, 5850; Galambos, G., Szantay, C. et al., *H*, **38**, 1459.

$$\text{R-CH=CH-C}\equiv\text{CH} \xrightarrow{\text{Pd(OAc)}_2\text{, PhSH}} \text{R-CH=CH-C(SPh)=CH}_2$$

41-75 %

VI.F-13 Taniguchi, Y. et al., *TL*, **35**, 7789; Kang, S.K. et al., *TL*, **35**, 2357; Hache, B. and Gareau, Y., *TL*, **35**, 1837.

VI.F-14 Horikawa, H. et al., *TL*, **35**, 2187.

VI.F-15 Maiti, A.K. and Bhattacharyya, P., *T*, **50**, 10483; Oguni, N. et al., *CC*, 2699; Penso, M. et al., *S*, 34; **see also:** Nishikubo, T. et al., *TL*, **35**, 4571.

VI.F-16 Roy, S. et al., *CC*, 1993; Zhang, Y. et al., *SC*, **24**, 2893; Bhar, D. and Chandrasekaran, S., *S*, 785; Leriverend, C. and Metzner, P., *S*, 761; Freeman, F. et al., *S*, 699; Derbesy, G. and Harpp, D.N., *TL*, **35**, 5381; Suzuki, H. et al., *JCR(S)*, 70; Zhang, Y. et al., *TL*, **35**, 8833; Guibe, F. et al., *TL*, **35**, 9035.

$$\text{R-SH} + \text{R'-X} \xrightarrow{\text{CoCl}_2,\text{ MeCN}} \text{R-S-S-R'}$$
$$24\text{-}97\ \%$$

VI.F-17 Wright, S.W., *TL*, **35**, 1331; Yoshifuji, M. et al., *TL*, **35**, 4379; Fuchs, P.L. et al., *JOC*, **59**, 348.

$$\underset{R}{\overset{R^1}{>}}\!\!-CO_2R^2 \xrightarrow[2:\ H_2S,\ -78^\circ C]{1:\ LDA,\ TMSCl} \underset{R}{\overset{R^1}{>}}\!\!\overset{S}{\underset{OR^2}{=}}$$
$$62\text{-}90\ \%$$

VI.F-18 Braverman, S. et al., *TL*, **35**, 953.

Ph–CH=CH–CH$_2$–S(=O)–CCl$_3$ $\xrightarrow{\text{DABCO, CH}_2\text{Cl}_2,\text{ rt}}$ Ph–CH=CH–CH=S=O
$$95\ \%$$

VI.F-19 Mahadevan, A. and Fuchs, P.L., *TL*, **35**, 6025.

Me$_3$Si–CH$_2$–I $\xrightarrow[\text{2: RCHO}]{1:\ ^t\text{BuLi, Et}_2\text{O, -78}^\circ\text{C},\ \text{Tf}_2\text{O}}$ (CF$_3$SO$_2$)(H)C=C(H)(R)
$$56\text{-}84\ \%$$

VI.F-20 Flitsch, S.L. et al., *TA*, **5**, 2163 and *TL*, **35**, 6563.

[Reaction: sugar with HO, OH, HO, OH, OR substituents → with Bu₂SnO, MeOH / Me₃N·SO₃, NaO₃SO → sulfated sugar, 93-97%]

VI.G. Tin Compounds

VI.G-1 Ricci, A. et al., *JCS(P1)*, 2283; Pearson, W.H. and Stevens, E.P., *S*, 904 (1993).

$$ArN=C(R')Cl \xrightarrow{R_3SnLi, THF, -78°C} ArN=C(R')SnR_3$$

16-86 %

VI.G-2 Maguire, M.P. et al., *JMC*, **37**, 2129; Iwao, M., Watanabe, M. et al., *H*, **38**, 1717; Salituro, F.G. et al., *JMC*, **37**, 334.

$$Ar-X \xrightarrow[\text{(LiCl if X = OTf)}]{(Me_3Sn)_2, Pd(PPh_3)_4, \text{dioxane}} Ar-SnMe_3$$

X = Br, OTf

26-99 %

VI.G-3 Warner, B.P. and Buchwald, S.L., *JOC*, **59**, 5822.

$$R-SiMe_3 \xrightarrow{(Bu_3Sn)_2O, TBAF, THF, 60°C} R-SnBu_3$$

95-99 %

VI.G-4 McCarthy, J.R. et al., *TL*, **35**, 1027; Liebeskind, L.S. et al., *JOC*, **59**, 7917.

$$\text{TMS}\diagdown\!\!\!\underset{SO_2Ph}{\overset{F}{=}}\!\!\!\diagup \xrightarrow[\text{Ph-Me, }\Delta]{\text{Bu}_3\text{SnH, AIBN}} \text{TMS}\diagdown\!\!\!\underset{SnBu_3}{\overset{F}{=}}\!\!\!\diagup \quad 91\%$$

$$\overset{\ominus}{=}\!\!\!\diagup\!\!F \text{ equivalent}$$

VI.G-5 Carpita, A., Rossi, R. et al., *T*, **50**, 4853; Quintard, J.P. et al., *JOC*, **59**, 7959.

$$\underset{SnBu_3}{\overset{OAc}{=}} \xrightarrow{\text{RCu·MgBrX·LiBr, THF}} \underset{SnBu_3}{\overset{R}{=}} \quad 0\text{-}99\%$$

VI.G-6 Piers, E. and Skerlj, R.T., *CJC*, **72**, 2468; Greeves, N. and Torode, J.S., *SL*, 537; Cummins, C.H. and Gordon, E.J., *TL*, **35**, 8133; **see also:** Ardisson, J. et al., *TL*, **35**, 7767 and *SL*, 995.

$$R\!-\!\!\!\equiv\!\!\!-CO_2R' \xrightarrow{(Me_3Sn)_2, Pd(PPh_3)_4} \underset{Me_3Sn}{\overset{R}{\diagdown}}\!\!C\!\!=\!\!C\!\!\underset{SnMe_3}{\overset{CO_2R'}{\diagup}} \quad 64\text{-}95\%$$

VII
REVIEWS

VII.A   Techniques

VII.A-1   Gupta, S.P., *CRV*, **94**, 1507.

Review: "Quantitative Structure-Activity Relationship Studies on Anticancer Drugs."

VII.A-2   Hadjipavlou-Litina, D. and Hansch, C., *CRV*, **94**, 1483.

Review: "Quantitative Structure-Activity Relationships of the Benzodiazepines. A Review and Reevaluation."

VII.A-3   Kusumi, T. et al., *TL*, **35**, 4397.

"New Chiral Anisotropic Reagents, NMR Tools to Elucidate the Absolute Configurations of Long-Chain Organic Compounds."

VII.A-4   Hoye, T.R. et al., *JOC*, **59**, 4096.

"A Practical Guide to First-Order Multiplet Analysis in ^{1}H-NMR Spectroscopy."

VII.A-5   Ni, F. and Scheraga, H.A., *ACR*, **27**, 257.

Review: "Use of the Transferred Nuclear Overhauser Effect to Determine the Conformations of Ligands Bound to Proteins."

VII.A-6 Perdih, M. and Razinger, M., *TA*, **5**, 835.

Stereochemistry and Sequence Rules. A Proposal for Modification of the Cahn-Ingold-Prelog System

---

VII.A-7 Waldmann, H. and Sebastian, D., *CRV*, **94**, 911.

Review: "Enzymatic Protecting Group Techniques."

VII.A-8 Miranda, M.A. and Garcia, H., *CRV*, **94**, 1063.

Review: "2,4,6-Triphenylpyrylium Tetrafluoroborate as an Electron-Transfer Photosensitizer."

VII.A-9 Engberts, J.B.F.N. et al., *RTC*, **113**, 533.

Review: "Sonochemistry: Theory and Applications."

VII.A-10 Still, W.C. et al., *JOC*, **59**, 4723.

Note: "A General Method for Molecular Tagging of Encoded Combinatorial Chemistry Libraries."

VII.A-11 Rzepa, H.S., Whitaker, B.J. and Winter, M.J., *CC*, 1907.

Chemical Applications of the World-Wide-Web System

VII.A-12 Dumartin, G. et al., *SL*, 952.

Note: "Straightforward Synthesis and Reactivity of Polymer-supported Organotin Hydrides."

VII.A-13 Cornelis, A. and Laszlo, P., *SL*, 155.

Review: "Molding Clays into Efficient Catalysts."

VII.A-14 Singh, N.B. et al., *T*, **50**, 6441.

Review: "Organic Solid State Reactivity."

VII.A-15 Hullinger, J., *AG(E)*, **33**, 143.

Review: "Chemistry and Crystal Growth."

VII.A-16 Kaupp, G., *AG(E)*, **33**, 728.

Highlight: "Resolution of Racemates by Distillation with Inclusion Compounds."

VII.A-17 Williams, A., *CRV*, **94**, 93.

Review: "The Diagnosis of Concerted Organic Mechanisms."

VII.A-18 Mayr, H. and Patz, M., *AG(E)*, **33**, 938.

Review: "Scale of Nucleophilicity and Electrophilicity: A System for Ordering Polar Organic and Organometallic Reactions."

VII.A-19 Collins, T.J., *ACR*, **27**, 279.

Review: "Designing Ligands for Oxidizing Complexes."

VII.A-20 Poss, C.S. and Schreiber, S.L., *ACR*, **27**, 9.

Review: "Two-Directional Chain Synthesis and Terminus Differentiation."

VII.B Asymmetric Synthesis and Molecular Recognition

VII.B-1 Rebek, J., Jr. et al., *ACR*, **27**, 198.

Review: "Studies in Molecular Replication."

VII.B-2 Breslow, R., *RTC*, **113**, 493.

Review: "The Chelate Effect in Binding, Catalysis, and Chemotherapy."

VII.B-3 Dahl, T., *ACS*, **48**, 95.

Review: "The Nature of Stacking Interactions Between Organic Molecules Elucidated by Analysis of Crystal Structures."

VII.B-4 Lehn, J.-M., *PAC*, **66**, 1961.

Lecture: "Perspectives in Supramolecular Chemistry: From Molecular Recognition Towards Self-Organization."

VII.B-5 Wenz, G., *AG(E)*, **33**, 803.

Review: "Cyclodextrins as Building Blocks for Supramolecular Structures and Functional Units."

VII.B-6 Kotha, S., *T*, **50**, 3639.

>   Review: "Opportunities in Asymmetric Synthesis: An Industrial Prospect."

VII.B-7 Noyori, R., *T*, **50**, 4259.

>   Review: "Organometallic Ways for the Multiplication of Chirality."

VII.B-8 Kvittingen, L., *T*, **50**, 8253.

>   Review: "Some Aspects of Biocatalysis in Organic Synthesis."

VII.B-9 De Brabander, J. and Vandewalle, M., *S*, 855.

>   Feature Article: "Bryostatins: The Asymmetric Synthesis of the C_1-C_9 and C_{17}-C_{27} Fragments."

VII.B-10 Mulzer, J., *JPR*, **336**, 287.

>   Review: "Asymmetric Synthesis of the Novel Antidepressant Rolipram®."

VII.B-11 Zhu, Q.C. and Hutchins, R.O., *OPP*, **26**, 193.

>   Review: "Asymmetric Reductions of Carbon-Nitrogen Double Bonds. A Review."

VII.B-12 Tolstikov, A.G. and Tolstikov, G.A., *RCR*, **62**, 579 (1993).

>   Review: "Glycals in Enantiospecific Synthesis."

VII.B-13 Harada, T. and Oku, A., *SL*, 95.

Review: "Enantiodifferentiating Transformation of Prochiral Polyols by Using Menthone as Chiral Template."

VII.B-14 Noe, C.R. et al., *CB*, **127**, 887.

Note: "Chiral Lactols XI - A Method for the Determination of the Absolute Configuration of Chiral Alkanols."

VII.B-15 Brown, E. and Moudachirou, M., *T*, **50**, 10309.

Note: "Resolving Agents. 2. Synthesis of Arylurethanes of (S)-Lactic Acid and Their Use in the Resolution of Racemic Bases."

VII.B-16 Smith, M.B. et al., *JOC*, **59**, 1719.

5(R)-Methyl-1-(chloromethyl)-2-pyrrolidinone. A New Reagent for the Determination of Enantiomeric Composition of Alcohols

---

VII.B-17 Trost, B.M. et al., *JOC*, **59**, 4202.

"On the Use of O-Methylmandelic Acid for the Establishment of Absolute Configuration of α-Chiral Primary Amines."

VII.B-18 Hunig, S. et al., *CB*, **127**, 1969, 1981, 1989.

Note: "Enantioselective Protonation of Lactone Enolates."

VII.B-19 Koga, K. et al., *CPB*, **42**, 690.

Note: "Stereoselective Reactions XXII. Design and Synthesis of Chiral Chelated Lithium Amides for Enantioselective Reactions."

VII.B-20 Burrows, C.J. and Rokita, S.E., *ACR*, **27**, 295.

Review: "Recognition of Guanine Structure in Nucleic Acids by Nickel Complexes."

VII.B-21 Oh, T. and Reilly, M., *OPP*, **26**, 129.

Review: "Reagent-Controlled Asymmetric Diels-Alder Reactions. A Review."

VII.B-22 Bach, T., *AG(E)*, **33**, 417.

Review: "Catalytic Enantioselective C-C Coupling - Allyl Transfer and Mukaiyama Aldol Reaction."

VII.B-23 Sharpless, K.B. et al., *CRV*, **94**, 2483.

Review: "Catalytic Asymmetric Dihydroxylation."

VII.B-24 Martin, S.F. (guest ed.), *T*, **50**, 4293-4574.

Review: "Catalytic Asymmetric Addition Reactions."

Symposia-In-Print

VII.B-25 Jungheim, L.N. and Shepherd, T.A., *CRV*, **94**, 1553.

Review: "Design of Antitumor Prodrugs: Substrates for Antibody Targeted Enzymes."

VII.B-26 Reinhoudt, D.N. et al., *RTC*, **113**, 343.

Review: "Enzyme Models."

VII.B-27 Gante, J., *AG(E)*, **33**, 1699.

Review: "Peptidomimetics - Tailored Enzyme Inhibitors."

VII.B-28 Wennemers, H. and Still, W.C., *TL*, **35**, 6413.

Note: "Peptide Complexation in Water. Sequence Selective Binding with Simple Dye Molecules."

VII.B-29 Reetz, M.T. et al., *S*, 733.

Feature Article: "Stereoselective Synthesis of α,β-Diamino Nitriles from Amino Acids."

VII.B-30 Duthaler, R.O., *T*, **50**, 1539.

Review: "Recent Developments in the Stereoselective Synthesis of α-Aminoacids."

VII.B-31 Juaristi, E. et al., *AA*, **27**, 2.

Review: "Enantioselective Synthesis of β-Aminoacids."

VII.B-32 Cole, D.C. *T*, **50**, 9517.

Review: "Recent Stereoselective Synthetic Approaches to β-Aminoacids."

VII.B-33 Burgess, K. et al., *SL*, 575.

Review: "Asymmetric Synthesis of 2,3-Methanoamino Acids."

VII.B-34 Besse, P. and Veschambre, H., *T*, **50**, 8885.

Review: "Chemical and Biological Synthesis of Chiral Epoxides."

VII.B-35 Bradshaw, J.S. et al., *CRV*, **94**, 939.

Review: "Bis- and Oligo(benzocrown ether)s."

VII.B-36 Lee, W.Y., *SL*, 765.

Review: "The Chemistry of $[1_n]$Orthocyclophanes; New Classes of Ionophores, Starands and Ketonands."

VII.B-37 Stoddart, J.F. et al., *SL*, 789.

Note: "Template-Directed Synthesis of a Bis[2]-catenane and a Bis[2]rotaxane - Towards Self-Assembling Polymers."

VII.B-38 Hoss, R. and Vogtle, F., *AG(E)*, **33**, 375.

Review: "Template Syntheses."

VII.B-39 Kuroda, Y. and Ogoshi, H., *SL*, 319.

Account: "Molecular Recognition of Modified Porphyrins."

VII.B-40 Brown, H.C. and Ramachandran, P.V., *PAC*, **66**, 201.

Lecture: "Recent Advances in the Boron Route to Asymmetric Synthesis."

VII.B-41 Suzuki, A., *PAC*, **66**, 213.

Lecture: "New Synthetic Transformations via Organoboron Compounds."

VII.B-42 Dhar, R.K., *AA*, **27**, 43.

Review: "Diisopinocampheylchloroborane (DIP-chloride), An Excellent Chiral Reducing Reagent for the Synthesis of Secondary Alcohols of High Enantiomeric Purity."

VII.B-43 Tanner, D., *AG(E)*, **33**, 599.

Review: "Chiral Aziridines - Their Synthesis and Use in Stereoselective Transformations."

VII.C   Reactions

VII.C-1 Lubineau, A. et al., *S*, 741.

Review: "Water Promoted Organic Reactions."

VII.C-2 Huskens, J. et al., *S*, 1007.

Review: "Meerwein-Ponndorf-Verley Reductions and Oppenauer Oxidations: An Integrated Approach."

VII.C-3 Adam, W. and Richter, M.J., *ACR*, **27**, 57.

Review: "Metal-catalyzed Direct Hydroxy-Epoxidation of Olefins."

VII.C-4 Jansen, R.J.J. et al., *RTC*, **113**, 115.

Review: "Recent (1987-1993) Developments in Heteropolyacid Catalysts in Acid Catalyzed Reactions and Oxidation Catalysis"

VII.C-5 Reiser, O., *AG(E)*, **33**, 69.

Highlight: "Oxidation of Weakly Activated C-H Bonds."

VII.C-6 Maycock, C.D. et al., *T*, **50**, 9671.

The Mechanism of the Mitsunobu Azide Modification and the Effect of Additives on the Rate of Hydroxyl Group Activation

---

VII.C-7 Engberts, J.B.F.N. et al., *JOC*, **59**, 5372.

Diels-Alder Reactions in Water. Effects of Hydrophobicity and Hydrogen Bonding

---

VII.C-8 Cossy, J., *BSF*, **131**, 344.

Review: "Photochemical Electron Transfer Reactions. Applications to Organic Synthesis."

VII.C-9 Nishimura, J. et al., *SL*, 884.

Note: "Intramolecular [2+2] Photocycloaddition of Vinylarenes: Synthesis of Cyclophanes."

VII.C-10 Gilbert, J.C. and Cousins, K.R., *T*, **50**, 10671.

Note: "Theoretical and Experimental Studies of the 3-Aza-Claisen Rearrangement."

VII.C-11 Zefirov, N.S. et al., *RCR*, **62**, 935 (1993).

Review: "Reactions of Cyclopropene Derivatives with Electrophiles."

VII.C-12 Wang, P.W. and Fox, M.A., *JOC*, **59**, 5358.

A Polymer-Bound Bidentate-Phosphine Palladium Complex as a Catalyst in the Heck Arylation

---

VII.C-13 Mayr, H. and Dan-Schmidt, J.P., *CB*, **127**, 205 and 213.

Note: "Relative Reactivities of Alkyl Chlorides Under Friedel-Crafts Conditions."

Note: "Relative Reactivities of Acetals and Ethers Under Friedel-Crafts Conditions."

VII.C-14 Huang, Z.T. and Wang, G.Q., *CB*, **127**, 519.

Note: "Friedel-Crafts Reaction of Calixarenes."

VII.C-15 Deslongchamps, P. et al., *CJC*, **72**, 2021.

Review: "Hydrolysis of Acetals and Ketals. Position of Transition States Along the Reaction Coordinates, and Stereoelectronic Effects."

VII.C-16 Noe, C.R. et al., *CB*, **127**, 359.

Note: "Diastereoselective Formation of Ethers from Alkylarylcarbinols."

VII.C-17 Dorfman, Ya.A. et al., *RCR*, **62**, 877 (1993).

Review: "New Reactions Involving the Oxidative O-, N-, and C-Phosphorylation of Organic Compounds by Phosphorus and Phosphides in the Presence of Metal Complexes."

VII.C-18 Koval', I.V., *RCR*, **63**, 735.

Review: "The Chemistry of Disulfides."

VII.D Reactive Intermediates

VII.D-1 Mayr, H. et al., *CB*, **127**, 525.

Note: "Comparison of the Nucleophilicities of Alkynes and Alkenes. Quantitative Determination of the Nucleophilicities of Alkynes Toward Carbenium Ions."

VII.D-2 Smit, W.A. et al., *CRV*, **94**, 2359.

Review: "Stepwise Electrophilic Addition. Some Novel Synthetic Ramifications of an Old Concept."

VII.D-3 Liu, M.T.H., *ACR*, **27**, 287.

Review: "Laser Flash Photolysis Studies: 1,2-Hydrogen Migration to a Carbene."

VII.D-4 Tomilov, Yu.V. et al., *RCR*, **62**, 799 (1993).

Review: "Catalytic Decomposition of Diazomethane as a General Method for the Methylenation of Chemical Compounds."

VII.D-5 Putala, M. and Lemenovskii, D.A., *RCR*, **63**, 197.

Review: "Reactions of Diazoalkanes with Transition Metal Complexes."

VII.D-6 Ye, T. and McKervey, M.A., *CRV*, **94**, 1091.

Review: "Organic Synthesis with α-Diazocarbonyl Compounds."

VII.D-7 Grishchuk, B.D. et al., *RCR*, **63**, 257.

Review: "Reactions of Aromatic Diazonium Salts with Unsaturated Compounds in the Presence of Nucleophiles."

VII.D-8 Bertrand, G. and Wentrup, C., *AG(E)*, **33**, 527.

Review: "Nitrile Imines: From Matrix Characterization to Stable Compounds."

VII.D-9 Albini, A. et al., *T*, **50**, 575.

Review: "A New Method in Radical Chemistry: Generation of Radicals by Photo-Induced Electron Transfer and Fragmentation of the Radical Cation."

VII.D-10 Iqbal, J. et al., *CRV*, **94**, 519.

   Review: "Transition Metal-Promoted Free-Radical Reactions in Organic Synthesis: The Formation of Carbon-Carbon Bonds."

VII.D-11 Terent'ev, A.B. and Vasil'eva, T.T., *RCR*, **63**, 269.

   Review: "The Synthesis and Reactivity of Organobromine Compounds in Homolytic Addition and Telomerisation Processes."

VII.D-12 Griesbeck, A.G. et al., *ACR*, **27**, 70.

   Review: "Intersystem Crossing in Triplet 1,4-Biradicals: Conformational Memory Effects on the Stereoselectivity of Photocycloaddition Reactions."

VII.D-13 Parsons, S. and Passmore, J., *ACR*, **27**, 101.

   Review: "Rings, Radicals, and Synthetic Metals: The Chemistry of SNS$^+$."

VII.D-14 Smadja, W., *SL*, 1.

   Review: "Acyclic Diastereofacial Selection in Intermolecular Radical Reactions - Steric vs Electronic Controls."

VII.D-15 Bertrand, M.P., *OPP*, **26**, 257.

   Review: "Recent Progress in the Use of Sulfonyl Radicals in Organic Synthesis. A Review."

VII.D-16 Saveant, J.M., *T*, **50**, 10117.

Report: "Mechanisms and Reactivity in Electron Transfer Induced Aromatic Nucleophilic Substitution. Recent Advances."

VII.D-17 Hunig, S. et al., *CB*, **127**, 165.

Note: "Stereoselective Protonation of Carbanions. 2. Diastereoselective Protonation of Schollkopf's Bislactim Ether Anions."

VII.D-18 Mathey, F., *JOM*, **475**, 25.

Invited Lecture: "Recent Advances in the Chemistry of Phospholide and Polyphospholide Ions."

VII.D-19 Kubas, G.J., *ACR*, **27**, 183.

Review: "Chemical Transformations and Disproportionation of Sulfur Dioxide on Transition Metal Complexes."

VII.E. Organo- metallics and metalloids

VII.E-1 Kocovsky, P., *CCC*, **59**, 1.

Review: "Organic Reactivity by Means of Neighboring Groups and Organometallics. A Personal Account"

VII.E-2 Chan, T.H. et al., *CJC*, **72**, 1181.

Review: "Organometallic-type Reactions in Aqueous Media - A New Challenge in Organic Synthesis."

VII.E-3 Werner, H., *JOM*, **475**, 45.

Invited Lecture: "Organometallic Chemistry of Alkenes and Alkynes."

VII.E-4 Adams, R.D., *CRV*, **94**, 335.

Review: "The Insertion of Alkynes Into Metal-Metal Bonds and Organic Chemistry of the Dimetallated Olefin Complexes."

VII.E-5 Mohring, P.C. and Coville, N.J., *JOM*, **479**, 1.

Review: "Homogeneous Group 4 Metallocene Ziegler-Natta Catalysts: the Influence of Cyclopentadienyl-ring Substituents."

VII.E-6 Chetina, O.V. and Lunin, V.V., *RCR*, **63**, 483.

Review: "Hydride Forming Metals and Alloys as Hydrogen Acceptors in Catalytic Dehydrogenation."

VII.E-7 Togni, A. and Venanzi, L.M., *AG(E)*, **33**, 497.

Review: "Nitrogen Donors in Organometallic Chemistry and Homogeneous Catalysis."

VII.E-8 Michl, J. (ed.), *CRV*, **94**, 567-856.

Reviews: "Metal-Dioxygen Complexes."

VII.E-9 Mueller-Westerhoff, U.T. and Zhou, M., *SL*, 975.

Note: "α-Diones from Cyclic Oxamides and Organolithium Reagents: A New, General and Environmentally Beneficial Synthetic Method."

VII.E-10 Bickelhaupt, F., *JOM*, **475**, 1.

Invited Lecture: "Organomagnesium Chemistry: Nearly 100 Years But Still Fascinating."

VII.E-11 Raston, C.L., *JOM*, **475**, 15.

Invited Lecture: "Recent Developments in the Chemistry of Alane (AlH_3) and Gallane (GaH_3)."

VII.E-12 Yamamoto, H. et al., *SL*, 441.

"Chemoselective Functionalization of Two Different Ketones with a Series of Bulky Organoaluminum Receptors."

VII.E-13 Hodgson, D.M., *JOM*, **476**, 1.

Review: "Chromium (II)-based Methods for Carbon-Carbon Bond Formation."

VII.E-14 Wong, E.H., *JOM*, **477**, 45.

Review: "Chromium, Molybdenum, and Tungsten. Annual Survey Covering the Year 1992."

VII.E-15 Ginzburg, A.G., *RCR*, **62**, 1025 (1993).

Review: "The Chemistry of Cymantrene."

VII.E-16   Schmalz, H.-G., *AG(E)*, **33**, 303.

Highlight: "Chromium Carbene Complexes in Organic Synthesis: Recent Developments and Perspectives."

VII.E-17   Kerber, R.C., *JOM*, **477**, 119.

Review: "Organoiron Chemistry: Annual Survey for the Year 1992."

VII.E-18   Rybin, L.V. and Rybinskaya, M.I., *RCR*, **62**, 637 (1993).

Review: "Iron-subgroup Metal Carbonyls in Reactions with Olefins Having Functional Group Substituents."

VII.E-19   Knolker, H.-J., *JPR*, **336**, 277.

Reagent
Review: "Pentacarbonyliron: $Fe(CO)_5$."

VII.E-20   Guerchais, V., *BSF*, **131**, 803.

Review: "Mono- and Dinuclear (pentamethylcyclopentadienyl)iron-carbene Complexes."

VII.E-21   Jennings, P.W. and Johnson, L.L., *CRV*, **94**, 2241.

Review: "Metallacyclobutane Complexes of the Group Eight Transition Metals: Synthesis, Characterizations, and Chemistry."

VII.E-22 Carmona, E. et al., *SL*, 465.

Review: "Organonickel Chemistry in Organic Synthesis. Some Applications of Alkyl and Metalacyclic Derivatives."

VII.E-23 Hegedus, L.S., *JOM*, **477**, 269.

Review: "Transition Metals in Organic Synthesis: Annual Survey Covering the Year 1992."

VII.E-24 Gol'dshleger, N.F. and Moravskii, A.P., *RCR*, **63**, 125.

Review: "Reactions of Hydrocarbons with Electrophilic Transition Metal Complexes in Trifluoroacetic Acid."

VII.E-25 Ungvary, F., *JOM*, **477**, 363.

Review: "Transition Metals in Organic Synthesis: Hydroformylation, Reduction and Oxidation. Annual Survey Covering the Year 1992"

VII.E-26 Khusnutdinov, R.I. and Dzhemilev, U.M., *JOM*, **471**, 1.

Review: "Transition Metal Complexes in the Chemistry of Vinylcyclopropanes."

VII.E-27 Negishi, E. and Takahashi, T., *ACR*, **27**, 124.

Review: "Patterns of Stoichiometric and Catalytic Reactions of Organozirconium and Related Complexes of Synthetic Interest."

VII.E-28 Chernyshkova, F.A., *RCR*, **62**, 743 (1993).

Review: "Niobic Acid - a New Heterogeneous Catalyst for Processes in Petrochemical and Organic Syntheses."

VII.E-29 Richmond, M.G., *JOM*, **477**, 173 and 219.

Review: "Annual Surveys of Ruthenium and Osmium for the Years 1991 and 1992."

VII.E-30 Hidai, M. et al., *JOM*, **473**, 1.

Review: "Towards Novel Organic Synthesis on Multimetallic Centres: Syntheses and Reactivities of Dinuclear Ruthenium Thiolate Complexes."

VII.E-31 Ley, S.V. et al., *S*, 639.

Review: "Tetrapropylammonium Perruthenate, Pr_4N^+ RuO_4^-, TPAP: Catalytic Oxidant for Organic Synthesis."

VII.E-32 Backvall, J.-E. (ed.), *T*, **50**, 285-572.

Reviews: "Palladium in Organic Synthesis."

Tetrahedron Symposia-in-Print Number 52

VII.E-33 Drent, E. et al., *JOM*, **475**, 57.

Invited Lecture: "Homogeneous Catalysis by Cationic Palladium Complexes. Precision Catalysis in the Carbonylation of Alkynes."

VII.E-34 Wallow, T.I. and Novak, B.M., *JOC*, **59**, 5034.

Note: "Highly Efficient and Accelerated Suzuki Aryl Couplings Mediated by Phosphine-Free Palladium Sources."

VII.E-35 Sita, L.R., *ACR*, **27**, 191.

Review: "Heavy-metal Organic Chemistry: Building with Tin."

VII.E-36 Shibata, I. and Baba, A., *OPP*, **26**, 85.

Review: "Organotin Enolates in Organic Synthesis. A Review."

VII.E-37 Freedman, L.D. and Doak, G.O., *JOM*, **477**, 1.

Review: "Antimony: Annual Survey Covering the Year 1992."

VII.E-38 Brandukova, N.E. et al., *RCR*, **63**, 345.

Review: "The Use of Samarium Diiodide in Organic and Polymer Synthesis."

VII.E-39 Grandberg, K.I. and Dyadchenko, V.P., *JOM*, **474**, 1.

Review: "Some Aspects of the Organometallic Chemistry of Univalent Gold."

VII.E-40 Doak, G.O. and Freedman, L.D., *JOM*, **477**, 31.

Review: "Bismuth: Annual Survey Covering the Year 1992."

VII.F. Halogen Compounds and Halogenation

(see also: VI.A.11.)

VII.F-1   Richmond, T.G. et al., *CRV*, **94**, 373.

Review: "Activation of Carbon-fluorine Bonds by Metal Complexes."

VII.F-2   Andreev, V.G. and Kolomiets, A.F., *RCR*, **62**, 553 (1993).

Review: "[3,3]-Sigmatropic Rearrangements as a Method of Organofluorine Synthesis."

VII.F-3   Kaberdin, R.V. and Potkin, V.I., *RCR*, **63**, 641.

Review: "Trichloroethylene in Organic Synthesis."

VII.F-4   Grushin, V.V. and Alper, H., *CRV*, **94**, 1047.

Review: "Transformations of Chloroarenes, Catalyzed by Transition-Metal Complexes."

VII.G   Natural Products

VII.G-1   Miftakhov, M.S., Tolstikov, G.A. et al., *RCR*, **63**, 519.

Review: "Marine Prostanoids."

VII.G-2   Atta-Ur-Rahman and Choudhary, M.I., *PAC*, **66**, 1967.

Lecture: "Recent Discoveries in the Chemistry of Natural Products."

VII.G-3 Barton, D.H.R., *PAC*, **66**, 1943.

Lecture: "The Invention of Chemical Reactions of Relevance to the Chemistry of Natural Products."

VII.G-4 Trost, B.M., *PAC*, **66**, 2007.

Lecture: "Enhanced Synthetic Efficiency Towards Natural Products via Transition Metal Catalyzed Reactions."

VII.G-5 Pindur, U. and Schneider, G.H., *CRV*, **94**, 409.

Review: "Pericyclic Key Reactions in Biological Systems and Biomimetic Syntheses."

VII.G-6 Piozzi, F., *H*, **37**, 603.

Review: "Further Researches on the Furoclerodanes from Teucrium Species."

VII.G-7 Morin, C., *T*, **50**, 12521.

Review: "The Chemistry of Boron Analogues of Biomolecules."

VII.G-8 Fang, J.-M. and Wong, C.-H., *SL*, 393.

Account: "Enzymes in Organic Synthesis: Alteration of Reversible Reactions to Irreversible Processes."

VII.G-9 Young, D.W., *CRV*, **94**, 119.

Lecture: "Studies on Thymidylate Synthase and Dihydrofolate Reductase - Two Enzymes Involved in the Synthesis of Thymidine."

VII.G-10 Begley, T.P., *ACR*, **27**, 394.

Review: "Photoenzymes: A Novel Class of Biological Catalysts."

VII.G-11 Kirby, A.J., *AG(E)*, **33**, 551.

Highlight: "Enzyme Mimics."

VII.G-12 Fontecave, M. and Pierre, J.-L., *BSF*, **131**, 620.

Review: "The Basic Chemistry of Nitric Oxide and its Possible Biological Reactions."

VII.G-13 Krogsgaard-Larsen, P. et al., *JMC*, **37**, 2489.

Review: "GABA$_A$ Receptor Agonists, Partial Agonists, and Antagonists. Design and Therapeutic Prospects."

VII.G-14 Durand, J.-O. and Genet, J.-P., *BSF*, **131**, 612.

Review: "Synthesis of MeBmt C9 Amino Acid Present in Cyclosporine, and Analogs."

VII.G-15 van Boom, J.H. et al., *SL*, 922.

Note: "Methylsulfonylethyloxycarbonyl Group as a Protection for the Guanidino Function in Arginine."

VII.G-16   Farina, V. and Kant, J., *SL*, 565.

   Review: "The Development of Organometallic Methodologies for the Stereospecific Introduction of Cephalosporin Side Chains."

VII.G-17   Avotins, F., *RCR*, **62**, 897 (1993).

   Review: "Aminoacids of the Cyclobutane Series."

VII.G-18   Benz, H., *S*, 337.

   Review: "The Role of Solid-phase Fragment Condensation (SPFC) in Peptide Synthesis."

VII.G-19   Liskamp, R.M.J., *AG(E)*, **33**, 305.

   Highlight: "A New Application of Modified Peptides and Peptidomimetics: Potential Anticancer Agents."

VII.G-20   Adang, A.E.P. et al., *RTC*, **113**, 63.

   Review: "Case Histories of Peptidomimetics: Progression from Peptides to Drugs."

VII.G-21   Liskamp, R.M.J., *RTC*, **113**, 1.

   Review: "Conformationally Restricted Amino Acids and Dipeptides, (Non)peptidomimetics and Secondary Structure Mimetics."

VII.G-22 Middlemiss, D. and Watson, S.P., *T*, **50**, 13049.

Review: "A Medicinal Chemistry Case Study: An Account of an Angiotensin II Antagonist Drug Discovery Programme."

VII.G-23 Monneret, C. and Florent, J.-C., *SL*, 305.

Account: "Isosaccharino- and Glucosaccharino-lactones as Chirons for the Syntheses of Natural Compounds and Analogs of Biological Relevance."

VII.G-24 Usov, A.I., *RCR*, **62**, 1047 (1993).

Review: "Oligosaccharins - a New Class of Signalling Molecules in Plants."

VII.G-25 Ogawa, T., *CRV*, **94**, 397.

Memorial Lecture: "Experiments Directed Towards Glycoconjugate Synthesis."

VII.G-26 Jaramillo, C. and Knapp, S., *S*, 1.

Review: "Synthesis of C-Aryl Glycosides."

VII.G-27 Blizzard, T.A., *OPP*, **26**, 617.

Review: "Recent Progress in the Synthesis of Avermectins and Milbemycins."

VII.G-28 Agrofoglio, L. et al., *T*, **50**, 10611.

Review: "Synthesis of Carbocyclic Nucleosides."

VII.G-29 Stec, W.J. and Wilk, A., *AG(E)*, **33**, 709.

> Review: "Stereocontrolled Synthesis of Oligo-(nucleoside phosphorothioate)s."

VII.G-30 Mayer, H., *PAC*, **66**, 931.

> Lecture: "Reflections on Carotenoid Synthesis."

VII.G-31 Zhou, W.S. and Xu, X.X., *ACR*, **27**, 211.

> Review: "Total Synthesis of the Antimalarial Sesquiterpene Peroxide Qinghaosu and Yingzhaosu A."

VII.G-32 Albizati, K.F. et al., *OPP*, **26**, 1.

> Review: "Furanosesquiterpene Synthesis. An Updated Review."

VII.G-33 Spencer, T.A., *ACR*, **27**, 83.

> Review: "The Squalene Dioxide Pathway of Steroid Biosynthesis."

VII.G-34 Nifant'ev, E.E. and Predvoditelev, D.A., *RCR*, **63**, 71.

> Review: "Derivatives of Trivalent Phosphorus in the Synthesis of Glycerophophatides and Related Phospholipids."

VII.G-35 Beifuss, U., *AG(E)*, **33**, 1144.

> Highlight: "New Total Syntheses of Strychnine."

VII.G-36 Volkov, S.K., *RCR*, **62**, 787 (1993).

Review: "Immunoassay of Alkaloids."

VII.G-37 Scott, A.I., *T*, **50**, 13315 and *SL*, 871.

Review: "The Discovery of Nature's Pathway to Vitamin B_{12}. A 25 Year Odyssey."

Note: "Towards a Total, Genetically Engineered Synthesis of Vitamin B_{12}."

VII.G-38 Boiadjiev, S.E. and Lightner, D.A., *SL*, 777.

Note: "Synthetic Strategies for Understanding Bilirubin Stereochemistry."

VII.G-39 Montforts, F.-P. et al., *CRV*, **94**, 327.

Review: "Discovery and Synthesis of Less Common Natural Hydroporphyrins."

VII.G-40 Yamamoto, Y. and Kadota, I., *BSB*, **103**, 619.

Lecture: "Highly Stereocontrolled Formal Total Synthesis of Hemibrevetoxin B."

VII.G-41 Nicolaou, K.C. et al., *AG(E)*, **33**, 45.

Review: "Chemistry and Biology of Taxol."

VII.H. Others

VII.H-1 Okamoto, Y. and Nakano, T., *CRV*, **94**, 349.

Review: "Asymmetric Polymerization."

VII.H-2 Bazuev, G.V. and Kurbatova, L.D., *RCR*, **62**, 981 (1993).

Review: "The Chemistry of Volatile β-diketonates and their Application in the Synthesis of High Temperature Superconducting Thin Films."

VII.H-3 Laas, H.J. et al., *JPR*, **336**, 185.

Review: "The Synthesis of Aliphatic Polyisocyanates Containing Biuret, Isocyanurate or Uretdione Backbones for Use in Coatings."

VII.H-4 Schmelzer, H.G. et al., *JPR*, **336**, 483.

Review: "The Polyurea Structure and the Role of Amine Terminated Polyethers and Polyesters in Polyurethanes."

VII.H-5 Bunz, U., *AG(E)*, **33**, 1073.

Review: "Novel Polymers."

VII.H-6 Haber, J., *PAC*, **66**, 1597.

Review: "Catalysis - Where Science and Industry Meet."

VII.H-7 Thomas, J.M. et al., *BSF*, **131**, 463.

Review: "Landmarks in the Evolution of Heterogeneous Catalysts."

VII.H-8 Quici, S. et al., *G*, **123**, 597 (1993).

Review: "Simple Synthetic Models of Cyctochrome P-450: Efficient Catalysts in Hydrocarbon Oxidations."

VII.H-9 Krylov, O.V. and Matyshak, V.A., *RCR*, **63**, 559.

Review: "Intermediates and Mechanisms of Heterogeneous Catalytic Reactions. The Simplest Reactions of Hydrocarbons, Alcohols, and Acids."

VII.H-10 Kobayashi, S., *SL*, 689.

Review: "Rare Earth Metal Trifluoromethanesulfonates As Water-Tolerant Lewis Acid Catalysts in Organic Synthesis."

VII.H-11 Schinzer, D., *JPR*, **336**, 180.

Reagent
Review: "EtAlCl$_2$: Eine Vielseitige Lewis-Saure."

VII.H-12 Schinzer, D., *JPR*, **336**, 375.

Reagent
Review: "Allyltrimethylsilane: Geballte Reaktivitat Gegenuber Fluoride-Ionen und Lewis-Saure."

VII.H-13 *CRV*, **94**, 1-278.

Reviews: "Optical Nonlinearities in Chemistry."

VII.H-14 Mayer, A. and Neuenhofer, S., *AG(E)*, **33**, 1044.

Review: "Luminescence - More than an Alternative to Radioisotopes."

VII.H-15 Bertrand, G. (ed.), *CRV*, **94**, 1161-1456.

Reviews: "Phosphorus Chemistry."

VII.H-16 Zolotukhina, M.M. et al., *RCR*, **62**, 647 (1993).

Review: "Derivatives of Diphosphonic Acids: Synthesis and Biological Activity."

VII.H-17 Blum, H., *JPR*, **336**, 492.

Progress Report: "Therapeutically Active Phosphonates: Results from 30 Years of Development Concerning Polyphosphonic Acids."

VII.H-18 Nifant'ev, E.E. and Grachev, M.K., *RCR*, **63**, 575.

Review: "Trivalent Phosphorus Acid Amides as Phosphorylating Agents for Alcohols and Amines."

VII.H-19 Keiko, N.A. and Voronkov, M.G., *RCR*, **62**, 751 (1993).

Review: "Methods of Synthesis of Acrolein and its α-Substituted Derivatives."

VII.H-20 Sokolyuk, N.T. et al., *RCR*, **62**, 1005 (1993).

Review: "Naphthacenequinones: Synthesis and Properties."

VII.H-21 Shishkina, R.P. and Berezhnaya, V.N., *RCR*, **63**, 139.

Review: "Photochemistry of 2-Dialkylamino-1,4-naphthoquinones."

VII.H-22 Czarnik, A.W. *ACR*, **27**, 302.

Review: "Chemical Communication in Water Using Fluorescent Chemosensors."

VII.H-23 De Keukeleire, D., *AA*, **27**, 59.

Review: "The Synthetic Potential of the Intramolecular Metaphotocycloaddition in Arene-Alkene Bichromorphic Systems Containing Oxygen in the Tether."

VII.H-24 Duda, J., *CRV*, **94**, 425.

Review: "Biological Activity, Reactivity, and Use of Chromotropic Acid and its Derivatives."

VII.H-25 Menchikov, L.G. and Nefedov, O.M., *RCR*, **63**, 449.

Review: "Spiro[2.4]hepta-4,6-dienes: Synthesis and Chemical Reactions."

VII.H-26 Kotali, A. and Harris, P.A., *OPP*, **26**, 159.

Review: "*o*-Hydroxyaryl Ketones in Organic Synthesis. A Review."

REVIEWS 431

VII.H-27 Patwardham, S.A., *OPP*, **26**, 645.

Review: "Synthesis of α,ω-Alkanediols."

VII.H-28 Schreiber, S.L., Clardy, J. et al., *SL*, 381.

Account: "Synthesis, Structure and Mechanism in Immunophilin Research."

VII.H-29 Doyle, T.W. and Kadow, J.F. (eds.), *T*, **50**, 1311-1538.

Reviews: "Recent Progress in the Chemistry of Enediyne Antibiotics."

Tetrahedron Symposia-In-Print Number 53

VII.H-30 Diederich, F. et al., *CRV*, **23**, 243.

Review: "Synthesis, Structures, and Properties of Methanofullerenes."

VII.H-31 Kuck, D., *CB*, **127**, 409.

Note: "Benzoanellated Fenestranes with [5.5.5], [5.5.5.6], and [5.5.5.5] Frameworks: The Route from 1,3-Indandione to Fenestrindan."

VII.H-32 Forman, M.A. and Dailey, W.P., *OPP*, **26**, 291.

Review: "The Synthesis and Reactions of Prismanes, Recent Developments."

VII.H-33 Kane, V.V. et al., *T*, **50**, 4575.

Review: "Synthesis of Small Cyclophanes."

VII.H-34 Borden, W.T.; Iwamura, H. and Berson, J.A., *ACR*, **27**, 109.

Review: "Violations of Hund's Rule in Non-Kekule Hydrocarbons: Theoretical Prediction and Experimental Verification."

VII.H-35 Pankratov, V.A., *RCR*, **62**, 1119 (1993).

Review: "Polycarbodiimides."

VII.H-36 Endo, Y. et al., *S*, 1096.

Feature Article: "Anionic Hetero[3,3] and [3,5] Rearrangements of Hydroxylamine Derivatives Accompanied with N-O Bond Cleavage."

VII.H-37 Maas G. et al., *JPR*, **336**, 390.

Progress Report: "Recent Developments in Iminium Salt Chemistry."

VII.H-38 Janousek, Z. and Viehe, H.G., *JPR*, **336**, 561.

Reagent Review: "N-Dichloromethylene-N,N-Dimethyliminium Chloride (P1): $[Cl_2C=NMe_2]^+$ Cl^-."

VII.H-39 Majewski, M. and Gleave, D.M., *JOM*, **470**, 1.

Review: "Reduction with Lithium Dialkylamides."

VII.H-40 Zuman, P. and Shah, B., *CRV*, **94**, 1621.

Review: "Addition, Reduction, and Oxidation Reactions of Nitrosobenzene."

VII.H-41 Ruck, K. and Kunz, H., *JPR*, **336**, 470.

Reagent Review: "Ceric Ammonium Nitrate: A Versatile Oxidizing Reagent."

VII.H-42 Palou, J., *CRV*, **94**, 357.

Review: "Oxidation of Some Organic Compounds by Aqueous Bromine Solutions."

VII.H-43 Koval', I.V., *RCR*, **62**, 769 (1993) and **63**, 147 and 323.

Review: "Thiols as Synthons."

Review: "Sulfides in Organic Synthesis. Applications of Sulfides."

Review: "Sulfides: Synthesis and Properties."

VII.H-44 Wicha, J. et al., *SL*, 985.

Note: "Tandem Transformations Initiated by the Migration of a Silyl Group. Some New Synthetic Applications of Silyloxiranes."

VII.H-45 Bonini, C. and Righi, G., *S*, 225.

Review: "Regio- and Chemoselective Synthesis of Halohydrins by Cleavage of Oxiranes with Metal Halide."

AUTHOR INDEX

AUTHOR INDEX

Abad, A. 107, 165
Abdel-Magid, A.F. 234
Abenhaim, D. 80
Abribat, B. 366
Achiwa, K. 143, 204, 209, 333, 337, 363
Adam, S. 86
Adam, W. 101, 179, 184, 185, 190, 191, 306, 408
Adams, R.D. 414
Adang, A.E.P. 423
Agbossov, F. 202
Ager, D.J. 5
Aggarwal, V.K. 32, 225, 226
Agrofoglio, L. 424
Ahlbrecht, H. 260, 281
Ahlbrecht, M. 204
Ahn, K.H. 382
Aitken, R.A. 93, 289
Akermark, B. 10, 179
Akiba, K. 113
Akiyama, T. 323
Albertini, E. 277
Albini, A. 411
Albizati, K.F. 425
Alcaide, B. 219, 229
Alder, R.W. 103
Aleely, H. 265
Allevi, P. 363
Alpegiani, M. 178
Alper, H. 150, 151, 152, 210, 281, 297, 390, 420
Alvarez-Builla, J. 378
Alvarez-Ibarra, C. 379
Amat-Guerri, F. 71
Anand, N. 80
Anand, R.C. 334
Anaya, J. 222
Andersson, P.G. 247
Ando, K. 310
Andreae, S. 386
Andreev, V.G. 420
Angelastro, M.R. 279
Angeles, E. 321

Angle, S.R. 133
Anson, M.S. 322
Aoyama, T. 92, 245, 288, 333
Ardisson, J. 397
Arjona, O. 16
Armesto, D. 101
Armstrong III, J.D. 223
Arno, M. 165
Arnold, D.P. 257
Arseniyadis, S. 103, 243
Asami, M. 337
Asaoka, M. 262
Ashby, E.C. 65
Atkinson, R.S. 225
Atta-Ur-Rahman 420
Aurich, H.G. 70, 292
Aurrecoechea, J.M. 68
Avery, M.A. 325
Avotins, F. 423
Azzena, U. 16
Babu, B.R. 175
Bach, T. 227, 404
Baciocchi, E. 140
Backvall, J.-E. 18, 99, 173, 393, 418
Badone, D. 91
Baik, W. 207
Baiker, A. 202
Bailey, P.D. 263
Bailey, W.F. 104
Baird, M.S. 76
Bakke, J.M. 375
Baklouti, A. 340
Balasubramanian, K.K. 91, 260
Baldwin, J.E. 99, 362
Balenkova, E.S. 369
Ballini, R. 31, 80, 342
Balsamini, C. 264
Bambino, F. 357
Banks, M.R. 113
Banks, R.E. 174, 182
Banwell, M.G 174
Banwell, M.G. 77, 351

AUTHOR INDEX

Baranovskii, A.B. 312
Barco, A. 53, 256, 264
Barluenga, J. 35, 54, 286, 341
Barrett, A.G.M. 44
Bartoli, G. 38, 59
Barton, D.H.R. 174, 176, 180, 421
Basavaiah, D. 116, 337
Bashir-Hashemi, A. 122
Bassindale, A.R. 188
Bates, R.W. 95
Bazuev, G.V. 427
Beak, P. 13, 226
Beaucage, S.L. 383
Beaupere, D. 331
Becher, J. 308
Beck, G. 211
Begley, T.P. 422
Begue, J. 156
Beifuss, U. 425
Belen'kii, L. 310
Ben-Ishai, D. 130
Bender, C.O. 127
Benicewicz, B.C. 291
Bennetau, B. 138
Benz, H. 423
Berezhnaya, V.N. 430
Berkowitz, D.B. 328, 363
Bermejo-Gonzalez, F. 278
Bernabe, M. 101
Bernath, G. 307
Bernatowicz, M.S. 323
Berson, J.A. 432
Bertrand, G. 307, 343, 411, 429
Bertrand, M.P. 412
Besenyei, G. 379
Besse, P. 406
Bhalerao, U.T. 185
Bhat, S.V. 30
Bhattacharyya, P. 394
Bhattacharyya, S. 351
Bianchini, C. 273
Bickelhaupt, F. 415

Bienayme, H. 86, 91
Bienz, S. 389
Bigg, D.C.H. 193, 343
Bildstein, B. 374
Bittman, R. 188
Bittner, S. 347
Blechert, S. 251
Blizzard, T.A. 424
Bloch, R. 113, 255
Blondet, D 177
Blum, H. 429
Boaz, N.W. 363
Bodor, N. 309
Boeckman, R.K., Jr. 25
Bogdanovic, B. 81
Boger, D.L. 103, 331, 284
Bonadier, F. 71
Bongini, A. 386
Bonini, C. 433
Bonnet-Delpon, D. 131
Booker-Milburn, K.I. 161
Borchardt, R.T. 214
Borden, W.T. 143, 432
Borner, A. 209
Bosch, J. 261
Bose, A.K. 336
Bosnich, B. 51, 390
Botteghi, C. 151
Bouquant, J. 348
Bourhis, M. 256
Bovicelli, P. 173, 179, 186
Bowman, W.R. 254
Boyd, D.R. 189
Boyle, R.W. 373
Brackeen, M.F. 282
Bradshaw, J.S. 406
Braibante, M.E.F. 348
Braish, T.F. 98
Brandi, A. 278
Brandukova, N.E. 419
Brassard, P. 102
Braun, M. 27
Braverman, S. 103, 395
Bravo, P. 225

AUTHOR INDEX

Breitmaier, E. 36
Bremner, J.B. 293
Breslow, R. 401
Brewster, M.E. 309
Brimble, M.A. 34
Brookhart, M. 151
Brouillette, W.J. 140
Brown, E. 403
Brown, H.C. 25, 147, 200, 407
Bruckner, R. 156, 393
Brun, P. 246, 374
Bruneau, C. 91
Brunet, J.J. 139, 151, 201
Brussee, J. 201, 317
Bryce, M.R. 304
Bryson, T.A. 171
Bu, X.R. 137
Buchecker, R. 134
Buchi, G. 281
Buchwald, S.L. 149, 198, 351, 396
Bulataova, O.F. 290
Bullock, R.M. 212
Bulman Page, P.C. 2, 184, 378
Bunz, U. 427
Burgess, K. 147, 406
Burk, M.J. 201, 209
Burk, R.M. 366
Burke, S.D. 246, 269
Burnell, D.J. 30, 143
Burrows, C.J. 285, 404
Burton, D.J. 71, 74, 129
Bush, E.J. 109
Buszek, K.R. 243
Butcher, K.J. 321
Butler, R.N. 300, 308
Butsugan, Y. 43
Cabri, W. 393
Cacchi, S. 259
Cahiez, G. 2, 143, 324
Cai, D. 199
Cainelli, G. 229
Campelo, J.M. 316

Canonne, P. 3
Capozzi, G. 226
Caricato, G. 33
Carlier, P.R. 24
Carlson, R. 297
Carmona, E. 417
Carpita, A. 397
Carreira, E.M. 27, 125
Carreno, M.C. 112
Carrera, Jr., G.M. 134
Carretero, J.C. 14, 112, 115
Carrie, R. 300, 376
Carroll, F.I. 262
Castagnino, E. 391
Castedo, L. 124, 137
Castillon, S. 150
Castro, J.L. 360
Casutt, M. 283
Catellani, M. 241
Cativiela, C. 11, 111, 112, 349
Caubere, P 251
Cava, M.P. 81, 109
Cavaleiro, J.A.S. 272
Cavicchioni, G. 364
Cazes, B. 88, 239
Cha, J.K. 224, 239
Cha, J.S. 340
Chamberlin, A.R. 4
Chambers, R.D. 249
Chan, K.S. 153, 390
Chan, T.H. 83, 413
Chan, W.H. 255
Chan, W.L. 287
Chancellor, T. 344
Chandrasekaran, S. 238, 395
Chandrasekhar, S. 304
Chanet-Ray, J. 292
Chao, H.G. 328
Chapleur, Y. 368, 388
Charette, A.B. 96
Chattopadhyaya, J. 292
Chavez, F. 74
Chelucci, G. 265
Chen, L.C. 298

Chen, S.F. 350
Chen, S.T. 360
Chen, Z.C. 326
Chenevert, R. 333
Chernyshkova, F.A. 418
Chetina, O.V. 414
Chi, K. 190
Chiacchio, U. 292
Chiba, K. 104
Childers, S.R. 277
Chimirri, A. 302
Chmielewski, M. 228
Cho, B.T. 40, 201
Chong, J.M. 220
Chou, S.-S.P. 108
Chou, T. 103, 116
Chou, T.-C. 115
Choudary, B.M. 182
Chow, H.-F. 90
Chowdhury, P.K. 216
Chuang, C.P. 87, 235
Chuche, J. 348
Chung, Y.K. 149
Cinquini, M. 230
Ciufolini, M.A. 128, 145
Clardy, J. 431
Clark, J.H. 369
Clark, J.S. 257
Clark, R.D. 266
Clayden, J. 40
Clive, D.L.J. 148, 358
Coe, J.W. 143
Cohen, T. 35, 38, 329
Cole, D.C. 405
Collazo, L.R. 369
Collin, J. 270
Collins, T.J. 400
Collum, D.B. 246
Colonna, S. 184
Comasseto, J.V. 89
Comins, D.L. 37
Compain, P. 237
Compernolle, F. 262
Consiglio, G. 18

Constantino, M.G. 247
Cook, M.J. 248
Cooke, Jr., M.P. 85
Cooke, M.P., Jr. 56
Corey, E.J. 94, 97, 114, 188
Cornforth, J. 385
Correia, C.R.D. 181
Correia, J. 373
Cossy, J. 197, 231, 232, 246, 294, 323, 408
Costa, P.R.R. 5
Coville, N.J. 414
Cozzi, F. 230
Crestini, C. 214, 350
Crich, D. 68
Crimmins, M.T. 125
Crisp, G.T. 86
Crotti, P. 1, 29, 350, 358
Crout, D.H.G. 355
Crozet, M.P. 336
Csuk, R. 318, 334
Cummins, C.H. 94, 397
Cunico, R.F. 74
Curran, D.P. 21, 63, 66, 179, 381
Curran, T.P. 321
Cutler, A.R. 319
Czarnik, A.W. 430
d'Angelo, J. 55
D'Annibale, A. 12, 239
D'Annibale, A. 381
D'Auria 125
da Silva, G.V.J. 247
Dahl, T. 401
Dai, L. 184
Dailey, W.P. 431
Dalton, H. 189
Danheiser, R.L. 117, 125
Danion, D. 95
Danishefsky, S.J. 87, 145, 192, 271, 295
Danks, T.N. 252
Das, N.B. 36, 326
Dashkina, L.R. 143

AUTHOR INDEX

Davies, H.M.L. 96, 161, 277
Davies, S.G. 7, 8, 382
Davis, A.P. 343
Davis, F.A. 48, 182, 225, 350, 355
De Clercq, P.J. 106, 109
de Groot, A. 59, 165
De Keukeleire, D. 430
de Mattos, M.C.S. 380
de Meijere, A. 86, 98, 99, 102, 104, 148, 153, 197, 252
Dechoux, L. 99
Degl'Innocenti, A. 60
DeGrado, W. 356
deGroot, A. 240
DeKimpe, N. 76, 204, 225, 282, 392
Delgado, A. 244
Dell, C.P. 273, 351
Della, E.W. 371
Delorme, D. 272
Deluca, H.F. 195
Demers, J.P. 286
Demir, A.S. 31, 51, 113
Denmark, S.E. 13, 27, 35, 45, 70, 257
Desai, R.C. 371
Deshmulch, M. 225
DeShong, P. 228
Deshpande, M.S. 87
Desimoni, G. 168
Deslongchamps, P. 107, 409
Deutsch, C.J. 48
Dhar, R.K. 407
Dhar, T.G.M. 268
Diaz, R.R. 317
Diederich, F. 431
Dieter, R.K. 252
DiMare, M. 200
Dittmer, D.C. 73, 220
DiVona, M.L. 215
Dixneuf, P.H. 91
Doak, G.O. 419
Dominguez, D. 124

Dondoni, A. 70, 271, 375
Dong, Y. 247
Dopp, D. 126
Dorfman, Ya.A. 410
Dorn, H. 280
Dowd, P. 50, 162
Doxsee, K.M. 305
Doyle, K.J. 290
Doyle, M.P. 97, 240, 390
Doyle, T.W. 431
Drent, E. 418
Dubac, J. 29, 370
Duchene, A. 87
Duda, J. 430
Dufresne, C. 139, 271
Duguay, G. 298
Duhamel, L. 76, 187
Duhamel, P. 77
Dujardin, G. 271
Dumartin, G. 399
Dunach, E. 195
Dupas, G. 265
Durand, J.-O. 422
Durandetti, M. 140
Duthaler, R.O. 405
Dutta, B.K. 221
Dygutsch, D.P. 63
Dzhemilev, U.M. 249, 417
Eastwood, F.W. 291
Echavarren, A.M. 21, 46, 278
Edwards, M.L. 350
Effenberger, F. 353
Eguchi, S. 238, 285
Einhorn, J. 263
Eisch, J.J. 349
El Kaim, L. 345
Elgendy, S. 147
Ellman, J.A. 316
Elnagdi, M.H. 314
Emslie, N.D. 171
Enders, D. 4, 38, 336
Endo, Y. 157, 432
Eng, K.K. 223
Engberts, J.B.F.N. 399, 408

Enholm, E.J. 64
Eremin, S.A. 313
Esipenko, A.A. 312
Ettmayer, P. 22
Evans, D.A. 26, 224, 317
Evans, P.A. 375
Fadel, A. 98
Fagan, P.J. 249
Falck, J.R. 33, 46, 80, 95, 219, 316, 366
Faller, J.W. 198
Fallis, A.G. 49
Fang, F.G. 365
Fang, J.M. 363
Farcasiu, D. 309
Farina, V. 423
Feringa, B.L. 20, 292
Fernandez de la Prastilla, R. 16
Ferraboschi, P. 210
Fessner, W.-D. 31
Fields, S.C. 301
Figadere, B. 62, 200
Fiksdahl, A. 336
Filimonov, V. 190
Filippone, P. 280
Fillion, H. 109
Finn, M.G. 104
Fioravanti, S. 349
Firoujabadi, H. 175
Firouzabadi, H. 326, 346
Fischer, H.-P. 307
Fish, P.V. 20
Fisher, J.W. 323
Fisher, L.E. 334
Fishwick, C.W.G. 296
Fitjer, L. 163
Fleming, I. 23
Flemming, S. 60
Flippin, L.A. 266
Flitsch, S.L. 396
Floriani, C. 26, 27
Fontecave, M. 422
Forman, M.A. 431

Forni, A. 199
Forth, M.A. 13
Fox, M.A. 409
Francis, C.L. 262
Francke, W. 190
Frank, R. 356
Fraser-Reid, B. 62, 67
Frauenrath, H. 168, 344
Fray, G.I. 103
Freedman, L.D. 419
Freeman, F. 249, 395
Freskos, J.N. 150
Freskoz, J.N. 357
Friesen, R.W. 134, 142
Frigerio, M. 174
Fringuelli, F. 272
Fry, D.F. 252
Fuchs, P.L. 342, 395
Fuji, K. 115
Fujii, T. 311, 351
Fujiwara, H. 266
Fujiwara, Y. 50, 61
Fukumoto, K. 3, 79, 85, 88, 106, 108, 166, 234, 241, 340
Fukuyama, T. 259, 368
Fuller, W.D. 360
Funabiki, K. 347
Furstner, A. 258
Fürstner, A. 373
Furukawa, N. 124, 184
Furuta, T. 70
Gagnon, R. 197
Gala, D. 194
Galambos, G. 53, 393
Galatsis, P. 227, 247
Gallagher, P.T. 130
Gallos, J.K. 96
Gani, D. 382
Gante, J. 405
Gao, Y. 199
Garanti, L. 300
Garcia Martinez, A. 19
Garcia, J. 198
Garcia, M.A. 246

AUTHOR INDEX

Gareau, Y. 394
Garner, P. 253
Garrido, N.M. 129
Genet, J.P. 209, 317
Gennari, C. 25
Georg, G.I. 229
Ghelfi, F. 7, 176, 367
Ghosez, L. 264
Gil, G. 363
Gilbert, J.C. 409
Gilchrist, T.L. 264, 265
Gillmann, T. 90, 91
Ginzburg, A.G. 415
Giralt, E. 328
Girijavallabhan, V.M. 188
Giuffrida, D. 116
Glass, R.S. 184
Gleiter, R. 127
Gmeiner, P. 349
Godfrey Jr., J.D. 366
Gol'dshleger, N.F. 417
Goo, Y.M. 381
Gore, J., SL, 943. 237
Gosselin, P. 112
Goti, A. 183, 194, 278
Gotor, V. 343
Grachev, M.K. 429
Grandberg, K.I. 419
Grandi, R. 184
Grandjean, D. 93
Gravel, D. 100, 269
Gravier-Pelletier, C. 226
Greene, A.E. 25, 148
Greeves, N. 45, 157, 397
Grieco, P.A. 56, 110, 267
Griengl, H. 226, 334
Griesbeck, A.G. 412
Grigg, R. 150, 234, 265, 275, 292, 311
Grignon-Dubois, M. 268, 370
Grimm, E.L. 276
Grindley, T.B. 318
Grishchuk, B.D. 411
Grissom, J.W. 120, 144

Gromov, S.P. 311
Gronowitz, S. 311
Groth, U. 9, 58
Grubbs, R.H. 84, 248, 341
Guanti, G. 137, 219, 230, 277, 364
Guerchais, V. 416
Guerrero, A. 34
Guibe, F. 395
Gundersen, L.L. 142
Gupta, S.P. 398
Gupton, J.T. 286
Gurjar, M.K. 278
Gust, D. 116
Haber, J. 427
Haga, N. 128
Hagen, T.J. 13
Hagiwara, H. 54
Haider, N. 102
Halterman, R.L. 187, 198
Hamada, Y. 8
Hamel, P. 218
Hamelin, J. 292, 348
Hamersma, H. 101
Hanaoka, M. 27, 241
Hanessian, S. 43, 178
Hanquet, G. 183
Hansch, C. 398
Hansen, D.E. 355
Hansen, H.-J. 117
Hansen, M.M. 218
Hara, S. 146
Harada, T. 90, 403
Harayama, T. 249
Harman, W.D. 118, 260
Harmata, M. 119
Harnett, J.J. 32
Harpp, D.N. 395
Hart, D.J. 52
Hartsock, F.W. 348
Harvey, D.F. 97
Harwood, L.M. 158, 297, 361
Hase, T. 70
Hasegawa, E. 122, 326

Hashimoto, H. 332
Hashimoto, S., et al., SL, 1031. 228
Hata, T. 385
Hatakeyama, S. 86, 365
Hatanaka, M. 72
Hatanaka, Y. 88, 141, 390
Hatem, J.M. 67
Hattner, G. 333
Haudrechy, A. 285
Hawkins, J.M. 114
Hawson, A.T. 256
Hay, A.S. 177
Hayashi, T. 75, 86, 213, 390
Hayashi, Y. 161
Haynes, R.K. 111
Hazra, B.G. 381
Heathcock, C.H. 253
Hecht, S.M. 254
Hegbom, I. 375
Hegedus, L.S. 58, 229, 236, 302, 417
Heimgartner, H. 225, 372
Heinisch, G. 217
Hellwinkel, D. 80
Helmchen, G. 10, 56, 348, 363
Helquist, P. 199
Hepworth, J.D. 91
Herczegh, P. 263
Herdeis, C. 373
Herndon, J.W. 143, 368
Herrmann, W.A. 82
Hesse, M. 278
Hevesi, L. 20, 388
Hidai, M. 418
Hiemstra, H. 199, 242, 244, 269, 276, 307, 350
Higashiyama, K. 17
Higgins, R.H. 365
Hill, C.L. 22
Hill, D.R. 179
Hill, J. 124
Hirai, Y. 262
Hirama, M. 160

Hirao, T. 4, 20
Hiroi, K. 68, 98
Hirschmann, R. 6
Hiyama, T. 88, 141, 367
Hlasta, D.J. 300
Hodgson, D.M. 50, 72, 82, 415
Hodosi, G. 319
Hoeg-Jensen, T. 344
Hoffman, R.V. 349, 365
Hoffmann, H.M.R. 362, 365
Hoffmann, R.W. 43, 380
Hoffmann, S. 356
Holletz, T. 222
Hollis, W.G., Jr. 44
Holmann, B. 275, 295
Holton, R.A. 227, 241
Hon, Y.-S. 82
Hoornaert, G. 308
Hoornaret, G. 301
Horak, R.M. 220
Horikawa, H. 277, 394
Horita, K. 247, 269
Horiuchi, C.A. 182
Hoshino, O. 40, 293, 306
Hosokawa, T. 366
Hosomi, A. 62, 218, 340
Hossain, M.M. 96
Houghten, R.A. 356
Houk, K.N. 108
Houpis, I.N. 133
Hoveyda, A.H. 389
Hoye, T.R. 134, 237, 398
Hruby, V.J. 182
Hu, C. 35, 281
Hu, Y. 151
Hua, D.H. 282
Huang, D.L. 338
Huang, H.C. 375
Huang, Y.-Z. 99
Huang, Z.T. 309, 409
Hudlicky, T. 19, 105, 365
Huet, F. 383
Huisgen, R. 100
Hullinger, J. 400

Hunig, S. 403, 413
Hunter, R. 15
Huskens, J. 407
Hussain, S.M. 265
Husson, H.-P. 99
Hutchins, R.O. 378, 402
Hutchins, S.M. 353
Hwu, J.R. 375, 379
Ibuka, T. 19
Ichihara, A. 172
Ichikawa, Y. 346
Iddon, B. 309
Ikeda, M. 274
Ikegami, S. 69, 153
Ila, H. 55
Imai, T. 47
Imamoto, T. 241
Inanaga, J. 49
Inomata, K. 177
Inoue, S. 152, 158
Inoue, Y. 94, 237
Inouye, Y. 125
Ipaktschi, J. 30, 45
Iqbal, J. 9, 30, 49, 173, 177, 370, 412
Iranpoor, N. 366
Iseki, K. 8, 367
Ishibashi, H. 229, 274
Ishii, K. 124
Ishii, Y. 43, 184, 380
Ishikura, M. 261
Ishizaki, M. 40
Isobe, K. 177
Isobe, M. 95, 142, 268
Isoe, S. 4, 271
Ito, M. 191
Ito, Y. 41, 94, 331
Itsuno, S. 111
Iwamoto, K. 120
Iwamura, H. 432
Iwao, M. 133, 258, 396
Iwata, C. 211, 245, 263, 301
Jackson, R.F.W. 39, 143, 187
Jackson, W.R. 134, 232

Jacobi, P.A. 126
Jacobsen, E.N. 186, 187
Jacquesy, J.C. 370
Jadhav, P.K. 278
Jager, V. 307
Jahangir 266
Jahnisch, K. 205, 225
Jamart-Grégoire, B. 391
Jansen, R.J.J. 408
Jeffery, T. 86
Jefford, C.W. 132
Jendralla, H. 48, 211
Jenkins, P.R. 5, 272, 292
Jenner, G. 335
Jennings, P.W. 416
Jennings, W.B. 184
Jensen, B.L. 45
Jeong, I.H. 368
Jeong, N. 148
Jezek, J. 356
Jochims, J.C. 280
Johnson, C.R. 364
Johnson, T. 328
Johnson, W.S. 92, 170
Johnstone, R.A.W. 251
Jokela, R. 159
Jommi, G. 354
Jonczyk, A. 97
Jones, D.W. 106
Jones, G.B. 317
Jones, G.S. 92
Jorgensen, K.A. 371
Joullie, M.M. 113, 134, 328
Jousseaume, B. 72
Juaristi, E. 405
Julia, M. 33, 40, 79
Jung, M.E. 136, 188, 383
Junghoim, L.N. 404
Junjappa, H. 55
Jurgens, A.R. 386
Kabalka, G.W. 147
Kabbara, J. 59, 209
Kaberdin, R.V. 420
Kafarski, P. 357

Kaga, H. 146
Kagan, H.B. 209
Kalck, P. 152
Kalinin, V.N. 313
Kamata, M. 326
Kambe, N. 34, 387
Kamigata, N. 140
Kammermeier, B. 48
Kamochi, Y. 202, 211
Kane, J.M. 300
Kane, V.V. 432
Kaneda, K. 195
Kaneko, C. 28, 294
Kaneko, K. 303
Kanemasa, S. 96, 292
Kanematsu, K. 109, 248
Kanerva, L.T. 48, 363
Kang, J. 40
Kang, K.T. 247
Kang, S. 319
Kang, S.K. 18, 394
Kano, K. 381
Kaptein, B. 201
Kaschenes, C. 300
Kashimura, S. 51, 189
Katagiri, N. 294
Kataoka, T. 74, 393
Kato, K. 227
Kato, N. 51
Kato, S. 390
Katritzky, A.R. 12, 130, 194, 252, 253, 266, 282, 306, 349, 369
Katsuki, T. 184, 187
Katsumura, S. 19
Katz, T.J. 75, 348
Kauffmann, T. 339
Kaupp, G. 400
Kawada, A. 132
Kawai, Y. 199
Kawase, M. 281
Kayser, M.M. 202
Kazlauskas, R.J. 334, 363
Kazmaier, U. 158

Keay, B.A. 110, 134, 141
Keck, G.E. 46
Keene, F.R. 212
Keiko, N.A. 429
Kel'in, A.V. 247
Kellogg, R.M. 40, 364
Kelly, T.A. 321
Kende, A.S. 186
Kerber, R.C. 416
Ketcha, D.M. 178
Khanna, M.S. 361
Khanna, R.N. 371
Khurana, J.M. 323, 326
Kibayashi, C. 3, 265, 295
Kiener, A. 180
Kiessling, L.L. 332
Kihlberg, J. 200
Kikugawa, Y. 376
Kim, B.T. 368
Kim, C.U. 38
Kim, D. 6, 159
Kim, K. 303, 350
Kim, K.S. 74
Kim, S. 17, 254, 299
Kim, T.H. 386
Kim, Y.H. 326
Kimura, Y. 138
Kinder, Jr., F.R. 116
King, S.A. 334
Kirby, A.J. 422
Kirsch, G. 250
Kirschenheuter, G.P. 357
Kise, N. 50
Kiselyov, A.S. 79
Kishi, Y. 248
Kita, S. 359
Kita, Y. 92, 172, 181, 196, 322, 372
Kitagawa, T. 344
Kitahara, T. 75
Kitazume, T. 263
Kiyooka, S. 29, 256
Klarner, F.-G. 103
Knapp, S. 331, 424

AUTHOR INDEX

Knaus, E.E. 70, 73, 320
Knight, D.W. 249, 293
Knochel, P. 19, 40, 89, 91, 143, 147
Knolker, H.-J. 118, 279, 416
Knorr, R. 369
Kobayashi, S. 26, 28, 45, 51, 56, 96, 111, 114, 132, 386, 428
Kobayashi, Y. 8, 367
Koch, K. 133, 142
Kochi, J.K. 192, 375
Kocienski, P. 86
Kocienski, P.J. 248, 390
Kocovsky, P. 413
Kodadek, T. 87
Koert, U. 39
Koga, K. 2, 10, 125, 136, 404
Koh. K. 364
Kollar, L. 87
Kollenz, G. 288
Konopelski, J.P. 192
Korbonits, D. 310
Koreeda, M. 289
Kosugi, H. 14
Kotali, A. 430
Kotha, S. 402
Kotsuki, H. 3, 110
Koval', I.V. 410, 433
Koyama, J. 264
Kozikowski, A.P. 376
Krafft, M.E. 148
Kraus, G.A. 65, 241, 272
Krawczyk, H. 349
Krogsgaard-Larsen, P. 422
Krylov, O.V. 428
Krysan, D.J. 189
Kubas, G.J. 413
Kuck, D. 431
Kuehne, M.E. 164
Kulinkovich, O.G. 1, 247, 312
Kulkarni, G.H. 377
Kulkarni, S.J. 255
Kumar, A. 73

Kumar, P. 318
Kumar, T.P. 324
Kumar, V. 217
Kundig, E.P. 59, 89
Kundu, B. 329
Kunieda, T. 113, 293
Kunz, H. 433
Kurbatova, L.D. 427
Kurihara, M. 187
Kurihara, T. 91, 218, 293
Kuroboshi, M. 367
Kuroda, C. 60
Kuroda, Y. 406
Kurth, M.J. 238
Kusumi, T. 398
Kuthan, J. 309
Kuwajima, I. 3, 51, 188
Kvittingen, L. 402
Kyziol, J.B. 378
L'Abbe, G. 292
Laas, H.J. 427
Labadie, S.S. 261
Labrie, F. 38
Lallemand, J.Y. 168
Landais, Y. 23, 390
Lange, G.L. 77, 169
Langlois, N. 78
Lantos, I. 346
LaPorta, P. 253
Larock, R.C. 241, 251, 348
Larsson, E.M. 179
Laschat, S. 51, 266
Lash, T.D. 257
Laso, N.M. 222
Lassila, K.R. 185
Laszlo, P. 400
Lau, C.P. 212
Lautens, M. 16, 97, 202, 208, 245
Lawrence, J. 71
Lawrence, N.J. 71, 72, 174, 182, 198
Lawrence, R.M. 281
Le Goffic, F. 333

Leahy, J.W. 9
Lee, C. 98
Lee, D.G. 180
Lee, E. 64, 161, 206, 270
Lee, I.-Y.C. 66
Lee, J.H. 255
Lee, S.-J. 103
Lee, S.G. 315
Lee, W.Y. 406
Lefker, B.A. 334
LeGall, T. 49
Lehn, J.-M. 401
Leigh, D.A. 318
Lemaire, M. 201
Lemenovskii, D.A. 411
Leonard, J. 108
Lepoittevin, J.P. 317
Lerner, R.A. 186, 325
Leroy, J. 253
Ley, S.V. 20, 38, 58, 319, 418
Lhommet, G. 278, 374
Li, L. 175
Li, S. 176
Li, W.-S. 53
Li, Y. 48
Liao, S. 217
Lichtenthaler, F.W. 331
Liebeskind, L.S. 397
Liebscher, J. 314, 374
Lightner, D.A. 426
Lin, N.H. 291
Linderman, R.J. 176, 214, 318
Linstrumelle, G. 95
Liotta, D.C. 22
Lipshutz, B.H. 61, 135
Liskamp, R.M.J. 423
Little, T.L. 282
Liu, M.T.H. 122, 410
Liu, R.-S. 47
Lobo, A.M. 267
Lohray, B.B. 188
Lopez, L. 164
Lopez-Herrera, F.J. 360
Lounasmaa, M. 159

Love, B.E. 267, 372
Lovey, R.G. 194, 364
Lowe, J.A. III 235
Lown, J.W. 253
Lu, X. 237
Lubell, W.D. 209
Lubineau, A. 407
Luche, J.L. 263
Luh, T.-Y. 81
Lukevic, E. 311
Lundin, R.H.L. 352
Luo, F.T. 83, 380
Luo, T.M.H. 255
Lupattelli, P. 173
Luu, B. 384
Luzzio, F.A. 74, 207
Lynch, G.P. 255
Maas, G. 432
Machiguchi, T. 184
Maclean, D.B. 374
Madsen, J.O. 206
Maffre, D. 378
Maffre-Lafon, D. 357
MaGee, D.I. 233
Magnus, P. 357
Magnusson, G. 392
Maguire, M.P. 396
Mahrwald, R. 324
Maignan, C. 112
Maiorana, S. 15, 229
Maitra, U. 216
Majetich, G. 318
Majewski, M. 78, 272, 432
Makioka, Y. 388
Makosza, M. 106, 392
Mal, D. 80
Malacria, M. 67, 106, 110, 123, 156, 170, 246
Mallavadhani, U.V. 363
Mandai, T. 150, 214
Mann, A. 93
Marazano, C. 205
Marcaccini, S. 232, 346
Marchese, G. 344

AUTHOR INDEX

Marchesini, A. 169
Marchon, J.C. 187
Marciniec, B. 390
Marco-Contelles, J. 83, 148
Marcuccio, S.M. 134
Marek, I. 19, 83
Mariano, P.S. 123
Marinelli, F. 259
Marinetti, A. 390
Marino, J.P. 55
Marko, I.E. 36, 42, 106, 270
Marks, T.J. 254
Maroral, J.A. 114
Marshall, G.R. 295
Marshall, J.A. 46, 191, 246
Marson, C.M. 244, 299
Martens, J. 40, 198, 221
Martens, T. 181
Martin, A.R. 146
Martin, M.R. 278, 292
Martin, S.F. 108, 278, 312, 385, 404
Martinez, A.G. 142, 162, 284, 393
Martinez, J. 203
Maryanoff, B.E. 200
Masaki, Y. 22, 75, 269, 333
Massanet, G.M. 179
Masuda, R. 290
Masuyama, Y. 31, 51, 214
Mathey, F. 413
Matsubara, S. 35
Matsubara, Y. 304
Matsuda, F. 41, 64
Matsuki, K. 215
Matsumoto, K. 253
Matsumoto, M. 207
Matsumura, Y. 180, 349
Matsushita, Y. 106
Matteoli, U. 210
Matyshak, V.A. 428
Maycock, C.D. 408
Mayer, A. 429
Mayer, H. 425

Mayr, H. 400, 409, 410
Mazzanti, G. 289
McCarthy, J.R. 397
McDonald, C.E. 325
McGhee, W.D. 345
McIntosh, J.M. 5
McKervey, M.A. 70, 245, 411
McKillop, A. 192, 193, 200
McKinney, J.A. 159
McMills, M.C. 251
McMurry, J.E. 48
McNab, H. 310
McNelis, E. 166, 182, 380
Meegan, M.J. 231
Mehta, G. 76, 163
Meier, H. 298
Melikyan, G.G. 5
Menchikov, L.G. 430
Menendez, J.C. 264
Menicagli, R. 342
Menichetti, S. 250, 392
Meou, A. 246
Mérour, J.Y. 196
Meth-Cohn, O. 220
Metz, P. 158
Metzger, J.O. 268
Metzner, P. 184, 395
Meyer, A.G. 190
Meyers, A.I. 13, 17, 35, 64, 138, 159, 193, 291, 296, 314, 353
Michalska, M. 331
Michida, T. 224
Michl, J. 414
Middlemiss, D. 424
Miftakhov, M.S. 420
Mikami, K. 29, 51, 111, 270
Mikolajczyk, M. 71
Miller, M.J. 199, 294, 343
Milner, D.J. 217
Mincione, E. 179, 385
Mioskowski, C. 33, 80, 84, 219
Miranda, M.A. 399

Mishriky, N. 265
Mitani, M. 82
Mitchell, M.A. 291
Mitsudo, T. 151
Miura, M. 233
Miyano, S. 136, 235
Miyashi, T. 125
Miyashita, A. 168
Miyata, N. 187
Miyaura, N. 44, 146
Mlinaric-Majerski, K. 98
Mlochowski, J. 373
Mobashery, S. 321
Moeller, K.D. 141, 155, 295
Mohajer, D. 187
Mohanazadeh, F. 206
Moise, C. 37
Molander, G.A. 41, 68
Molina, P. 252, 266, 283
Moloney, M.G. 254, 336
Momose, T. 188, 262
Monneret, C. 424
Montanari, V. 351
Montforts, F.-P. 257, 426
Monti, H. 118
Moody, C.J. 259, 290, 314, 364
Moore, A.L. 116
Moore, H.W. 171
Moore, J.S. 369
Moore, T.A. 116
Mootoo, D.R. 270
Moravskii, A.P. 417
Moreira, R. 342
Moreno-Manas, M. 308
Morgans Jr., D. 377
Mori, K. 337
Mori, M. 23, 47, 62, 119, 255, 261
Mori, N. 26
Morimoto, T. 185
Morin, C. 421
Mortier, J. 138
Mortreux, A. 152

Motherwell, W.B. 66
Motohashi, N. 312
Moyano, A. 148
Muathen, H.A. 182
Muchowski, J.M. 279
Muehldorf, A.V. 130
Mueller-Westerhoff, U.T. 415
Mukaiyama, T. 28, 187, 192, 197, 343, 359, 384
Muller, P. 103
Mulzer, J. 62, 156, 402
Murahashi, S.I. 176, 183, 204, 350, 361, 366
Murai, S. 164, 389
Murai, T. 390
Murakami, M. 94
Murakami, Y. 361
Murphy, P.J. 250
Murzin, D.G. 117
Mutter, M. 329
Naemura, K. 363
Nagamatsu, T. 209
Nagao, Y. 131, 283
Nagasaka, T. 9
Nagasawa, K. 322
Nair, V. 288
Naito, T. 262, 263, 322
Najere, C. 240
Nakai, T. 17, 157
Nakajima, M. 136
Nakamura, E. 335
Nakamura, K. 336
Nakamura, T. 22
Nakata, M. 104, 255
Nakata, T. 289
Nakatsuka, S. 130
Nakayama, J. 250
Narasaka, K. 16, 111, 148
Naso, F. 334
Natale, N.R. 290
Nativi, C. 250, 392
Natsume, M. 99, 131, 132
Negishi, E. 88, 155, 417
Neibecker, D. 151

Neidlein, R. 119, 266
Nelson, W.L. 351
Neuenhofer, S. 429
Newcomb, M. 288
Ni, F. 398
Nicolaou, K.C. 48, 187, 426
Nicoletti, R. 350
Nicolosi, G. 364
Niculescu-Duvaz, I. 315
Niel, G. 147
Niestroj, M. 130
Nifant'ev, E.E. 425, 429
Nimgirawath, S. 234
Nishida, A. 63
Nishida, M. 63
Nishigaichi, Y. 45, 210
Nishikubo, T. 394
Nishimura, J. 408
Nishiyama, H. 96
Nishiyama, K. 213, 217
Nishizawa, M. 332, 365
Nitta, M. 266
Nitz, T.J. 291
Nobile, C.F. 194
Noe, C.R. 403, 410
Nomura, E. 97, 197
Normant, J.-F. 19, 83
North, M. 6, 255
Novak, B.M. 419
Noyori, R. 198, 402
Nugent, W.A. 65, 249
Nunami, K. 282
Nuss, J.M. 129
Nystrom, J.-E. 15
O'Donnell, M.J. 147, 352
Oae, S. 309
Obrecht, D. 209
Oda, M. 76, 127
Oehlschlager, A.C. 92
Ogasawara, K. 142, 187, 324
Ogawa, A. 89
Ogawa, S. 196
Ogawa, T. 322, 331, 360, 424
Oguni, N. 25, 340, 394

Ogura, F. 373
Oh, D.Y. 387
Oh, T. 111, 404
Ohmori, H. 39, 203, 214
Ohsawa, A. 268, 287, 298
Ohta, A. 43, 83
Ojima, I. 149, 352, 390
Okada, K. 127
Okada, Y. 284, 329
Okamoto, Y. 427
Oku, A. 90, 363
Olah, G.A. 131, 367, 375
Oliver, J.E. 370
Olofson, R.A. 270
Olsson, T. 158
Ong, C.W. 52
Oppolzer, W. 8, 38, 69, 113, 208, 265
Orena, M. 231
Orita, K. 146
Oriyama, T. 318, 360
Orsini, F. 43
Ortuno, R.M. 112
Orvik, J.A. 217
Osakada, K. 335
Oshima, K. 38, 45, 82, 339
Otera, J. 21, 341
Otsubo, T. 373
Ottenheijm, H.C.J. 355
Ottow, E. 139
Ovaska, T.V. 104
Overman, L.E. 20, 57, 153, 253, 262
Ozaki, S. 323
Ozawa, F. 86, 390
Ozegowski, R. 333
Pac, C. 136
Padova, A. 277
Padwa, A. 54, 116, 251, 259, 313
Pagani, G.A. 310
Pak, C.S. 64, 206
Palacios, F. 281, 300
Palacios, S.M. 137

Paley, R.S. 55
Pallavicini, M. 363
Palmieri, G. 208
Palomo, C. 8, 293, 352
Palou, J. 433
Palumbo, G. 85
Pandey, G. 125, 126, 253, 276
Panek, J.S. 189, 247
Pankratov, V.A. 432
Pansare, S.V. 340
Panunzio, M. 386
Papagni, A. 15
Paquette, L.A. 105, 117, 160, 161, 167
Paradisi, C. 376
Parker, K.A. 246
Parlow, J.J. 130
Parsons, A.F. 231
Parsons, P.J. 63, 163, 260
Pascal, R. 356
Passmore, J. 412
Patel, D.V. 360
Patel, H.A. 107
Patel, H.V. 375
Paterson, I. 25
Patney, H.K. 326
Pattenden, G. 62, 243
Patwardham, S.A. 431
Pearson, A.J. 149, 327
Pearson, N.D. 34
Pearson, W.H. 252, 279, 396
Pecunioso, A. 324
Pedersen, E.B. 332, 384
Pedersen, S.F. 48
Pedregal, C. 215
Pedrosa, R. 40
Pedroso, E. 383
Pei, Z. 292
Pelisson, M.M.M. 247
Pellacani, L. 349
Pellissier, H. 45
Pelter, A. 54
Penso, M. 394
Perdih, M. 399

Periasamy, M. 320
Pericas, M.A. 148
Perrone, E. 297
Perry, R.J. 296
Petrillo, G. 177, 280
Pfaltz, A. 348
Pfau, M. 55
Pfeffer, M. 259, 274
Piancatelli, G. 313
Piers, E. 35, 380, 397
Pietikainen, P. 187
Pietrusiewicz, K.M. 388
Pindur, U. 421
Pinto, A.C. 261
Pinto, B.M. 331
Piozzi, F. 421
Pirrung, M.C. 246
Pitchen, P. 184
Piva, O. 129, 237
Plater, M.J. 120
Plumet, J. 16
Poindexter, G.S. 284
Poirier, D. 370
Poleschner, H. 380
Poncet, J. 147
Portella, C. 14, 89
Posner, G.H. 105, 106, 111
Potkin, V.I. 420
Prabhakar, S. 267
Prager, R.H. 300
Prakash, C. 317
Prakash, G.K.S. 375
Prakash, O. 306
Prandi, J. 363
Prasad, K. 240
Predvoditelev, D.A. 425
Prestwich, G.D. 367
Pridgen, L.N. 17
Proctor, G.R. 171
Putala, M. 411
Pyne, S.G. 115
Qian, C. 370
Quayle, P. 172, 209, 236, 388
Queguiner, G. 13, 138, 310

AUTHOR INDEX

Quici, S. 428
Quintard, J.P. 397
Quirion, J.-C. 7
RajanBabu, T.V. 65
Rajappa, S. 250, 350
Rakels, J.L.L. 334
Rakitin, O.A. 378
Ram, V.J. 265
Ranu, B.C. 56, 77, 209, 223, 316
Rao, A.V.R. 133
Rao, G.S.R.S. 131
Rao, H.S.P 209, 223
Rao, M.V. 383
Rao, N.R. 360
Rao, P.N. 194, 351
Rao, V.J. 322
Rao, Y.R. 137
Rapoport, H. 328
Raston, C.L. 202, 415
Ratovelomanana, V. 93
Ravi, D. 322
Ravikumar, V.T. 329
Ravindranathan, T. 326, 341
Rawal, V.H. 135, 162, 358
Ray, P.S. 234
Rayner, C.M. 10
Read, R.W. 358
Rebek, J., Jr. 401
Reddy, M.P. 329, 383
Reese, P.B. 179
Reetz, M.T. 8, 59, 356, 405
Regellin, M. 27
Reid, D.H. 307
Rein, T. 70
Reineke, W. 240
Reinhoudt, D.N. 405
Relsen, O. 70
Reiser, O. 408
Reissig, H.U. 96, 182, 275, 295
Reitz, A.B. 255
Renaud, P. 21
Resnati, G. 176, 389

Reuter, D.C. 266
Reymond, J.L. 186, 325
Ricci, A. 12, 396
Rich, D.H. 186, 356
Richmond, M.G. 418
Richmond, T.G. 420
Richter, L.S. 327, 354
Rico, J.G. 347
Rieke, R.D. 33, 39
Riera, A. 148
Rigby, J.H. 126
Rizzacasa, M.A. 160
Robba, M. 287
Robert, A. 339
Robertson, J. 339
Rochet, P. 90
Rock, M.H. 368
Rodios, N.A. 96
Rodriquez, A. 90
Rokita, S.E. 404
Rollin, P. 248, 281
Rollin, Y. 39
Rose-Munch, F. 15
Rosini, G. 197, 239
Rossi, R. 87, 143, 397
Rossi, R.A. 137
Roundhill, D.M. 217
Roush, W.R. 45, 105, 299
Roy, S. 395
Royer, J. 6
Rozen, S. 185, 367, 380
Roziere, J. 81
Rozwadowska, M.D. 227
Ruano, J.L.G. 112, 115
Rubinstein, H. 190
Ruder, S.M. 53
Rudler, H. 244
Russcll, G.A 64
Russell, R.K. 265
Rutledge, P.S. 158, 165
Ryashentseva, M.A. 312
Rybin, L.V. 416
Rybinskaya, M.I. 416
Rychnovsky, S.D. 82, 337

Ryglowski, A. 357
Ryu, I. 68, 152, 153, 241, 362
Rzepa, H.S. 399
Saa, J.M. 213
Saba, A. 183
Saigo, K. 42, 157
Saito, T. 273, 305
Sakai, K. 6, 381
Sakai, M. 212
Sakakibara, J. 364
Sakakura, T. 361
Sakamoto, M. 159, 386
Sakamoto, T. 39, 94, 136, 142, 259
Saladino, R. 385
Salaün, J. 213
Salituro, F.G. 396
Salvadori, P. 188
Samarai, L.I. 312
Sammakia, T. 112
Sammes, P.G. 308
Samoshin, V.V. 194
Samukov, V.V. 327
Sanchez, A. 264
Sanchez-Montero, J.M. 334
Sandhu, J.S. 207, 221
Sano, T. 128
Santamaria, J. 373
Santaniello, E. 199
Santelli, M. 45, 190
Sarangi, C. 36
Sarker, T.K. 121
Sartori, G. 131, 132
Sas, W. 278
Sato, F. 43, 239
Sato, M. 28
Sato, N. 223, 357
Sato, R. 306, 392
Sato, T. 123
Sato, Y. 84
Satoh, Y. 134
Sauter, F. 227
Saveant, J.M. 413
Savoia, D. 255

Sawai, H. 384
Schafer, B. 370
Schafer, H.J. 203, 216
Schantl, J.G. 281
Scharf, H.D. 319
Schecter, H. 107
Scheeren, H.W. 293
Scheffer, J.R. 123
Scheffold, R. 73, 78
Scheidt, W.R. 187
Scheraga, H.A. 398
Schick, H. 236, 363
Schinzer, D. 60, 246, 428
Schlessinger, R.H. 248
Schluter, A.-D. 115
Schmalz, H.-G. 416
Schmelzer, H.G. 427
Schmid, W. 42
Schmidt, T. 209
Schmidt, U. 35, 209, 211
Schmittel, M. 117
Schneller, S.W. 383
Scholl, M. 48
Schore, N.E. 148
Schreiber, S.L. 20, 401
Schultz, P.G. 161, 321
Schulz, M. 179
Schwede, W. 168
Scott, A.I. 182, 426
Screiber, S.L. 431
Scriven, E.F.V. 310
Seconi, G. 12
Seebach, R.E. 40
Seifert, K. 174
Seitz, G. 260
Semenov, V.P. 382
Semmelhack, M.F. 270
Sera, A. 271
Serva, L. 110
Sessler, J.L. 307
Severin, T. 180
Shapiro, G. 327
Shapovalov, V.V. 185
Sharma, R.P. 326

Sharpless, K.B. 188, 189, 404
Shea, K.J. 108, 113
Sheldon, R.A. 187
Shen, Y. 99
Shi, Y.J. 199
Shibasaki, M. 26, 31, 47, 53, 142
Shibata, I. 25, 200, 419
Shibuya, I. 81
Shibuya, K. 179
Shibuya, S. 386
Shiina, I. 343
Shimizu, H. 273
Shimizu, I. 82, 203
Shimizu, T. 340
Shina, I. 360
Shing, T.K.M. 292
Shinkai, I. 37
Shioiri, T. 8, 92, 195, 245, 288, 333
Shirahama, H. 41, 112
Shishkina, R.P. 430
Shono, T. 49, 51, 189
Shudo, K. 131
Sibi, M.P. 19, 337
Sidler, D.R. 343
Sierra, M.A. 100, 219
Sikorski, J.A. 286
Siling, S.A. 313
Silks III, L.A. 387
Simpkins, N.S. 69
Simpson, G.W. 221, 292
Sinay, P. 338
Singaram, B. 201, 204
Singh, N.B. 400
Singh, S.M. 38
Singh, V.K. 75, 97
Singleton, D.A. 54, 68, 115, 118
Sinnes, J.-L. 25
Sinou, D. 209, 393
Sita, L.R. 419
Skibo, E.B. 177
Skoda-Foldes, R. 87

Skowronska, A. 226
Sliwa, W. 311
Smadia, W. 412
Smit, W.A. 410
Smith, A.B., III 6
Smith, D.B. 159
Smith, D.M. 93
Smith, E.H. 94
Smith, III, A.B. 87
Smith, K. 130
Smith, M.B. 277, 403
Snider, B.B. 166
Snieckus, V. 13, 133, 134, 182
Snieckus, V.A. 138
Soai, K. 40
Soderberg, B.C. 15
Soderquist, J.A. 146, 391, 393
Sokolyuk, N.T. 430
Solladie, G. 247
Solladie-Cavallo, A. 389
Soman, R. 121, 380
Somei, M. 260
Somfai, P. 200
Somogyi, L. 302
Sonawane, H.R. 123, 345, 375
Sonoda, N. 34, 68, 89, 152, 153, 241, 362, 387
Sorokin, V.L. 363
Sorrell, T.N. 282
Soufiaoui, M. 287
Speckamp, W.N. 199, 242, 244, 269, 276
Spek, A.L. 265
Spencer, T.A. 425
Spino, C. 107
Spitzner, D. 99
Springer, C.J. 315
Sproat, B.S. 330
Squillacote, M. 379
Srebnik, M. 40, 155
Srinavasan, C. 206
Srinivasan, K.V. 130, 182
Stamos, I.K. 138
Stang, P.J. 84

Stanovnik, B. 282
Staszak, M.A. 376
Stavber, S. 380
Stec, W.J. 425
Steckhan, E. 186
Stephan, E. 58
Sterner, O. 248
Stevenson, P.J. 157
Still, I.W.J. 267
Still, W.C. 399, 405
Stille, J.R. 159, 233, 324
Stoddart, J.F. 406
Stone, G.B. 198
Strauss, C.R. 346
Streith, J. 268, 294, 314
Strekowski, L. 144, 296, 301
Strukul, G. 196
Strunz, G.M. 73
Stuk, T.L. 348
Su, W. 184
Suarez, E 74
Suarez, E. 242
Sucholeiki, I. 392
Suffert, J. 95
Sugi, Y. 362
Sugimura, H. 383
Suginome, H. 254
Suh, Y. 292
Sui, Z. 299
Sukhova, L.N. 280
Susaki, H. 332
Suschitzky, H. 266
Suzuki, A. 44, 407
Suzuki, H. 174, 360, 375, 395
Suzuki, K. 43, 138
Svendsen, J.S. 190
Svete, J. 282
Sweeney, J.B. 19, 225, 380
Swenton, J.S. 249
Swindell, C.S. 48
Szafran, M. 308
Szantay, C. 53, 393
Szymoniak, J. 49
Taber, D.F. 69, 238, 247

Tadano, K.I. 262
Taddei, M. 42, 45
Taguchi, T. 53, 96, 98, 239, 255
Takacs, J.M. 20, 69, 155
Takahashi, K. 215
Takahashi, M. 283
Takahashi, T. 11, 43, 84, 88, 154, 166, 255
Takahata, H. 188, 262
Takai, K. 349
Takaki, K. 50, 61
Takano, S. 220
Takaya, H. 150, 199, 201, 209, 211, 389
Takayama, H. 108, 310
Takeda, K. 118, 362
Takeshita, H. 51
Takeshita, M. 210
Takeuchi, S. 41
Takikawa, Y. 387
Tamaru, Y. 86, 251, 273
Tamura, R. 374
Tanabe, Y. 319
Tanaka, H. 21
Tanaka, K. 57, 253
Tanaka, M. 65, 361
Tanemura, K. 316
Tang, W. 352
Tani, K. 380
Tani, S. 41, 81
Taniguchi, Y. 50, 61, 394
Tanimori, S. 196
Tanner, D. 10, 407
Tanno, M. 377
Tanoue, Y. 192
Tapia, R. 264
Tardella, P.A. 224
Taylor, E.C. 374
Taylor, P.G. 188
Taylor, R.J.K. 154, 164, 192, 200
Taylor, W.C. 135
Tennant, G. 286

AUTHOR INDEX

Terashima, S. 80, 98
Terent'ev, A.B. 412
Texier-Boullet, F. 348
Thirring, K. 8
Thomas, E.J. 45
Thomas, H.G. 10
Thomas, J.M. 428
Thomas, S.E. 184
Thuong, N. 384
Thurston, D.E. 308
Tiecco, M. 247
Tietze, L.F. 14, 142, 258, 271, 273, 314
Tillack, A. 390
Timar, T. 391
Timoshchuk, V.A. 313
Tingoli, M. 359
Tobe, Y. 93
Tobinaga, S. 41
Tochtermann, W. 98
Toda, F. 100
Togni, A. 414
Togo, H. 268, 384
Tojo, G. 392
Toke, L. 55
Tokoroyama, T. 60, 72
Tokuda, M. 254
Tolstikov, A.G. 402
Tolstikov, G.A. 402, 420
Tomilov, Yu.V. 411
Tominaga, Y. 299
Tomioka, K. 57
Torii, S. 190, 195, 230, 246, 253
Torssell, K.B.G. 272
Toru, T. 14
Toshima, K. 19
Tour, J.M. 369
Trofimov, B.A. 309
Trogolo, C. 12, 239, 381
Trost, B.M. 10, 100, 118, 168, 244, 360, 403, 421
Tschan, D.M. 137
Tsubouchi, H. 320

Tsuchiya, T. 275, 387
Tsuda, Y. 177
Tsuje, O. 300
Tsujihara, K. 360
Tsunoda, T. 350, 360
Tucker, T.J. 94
Tundo, P. 217
Turner, N.J. 207, 334
Turos, E. 245, 256
Turro, N.J. 127
Ueki, M. 391
Uemura, M. 134
Uemura, S. 61, 146, 176, 198
Uenishi, J. 205
Uguen, D. 108, 347
Ullenius, C. 58
Umemoto, T. 367
Umezawa, J. 290
Ungvary, F. 417
Urdaneta, N. 146
Usov, A.I. 424
Utaka, M. 199
Utimoto, K. 35, 38, 45, 82, 85, 339, 356
van Benthem, R.A.T.M. 307
van Boom, J.H. 422
Van Brocklin, H.F. 163
van Heerden, F.R. 30
van Koten, G. 18, 40, 57, 229
Vanden Eynde, J.J. 193
Vandewalle, M. 364, 402
Vanelle, P. 80
Varvoglis, A. 170
Vasil'eva, T.T. 412
Vasilevsky, S.F. 285
Vatele, J.M. 237
Vaultier, M. 86, 108
Vcelak, J. 217
Vedejs, E. 159, 321
Vederas, J.C. 235, 354
Veliev, M.G. 103
Venkatachalam, C.S. 91
Venturello, P. 75, 269
Vercauteren, J. 256

Verkade, J.G. 257
Vernon, J.M. 130
Veschambre, H. 199, 406
Viehe, H.G. 84, 85, 278, 432
Vierfond, J.M. 296
Villemin, D. 98, 136, 388
Vinogradova, S.V. 313
Vitagliano, A. 10
Vivona, N. 303
Vogtle, F. 406
Volkov, S.K. 426
von Holleben, M.L.A. 209
Vonwiller, S.C. 111
Voronkov, M.G. 429
Waagen, V. 199
Waegell, B. 197
Wakamatsu, T. 135, 211
Wakselman, C. 253
Waldmann, H. 40, 263, 267, 313, 316, 399
Walinsky, S.W. 369
Walker, B.J. 386
Walkup, R.D. 246
Wallace, R.H. 292
Wallace, T.W. 271, 315
Walter, H. 266
Walters, M.A. 102
Wandrey, C. 40
Wang, D. 83
Wang, K.K. 95
Ward, A.D. 262
Ward, D.E. 67
Ward, R.S. 54
Warkentin, J. 96
Warner, P 175
Warren, S. 32, 69, 389, 393
Warsinsky, R. 12
Wartski, L. 24
Wasserman, H.H. 247, 258, 335
Watanabe, M. 133, 396
Watanabe, Y. 151, 259, 345
Watson, K.G. 392
Watt, D.S. 227

Waymouth, R.M. 154
Webb, K.S. 184
Webber, S.E. 282
Wee, A.G. 259
Weidner-Wells, M.A. 292
Weinges, K. 64
Weinreb, S.M. 88, 228, 251
Weissenfels, M. 273
Welch, J.T. 368
Wells, A. 367
Wells, A.S. 177
Wells, P.B. 199
Wemple, J. 38
Wendt, J.A. 11
Wenkert, E. 23
Wentrup, C. 411
Wenz, G. 401
Werner, H. 414
West, F.G. 242, 262
Whitaker, B.J. 399
Whitby, R.J. 43, 154, 261, 350
White, J.D. 43, 169, 267
Whiting, A. 146
Whitlock, G.A. 270
Wicha, J. 339, 388, 433
Wijnberg, J.B.P.A. 121, 165
Williams, A. 400
Williams, I.H. 198
Williams, J.M.J. 104
Wills, M. 199, 204, 338
Winkler, J.D. 108
Winter, J. 340
Winter, M.J. 399
Winterfeldt, E. 215
Wipf, P. 61, 200
Wittenberger, S.J. 312
Wong, C.-H. 31, 268, 421
Wong, E.H. 415
Wong, H.N.C. 143, 248
Woo, S.H. 106
Wright, S.W. 134, 388, 395
Wu, E.S.C. 197
Wu, H.J. 109
Wu, M.J. 94

AUTHOR INDEX

Wu, S.-H. 270
Wulff, W.D. 24, 134, 143, 153
Wunsch, B. 199
Wustrow, D.J. 213
Xu, Y. 305
Xu, Y.C. 177, 273, 317
Yadav, J.S. 73, 76, 93, 248
Yadav, L.D.S. 304
Yadav, V.K. 186
Yamada, T. 187, 325
Yamada, Y. 167, 337, 363
Yamaguchi, M. 53, 95
Yamakawa, K. 167, 218, 335
Yamamoto, A. 203
Yamamoto, H. 28, 42, 59, 69, 111, 113, 165, 169, 225, 270, 325, 339, 367, 415
Yamamoto, K. 150, 151, 166
Yamamoto, T. 335
Yamamoto, Y. 21, 52, 57, 230, 271, 350, 382, 426
Yamamura, S. 274
Yamashita, M. 178, 209, 361
Yamazaki, M. 372
Yamazaki, S. 99, 387
Yan, T.H. 25
Yang, C.-C. 267
Yang, J. 263
Yang, J.C. 379
Yang, T.K. 373
Yaozhong, J. 198
Yasuda, M. 351
Yavari, I. 175
Ye, T. 411
Yoneda, F. 209
Yoneda, N. 51
Yoneda, R. 293

Yonemitsu, O. 247, 269
Yoo, S. 148
Yoon, H. 320
Yoon, N.M. 216, 343, 392
Yorozu, K. 187
Yoshida, J. 4, 271
Yoshifuji, M. 395
Yoshii, E. 118, 232
Yoshikawa, M. 36
Young, D.J. 202
Young, D.W. 422
Yu, K.-L. 86
Yus, M. 35, 36, 62
Yuxiang, O. 311
Zakarya, D. 83, 199
Zapata, A.J. 95
Zard, S.Z. 231, 233, 254
Zefirov, N.S. 96, 409
Zercher, C.K. 96
Zhang, L. 281
Zhang, Y. 395
Zhao, K. 71, 331
Zhdankin, V.V. 358
Zhivich, A. 300
Zhou, J. 204
Zhou, W.S. 425
Zhu, D. 370
Zhu, J. 317
Zieger, H.E. 373
Ziegler, C.B., Jr. 277
Ziegler, T. 317, 319
Zimmerman, T. 145
Zolotukhina, M.M. 429
Zoran, A. 194
Zuman, P. 433
Zupan, M. 182
Zwanenburg, B. 79, 289